Ralph-Hardo Schulz

Repetitorium Mathematik

Ralph-Hardo Schulz

Repetitorium Mathematik

Zur Vorbereitung auf den Pflichtbereich Mathematik in Vorprüfung oder Staatsexamen

Prof. Dr. Ralph-Hardo Schulz
Freie Universität Berlin
Institut für Mathematik II
Arnimallee 3
14195 Berlin

Der Verlag Vieweg ist ein Unternehmen der Bertelsmann Fachinformation GmbH.

Umschlag: Klaus Birk, Wiesbaden

Gedruckt auf säurefreiem Papier

ISBN-13:978-3-528-06547-8 e-ISBN-13:978-3-322-83116-3
DOI: 10.1007/978-3-322-83116-3

Vorwort

Dieses Buch soll die Anstrengungen unterstützen, die die meisten Studenten vor ihren Mathematikprüfungen zum Einprägen des Stoffes und gegen das Vergessen unternehmen. Es ist entstanden aus Veranstaltungen zur Vorbereitung auf das Staatsexamen, die ich seit Jahren in regelmäßigen Abständen anbiete.
Nun ist es schwierig, wenn nicht unmöglich, Stoff und Darstellung unabhängig von Prüfungsordnung und persönlichem Stil auszuwählen. Ich habe mich bemüht, für die folgenden Gebiete eine Grundlage zur Vorbereitung auf die Pflichtbereiche von Zwischenprüfung, Vordiplom oder Staatsexamen bereitzustellen:

Lineare Algebra
Analytische Geometrie
Elementargeometrie
Analysis
Elementare Wahrscheinlichkeitstheorie (ohne Statistik)
Anfänge der Algebra (ohne Galoistheorie)

Die Fragen und zugehörigen Antworten werden durch Beispiele und weiterführende Anmerkungen ergänzt. Letztere sollte man ebenso wie die mit ** markierten Teile beim ersten Durcharbeiten überspringen. Sie ermöglichen später eine Ergänzung und Abrundung des Wissens. An viele Beweise wird durch eine Beweisskizze oder die Beweisidee erinnert. Da ich voraussetze, daß der Leser die wichtigsten Gebiete schon einmal in einer Vorlesung kennengelernt hat und sie sich jetzt einprägen möchte, habe ich großen Wert auf strukturelle Zusammenhänge gelegt. Evtl. ist es aber auch möglich, sich an Hand des Buches in neue Themenbereiche einzuarbeiten. Beim Lernen wünsche ich toi, toi, toi.
Meinen herzlichen Dank möchte ich Frau Heike Eckart für das Schreiben in LaTeX und die Eingabe vieler Bilder in das System "idraw" aussprechen, ebenso Frau Silvia Hoemke und Frau Elke Greene für weitere Bilder im picture mode. Einige Funktionsgraphen habe ich mit "Mathematica" erzeugt.

Berlin, im August 1994 — Ralph-Hardo Schulz

Inhaltsverzeichnis

1 Lineare Algebra **1**
1.1 Vektorräume . . . 1
1.2 Lineare Unabhängigkeit, Basis und Koordinaten . . . 5
1.3 Dimension . . . 11
1.4 Lineare Abbildungen, Gleichungssysteme, Faktorräume . . . 14
1.5 Eigenwerttheorie . . . 25
1.6 Skalarprodukt . . . 33
1.7 Isometrien . . . 40
1.8 Dualraum . . . 43
1.9 Determinanten . . . 48

2 Analytische Geometrie **55**
2.1 Affine Unterräume . . . 55
2.2 Affin-lineare Abbildungen, Affinitäten . . . 64
2.3 Ähnlichkeitsabbildungen und Bewegungen . . . 65
2.4 Kegelschnitte . . . 68

3 Elementargeometrie (synthetische Geometrie) **72**
3.1 Affine Räume . . . 72
3.2 Geordnete Geometrie . . . 81
3.3 Kongruenzgeometrie . . . 86
3.4 Weitere wichtige Sätze der Euklidischen Geometrie . . . 96
3.5 Abbildungsgeometrie . . . 108

4 Analysis **119**
4.1 Folgen und Reihen in $\mathbb{R}^1$ . . . 119
4.2 Konvergenz und Stetigkeit in metrischen Räumen . . . 126
4.3 Invarianten stetiger Abbildungen, Mittelwertsatz, Zwischenwertsatz . . . 137
4.4 Reihen in normierten Räumen . . . 142
4.5 Differenzierbarkeit in $\mathbb{R}^1$ . . . 153
4.6 Differenzierbarkeit von Abbildungen . . . 160
4.7 Integration . . . 169
4.8 Anhang: Reelle und komplexe Zahlen . . . 180

5 Elementare Wahrscheinlichkeitstheorie **186**
5.1 Diskrete Wahrscheinlichkeitsräume . . . 186
5.2 Zufallsvariable . . . 196
5.3 Wahrscheinlichkeitsmaße mit Dichten . . . 201
5.4 Approximation der Binomialverteilung . . . 205
5.5 Gesetze der großen Zahlen . . . 206

6 Anfänge der Algebra **210**
6.1 Algebraische Strukturen 210
6.2 Zum Aufbau des Zahlensystems 213
6.3 Endliche Körpererweiterungen 218
6.4 Konstruierbarkeit mit Zirkel und Lineal 222
6.5 Endliche Körper 225
6.6 Teilbarkeit in $\mathbb{N}$ 226
6.7 Euklidische Ringe, Hauptidealringe, ZPE-Ringe 228
6.8 Anfänge der Gruppentheorie 232

Stichwortverzeichnis **235**

1 Lineare Algebra

1.1 Vektorräume

Was versteht man unter einem Vektorraum ?

Gegeben sei ein Körper K, z.Bsp. $\mathbb{Q}$, $\mathbb{R}$, $\mathbb{C}$, $\mathbb{Q}(\sqrt{2})$ (s. Kap. 6) oder ein endlicher Körper $GF(p) = \mathbb{Z}/p\mathbb{Z} = \mathbb{Z}_p$, $GF(p^s)$. Dann heißt $(V, \oplus, \underset{K}{\cdot})$ ein **K–Vektorraum** (K–VR), falls $(V, \oplus)$ eine abelsche Gruppe ist (s. Kap. 6) und die sogenannte S–Multiplikation $\underset{K}{\cdot} : K \times V \to V$ mit $(\lambda, v) \mapsto \lambda v$ folgende Gesetze erfüllt:

– das gemischte Assoziativgesetz	$(\lambda \cdot \mu)v$	$=$	$\lambda(\mu v)$
– die gemischten Distributivgesetze	$(\lambda + \mu)v$	$=$	$\lambda v \oplus \mu v$
	$\lambda(v \oplus w)$	$=$	$\lambda v \oplus \lambda w$
– und die Gleichung	$1v$	$=$	v

(für alle $v, w \in V$, $\lambda, \mu \in K$, $1 = 1_K$)

Geben Sie Beispiele von Vektorräumen an, darunter unendlich–dimensionale, ferner Funktionenräume !

(Zum Dimensionsbegriff siehe §1.3, zum Skalarprodukt auch §1.5 !)

1.) Voraussetzung. K Körper (Skalarbereich) , $I \neq \emptyset$ Indexmenge

Definition: Die Menge aller Abbildungen von I in K (bzw. der Familien über K mit Indexmenge I) bezeichnen wir mit

$K^I := \text{Abb}\,(I, K) = \{\, f \mid f \;:\; I \to K \;\; \text{Abbildung}\,\} = \{(f_i)_{i\in I} \mid f_i \in K\}$;

auf ihr sind Addition und S–Multiplikation argumentweise bzw. komponentenweise erklärt, d.h. :

$f \oplus g : \;(f \oplus g)(x) := f(x) + g(x)$ bzw. $(f_i)_{i\in I} \oplus (g_i)_{i\in I} = (f_i + g_i)_{i\in I}$

$\lambda \odot g : \;(\lambda \odot g)\,(x) := \lambda \cdot g(x)$ bzw. $\lambda(g_i)_{i\in I} = (\lambda g_i)_{i\in I}$

Dann gilt: $(K^I, \oplus, \odot)$ ist $K - VR$, der *Vektorraum aller Familien über K mit der Indexmenge I* .

Spezialfälle:

(a) **Raum der n –Tupel**[1] : Für $I = \{1, \ldots, n\}$ ist $K^I = K^n$, denn $(x_1, \ldots, x_n)$ ist laut Definition gleich der Abbildung f von $\{1, \ldots, n\}$ in K mit $f(i) = x_i$.

[1] Vektoren von K^n bezeichnen wir oft mit fetten Buchstaben oder versehen sie mit einem Pfeil, z. Bsp. $\mathbf{v}$ oder $\vec{v}$.

Addition und S–Multiplikation sind komponentenweise erklärt, d.h.

$$\begin{aligned}(x_1,\ldots,x_n)+(y_1,\ldots,y_n) &= (x_1+y_1,\ldots,x_n+y_n)\\ \lambda(x_1,\ldots,x_n) &= (\lambda x_1,\ldots,\lambda x_n)\ .\end{aligned}$$

(b) **Raum aller reellen Folgen**: $I=\mathbb{N}$, $K=\mathbb{R}$
$K^I=\mathbb{R}^{\mathbb{N}}=\bigotimes_{i\in\mathbb{N}}\mathbb{R}$ (direktes Produkt abzählbar vieler Faktoren $\mathbb{R}$).
Wichtige Unterräume (zum Begriff Unterraum (UR) siehe unten):
- UR der konvergenten reellen Folgen
(wegen $(a_n),(b_n)$ konvergent $\Rightarrow (a_n+\lambda b_n)$ konvergent)
- UR der reellen Nullfolgen

analog für $K=\mathbb{Q}$: $\mathbb{Q}^{\mathbb{N}}$ mit
- UR der Cauchyfolgen über $\mathbb{Q}$
- UR der Nullfolgen über $\mathbb{Q}$ ($\rightarrow$ Konstruktion von $\mathbb{R}$, s.u.)

2.) Sei K Körper, $I\neq\emptyset$
$K^{(I)}:=\{(\lambda_i)_{i\in I}\mid(\lambda_i)_i\in K^I$ mit $\lambda_i=0$ für fast alle $i\in I\ \}$
mit komponentenweiser Addition und S–Multiplikation ist ein Vektorraum, der Vektorraum der **Familien mit endlichem Träger**; (dieser ist gleich K^I, falls I endlich ist, sonst echter Unterraum von K^I)
Anmerkung: Bis auf Isomorphie sind durch $K^{(I)}$ alle $K-VR$'e erfaßt.
Spezialfälle:

(a) Ist $I=\{1,\ldots,n\}$, also endlich, so gilt: $K^{(I)}=K^I=K^n$ (s. o.)

(b) [2] $I=\mathbb{N}$

Mit der Definition $X:=(0,1,0,0,\ldots)$

und der Multiplikation $(\alpha_i)_{i\in\mathbb{N}}\cdot(\beta_i)_{i\in\mathbb{N}}:=(\sum\limits_{j=0}^{i}\alpha_j\beta_{i-j})_{i\in\mathbb{N}}$ gilt

$$(\alpha_i)_{i\in\mathbb{N}}=\sum_{i\in\mathbb{N}}\alpha_i X^i\ .$$

In dieser Darstellung heißen die Elemente von $K^{(\mathbb{N})}$ Polynome. $K[X]:=(K^{(\mathbb{N})},+,\underset{K}{\cdot},\cdot)$ ist eine K-Algebra, die sogenannte **Polynomalgebra** über K.

Dabei heißt $(V,+,\underset{K}{\cdot},\cdot)$ eine ***K*-Algebra** , falls $(V,+,\underset{K}{\cdot})$ ein K–Vektorraum ist und $(V,+,\cdot)$ ein Ring mit den Verträglichkeitsbedingungen:

$$\forall a,b\in V,\lambda\in K:\quad \lambda(a\cdot b)=(\lambda a)b=a(\lambda b)\ .$$

[2] Gemäß DIN-Norm verstehen wir unter $\mathbb{N}$ die Menge der natürlichen Zahlen einschließlich der Null , s. Kap. 6 . Alternative Bezeichnungsweise: $\mathbb{N}_0$. Für $\mathbb{N}\setminus\{0\}$ schreiben wir auch $\mathbb{N}^*$.

3.) Vektorraum $\mathcal{P}(K)$ der **Polynomabbildungen** (Polynomfunktionen) des Körpers K (ein Unterraum von Abb (K, K)) :

Elemente: $f = \sum_{i=0}^{n} a_i (id)^i \ : \ x \mapsto \sum_{i=0}^{n} a_i x^i$

Falls K unendlich ist, gilt $\mathcal{P}(K) \cong K[X]$. (Beweis ?)

4.) Vektorraum der *Vektoren der (reellen)* **euklidischen Ebene** E

(Analoges gilt für den euklidischen Raum):

Elemente: Klassen vektorgleicher Pfeile; dabei ist definiert

Pfeil $\vec{PQ}$: Punktepaar (P, Q) für $P, Q \in E$

$\vec{PQ}$ vektorgleich $\vec{RS}$: $\Leftrightarrow$ $PQ || RS$ und $| \overset{\longmapsto}{PQ} | = | \overset{\longmapsto}{RS} |$ sowie $\vec{PQ}, \vec{RS}$ "gleichorientiert".

Vektorgleichheit ist eine Äquivalenzrelation; Äquivalenzklassen sind definitionsgemäß die elementargeometrischen Vektoren, s. Bild 1.1 a.

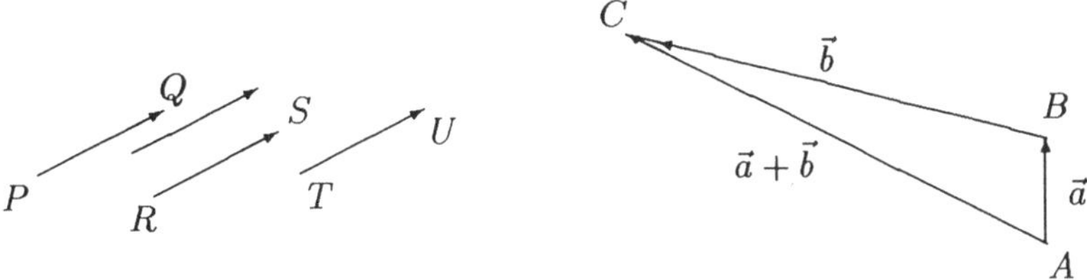

Bild 1.1 a) Vektorgleiche Pfeile b) Addition von Vektoren (Pfeilklassen)

Addition: durch Repräsentanten definiert (Spitze–Fuß–Regel), s. Bild 1.1 b.

Die Wohldefiniertheit folgt z. Bsp. aus der Existenz aller Translationen (s. Bild 1.2 mit Translation $\tau_{AA'}$) (→ kleiner Satz von Desargues)

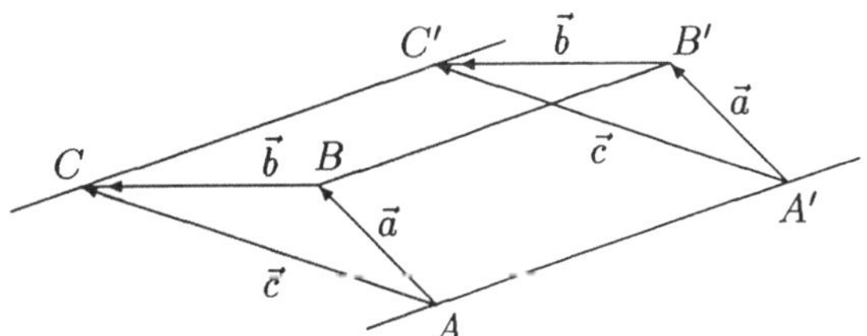

Bild 1.2
Zur Wohldefiniertheit der Addition

S–Multiplikation mit Faktor k :

Übergang zu parallelen Pfeilen der $|k|$–fachen Länge mit
$\begin{cases} \text{gleicher Orientierung im Fall } k > 0 \\ \text{entgegengesetzter Orientierung im Fall } k < 0. \end{cases}$

5.) Körper als Vektorraum über Unterkörpern:
L, K seien Körper und K Unterkörper von L (in Zeichen $K \leq L$).
$(L, +, \underset{K}{\cdot})$ ist VR über K, wobei " $\underset{K}{\cdot}$ " definiert wird als die Einschränkung der Multiplikation von $L \times L$ auf $K \times L$ (induzierte S–Multiplikation) .

Beispiele:
$\mathbb{R}$ als $\mathbb{Q} - VR$
$\mathbb{C}$ als $\mathbb{R} - VR$
K als $K - VR$

6.) $V_1 = \{f \in \text{Abb}(\mathbb{R}, \mathbb{R}) \mid f$ unendlich oft differenzierbar und $f'' + f = 0\}$ ist Unterraum von Abb $(\mathbb{R}, \mathbb{R})$.

7.) Sei E metrischer Raum, $\mathbb{K} \in \{\mathbb{R}, \mathbb{C}\}$; Addition und S-Multiplikation bei folgenden Beispielen seien argumentweise erklärt (siehe Beispiel 1.):

$\mathcal{B}(E, \mathbb{K})$ Vektorraum der beschränkten Funktionen auf E mit Werten in $\mathbb{K}$
$\mathcal{C}(E, \mathbb{K})$ **Vektorraum der stetigen Funktionen** auf E mit Werten in $\mathbb{K}$
$\mathcal{C}_b(E, \mathbb{K}) = \mathcal{C}(E, \mathbb{K}) \bigcap \mathcal{B}(E, \mathbb{K})$.

8.) l^2 Raum der Folgen $(x_i)_{i \in \mathbb{N}} \in \mathbb{C}^{\mathbb{N}}$ mit $\sum |x_i|^2$ konvergent (*Hilbertscher Folgenraum*)

9.) Seien V, W Vektorräume über K . Dann ist $\text{Hom}_K(V, W) = \mathcal{L}(\mathcal{V}, \mathcal{W})$, der **Raum der linearen Abbildungen** von V in W, s. §1.4, ein Unteraum von Abb (V,W).

Spezialfälle:

a) Für $\dim V = n$ und $\dim W = m$ ist $\text{Hom}_K(V, W) \cong K^{(n,m)} = K^{n \cdot m}$, wobei $K^{(n,m)}$ der **Vektorraum der $n \times m$–Matrizen** mit komponentenweiser Addition und S-Multiplikation ist.
Anmerkung: Für $V = W$ läßt sich $\text{Hom}_K(V, V) =: \text{End}_K(V)$ durch die Multplikation " $\circ$ " (Hintereinanderausführung) zu einer K–Algebra machen. In $K^{(n,n)}$ entspricht " $\circ$ " der Matrizen–Multiplikation.

b) $W = K$
$\text{Hom}_K(V, K) =: V^* = V^d$ heißt der **Dualraum** von V (vgl. §1.8).
Anmerkung: Es gilt $V \cong K^{(I)} \Rightarrow V^* \cong K^I$.

Hierbei läßt sich $V^* \to K^I$ definieren durch $f \mapsto (f(b_i))_{i \in I}$ für eine Basis $(b_i)_{i \in I}$ von V (s. §1.8.).

10.) $K = GF(2)$, der Körper mit 2 Elementen. Die Potenzmenge $\mathfrak{P}(M)$ einer Menge $M \neq \emptyset$ wird zum K-Vektorraum durch die Verknüpfungen $X + Y := X \triangle Y := (X \cup Y) \setminus (X \cap Y)$ (symmetrische Differenz) und $0 \cdot X = \emptyset$, $1 \cdot X = X$.

a) Was versteht man unter einem **Unterraum** eines K–Vektorraums ?
b) Wie lautet das Unterraumkriterium?
c) Gehen Sie auch auf das Verhalten von Unterräumen bei Durchschnitt und Summenbildung ein!

a) *Definition:*
U heißt (linearer) *Unterraum* (UR) oder Teilraum von V, falls U mit der auf U eingeschränkten Addition und S-Multiplikation selbst $K - VR$ ist.
Beispiele:
(i) Für $V = \mathbb{R}^3$ sind $\{0\}$, $\mathbb{R}a := \{\lambda a | \lambda \in \mathbb{R}\}$ für $a \in V \setminus \{0\}$ und $\mathbb{R}a + \mathbb{R}b := \{\lambda a + \mu b | \lambda, \mu \in \mathbb{R}\}$ für $a, b \in V$, aber auch $\mathbb{R}^3$ selbst Unterräume von V.
(ii) $U = \{(x, y, z) | x, y, z \in \mathbb{R} \wedge -2x + 5y + z = 0\}$ ist Unterraum von $\mathbb{R}^3$.

Weitere Beispiele s.o. bei den Beispielen von Vektorräumen.

b) **Unterraumkriterium:**
Sei V ein $K - VR$ und $U \subseteq V$. Dann ist U Unterraum von V genau dann, wenn gilt: (i) $U \neq \emptyset$ und (ii) U ist abgeschlossen bzgl. Addition und S-Multiplikation, also $U + U \subseteq U$ und $KU \subseteq U$.

c) Ist $(U_i)_{i\in I}$ eine nicht-leere Familie von Unterräumen von V, dann ist sowohl $\bigcap_{i\in I} U_i$ als auch

$$\sum_{i\in I} U_i := \{\sum_{i\in I} u_i | u_i \in U_i \text{ für } i \in I, \text{ nur endlich viele } u_i \neq 0\}$$

ein Unterraum von V.
Anmerkung: $\bigcup_{i\in I} U_i$ ist i.a. kein Unterraum; es gilt $\sum_{i\in I} U_i = < \bigcup_{i\in I} U_i >$, d.h. die Summe der UR'e ist das Erzeugnis (s. §1.2) ihrer Vereinigungsmenge.

1.2 Lineare Unabhängigkeit, Basis und Koordinaten

Was versteht man unter der **linearen Unabhängigkeit**
(i) von Vektoren $v_1, \ldots, v_n \in V$,
(ii) einer Menge M von Vektoren aus V ?

(i) Die Vektoren $v_1, \ldots, v_n \in V$ heißen *linear unabhängig* (genauer: die Familie $(v_i)_{i=1,\ldots,n}$ heißt linear unabhängig, lin.unabh.), falls für beliebige $\lambda_1, \ldots, \lambda_m \in K$ gilt:

$$\sum_{i=1}^{m} \lambda_i v_i = 0 \quad \Rightarrow \quad \lambda_1 = \lambda_2 = \ldots = \lambda_m = 0.$$

Andernfalls heißen sie *linear abhängig.*

(ii) Eine Menge M mit $M \subseteq V$ (nicht notwendig endlich) heißt linear unabhängig, wenn jede endliche Teilmenge T von M aus linear unabhängigen Vektoren besteht, andernfalls linear abhängig.

Anmerkungen:
Es gilt: (i) $v_1, \ldots, v_n$ sind linear abhängig genau dann, wenn $\{v_1, \ldots, v_n\}$ linear abhängig ist *oder* $v_1, \ldots, v_m$ nicht paarweise verschieden sind.
(ii) Jede Teilmenge einer linear unabhängigen Menge ist linear unabhängig, jede Obermenge einer linear abhängigen Menge linear abhängig. (Beweis ?).

Beispiele:

Untersuchen Sie, ob die folgenden Vektoren linear unabhängig sind:
1. $(1,-1,0)$, $(1,0,-1)$, $(\sqrt{2},\sqrt{2},\sqrt{2})$ in $\mathbb{R}^3$
2. 1, $X+1$, $X-\sqrt{3}$ in $\mathbb{R}[X]$
3. 1, sin, cos in $C(\mathbb{R},\mathbb{R})$

ad 1) Die Vektoren sind linear unabhängig.
Beweisskizze: 1. Möglichkeit:
$\lambda(1,-1,0) + \mu(1,0,-1) + \nu(\sqrt{2},\sqrt{2},\sqrt{2}) = 0$ führt durch Komponentenvergleich auf das lineare Gleichungssystem

$$\left\{ \begin{array}{rrr} \lambda & +\mu & +\nu\sqrt{2} = 0 \\ -\lambda & & +\nu\sqrt{2} = 0 \\ & -\mu & +\nu\sqrt{2} = 0 \end{array} \right. ,$$

das als einzige Lösung $\lambda = \mu = \nu = 0$ hat. □

2. Möglichkeit: Die aus den gegebenen Vektoren (als Spalten) gebildete Matrix

$$A = \begin{pmatrix} 1 & 1 & \sqrt{2} \\ -1 & 0 & \sqrt{2} \\ 0 & -1 & \sqrt{2} \end{pmatrix}$$ hat Determinante ungleich 0, (s. §1.9). □

Anmerkung:
A ist die Koeffizientenmatrix des obigen linearen Gleichungssystems.

ad 2) $1, X+1, X-\sqrt{3}$ sind linear abhängige Vektoren von $\mathbb{R}[X]$:

Beweis: 1. Möglichkeit:
$X - \sqrt{3} = X + 1 - (1+\sqrt{3}) \cdot 1$ ist Linearkombination der beiden anderen Vektoren. □

2. Möglichkkeit:
$\{\lambda X + \mu \,|\, \lambda, \mu \in \mathbb{R}\}$ ist 2-dimensionaler Unterraum von $\mathbb{R}[X]$. Die maximale Mächtigkeit einer linear unabhängigen Teilmenge ist damit 2 (s. u.). □

ad 3) $1, \sin, \cos$ sind linear unabhängig
Beweisskizze: Sei $\lambda \cdot 1 + \mu \sin + \nu \cos = 0$, d. h.:
$\lambda + \mu \sin x + \nu \cos x = 0$ für alle $x \in \mathbb{R}$.
1. Möglichkeit des Weiterschließens: Wähle x als $0, \frac{\pi}{2}$ und π; es folgt

$$\begin{aligned} \lambda + 0 + \nu &= 0 \\ \lambda + \mu + 0 &= 0 \\ \lambda + 0 - \nu &= 0 \end{aligned}$$

und daraus $\lambda = \mu = \nu = 0$. □

2. Möglichkeit: Differentiation führt zu $\mu \cos x - \nu \sin x = 0$, woraus sich $\mu = \nu = 0$ und $\lambda = 0$ ergibt. □

(i) Was versteht man unter der **linearen Hülle** einer Teilmenge T eines Vektorraums V, was unter einem **Erzeugendensystem** eines Unterraums U von V?

(ii) Geben Sie mehrere äquivalente Definitionen für den Begriff **Basis** eines Vektorraums!

(iii) Gehen Sie dabei auch auf den **Koordinatenvektor** $M_B(x)$ eines Vektors $x \in V$ bzgl. einer Basis B eines endlich-erzeugten Vektorraums V ein!

(i) Ist $T \subseteq V$, so heißt U *lineare Hülle* von T und T *Erzeugendensystem* von U, falls eine der folgenden äquivalenten Bedingungen erfüllt ist:
1. U ist der kleinste T enthaltende Unterraum von V.
2. U ist der Durchschnitt aller T enthaltenden Unterräume von V.
3. $U = \{\sum \lambda_i v_i | \lambda_i \in K, v_i \in T, \text{ fast alle } \lambda_i = 0\}$,
d.h. U ist die Menge aller Linearkombinationen von T.

Beweis der Äquivalenz ?
Schreibweise: $U =< T >=$ Spann(T) (bei Aufzählung der Elemente ohne Mengenklammern)
Beispiele: 1.) $< v >= Kv$ $< v, w >= Kv + Kw = \{\lambda v + \mu w \mid \lambda, \mu \in K\}$.
$K^n =< b_i \mid i = 1 \ldots, n >$, falls die n Vektoren $b_1, \ldots, b_n$ linear unabhängige Vektoren von K^n sind; z. Bsp. $b_i = \vec{e_i} = (0 \ldots 0\,1\,0 \ldots 0)$ mit 1 an der i-ten Stelle.
2.) $K[X] =< X^i \mid i \in \mathbb{N} >$.
Die Folgen $(1, 0, 0, \ldots), (0, 1, 0, \ldots), \ldots, (0, 0, \ldots, 0, 1, 0, \ldots), \ldots$ bilden *kein* Erzeugendensystem von $\mathbb{R}^{\mathbb{N}}$, da sich z.Bsp. die konstante Folge $(1, 1, 1, \ldots)$ nicht als endliche (!) Linearkombination dieser Vektoren darstellen läßt.

Anmerkung: V heißt endlich erzeugt (oder endlich erzeugbar), falls es ein *endliches* Erzeugendensystem T von V gibt.

Beispiele: K^n ist endlich erzeugt; $K^{\mathbb{N}}$ (VR der Folgen) und $K[X] = K^{(\mathbb{N})}$ (VR der Folgen mit endlichem Träger bzw. Polynome) sind nicht endlich erzeugt.

(ii) Sei V ein $K-VR$ und $B \subseteq V$. Dann sind äquivalent (Beweis?):

1. B ist eine **Basis** von V,
d.h. ein linear unabhängiges Erzeugendensystem von V
(B linear unabhängig und $V = \text{Spann}(B)$).
2. B ist eine maximale linear unabhängige Teilmenge von V,
d.h. B linear unabhängig und $\forall x \in V \setminus B : B \cup \{x\}$ linear abhängig.
3. B ist ein minimales Erzeugendensystem,
d.h. $V = \text{Spann(B)} \ \wedge \ \forall x \in B : \text{Spann}(B \setminus \{x\}) \neq V$.
4. Jeder Vektor $v \in V$ läßt sich (abgesehen von Reihenfolge und Aufspalten der Summanden) auf genau eine Weise als Linearkombination von B darstellen.

Beispiele von Basen:

$\{\vec{e_i} \mid i = 1, \ldots, n\}$ ist Basis von K^n (Definition von $\vec{e_i}$ siehe unter (i) Bsp.), und $\{X^i | i \in \mathbb{N}\}$ ist Basis von $K[X]$.

Diese beiden Basen heißen "kanonische Basis" von K^n bzw. $K[X]$. Basis von $\{0\}$ ist $\emptyset$. Weitere Beispiele von Basen findet man unter §1.3.

(iii) *Definition: Koordinaten*
Sei V ein $K-VR$ mit endlicher Basis $\bar{B} = \{b_1, \ldots, b_n\}$. Nach Festlegung einer Reihenfolge (totalen Ordnung) der Elemente von $\bar{B}$ sprechen wir von einer *geordneten Basis* $B = (b_1, \ldots, b_n)$. Nach (ii) läßt sich dann $x \in V$ auf genau eine Weise in der Form $x = \sum_{i=1}^{n} \xi_i b_i$ darstellen. ξ_i heißt i-te *Koordinate* von x bzgl. B und $M_B(x) := \begin{pmatrix} \xi_1 \\ \vdots \\ \xi_n \end{pmatrix}$ *Koordinatenvektor* von x bzgl. B.

Beispiele :

a) Ist $V = K^n$ und $B = (\vec{e_1}, \ldots, \vec{e_n})$, so gilt

$$M_B((\lambda_1, \ldots, \lambda_n)) = \begin{pmatrix} \lambda_1 \\ \vdots \\ \lambda_n \end{pmatrix}.$$

b) Ist V Raum der Vektoren der euklidischen Ebene mit geordneter Basis $(\vec{b_1}, \vec{b_2})$, so ist $\vec{x} = \xi_1 \vec{b_1} + \xi_2 \vec{b_2}$ mit Koordinatenvektor $\binom{\xi_1}{\xi_2}$ der Ortsvektor des Punktes mit den Koordinaten (ξ_1, ξ_2) in dem entsprechenden affinen Koordinatensystem, s. Bild 1.3, vgl. auch Bsp.4 in §1.3.

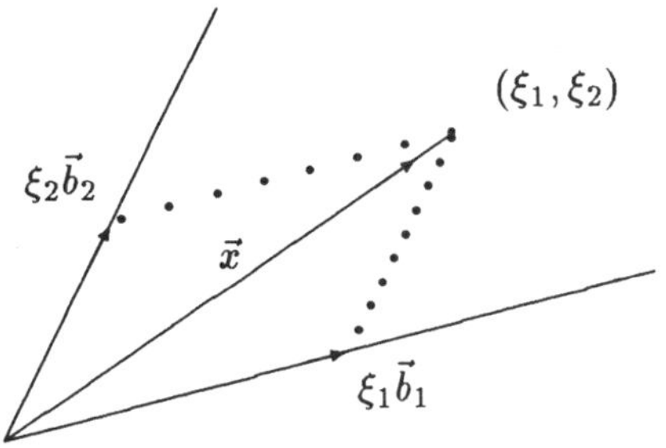

Bild 1.3
Punkt- und Vektorkoordinaten in einem affinen Koordinatensystem der Ebene

Anmerkung: Die Zuordnung $i_B : V \to K^n$ mit $x \mapsto M_B(x)$ ist (für eine feste Basis B von V mit $|B| = n$) ein Isomorphismus.

Als Hilfsmittel zum Beweis des Basisexistenzsatzes verwendet man das Zornsche Lemma (bzw. im endlich erzeugten Fall den Austauschsatz von Grassmann/Steinitz), s.u..

Exkurs zu einem wichtigen Beweisprinzip:

Geben Sie eine Formulierung des **Zornschen Lemmas** an! Welche anderen wichtigen Aussagen sind zu ihm äquivalent?

Lemma von Zorn:
In jeder nicht-leeren induktiv geordneten Menge existiert (mindestens) ein maximales Element.
Dabei heißt eine geordnete Menge $(M, \leq)$ *induktiv geordnet*, wenn zu jeder nicht-leeren total-geordneten Teilmenge (Kette) von M eine obere Schranke in M existiert. Ein Element $b \in M$ heißt *maximal*, wenn kein echt größeres Element in M existiert.

Beispiele:

(i) $(M, \leq) = (\mathfrak{P}(A), \subseteq)$ (Potenzmenge von A mit Mengeninklusion) ist induktiv geordnet: $\bigcup\limits_{X \in \mathcal{X}} X$ ist obere Schranke für eine nicht-leere Kette $\mathcal{X}$ von $\mathfrak{P}(A)$.

(ii) $([0,1]\,, \leq)$ ist induktiv geordnet, nicht aber $([0,1[\,, \leq)$.

(iii) $(\mathbb{N}, \leq)$ ist nicht induktiv geordnet, da die Kette $\mathbb{N}$ keine obere Schranke in $\mathbb{N}$ hat.

Äquivalente Aussagen:
Wohlordnungssatz: Jede Menge läßt sich wohlordnen, d.h. so ordnen, daß jede nicht-leere Teilmenge ein kleinstes Element besitzt.
Auswahlaxiom (*AC*):
Ist $(A_\alpha)_{\alpha \in \mathfrak{I}}$ eine nicht-leere Familie paarweise disjunkter nicht-leerer Mengen, dann existiert eine Abbildung $f : \mathfrak{I} \to \bigcup\limits_{\alpha \in \mathfrak{I}} A_\alpha$ mit $f(\alpha) \in A_\alpha$ für jedes $\alpha \in \mathfrak{I}$. (Die

Abbildung f „wählt" aus jedem A_α ein Element aus).
Anmerkung: Da die Auswahlfunktion nicht konstruktiv angegeben werden kann, lehnen einige Mathematiker beim Aufbau der Mengenlehre das Axiom AC und Folgerungen daraus ab.

Wie lautet der **Basisergänzungssatz** bzw. der **Basisexistenzsatz** (mit Beweisskizze!) ?

Basisergänzungssatz
Ist V Vektorraum, F linear unabhängige Teilmenge und E Erzeugenden-System von V mit $F \subseteq E$, dann existiert eine Basis B von V mit $F \subseteq B \subseteq E$.

Durch Spezialisierung zu $F = \emptyset$ und $E = V$ ergibt sich daraus sofort das folgende

Korollar: **Basisexistenzsatz**
Jeder Vektorraum besitzt (mindestens) eine Basis.

Beweisskizze zum Basisergänzungssatz:
Die Menge $\mathcal{F} := \{C | F \subseteq C \subseteq E \wedge C \text{ linear unabhängig}\}$ aller linear unabhängigen Teilmengen von E, die F enthalten, ist wegen $F \in \mathcal{F}$ eine nicht-leere bzgl. $\subseteq$ geordnete Menge. Sei $\mathcal{K} \subseteq \mathcal{F}$ eine Kette; dann ist $S := \bigcup_{J \in K} J$ eine obere Schranke von K in $\mathcal{F}$; denn es gilt u.a. $\mathcal{F} \subseteq S \subseteq E$; sei nämlich $\{x_1, \ldots, x_r\}$ eine endliche Teilmenge von S; dann existieren $J_1, \ldots, J_r \in \mathcal{K}$ mit $x_i \in J_i$; es folgt: $\exists J_k$ mit $J_i \subseteq J_k$ für $i = 1, \ldots, r$; mit J_k ist auch $\{x_1, \ldots, x_r\}$ linear unabhängig.
Damit ist $\mathcal{F}$ induktiv geordnet. Nach dem Lemma von Zorn existiert ein maximales Element B in $\mathcal{F}$; nach Definition ist $F \subseteq B \subseteq E$ und B lin.unabh. ; man zeigt nun, daß B auch maximale linear unabhängige Menge von V ist. □

Anmerkung:

1.) Die Basisexistenz (und die Gleichmächtigkeit von Basen, s.u.) im Falle eines endlich erzeugten Vektorraums ergibt sich auch aus dem
Austauschsatz von Grassmann/Steinitz:
Ist B Basis von V mit $|B| = n$, und ist A lin.unabh. Teilmenge von V mit $|A| = m$, dann gilt $m \leq n$, und es existiert eine Teilmenge $\hat{B}$ von B mit $\hat{B} \cap A = \emptyset$ und $\hat{B} \cup A$ ist Basis von V. (Es läßt sich also eine bestimmte Teilmenge von B durch die lin.unabh. Menge A austauschen.)
Beweis durch die vollständige Induktion nach m.

2.) *Existenz eines Komplements*
Ist U Unterraum von V, dann existiert ein Unterraum W von V mit $V = U \bigoplus W$ (d.h. $V = U + W$ und $U \cap W = \{0\}$).
Beweis durch Ergänzung einer Basis U zu einer Basis von V.

Weitere Folgerungen (vgl. §1.4):
$$\begin{aligned} \dim V/U &= \dim(U \bigoplus W)/U = \dim W/(U \cap W) = \dim W = \operatorname{codim}_V U \\ &= \dim V - \dim U \text{ (im endlich-dimemsionalen Fall)}. \end{aligned}$$

1.3 Dimension

Welcher Satz eröffnet die Möglichkeit der Definition der **Dimension** eines Vektorraums, und wie wird diese definiert ?

Der grundlegende Satz ist der *Satz von Löwig* über die Gleichmächtigkeit aller Basen eines Vektorraums:
Ist V ein VR, und sind B und C Basen von V, so gibt es eine Bijektion von B auf C; folglich gilt $|B| = |C|$.
Definiert man also für einen K-VR V mit Basis B die Dimension $\dim_K V := |B|$, so ist diese Definition unabhängig von der speziell gewählten Basis B.

Anmerkungen:

1. In der Schreibweise $\dim_K V$ wird die Abhängigkeit vom Grundkörper K deutlich. Beispiele: $\dim_{\mathbb{R}} \mathbb{C} = 2$, $\dim_{\mathbb{C}} \mathbb{C} = 1$
2. Man beachte, daß eine lin.unabh. TM eines n-dimensionalen Vektorraums höchstens aus n Vektoren bestehen kann.
3. Ist V endlich erzeugt, so existiert eine endliche Basis von V; man spricht daher auch von V als *endlich-dimensionalem Vektorraum*. Ist V nicht-endlich erzeugt, besitzt also eine unendliche Basis, so schreibt man oft lediglich $\dim_K V = \infty$, andernfalls $\dim_K V < \infty$.

Geben Sie für einige der **Beispiele** von Vektorräumen aus §1.1 die jeweilige Dimension an; (bei Bsp. 3 nur für $K = \mathbb{R}$, bei Bsp. 5 nur für $(L, K) = (\mathbb{R}, \mathbb{Q}), (\mathbb{C}, \mathbb{R})$ und (K, K), bei Bsp. 7 nur für $\mathcal{C}(\mathbb{R}, \mathbb{R})$, Bsp. 8 auslassen, bei Bsp. 9 nur für a))!

(Die Nummern beziehen sich auf die unter " Spezialfälle " in §1.1 aufgeführten Beispiele von Vektorräumen.)

ad 1) ** Für unendliche Indexmenge I gilt $\dim_K K^I = |K^I|$ (Beweisskizze s.u.).

ad 2) $\dim_K K^{(I)} = |I|$

Beispiel einer Basis für $K^{(I)}$: $(\delta_{ij})_{j \in I}$. Dabei ist definiert:

$$\delta_{ij} := \begin{cases} 0 & \text{für} \quad i \neq j \\ 1 & \text{für} \quad i = j \end{cases}$$

Im Falle von $K^{(\mathbb{N})} = K[X]$ ist diese Basis gleich $(X^i)_{i \in \mathbb{N}}$.

ad 3) $\dim_{\mathbb{R}} \mathcal{P}(\mathbb{R}) = \aleph_0$, wobei $\aleph_0$ die Mächtigkeit von $\mathbb{N}$ bezeichnet.

Beispiel einer Basis: $\{(id_{\mathbb{R}})^n \mid n \in \mathbb{N}\}$

**etwas schwierige Aufgabe

ad 4) $\dim_{\mathbb{R}} E = 2$ folgt aus der Möglichkeit der Parallelogrammkonstruktion und der linearen Abhängigkeit von parallelen Vektoren, d.h. aus der Existenz aller "möglichen" zentrischen Streckungen; vgl. auch Bild 1.3.

ad 5) ** Es ist $\dim_{\mathbb{Q}} \mathbb{R} = \mathfrak{c}$ (s.u.). Hierbei bezeichnet $\mathfrak{c}$ die Mächtigkeit (Kardinalität) von $\mathbb{R}$; es gilt $\mathfrak{c} = 2^{\aleph_0} = |\mathfrak{P}(\mathbb{N})|$ (→ Entwicklung der reellen Zahlen zur Basis 2 .)
$\dim_{\mathbb{R}} \mathbb{C} = 2$ (z.Bsp. ist $\{1, i\}$ eine Basis); $\dim_K K = 1$.
Allgemein: Der Grad einer Körpererweiterung von K zu L ist definiert als

$$[L : K] := \dim_K L \ .$$

ad 6) $\dim V_1 = 2$ Beispiel einer Basis: $\{\sin, \cos\}$; denn mit $f \in V_1$ gilt für $w := f - f(0)\cos - f'(0)\sin$ die Gleichung $w'' + w = 0$ sowie $(w'^2 + w^2)' = 2w'(w'' + w) = 0$, folglich $w'^2 + w^2 = \text{const} = 0$ und daher $w = 0$.

Alternativer Beweis:
$f = (f'\cos + f\sin)\sin + (f\cos - f'\sin)\cos$; die Klammerausdrücke sind wegen $(f'\cos + f\sin)' = 0 = (f\cos - f'\sin)'$ Konstanten.

ad 7) ** Es gilt: $\dim_{\mathbb{R}} \mathcal{C}(\mathbb{R}, \mathbb{R}) = \mathfrak{c}$ (Beweis s.u.)

ad 9) $\dim_K K^{(n,m)} = n \cdot m$ (Beispiel einer Basis ?).

ad 10) $\dim_{GF(2)}(\mathfrak{P}(M), \triangle, \cdot) = |M|$ (Beweis?)

a) **Geben Sie eine Beweisskizze für folgende Behauptung:
Sei $\mathcal{B}$ Basis des $K - VR's$ V und K unendlich. Dann gilt:

$$|V| = \max(|\mathcal{B}|,\ |K|)$$

b) Bestimmen Sie mit Hilfe von a) folgende Dimensionen:

$$\dim_{\mathbb{Q}} \mathbb{R} \quad \text{und} \quad \dim_{\mathbb{R}} \mathbb{R}^{\mathbb{N}}$$

a) *Beweisskizze :* Ist Y eine Menge, so sei $E(Y)$ die Menge aller endlichen Teilmengen von Y. Wir benutzen den Satz (s.z.Bsp. Dugundji: Topology II, §8):

$$|Y| \geq \aleph_0 \ \Rightarrow\ |E(Y)| = |Y| \ .$$

(Analog gilt $|\bigcup_{n\in\mathbb{N}} Y^n| = |Y|$ für unendliches Y.)

Nun folgt wegen $|K| \geq \aleph_0$ mit $|K| = |K|^m$ für $m \in \mathbb{N}$:

**etwas schwierigere Aufgabe

$$|V| = |\bigcup_{B\in E(\mathcal{B})} \mathrm{Spann}(B)^*| + |\{0\}| = \sum_{B\in E(\mathcal{B})} |K|^{|B|} = |E(\mathcal{B})|\cdot|K| = |\mathcal{B}|\cdot|K|$$

(mit den Bezeichnungen $M^* := M\setminus\{0\}$ und der Menge $\mathrm{Spann}(X)$ der Linearkombinationen von X). Aus einem weiteren Satz der Kardinalzahl-Arithmetik ergibt sich:

$$|\mathcal{B}|\cdot|K| = \max(|\mathcal{B}|,|K|) \quad (\text{ für } |K|\geq\aleph_0). \qquad \square$$

Anmerkung:

1.) Daraus folgt für unendlichen Körper K stets

$$\dim_K V = |V| \quad \text{oder} \quad |V| = |K| \geq \dim_K V.$$

2.) Ein Satz von Erdös und Kaplanski besagt sogar $\dim_K K^I = |K^I|$ für $|I|\geq\aleph_0$.

b) Nach a) gilt $|\mathbb{R}| = \max(\dim_{\mathbb{Q}}\mathbb{R}, |\mathbb{Q}|)$, wegen[3] $\mathfrak{c} = |\mathbb{R}| \neq |\mathbb{Q}| = \aleph_0$ also

$$\dim_{\mathbb{Q}}\mathbb{R} = |\mathbb{R}| = \mathfrak{c}.$$

Wegen $|\mathbb{R}^{\mathbb{N}}| = \mathfrak{c}^{\aleph_0} = (2^{\aleph_0})^{\aleph_0} = 2^{\aleph_0\cdot\aleph_0} = 2^{\aleph_0} = \mathfrak{c}$ ist ferner

$$|\mathbb{R}^{\mathbb{N}}| = \dim_{\mathbb{R}}\mathbb{R}^{\mathbb{N}} = |\mathbb{R}| = \mathfrak{c}.$$

*Anmerkung***: Es gilt

(i) $|\mathbb{R}^{\mathbb{R}}| = \mathfrak{c}^{\mathfrak{c}} = (2^{\aleph_0})^{\mathfrak{c}} = 2^{\mathfrak{c}} = \dim_{\mathbb{R}}\mathbb{R}^{\mathbb{R}}$ und

(ii) $\dim_{\mathbb{R}} \mathcal{C}(\mathbb{R},\mathbb{R}) = |\mathcal{C}(\mathbb{R},\mathbb{R})| = 2^{\aleph_0} = \mathfrak{c}$ (für den VR der stetigen reellen Funktionen).

Beweisskizze zu (ii)
Wegen der Stetigkeit von $f\in\mathcal{C}(\mathbb{R},\mathbb{R})$ ist f durch die Einschränkung auf $\mathbb{Q}$ schon eindeutig bestimmt; somit folgt $|\mathcal{C}(\mathbb{R},\mathbb{R})| \leq |\mathbb{R}^{\mathbb{Q}}| = 2^{\aleph_0\times\aleph_0} = \mathfrak{c}$; andererseits ist $\dim_{\mathbb{R}}(\mathcal{C}(\mathbb{R},\mathbb{R})) \geq \mathfrak{c}$, da die folgende Menge der Funktionen linear unabhängig ist: $\{f:\mathbb{R}\to\mathbb{R} \text{ mit } x\mapsto\exp(a\,x)\mid a\in\mathbb{R}\}$. $\square$

Zeigen Sie, daß jeder n-dimensionale K-Vektorraum isomorph zu K^n ist! Wie läßt sich diese Aussage auf Vektorräume beliebiger Dimension verallgemeinern?

(i) *Beweisskizze*
Ist V ein n-dimensionaler Vektorraum über K, so existiert definitionsgemäß eine Basis B mit $|B| = n$. Die Abbildung $M_B : V\to K^n$ mit $x\mapsto M_B(x)^T$ ist linear (Nachrechnen!) und bijektiv (s. §1.2 "Koordinatenvektor"), also ein Isomorphismus: Es folgt $V\cong K^n$. $\square$

[3] $\longrightarrow$ Cantorsches Diagonalverfahren

(ii) Allgemeiner: Ist V ein $K - VR$, so existiert (nach dem Basisexistenzsatz) eine Basis B. Wie bei der Betrachtung der Eigenschaften einer Basis in §1.2 gesehen, läßt sich dann jedes Element $v \in V$ in eindeutiger Weise als Linearkombination von B darstellen; die Familie $(\xi_b)_{b\in B}$ der Koordinaten hat einen endlichen Träger; die Abbildung $V \to K^{(B)}$ mit $x \mapsto (\xi_b)_{b\in B}$ ist ein Isomorphismus. Daher folgt $V \cong K^{(B)}$. □

Bis auf Isomorphie sind daher die Vektorräume $K^{(I)}$ (mit beliebigem I) die einzigen K-Vektorräume. (Vgl. Beispiel 2 in §1.1).

1.4 Lineare Abbildungen, Gleichungssysteme, Faktorräume

Seien V_1, V_2 K-Vektorräume. Definieren Sie, was unter einer linearen Abbildung von V_1 in V_2 zu verstehen ist!

Eine Abbildung $f : V_1 \to V_2$ heißt **linear** oder ***K* –Homomorphismus**, falls gilt:

$$\begin{aligned} f(v+w) &= f(v)+f(w) \\ f(\lambda v) &= \lambda f(v) \qquad \text{(für alle } v,w \in V_1, \lambda \in K) \end{aligned}$$

Beispiele:

(i) Mit $A = (\alpha_{ij})_{\substack{i=1\ldots m \\ j=1\ldots n}} \in K^{(m,n)}$ ist

$$f_A : \quad K^n \to K^m \text{ , definiert durch } \begin{pmatrix} \xi_1 \\ \vdots \\ \xi_n \end{pmatrix} \mapsto A \cdot \begin{pmatrix} \xi_1 \\ \vdots \\ \xi_n \end{pmatrix} ,$$

linear.

Spezialfälle: 1.) Für $A = (\alpha_1 \ldots \alpha_n)$ ist f_A eine **Linearform**; z.Bsp. erhält man für $A = (0\ldots010\ldots0)$ mit 1 an der k-ten Stelle die k-te Projektion. 2.) Eine lineare Abbildung von V in sich heißt **Endomorphismus** . Eine bijekive lineare Abbildung von V auf W wird **Isomorphismus**, von V auf V *Automorphismus eines VR's* genannt.

(ii) $\lim\limits_{n\to\infty}$ ist linear auf dem $\mathbb{R} - VR$ der konvergenten reellen Zahlenfolgen.

(iii) Die Ableitung $\frac{d}{dx}$ ist linear auf dem Vektorraum der Polynomabbildungen.

(iv) ** Nach Numerierung der Elemente einer m-elementigen Menge M erhält man eine bijektive lineare Abbildung (einen Isomorphismus) von $(\mathfrak{P}(M), \triangle, \cdot)$ auf $(GF(2)^m, +, \cdot)$ durch $T \mapsto (t_1, \ldots, t_m) =: \chi_T$ mit $t_i = \begin{cases} 1 & \text{falls } i \in T \\ 0 & \text{sonst} \end{cases}$ (charakteristischer Vektor) (vgl. §1.1 Bsp. 10.) (Beweis?)

Beschreiben Sie eine minimale Menge von Vektoren, durch deren Bilder eine lineare Abbildung $f: V_1 \to V_2$ schon bestimmt ist, und beweisen Sie den Fortsetzungssatz.

Lösung: Eine Basis von V ist ausreichend. Denn es gilt der **Fortsetzungssatz:** *Ist $B = (b_i)_{i\in I}$ eine Basis von V_1 und $(w_i)_{i\in I}$ eine beliebige Familie von Vektoren von V_2 mit gleicher Indexmenge, dann gibt es genau eine lineare Abbildung f von V_1 in V_2 mit $f(b_i) = w_i$ für alle $i \in I$.*

Beweisskizze:
Ist $w \in V_1$, so existiert eine Darstellung $w = \sum_{i\in I} \lambda_i b_i$ (mit $\lambda_i \in K$, fast alle $\lambda_i = 0$).
Wegen der Linearität von f muß jedenfalls gelten

$$(*) \quad f(w) = f(\sum \lambda_i b_i) = \sum \lambda_i f(b_i) = \sum \lambda_i w_i \ ;$$

damit ist f schon durch B und $(w_i)_{i\in I}$ bestimmt. Umgekehrt läßt sich durch $(*)$ die Abbildung $\tilde{f}: B \to V_2$ mit $\tilde{f}(b_i) = w_i$ zu einer linearen Abbildung $f: V_1 \to V_2$ fortsetzen (Beweis durch Nachrechnen). Eine kleinere Menge von Vektoren reicht somit nicht aus, um f festzulegen. □

Geben Sie die **Matrixdarstellung** einer linearen Abbildung zwischen endlich-dimensionalen Vektorräumen an! Welche Folge hat ein Basiswechsel für die darstellenden Matrizen?

1.) Seien V_1, V_2 $K-VR'e$ endlicher Dimension und $f: V_1 \to V_2$ linear. Ist $B = (b_1, \ldots, b_n)$ geordnete Basis von V_1 und $C = (c_1, \ldots, c_m)$ geordnete Basis von V_2, so existieren Skalare α_{ij} mit $f(b_j) = \sum_{i=1}^{m} \alpha_{ij} c_i \quad (j = 1, \ldots, n)$.
Wir definieren $M_C^B(f) := (\alpha_{ij})_{\substack{i=1\ldots m\\ j=1\ldots n}}$ als die "Matrix von f" bzgl. B und C.

Also: $$M_C^B(f) = \begin{pmatrix} \boxed{\begin{matrix}\alpha_{11}\\ \vdots \\ \alpha_{m1}\end{matrix}} & \begin{matrix}\cdots\cdots\\ \\ \cdots\cdots\end{matrix} & \boxed{\begin{matrix}\alpha_{1n}\\ \vdots \\ \alpha_{mn}\end{matrix}} \end{pmatrix}$$ mit den Koordinatenvektoren der Bilder der Basisvektoren von B, dargestellt bzgl. C, als Spalten.

Anmerkungen:

a) Es gilt $\quad M_C(f(x)) = M_C^B(f) \cdot M_B(x)$
für die Koordinatenvektoren $M_B(x)$ bzw. $M_C(y)$ von x bzgl. B bzw. y bzgl. C.

b) Die Abbildung $\quad \mathrm{Hom}_K(V_1, V_2) \to K^{(m,n)}$ mit $f \mapsto M_C^B(f)$ ist ein Vektorraum Isomorphismus.

c) Spezialfall Linearformen: $\quad V^* = \mathrm{Hom}\,(V_1, K) \cong K^{(1,n)}$. Die zu B duale Basis $(b_1^*, \ldots, b_n^*)$ hat die Matrizen $(1, 0, \ldots, 0), \ldots, (0, \ldots, 0, 1)$.

Beispiele kanonischer Matrizen einiger wichtiger „geometrischer" Abbildungen des Vektorraumes $\mathbb{R}^2$ (bzw. des euklidischen Raums $\mathbb{R}^2$ mit kanonischem Skalarprodukt) jeweils mit $B = C = (\mathbf{b}_1, \mathbf{b}_2)$:

(i) Matrix einer *zentrischen Streckung* σ_k mit Zentrum $\mathbf{O}$ und Streckfaktor k: Wegen $\sigma_k(\mathbf{b}_j) = 0 + \ldots + 0 + k\mathbf{b}_j + 0 + \ldots + 0$ folgt

$$M_B^B(\sigma_k) = \begin{pmatrix} k & & O \\ & \ddots & \\ O & & k \end{pmatrix}.$$

(ii) Matrix einer *Schrägspiegelung* in $\mathbb{R}^2$, deren Achse a durch $(0,0)$ geht: Wähle $B = C = (\mathbf{b}_1, \mathbf{b}_2)$ mit $a = \mathbb{R}\mathbf{b}_1$ und Spiegelungsrichtung $\mathbb{R}\mathbf{b}_2$:

$$\begin{pmatrix} 1 & 0 \\ 0 & -1 \end{pmatrix} ; \quad \text{s.Bild 1.4 a.}$$

(Spezialfall für $\mathbf{b}_1 \perp \mathbf{b}_2$: *Geradenspiegelung* γ_a an a)

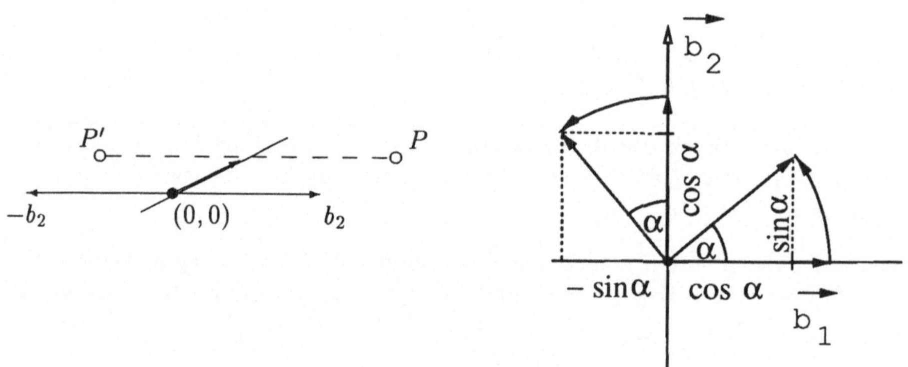

Bild 1.4 a) Zur Darstellung einer Schrägspiegelung b) Zur Drehung δ_α

(iii) Matrix einer *Drehung* δ_α um $(0,0)$ um den Winkel α (s. Bild 1.4 b) im kartesischen Koordinatensystem, d.h. mit $\mathbf{b}_1 \perp \mathbf{b}_2$ und $\|\mathbf{b}_1\| = \|\mathbf{b}_2\| = 1$:

$$\begin{pmatrix} \cos\alpha & -\sin\alpha \\ \sin\alpha & \cos\alpha \end{pmatrix}.$$

(iv) Matrix der *Parallelprojektion* (s. Bild 1.5) längs der zweiten Koordinatenachse auf die erste:
$$\begin{pmatrix} 1 & 0 \\ 0 & 0 \end{pmatrix}.$$

Spezialfall für $\mathbf{b}_1 \perp \mathbf{b}_2$: *Orthogonalprojektion* auf $< b_1 >$

Weitere Beispiele findet man in §1.5 und Kap. 2 .

2.) Basiswechsel führt zu einer *äquivalenten* Matrix: $M_{C'}^{B'}(f) = SM_C^B(f)T$, im Falle $V_1 = V_2$ zu einer *ähnlichen* Matrix

$$M_{B'}^{B'}(f) = T^{-1}M_B^B(f)T .$$

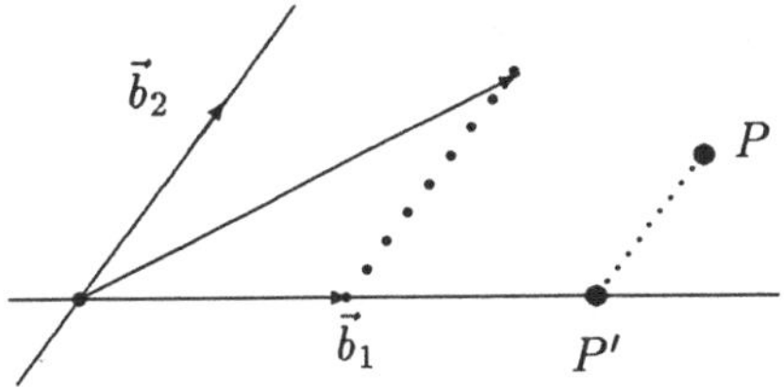

Bild 1.5
Parallellprojektion auf $< \vec{b}_1 >$

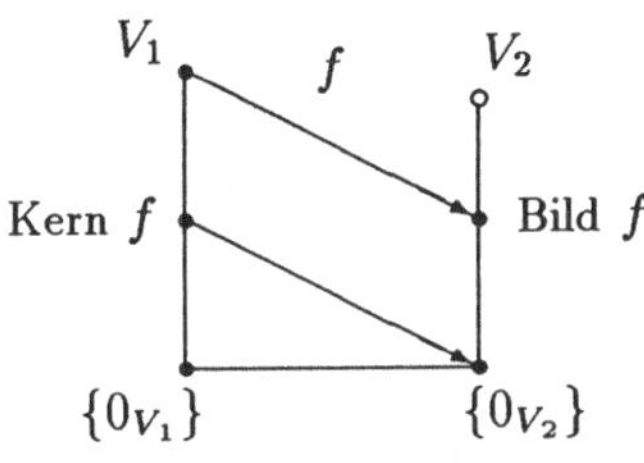

Bild 1.6
Hasse-Diagramme für
$\{0_{V_1}\} \leq$ Kern $f \leq V_1$ und
$\{0_{V_2}\} \leq$ Bild $f \leq V_2$, durch f "verbunden"

Hierbei bezeichnen S und T die den Basiswechsel beschreibenden regulären Matrizen: $S = M_{C'}^{C}(id_{V_2})$ und $T = M_{B}^{B'}(id_{V_1})$.
Zum *Beweis* kann man $f = (id_{V_2}) \circ f \circ (id_{V_1})$ benutzen.

Geben Sie an, wie sich Eigenschaften von linearen Abbildungen an den darstellenden Matrizen erkennen lassen (z.Bsp. Rang, Bijektivität, Verknüpfung, Eigenwerte).

Voraussetzung: K Körper, V_1, V_2, V_3 n- bzw. m- bzw. k dimensionale K-Vektorräume mit Basis B bzw. C bzw. D. Weiteres entnehme man Tabelle 1.1!

Was ist unter dem **Kern** einer linearen Abbildung $f : V_1 \to V_2$, was unter dem **Bild** von f zu verstehen ? Welche Struktur besitzen Kern f und Bild f ? Wie sehen die vollen Urbilder der Elemente von V_2 aus ?

Man definiert: Kern $f := \{ x \in V_1 \mid f(x) = 0_{V_2} \}$ und Bild $f := \{ f(v) \mid v \in V_1\}$
Eigenschaften: Kern f ist Unterraum von V_1 und Bild f ist Unterraum von V_2.
(Symbolische Darstellung s. Bild 1.6.)

Das volle Urbild von $f(v) \in$ Bild$f$ ist $v +$ Kern f, das von $w \in V_2 \setminus$ Bild f gleich der leeren Menge.
Beweis: $f(v+\text{Kern} f) = f(v)+f(\text{Kern} f) = f(v)+\{0\} = \{f(v)\}$. Gilt umgekehrt $f(w) = f(v)$, so $0 = f(w)-f(v) = f(w-v)$ und daher $w-v \in$ Kern$f$, also $w \in v +$ Kern$f$, s. Bild 1.7. Die Elemente von $V_2 \setminus$ Bild f haben definitionsgemäß keine Urbilder. □

Tabelle 1.1 Entsprechung der Eigenschaften linearer Abbildungen und der darstellenden Matrizen

lineare Abbildung f	Übertragung	Matrix $A = M_C^B(f)$
$f \in \mathrm{Hom}_K(V_1, V_2)$ $y = f(x)$	$\mathbf{y} = M_C(y)\,, \mathbf{x} = M_B(x)$ $A = M_C^B(f)$ $M_C(f(x)) = A \cdot M_B(x)$	$A \in K^{(m,n)}$ $\mathbf{y} = A \cdot \mathbf{x}$
Rang $f :=$ $\dim \mathrm{Bild} f := \dim f(V_1)$	$\mathrm{Rang}\, f = \mathrm{Rang}\, A$	Rang A:= Maximalzahl linear unabhängiger Zeilenvektoren von A = Maximalzahl linear unabhängiger Spaltenvektoren von A
f **regulär,** d.h. Isomorphismus	f bijektiv $\Longleftrightarrow$ A invertierbar	A regulär (d.h. $n = \mathrm{Rang} A = m$)
$f_3 = f_2 \circ f_1$ für $f_1(V_1) \subseteq V_2$	$M_D^B(f_2 \circ f_1) =$ $M_D^C(f_2) \cdot M_C^B(f_1)$	$A_3 = A_2 \cdot A_1$
Sei $V_1 = V_2$,	$B = C$ und $A = M_B^B(f)$	A quadratisch d.h. $m = n$
$f \in \mathrm{End}_K(V) :=$ $\mathrm{Hom}_K(V, V)$	$\mathrm{End}_K(V) \to K^{(n,n)}$ mit $f \mapsto M_B^B(f)$ ist Algebren-Isomorphismus	$A \in K^{(n,n)}$
$\det f$ (s. 1.9)	$\det f = \det A$	$\det A$
λ **Eigenwert** von f	charakteristisches Polyn. $\chi_f = \chi_A$ mit $A = M_B^B(f)$	λ Eigenwert von A
x **Eigenvektor** von f	Für $\mathbf{x} = M_B(x)$ und $A = M_B^B(f)$ gilt $(f - \lambda id)(x) = 0$ g.d.w. $(A - \lambda E_n) \cdot \mathbf{x} = \mathbf{0}$	$\mathbf{x}$ Eigenvektor von A
Sei (V, Φ) ein n-dim. euklidischer bzw. unitärer Raum (vgl. §§1.6, 1.7 und 2.3) und $f : V \to V$ **Isometrie** mit $f(0) = 0$ (längentreue lineare Abbildung, im Fall $K = \mathbb{R}$: Orthogonale Abbildung mit Fixpunkt 0)	Für $A = M_B^B(f)$ mit Orthonormalbasis B von V gilt : $\Phi(f(x), f(y)) =$ $(\overline{A\mathbf{x}})^T M_B(\Phi) A\mathbf{y}$ und $M_B(\Phi) = E_n$	$\bar{A}^T \cdot A = E_n$, d.h. A **orthogonal** im Fall $K = \mathbb{R}$ A *unitär* im Fall $K = \mathbb{C}$

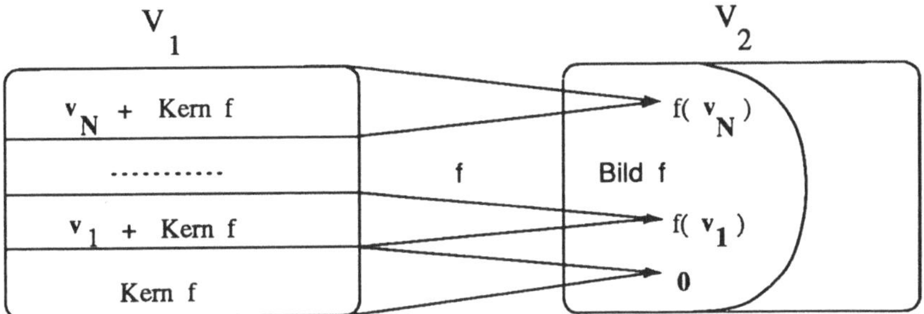

Bild 1.7 Volle Urbilder bei einer linearen Abbildung

Beispiel: Ist $f : \mathbb{R}^2 \to \mathbb{R}^2$ Parallelprojektion längs $< b_2 >$ auf $< b_1 >$, so ist Kern $f =< b_2 >$ und Bild $f =< b_1 >$ (s. Bild 1.8).

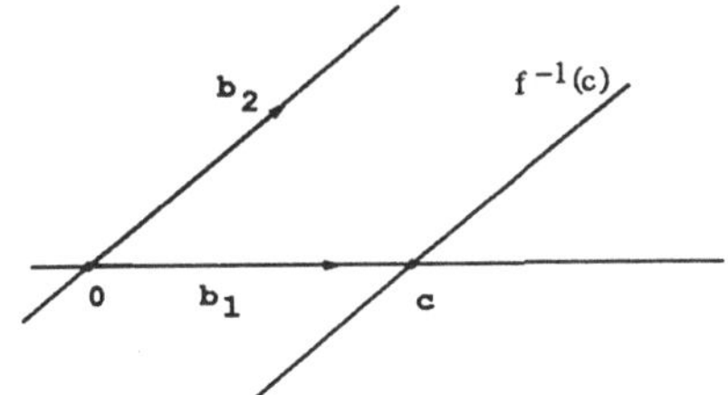

Bild 1.8
Kern und Bild bei einer Parallelprojektion

> Wie läßt sich mit dem **linearen Gleichungssystem (LGS)**
>
> $$(*) \quad \begin{cases} \alpha_{11}\xi_1 + \cdots + \alpha_{1n}\xi_n &= \beta_1 \\ \vdots \qquad\qquad\quad \vdots & \;\; \vdots \\ \alpha_{m1}\xi_1 + \cdots + \alpha_{mn}\xi_n &= \beta_m \end{cases}$$
>
> $(\alpha_{ij}, \beta_i \in K)$ eine lineare Abbildung f in Verbindung bringen ?
> Wie lassen sich dann L und L_0, die Lösungsmengen von $(*)$ und des zu $(*)$ gehörenden homogenen Systems $(\beta_1 = \ldots = \beta_m = 0)$, interpretieren ?

(i) Das LGS $(*)$ läßt sich mit

$$A = (\alpha_{ij})_{\substack{i=1\cdots m \\ j=1\cdots n}}, \qquad \vec{x} = \begin{pmatrix} \xi_1 \\ \vdots \\ \xi_n \end{pmatrix} \in K^n \quad \text{und} \quad \vec{b} = \begin{pmatrix} \beta_1 \\ \vdots \\ \beta_m \end{pmatrix} \in K^m$$

in der Form $A\vec{x} = \vec{b}$ bzw. $f_A(\vec{x}) = \vec{b}$ schreiben; hierbei ist $f_A : K^n \to K^m$ definiert durch $\vec{x} \mapsto A\vec{x}$ (s.o.).

(ii) Das zu $(*)$ gehörende homogene System

$$(**)\quad \begin{cases} \alpha_{11}\xi_1 + \cdots + \alpha_{1n}\xi_n &= 0 \\ \vdots \qquad\qquad\quad \vdots & \vdots \\ \alpha_{m1}\xi_1 + \cdots + \alpha_{mn}\xi_n &= 0 \end{cases}$$

hat die Lösungsmenge $L_0 = \{\vec{x} \in K^n \mid A\vec{x} = \vec{0}\ \} = \text{Kern} f_A$.

L_0 ist damit ein Unterraum von K^n .

(iii) Der Lösungsraum von $(*)$, also

$$L = \{\vec{x} \in K^n \mid A\vec{x} = \vec{b}\}$$

ist gleich dem vollen Urbild $f_A^{-1}(\vec{b})$ von $\vec{b}$ unter f_A. Damit folgt:

(iv) Das LGS $(*)$ ist genau dann lösbar, wenn $b \in \text{Bild} f_A$ gilt. Da das Bild von f_A gleich dem von den Spaltenvektoren von A erzeugten Raum ist, ergibt sich das Lösbarkeitskriterium:

Genau dann ist $(*)$ lösbar, wenn $\vec{b}$ von den Spalten von A linear abhängt, also für die erweiterte Koeffizientenmatrix gilt:

$$\text{Rang}\,(A|b) = \text{Rang}\,A\,.$$

(v) Ist das LGS $(*)$ lösbar, so existiert ein $\vec{p}$ mit $f_A(\vec{p}) = \vec{b}$ (spezielle Lösung).

Für das volle Urbild von $\vec{b}$ unter f_A gilt dann

$$L = f_A^{-1}(\vec{b}) = \vec{p} + \text{Kern} f_A = \vec{p} + L_0\ ;$$

L ist also ein affiner Unterraum zum Unterraum L_0.

Exkurs zur praktischen Berechnung der Lösungen:

Beschreiben Sie, wie sich die Lösungen eines konkreten LGS's (falls existent) durch elementare Umformungen bestimmen lassen.

Zum linearen Gleichungssystem $(*)\ A\mathbf{x} = \mathbf{b}$ betrachtet man die erweiterte Koeffizientenmatrix $(A|b) = \left(\begin{array}{c|c} \alpha_{11} \ldots \alpha_{1n} & \beta_1 \\ \vdots & \vdots \\ \alpha_{m1} \ldots \alpha_{mn} & \beta_m \end{array}\right)$.

Folgende (sog. elementare) Zeilenumformungen führen zu Koeffizientenschemata von LGS'en mit dem gleichen Lösungsraum wie $(*)$:

1. Die Multiplikation einer Zeile der Matrix mit einem Skalar $\lambda \in K \setminus \{0\}$.
2. Die Addition der k-ten Zeile zur i-ten Zeile (für $i, k \in \{1, \ldots, m\}$, $i \neq k$)

sowie die daraus durch wiederholte Anwendung erhaltenen Umformungen:

3. Das Vertauschen zweier Zeilen von A.
4. Die Addition des λ-fachen der k-ten Zeile zur i-ten Zeile (für $\lambda \in K$ und $i, k \in \{1, \ldots, m\}, i \neq k$).

Jede Matrix über K läßt sich durch endlich viele solche elementare Zeilenumformungen in eine Matrix von *Zeilenstufenform* überführen, also in

$$(B|c) = \begin{pmatrix} \beta_{1j_1} & & & \\ & \beta_{2j_2} & \cdots & \\ & & & \vdots \\ & O & & \beta_{kj_n} \cdots \beta_{kn} \\ & & & \end{pmatrix}$$

(mit $\beta_{ij_i} \neq 0$ für $i \in \{1, \ldots, k\}, j_1 < j_2 < \ldots < j_k$) oder in die Nullmatrix.
Beweisidee: Beim q-ten Schritt sei eine Matrix der Form

$$\begin{pmatrix} \beta_{1j_1} & & & \\ & \cdots & & \\ & & \beta_{sj_s} & \\ & & & \beta_{q+1,j_{q+1}} \\ & O & & \vdots \\ & & & \beta_{mj_{q+1}} \end{pmatrix}$$

erreicht und o.B.d.A. $\beta := \beta_{q+1,j_{q+1}} \neq 0$. Durch Umformung vom Typ 4) mit $k = q+1, i \in \{q+2, \ldots, m\}$ und $\lambda = -\beta^{-1}\beta_{ij_{q+1}}$ erhält man eine weitere "Stufe"; dabei heißt β das verwandte "Pivotelement". □
An der Zeilenstufenform $B\mathbf{x} = \mathbf{c}$ läßt sich nun durch Auflösung "von den unteren Zeilen her" die Lösungsmenge berechnen oder die Unlösbarkeit von $(*)$ zeigen.
Bei diesem Verfahren handelt es sich im wesentlichen um die sogenannte **Gauß'sche Elimination**.
Beispiel: Sei $K = \mathbb{R}$. Gesucht ist der Lösungsraum des LGS's

$$(*) \left\{ \begin{array}{rrrrcr} \xi_1 & + \xi_2 & - \xi_3 & & = & 0 \\ \xi_1 & - 2\xi_2 & + \xi_3 & & = & 1 \\ \xi_1 & - 2\xi_2 & & - \xi_4 & = & 2 \\ & & \xi_3 & + 2\xi_4 & = & -1 \end{array} \right. . \text{ Es ist } (A|b) = \left(\begin{array}{rrrr|r} \underline{1} & 1 & -1 & 0 & 0 \\ 1 & -2 & 1 & 0 & 1 \\ 1 & -2 & 0 & -1 & 2 \\ 0 & 0 & 1 & 2 & -1 \end{array} \right).$$

Durch elementare Zeilenumformung erhält man z.Bsp. (mit unterstrichenen Pivot-Elementen)

$$(A|b) \underset{\substack{z_2'=z_2-z_1 \\ z_3'=z_3-z_1}}{\longrightarrow} \left(\begin{array}{rrrr|r} 1 & 1 & -1 & 0 & 0 \\ 0 & \underline{-3} & 2 & 0 & 1 \\ 0 & -3 & 1 & -1 & 2 \\ 0 & 0 & 1 & 2 & -1 \end{array} \right) \underset{z_3''=z_3'-z_2'}{\longrightarrow} \left(\begin{array}{rrrr|r} 1 & 1 & -1 & 0 & 0 \\ 0 & -3 & 2 & 0 & 1 \\ 0 & 0 & \underline{-1} & -1 & 1 \\ 0 & 0 & 1 & 2 & -1 \end{array} \right)$$

$$\underset{\substack{z_4'=z_4+z_3'' \\ z_2''=\frac{1}{3}z_2'}}{\longrightarrow} \left(\begin{array}{cccc|c} 1 & 1 & -1 & 0 & 0 \\ 0 & -1 & 2/3 & 0 & 1/3 \\ 0 & 0 & -1 & -1 & 1 \\ 0 & 0 & 0 & 1 & 0 \end{array}\right) \longrightarrow (\star) \left\{ \begin{array}{rrrrl} \xi_1 & +\xi_2 - & \xi_3 & & =0 \\ & -\xi_2 + & \frac{2}{3}\xi_3 & & =\frac{1}{3} \\ & & -\xi_3 & -\xi_4 & =1 \\ & & & \xi_4 & =0 \end{array}\right.$$

woraus sich $\xi_4 = 0$, $\xi_3 = -\xi_4 - 1 = -1$, $\xi_2 = \frac{2}{3}\xi_3 - \frac{1}{3} = -1$ und $\xi_1 = -\xi_2 + \xi_3 = 0$ ergibt. Das LGS $(\star)$ und damit $(*)$ ist also eindeutig lösbar mit $L = \{(0, -1, -1, 0)\}$.
Anmerkung:
1.) Bei Spaltenumformungen müssen auch die Variablen ξ_i entsprechend transformiert werden.
2.) Ist L nicht nur einelementig, so kann man in $(\star)$ einige geeignete Variable 0 bzw. 1 setzen, um so zu linear unabhängigen Lösungen zu gelangen.

Sei U ein Unterraum des K -Vektorraumes V.
Wie ist der **Faktorraum** (Quotientenraum) V/U definiert ?
Erläutern Sie dies auch am Beispiel $\mathbb{R}^2/\mathbb{R}\mathbf{v}$ für $\mathbf{v} \in \mathbb{R}^2 \setminus \{\mathbf{0}\}$.

(i) *Definition des Faktorraums* V/U (s. auch §6.1):

Elemente: Nebenklassen $v + U$ mit $v \in V$

Addition und S-Multiplikation:

$$\begin{aligned} (v_1 + U) \oplus (v_2 + U) &:= (v_1 + v_2) + U \\ \lambda \odot (v_1 + U) &:= \lambda v_1 + U \end{aligned}$$

Diese Definitionen sind unabhängig von den Repräsentanten v_1, v_2, wie man aus der "Komplex"-Addition und S-Multiplikation sieht[4] :

$$\begin{aligned} (v_1 + U) \oplus (v_2 + U) &= v_1 + v_2 + U &&= (v_1 + U) + (v_2 + U) \\ \lambda \odot (v_1 + U) &= \lambda v_1 + U &&= \lambda(v_1 + U) \end{aligned}$$

(ii) *Beispiel:*

Die Elemente von $\mathbb{R}^2/\mathbb{R}\mathbf{v}$ haben die Form $\mathbf{w} + \mathbb{R}\mathbf{v}$; sie sind also genau die zur Geraden $\mathbb{R}\mathbf{v}$ parallelen Geraden (s. Bild 1.9 a).

Als Repräsentant einer solchen Geraden g kann der Vektor $r\mathbf{e}_1$ zum Schnittpunkt der Geraden g mit der x-Achse gewählt werden. Addition und S-Multiplikation der Nebenklassen entspricht dann der von $\mathbb{R}$.
$\mathbb{R}^2/\mathbb{R}\mathbf{v}$ ist daher isomorph zu $\mathbb{R}$ (als Vektorraum über sich selbst).

Welche Dimension hat V/U, wenn V endlich-dimensional ist ? Beweisskizze?

[4]
$$\begin{aligned} (v_1 + U) + (v_2 + U) &:= \{(v_1 + u_1) + (v_2 + u_2) | u_1, u_2 \in U\} \\ \lambda(v_1 + U) &:= \{\lambda(v_1 + u_1) \mid u_1 \in U\} \end{aligned}$$

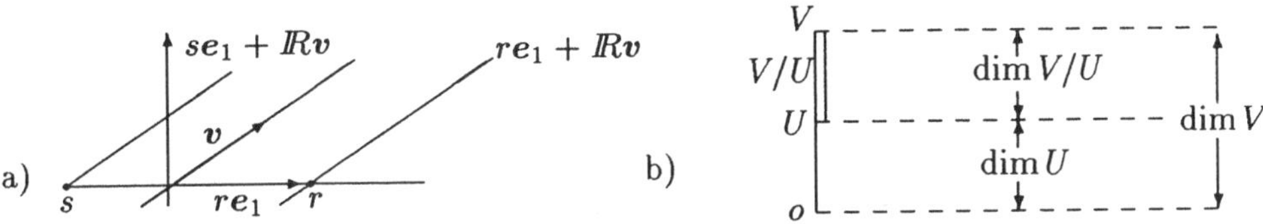

Bild 1.9 a) $\mathbb{R}^2/\mathbb{R}\mathrm{v}$ b) Dimensionen beim Faktorraum

Es gilt: $\dim V/U = \dim V - \dim U$ (s. Bild 1.9 b).
Beweisskizze: Man erweitere eine Basis B_1 von U zu einer Basis $B = B_1 \dot{\cup} B_2$ von V. Man kann zeigen, daß $\{b + U | b \in B_2\}$ dann Basis von V/U ist. □

Anmerkung: Ein analoger Beweis zeigt, daß $\dim V/U + \dim U = \dim V$ allgemein gilt (also auch für unendliche Dimension).

Geometrische Interpretation:
Jedem Unterraum von V/U entspricht ein U enthaltender Unterraum von V und umgekehrt.

> Welcher Zusammenhang besteht zwischen $V/\mathrm{Kern} f$ und $\mathrm{Bild}\, f$ für eine lineare Abbildung $f : V \to W$? (**Homomorphiesatz** !)

Wie schon gesehen, ist das volle Urbild von $f(v)$ gleich $v + \mathrm{Kern}\, f$.
Die Abbildung $\hat{f} : \begin{cases} V/\mathrm{Kern} f \to \mathrm{Bild} f \\ v + \mathrm{Kern} f \mapsto f(v) \end{cases}$ (s. Bild 1.10 a) ist daher wohldefiniert und bijektiv. Sie ist wegen der Linearität von f und der Definition von Addition und S-Multiplikation bei einem Faktorraum auch linear, insgesamt also ein VR-Isomorphismus. Insbesondere gilt der Homomorphiesatz (s. auch Kap. 6):

$$V/\mathrm{Kern} f \cong \mathrm{Bild} f\ .$$

> Welche **Dimensionsformel** ergibt sich aus dem Homomorphiesatz (und der Dimensionsformel für Faktorräume)?
> Wie läßt sich diese auf lineare Gleichungssysteme anwenden ?

(i) Da isomorphe Vektorräume die gleiche Dimension haben, folgt aus dem Homomorphiesatz $\dim_K(V/\mathrm{Kern} f) = \dim_K \mathrm{Bild} f$; also ist
$$\dim \mathrm{Bild} f + \dim \mathrm{Kern} f = \dim V/\mathrm{Kern} f + \dim \mathrm{Kern} f = \dim V\ ,$$
mit der Definition $\mathrm{Rang}\, f := \dim \mathrm{Bild}\, f$ daher (s. Bild 1.10 b):

$$\mathrm{Rang}\, f + \dim_K \mathrm{Kern}\, f = \dim_K V\ .$$

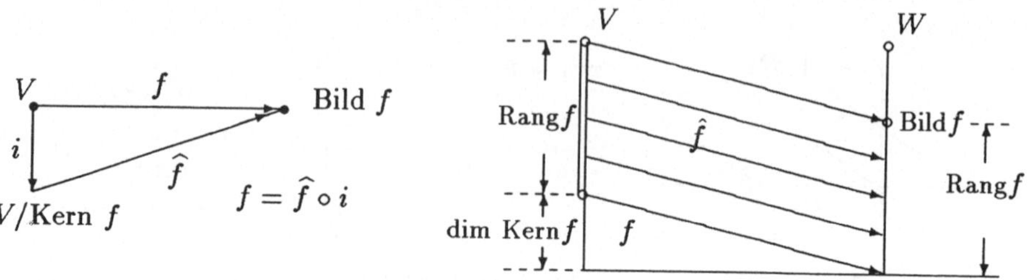

Bild 1.10 a) Zum Homomorphiesatz b) Dimensionssatz für eine lineare Abbildung

(ii) Bei gegebenem Linearen Gleichungssystem $(*)\, A\vec{x} = \vec{b}$ in n Variablen wählt man $f_A : K^n \longmapsto K^m$ mit $\vec{x} \mapsto A\vec{x}$ und erhält (wegen Rang f_A = Rang A) im Falle der Lösbarkeit von $(*)$ für den Lösungsraum $L = \vec{p} + L_0$:
$\dim L = \dim L_0 = \dim(\mathrm{Kern} f_A) = \dim K^n - \mathrm{Rang}\, f_A = n - \mathrm{Rang} A$, also

$$\dim_K L = n - \mathrm{Rang}\, A\ .$$

Beispiel: Sei $A = \mathbf{a} = (\alpha_1, \ldots, \alpha_n) \in K^n \setminus \{\mathbf{0}\}$ und $c \in K$ fest (1 Gleichung). Dann ist $U = \{\vec{x} \in K^n \mid \sum_{i=1}^{n} \alpha_i \xi_i = c\}$ ein Unterraum von K^n der Dimension $n - 1$ (d.h. Codimension 1).
Geometrische Interpretation: Gerade (im Fall $n = 2$), Ebene (im Fall $n = 3$) der entsprechenden affinen Geometrie (s.auch §1.8 und §2.1).
Spezialfall: $K = \mathbb{R}$, $c = 0$: $U = \mathbf{a}^\perp$ (bzgl. kanonischem Skalarprodukt).

Beweisen Sie den **Isomorphiesatz** :

$$(X + Y)/X \cong Y/(X \cap Y)$$

(für Unterräume X, Y eines Vektorraums V)!
Hinweis: Betrachten Sie $g : Y \mapsto (X + Y)/X$ mit $g(y) = y + X$.

Wegen $X \leq X + Y$ und $X \cap Y \leq Y$ sind die Faktorräume definiert. Die Abbildung g ist linear und surjektiv, aus dem Homomorphiesatz folgt deswegen

$$Y/\mathrm{Kern}\, g \cong (X + Y)/X\ .$$

Mit Kern $g = \{y \in Y | y + X = X\} = X \cap Y$ erhält man den Isomorphiesatz (s. Bild 1.11). □
Anmerkung: Für die Dimensionen ergibt sich:

$$\dim(X + Y) + \dim(X \cap Y) = \dim X + \dim Y\ .$$

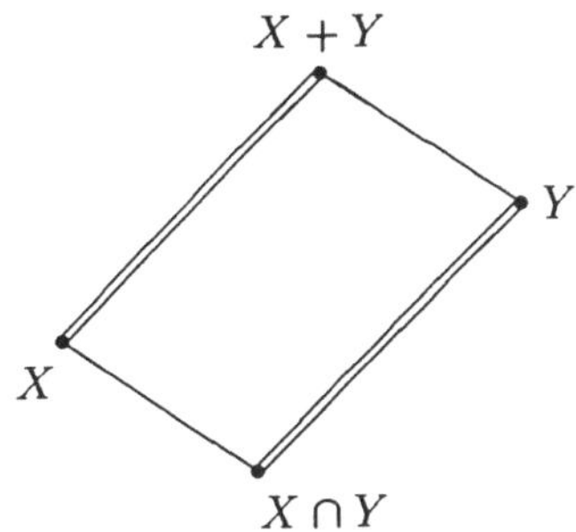

Bild 1.11
Diagramm zum Isomorphiesatz

1.5 Eigenwerttheorie

a) Was versteht man unter einem **Eigenwert**, was unter einem **Eigenvektor**, einem **Eigenraum**

(i) eines Endomorphismus f, (d. h. einer linearen Abbildung von V in sich) bzw.

(ii) einer Matrix $A \in K^{(n,n)}$.

b) Gehen Sie für n-dimensionale Vektorräume V auf den Zusammenhang zwischen den Definitionen zu (i) und (ii) ein !

a) (i) Das Element $\lambda \in K$ heißt *Eigenwert* von $f \in \mathrm{End}_K(V)$, falls gilt

$$\exists v \in V\backslash\{0\} \quad : \quad f(v) = \lambda v \qquad (*)$$

Jedes solche v heißt Eigenvektor zum Eigenwert λ; die Menge aller Eigenvektoren zum Eigenwert λ zuzüglich 0, also

$$V_{f,\lambda} := \{v \in V \mid f(v) = \lambda v\}\,,$$

heißt *Eigenraum* zu λ.

(ii) Entsprechend heißt $\lambda \in K$ *Eigenwert* von $A \in K^{(n,n)}$, falls gilt:

$$\exists \vec{v} \in K^n\backslash\{\vec{0}\} : \quad A\vec{v} = \lambda\vec{v} \qquad (**)$$

Wieder heißt $\{\vec{v} \in K^n | \vec{v} \text{ Eigenvektor von } A \text{ zu } \lambda\} \cup \{\vec{0}\}$ *Eigenraum* zu λ.

b) Ist $\dim_K V = n < \infty$ und $A = M_B^B(f)$ die f bzgl. einer Basis B darstellende Matrix, so geht $(*)$ für den Koordinatenvektor $\vec{v} = M_B(v)$ in Aussage $(**)$ über. Im Falle endlicher Dimension von f entsprechen daher Eigenwerte, Eigenvektoren und Eigenräume von f den Eigenwerten, Eigenvektoren bzw. Eigenräumen einer f darstellenden Matrix (vgl. auch §1.4).

Umgekehrt kann man von A zur Abbildung $f_A : K^n \to K^n$ mit $f_A(\vec{v}) = A\vec{v}$ übergehen. Wieder korrespondieren die betreffenden Begriffe.

Beweisen Sie, daß die Eigenwerte einer Matrix $A \in K^{(n,n)}$ (bzw. eines Endomorphismus f eines n-dimensionalen K-Vektorraumes) genau die Nullstellen des **charakteristischen Polynoms** χ_A von A sind. Welchen Grad hat dieses Polynom?

(a) Es gilt

$$\begin{aligned} \lambda \text{ ist Eigenwert von } A &\iff \exists \vec{v} \in K^n \setminus \{\vec{0}\} : A\vec{v} = \lambda\vec{v} \\ &\iff \exists \vec{v} \in K^n \setminus \{\vec{0}\} : (A - \lambda E_n)\,\vec{v} = \vec{0} \\ &\iff A - \lambda E_n \text{ ist singulär} \\ &\iff \det(A - \lambda E_n) = 0 \\ &\iff \lambda \text{ ist Nullstelle von } \chi_A \end{aligned}$$

Dabei hat das charakteristische Polynom
$\chi_A(X) := \det(A - XE_n) = (-1)^n X^n + (-1)^{n-1}\,\mathrm{Spur}(A) \cdot X^{n-1} + \ldots + \det A$
den Grad n.

(b) Analog zu a) (oder durch Übergang zu einer darstellenden Matrix) zeigt man, daß die Eigenwerte von f die Nullstellen von χ_A sind. Man schreibt daher auch $\chi_f := \chi_A$. (Die Unabhängigkeit von der Basis folgt aus Anmerkung 3, s.u.).

Anmerkungen:

1. Die Eigenwerte von A (bzw. f) sind auch genau die Nullstellen des *Minimalpolynoms* von A (bzw. f), s. u..
2. Ist A Diagonalmatrix, also von der Form

$$\begin{pmatrix} k_1 & & 0 \\ & \ddots & \\ 0 & & k_n \end{pmatrix} \quad \text{, so folgt}$$

$$\chi_A(X) = \begin{vmatrix} k_1 - X & & 0 \\ & \ddots & \\ 0 & & k_n - X \end{vmatrix} = \prod_{i=1}^{n} (k_i - X)\,.$$

Die Eigenwerte sind also genau die Einträge in der Diagonale; dies folgt auch direkt wegen

$$A\vec{e_j} = k_j\vec{e_j} \quad \text{für } \vec{e_j} = \begin{pmatrix} 0 \\ \vdots \\ 0 \\ 1 \\ 0 \\ \vdots \\ 0 \end{pmatrix} \text{ (mit 1 an der Stelle } j\text{), } j = 1, \ldots, n.$$

3. Ähnliche Matrizen haben die gleichen Eigenwerte und das gleiche charakteristische Polynom.

Welche Struktur hat der Eigenraum eines Endomorphismus (bzw. einer Matrix) zu einem Eigenwert λ und wie läßt er sich im Falle endlicher Dimension bei Kenntnis von λ berechnen ?

Wegen $f(v) = \lambda v \Longleftrightarrow (f - \lambda id)(v) = 0$ ist $V_{f,\lambda}$ der Kern des Endomorphismus $f - \lambda id$ und als solcher Unterraum von V.
Ist $\dim_K V = n$ und A Matrix von f bzgl. Basis B, so entspricht $V_{f,\lambda}$ dem Lösungsraum L des homogenen linearen Gleichungssystems $(A - \lambda E_n)\vec{x} = \vec{0}$.

Anmerkung: Jede Fixgerade von f durch den Nullpunkt liegt in einem Eigenraum. Umgekehrt besteht jeder Eigenraum aus der Vereinigung solcher Fixgeraden.

Beispiele:

Bestimmen Sie Eigenwerte und Eigenräume folgender Endomorphismen:

1. der zentrischen Streckung σ_k mit Streckungsfaktor k und dem Nullpunkt als Zentrum in einem n-dimensionalen K-Vektorraum.
2. der Spiegelung γ_E an einer Nullpunktsebene E im 3-dimensionalen reellen euklidischen[5] Raum $EG(\mathbb{R}^3)$
3. der Drehung δ_α um den Nullpunkt mit Drehwinkel α in $EG(\mathbb{R}^2)$
4. der Drehung δ um die z-Achse mit Drehwinkel α in $EG(\mathbb{R}^3)$.

ad 1) Bezüglich einer (beliebigen) Basis B hat σ_k die Matrix $\begin{pmatrix} k & & O \\ & \ddots & \\ O & & k \end{pmatrix}$, (vgl. §1.4). Damit ist k der einzige Eigenwert (der Vielfachheit n) und V selbst Eigenraum von σ_k zum Eigenwert k.

Anmerkung: $\chi_{\sigma_k}(X) = \det \begin{pmatrix} k - X & & O \\ & \ddots & \\ O & & k - X \end{pmatrix} = (k - X)^n$

ad 2) Sei (e_1, e_2) eine Orthonormalbasis von E und $B = (e_1, e_2, e_3)$ eine solche von $\mathcal{E} = EG(3, \mathbb{R})$; (Konstruktion z. Bsp. mit dem Schmidtschen Orthonormierungsverfahren). $\gamma := \gamma_E$ hat wegen $\gamma(e_1) = e_1$ und $\gamma(e_2) = e_2$

[5] s. Kapitel 2

sowie $\gamma(e_3) = -e_3$ bzgl. B die darstellende Matrix $\begin{pmatrix} 1 & 0 & 0 \\ 0 & 1 & 0 \\ 0 & 0 & -1 \end{pmatrix}$.
Als Eigenwerte treten 1 und -1 auf. Für die Eigenräume gilt :
$V_{\gamma,1} =< e_1, e_2 >= E$ (Diese Spiegelungsebene bleibt punktweise fix.)
$V_{\gamma,-1} =< e_3 >$ (Die Normale zu E bleibt als Ganzes fest.)

ad 3) Bezüglich eines kartesischen Koordinatensystems hat δ_α die Matrix $\begin{pmatrix} \cos\alpha & -\sin\alpha \\ \sin\alpha & \cos\alpha \end{pmatrix}$, siehe Bild 1.4 b und Beispiel (iii) der Matrizen in § 1.4.

Das charakteristische Polynom ist $\chi_{\delta_\alpha}(X) = X^2 - 2X\cos\alpha + \cos^2\alpha + \sin^2\alpha$. Mit $\cos^2\alpha + \sin^2\alpha = 1$ erhält man als Nullstellen $\lambda_{1/2} = \cos\alpha \pm \sqrt{\cos^2\alpha - 1}$. Für $\alpha \notin \mathbb{Z}\pi$ hat δ_α daher keinen reellen Eigenwert; im Fall $\alpha = (2k+1)\pi$ handelt es sich dagegen um die Matrix einer *Punktspiegelung* am Nullpunkt (zentrische Streckung mit Faktor -1), und die ganze Ebene ist Eigenraum zum Eigenwert -1. Für $\alpha \in 2\pi\mathbb{Z}$ ist δ_α gleich der Identität.

ad 4) Bezüglich eines geeigneten kartesischen Koordinatensystems hat δ die darstellende Matrix $A = \begin{pmatrix} \cos\alpha & -\sin\alpha & 0 \\ \sin\alpha & \cos\alpha & 0 \\ 0 & 0 & 1 \end{pmatrix}$. Es gilt

$$\det(A - XE_3) = (1 - X)\,(X^2 - 2X\cos\alpha + 1).$$

Ein Eigenwert ist daher $\lambda_3 = 1$. Unter Verwendung von Fall 3 erhält man :
Für $\alpha \notin \{k\pi | k \in \mathbb{Z}\}$ ist $\lambda = 1$ einziger Eigenwert, die Achse die einzige Fixgerade durch den Nullpunkt.(Siehe auch Bild 1.12 !)
Für $\alpha = 0$ ist $\delta = id$. Für $\alpha = \pi$ sind $\lambda_1 = 1$ und $\lambda_2 = -1$ Eigenwerte, und neben der Achse ist deren Lotebene durch 0 ein Eigenraum.

Anmerkungen :

(i) Definiert man eine Drehung $\bar{\delta}$ von $EG(\mathbb{R}^3)$ als gleichsinnige orthogonale Transformation von $\mathbb{R}^3$ mit Fixpunkt, so hat $\chi_{\bar{\delta}}$ als Polynom vom Grad 3 mindestens eine Nullstelle ($\rightarrow$ Zwischenwertsatz), also einen Eigenwert λ mit $|\lambda| = 1$. Man kann zeigen, daß $\lambda = 1$ auftritt (s. § 1.7). Der zugehörige Eigenraum enthält eine Fixpunktgerade, die als Achse a wählbar ist. In der Nullpunktsebene senkrecht zu a induziert $\bar{\delta}$ eine 2-dimensionale Drehung (s. Bild 1.4 b, so daß bzgl. geeigneter Basis $\bar{\delta}$ eine Matrix der in Nr. 4 behandelten Form hat (s. ebenfalls §1.7).

(ii) Matrizen aus $\mathbb{R}^{(n,n)}$ haben ein charakteristisches Polynom vom Grad n und daher, im Fall n ungerade, mindestens einen reellen Eigenwert.
$\left(\begin{smallmatrix} 0 & -1 \\ 1 & 0 \end{smallmatrix}\right)$ ist Beispiel einer Matrix aus $\mathbb{R}^{(2,2)}$ ohne reellen Eigenwert! (Drehung um $\alpha = \frac{\pi}{2}$; siehe 3.)

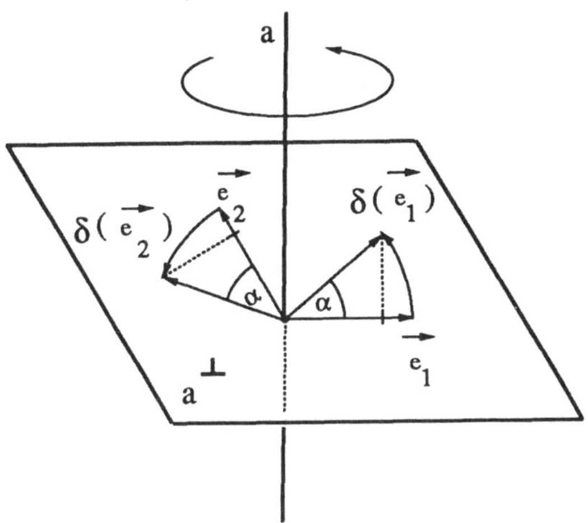

Bild 1.12 Zur Drehung δ in $\mathbb{R}^3$

Definieren Sie, was unter dem **Minimalpolynom** einer Matrix $A \in K^{(n,n)}$ (bzw. eines Endomorphismus f eines n-dimensionalen $K - VR$'s V) zu verstehen ist.

Die Dimension von $K^{(n,n)}$ als $K - VR$ ist n^2. Daher sind die $n^2 + 1$ Matrizen $A^0, A, A^2, \ldots, A^{n^2}$ linear abhängig, und es existiert ein $P \in K[X]\backslash\{0\}$ mit $P(A) = O$. Die Menge all dieser Polynome (und 0), also $J := \{P \in K[X] \mid P(A) = O\}$, bildet ein Ideal ungleich 0 in $K[X]$. Da $K[X]$ ein Hauptidealring ist, wird J von einem Element (minimalen Grades ungleich 0) erzeugt; das eindeutig bestimmte normierte Polynom H_A minimalen Grades aus J heißt *Minimalpolynom* von A. Es teilt jedes A annulierende Polynom $Q \neq 0$. (Analog definiert man H_f; es gilt $H_f = H_A$).

Was besagt der **Satz von Hamilton-Cayley** über das charakteristische Polynom (ohne Beweis)? Welche Folgerungen über die Beziehung zwischen χ_A und H_A und über die **Nullstellen von H_A** lassen sich daraus ziehen?

Satz von Hamilton-Caylay:
Ist χ_A das charakteristische Polynom von $A \in K^{(n,n)}$, so gilt $\chi_A(A) = O$.
Folgerung:
(i) H_A ist Teiler von χ_A (wegen $\chi_A \in J$, s.o.):
(ii) Die Nullstellen von H_A sind Eigenwerte von A.
Anmerkung:
Es gilt auch die Umkehrung von (ii) [6]; somit sind die Nullstellen von H_A genau

[6] Wegen $A^m x_1 = \lambda^m x_1$ für jeden Eigenvektor x_1 zum Eigenwert λ gilt $0 = H_A(A)x_1 = H_A(\lambda)x_1$.

diejenigen von χ_A (evtl. in anderer Vielfachheit), also die Eigenwerte von A.

Beispiele zum Minimalpolynom:

(a) Bestimmen Sie charakteristisches Polynom und Minimalpolynom von

$$M = \begin{pmatrix} 0 & 0 & 0 \\ 1 & 0 & 0 \\ 1 & 0 & 0 \end{pmatrix} \quad \text{und} \quad A = \begin{pmatrix} -1 & 3 & 0 \\ 0 & 2 & 0 \\ 2 & 1 & -1 \end{pmatrix} \quad \text{für } K = \mathbb{R}.$$

(b) Die lineare Abbildung $\mathfrak{s}$ von $\mathbb{R}^2$ in sich erfülle die Gleichung $\mathfrak{s}^2 = id \neq \mathfrak{s}$ ($\mathfrak{s}$ heißt *Involution*). Welches Minimalpolynom kann $\mathfrak{s}$ haben? Beschreiben Sie die zwei möglichen Fälle!

(a)
$$\chi_M(X) = \begin{vmatrix} -X & 0 & 0 \\ 1 & -X & 0 \\ 1 & 0 & -X \end{vmatrix} = -X^3$$

$M^0 = E_3, M^1 = M$ sind linear unabhängig, $M^0, M, M^2 = O$ linear abhängig; das Minimalpolynom hat daher Grad 2; wegen $M^2 - 0 \cdot M - 0 \cdot M^0 = O$ haben wir $H_M(X) = X^2 \quad (\neq \chi_M(X))$.
H_A muß alle Nullstellen von $\chi_A(X) = (-1-X)^2(2-X)$ enthalten; wegen $H_A | \chi_A$ kommen für H_A nur in Frage: $(X+1)(X-2)$ und $(X+1)^2(X-2)$. Aus $(A+E_3)(A-2E_3) \neq O$ folgt $H_A = -\chi_A$.

(b) Wegen $\mathfrak{s}^2 - \mathfrak{s}^0 = 0$ teilt $H_\mathfrak{s}$ das Polynom $X^2 - 1$; dieses hat die normierten Teiler $1, X-1, X+1, (X+1)(X-1)$. Dabei scheiden aus: 1 (annuliert nie) und $X-1$ (wegen $\mathfrak{s} - \mathfrak{s}^0 \neq 0$ für $\mathfrak{s} \neq id$). Es verbleiben die Fälle:
i) $H_\mathfrak{s} = X+1$ und ii) $H_\mathfrak{s} = (X+1)(X-1)$. Im Fall i) ist $\mathfrak{s}$ Punktspiegelung: $\mathfrak{s} + id = 0$ g.d.w. $\mathfrak{s} = -id$, also $\mathfrak{s}(v) = -v$; im Fall ii) besitzt $\mathfrak{s}$ die (verschiedenen) Eigenwerte $+1$ und -1, damit zwei linear unabhängige Eigenräume, wegen des Eigenwerts 1 unter anderem eine Fixpunktgerade; $\mathfrak{s}$ ist eine Schrägspiegelung (s. Beispiel (ii) der kanonischen Matrizen aus §1.4).

Die Matrix eines Endomorphismus eines endlich-dimensionalen Vektorraums ist nur bis auf Ähnlichkeit bestimmt. Von Interesse ist daher, unter welchen Bedingungen ein besonders einfacher Vertreter in der Ähnlichkeitsklasse existiert. Wir behandeln hier zunächst die Darstellung durch *Diagonalmatrizen*, dann die *Jordansche Normalform*.
(Diagonalisierbarkeit mit Nebenbedingungen s. Kap. 2, Hauptachsentransformation.)

Geben Sie äquivalente Bedingungen für die **Diagonalisierbarkeit** von Endomorphismen endlich-dimensionaler Vektorräume an (ohne Beweis) !

Für $f \in \mathrm{End}_K(V)$ mit $\dim_K V = n$ sind äquivalent:

(1) f läßt sich durch eine Diagonalmatrix darstellen, ist also *diagonalisierbar*.

(2) $M_B^B(f)$ ist zu einer Diagonalmatrix ähnlich (*diagonalähnlich*).

(3) V besitzt eine Basis aus Eigenvektoren von f (sogenannte *f-Eigenbasis*).

(4) χ_f zerfällt über K in Linearfaktoren und es gilt:
Die geometrische Vielfachheit jeden Eigenwerts ist gleich seiner algebraischen Vielfachheit, also:
$\chi_f = \prod_{i=1}^{r}(\lambda_i - X)^{k_i}$ mit $\lambda_1, \ldots, \lambda_r$ verschieden (d.h. k_i ist die "algebraische Vielfachheit" $\mathrm{Mult}(\lambda_i)$) und $\dim V_{f,\lambda_i} = k_i[= n - \mathrm{Rang}(f - \lambda_i\, id)]$ (d.h. k_i ist die "geometrische Vielfachheit" von λ_i).

(5) Das Minimalpolynom H_f zerfällt in lauter verschiedene Linearfaktoren.

Anmerkung zum Beweis:
(1) $\iff$ (2) $\iff$ (3) und (3) $\Rightarrow$ (4) sowie (1) $\Rightarrow$ (5) ist leicht einzusehen. Zur Implikation (5) $\Rightarrow$ (1) s.u.. Beim Beweis von (4) $\Rightarrow$ (3) benützt man den *Hilfssatz:*
Sind $v_1, \ldots, v_r$ Eigenvektoren von f zu verschiedenen Eigenwerten $\lambda_1, \ldots, \lambda_r$, dann sind $v_1, \ldots, v_r$ linear unabhängig. (Beweis durch vollständige Induktion).
Es ergibt sich $V = \bigoplus_{i=1}^{r} V_{f,\lambda_i}$ aus $\dim \bigoplus_{i=1}^{r} V_{f,\lambda_i} = \sum_{i=1}^{r} k_i = \mathrm{grad}\chi_f = n$. Man wählt nun Basen von V_{f,λ_i} und bildet deren Vereinigung. □

a) Wie sieht die **Jordansche Normalform** der Matrixdarstellung eines Endomorphismus f aus ?

b) ** Unter welcher Bedingung läßt sie sich erreichen ?

c) ** Behandeln Sie das Beispiel $f \in \mathrm{End}_{\mathbb{R}}(\mathbb{R}^2)$ mit $f(e_1) = -e_1 + 2e_3$, $f(e_2) = 3e_1 + 2e_2 + e_3$ und $f(e_3) = -e_3$ bzgl. der kanonischen Basis $B = (e_1, e_2, e_3)$.

Sei f Endomorphismus des endlich-dimensionalen K-Vektorraums V.

a) f hat eine Matrixdarstellung von Jordanscher Normalform, wenn f bzgl. geeigneter Basis eine Matrix besitzt der Gestalt

$$M = \begin{pmatrix} A_1 & & O \\ & \ddots & \\ O & & A_s \end{pmatrix} \quad \text{mit "Blöcken"} \quad A_i = \begin{pmatrix} B_{i\,1} & & O \\ & \ddots & \\ O & & B_{i\,l_i} \end{pmatrix} \quad \text{aus}$$

$K^{(r_i,r_i)}$, die zum Eigenwert λ_i von f gehören, und "*Jordankästchen*" B_{ij} der Form $B_{ij} = \begin{pmatrix} \lambda_i & 1 & 0 \\ & \ddots & 1 \\ 0 & & \lambda_i \end{pmatrix}$.

b) Folgende Aussagen sind äquivalent:

(i) χ_f zerfällt in K, also $\chi_f = \prod_{i=1}^{s} (\lambda_i - X)^{r_i}$, λ_i paarweise verschieden.

(ii) $V = \bigoplus_{i=1}^{s}$ Kern $(f - \lambda_i id)^{r_i}$. Hierbei seien $\lambda_1, \ldots, \lambda_s$ die (paarweise verschiedenen) Eigenwerte von f und r_i = Mult(λ_i) ihre algebraische Vielfachheit.

(iii) f hat eine Matrixdarstellung der oben angegebenen Jordan-Form.
Anmerkungen:
Diese Matrixdarstellung ist dann bis auf die Reihenfolge der Jordan-Kästchen eindeutig bestimmt.
Es ist A_i Matrix der Einschränkung von f auf
Kern $(f - \lambda_i id_V)^{n_i}$ = Kern$(f - \lambda_i id_V)^{r_i}$ $=: V(\lambda_i, r_i)$, wobei n_i den Exponenten des Faktors $(X - \lambda_i)^{n_i}$ des Minimalpolynoms H_f von f bezeichnet. (Hieraus folgt auch die Diagonalisierbarkeit von f, wenn H_f nur einfache Linearfaktoren enthält); ferner gilt in den vorliegenden Fällen dim Kern$(f - \lambda_i id_V)^{r_i} = r_i$.
Ebenso wie $V(\lambda_i, r_i)$ sind auch die anderen Unterräume $V(\lambda_i, j) :=$ Kern $(f - \lambda_i)^j$ für $j \in \{1, \ldots, r_i\}$ f-invariante Unterräume, und es gilt:

$$V_{f,\lambda_i} = V(\lambda_i, 1) \subseteq V(\lambda_i, 2) \subseteq \ldots \subseteq V(\lambda_i, n_i) = V(\lambda_i, r_i).$$

Jeder Vektor ungleich 0 aus $V(\lambda_i, j)$ heißt *Hauptvektor*.

Äquivalent zu (i) bis (iii) ist auch:

(iv) V besitzt eine Basis bestehend aus Hauptvektoren von f.

c) *Beispiel:* Es gilt $M_B^B(f) = \begin{pmatrix} -1 & 3 & 0 \\ 0 & 2 & 0 \\ 2 & 1 & -1 \end{pmatrix} =: A$.

Wie bei den Beispielen zum Minimalpolynom bereits gesehen, ist H_f gleich $(X+1)^2(X-2)$. Daher ist f nicht diagonalisierbar.

Wegen $(A + E_3) = \begin{pmatrix} 0 & 3 & 0 \\ 0 & 3 & 0 \\ 2 & 1 & 0 \end{pmatrix}$ und $(A + E_3)^2 = \begin{pmatrix} 0 & 9 & 0 \\ 0 & 9 & 0 \\ 0 & 9 & 0 \end{pmatrix}$ ist

$V(-1,1)$ = Kern$(f + id)$ $= < e_3 > \subseteq V(-1,2) :=$ Kern$(f + id)^2$ $= < \{e_1, e_3\} >$, ferner $V(2,1)$ = Kern$(f - 2id)$ $= < e_1 + e_2 + e_3 >$ und $V = V(-1,2) \bigoplus V(2,1)$ direkte Summe f-invarianter Unterräume. Bezüglich der Basis $C = (2e_3, e_1, e_1 + e_2 + e_3)$ aus Hauptvektoren hat f die Matrix

$$\begin{pmatrix} -1 & 1 & 0 \\ 0 & -1 & 0 \\ 0 & 0 & 2 \end{pmatrix} \quad \text{in Jordanscher Normalform.}$$

1.6 Skalarprodukt

Was versteht man unter einem Skalarprodukt Φ eines $\mathbb{K}$-Vektorraumes V für $\mathbb{K} \in \{\mathbb{R}, \mathbb{C}\}$. Welche Koordinatendarstellung hat Φ im Falle $\dim_{\mathbb{K}} V = n < \infty$?

Unter einem Skalarprodukt auf V versteht man im Fall $\mathbb{K} = \mathbb{C}$ eine positiv definite hermitesche Form bzw. im Fall $\mathbb{K} = \mathbb{R}$ eine positiv definite symmetrische Bilinearform. *Ausführlicher:*

a) Definition: **Semibilinearform** *(Sesquilinearform)*

$\Phi : V \times V \to \mathbb{K}$ heißt Semibilinearform (oder auch Sesquilinearform) zum Körperautomorphismus σ, wenn gilt

(i) $\Phi(\,\cdot\,, y_0)$ ist linear für jedes $y_0 \in V$;

(dabei bedeutet $\Phi(\,\cdot\,, y_0)$ die Abbildung $V \to \mathbb{K}$ mit Zuordnung $x \mapsto \Phi(x, y_0)$)

(ii) $\Phi(x_0, \cdot\,)$ ist additiv, und es gilt:
$\Phi(x, ky) = \sigma(k)\Phi(x, y)$ für alle $x, y \in V$, $k \in \mathbb{K}$.

Eine *Bilinearform* ist eine Semibilinearform mit $\sigma = id_{\mathbb{K}}$.

Beispiel:

$V = \mathbb{K}^n$, $M \in \mathbb{K}^{(n,n)}$

$$\Phi((\xi_1, \ldots, \xi_n), (\eta_1, \ldots, \eta_n)) = (\xi_1, \ldots, \xi_n) \cdot M \cdot \begin{pmatrix} \sigma(\eta_1) \\ \vdots \\ \sigma(\eta_n) \end{pmatrix} =: \vec{x} M \sigma(\vec{y})^T$$

Speziell (mit $M = E_n$ und $\sigma : x + iy \mapsto \overline{x + iy} = x - iy$):

$$\Phi(\vec{x}, \vec{y}) = \sum_{i=1}^{n} \xi_i \overline{\eta_i} \quad \text{(Kanonisches Skalarprodukt)}$$

Umgekehrt erhält man im Fall der Dimension n nach Auszeichnung einer Basis $B = (b_1, \cdots, b_n)$ die Koordinatendarstellung

$$\Phi(x, y) = (\xi_1, \cdots, \xi_n) \cdot M_B(\Phi) \begin{pmatrix} \sigma(\eta_1) \\ \vdots \\ \sigma(\eta_n) \end{pmatrix},$$

wobei $\vec{x} = \begin{pmatrix} \xi_1 \\ \vdots \\ \xi_n \end{pmatrix} = M_B(x)$ und $\vec{y} = \begin{pmatrix} \eta_1 \\ \vdots \\ \eta_n \end{pmatrix} = M_B(y)$ die Koordinatenvektoren von x bzw. y sind, sowie $M_B(\Phi) = (\gamma_{ij})_{i,j=1\cdots n}$ mit $\gamma_{ij} = \Phi(b_i, b_j)$ (Fundamentalmatrix von Φ) ist. Φ ist also schon durch die Wirkung auf die Vektoren einer Basis bestimmt.

Anmerkung: Im Fall $\dim_K V < \infty$ heißt Φ *nicht-ausgeartet*, wenn eine (und damit jede) Fundamentalmatrix von Φ regulär ist.

b) Ein **Skalarprodukt** auf V, d.h. eine positiv definite hermitesche Form (bzw. positiv definite symmetrische Bilinearform), ist eine Semibilinearform zum Automorphismus $\sigma : x \mapsto \bar{x}$ (im Fall $K = \mathbb{R}$ damit $\sigma = id_{\mathbb{R}}$), für die zusätzlich für alle $x, y \in V$ gilt:

1. $\Phi(x,y) = \overline{\Phi(y,x)}$

   (damit folgt $\Phi(x,x) \in \mathbb{R}$ und, für $K = \mathbb{R}$, auch $\Phi(x,y) = \Phi(y,x)$)

2. $\Phi(x,x) > 0$ für $x \neq 0$ (Positive Definitheit) .

Anmerkung:

1.) Im Endlich-dimensionalen folgt für jede Fundamentalmatrix $M_B := M_B(\Phi)$ die Gleichung : $M_B = \overline{M_B}^T$;

außerdem ist M_B regulär, denn andernfalls gäbe es ein $\vec{x}$ mit $\vec{x}M_B = \vec{0}$, und damit wäre $\Phi(x,x) = 0$. (Es ist M_B sogar "positiv definit", d.h. die k-te Abschnittsdeterminante $\det(\gamma_{ij})_{i,j=1,\ldots,k}$ ist größer 0 für $k = 1, \ldots, n$; die Eigenwerte einer solchen Matrix sind stets reell und positiv.)

2.) Ist Φ Skalarprodukt, so heißt (V, Φ) **Prähilbertraum**, und im Fall $K = \mathbb{R}$ **euklidischer Vektorraum**, im Fall $K = \mathbb{C}$ **unitärer Vektorraum**.

Geben Sie Beispiele für Prähilberträume an !

Beispiele von Prähilberträumen sind unter anderem :

a) $V = K^n$ mit $\Phi((\xi_1, \ldots, \xi_n), (\eta_1, \ldots, \eta_n)) := \sum_{i=1}^{n} \xi_i \bar{\eta}_i$ (s.o.)

b) $V = l_2 := \{(x_i)_{i\in\mathbb{N}} \in \mathbb{C}^{\mathbb{N}} \mid \sum |x_i|^2 \text{ konvergent}\}$

$\Phi((x_i)_{i\in\mathbb{N}}, (y_i)_{i\in\mathbb{N}}) := \sum_{i=0}^{\infty} x_i \bar{y}_i$ (Hilbertscher Folgenraum, s.o.)

c) $V = C[a,b]$ (für reelles Intervall $[a,b], a < b$), $K = \mathbb{R}$ mit

$$\Phi(f,g) := \int_a^b f(t)g(t)dt$$

Anmerkung zum Beweis der Positiven Definitheit für dieses Φ:

Ist $f \neq 0$, so $\exists x \in [a,b] : f(x) \neq 0$. Wegen der Stetigkeit von f existiert eine Umgebung $U_\mathcal{E}(x) : f^2(x) > 0$ für alle $x \in U_\mathcal{E}$. Es folgt $\Phi(f,f) = \int_a^b f(t)^2 dt > 0$.

Wie werden in einem Prähilbertraum (V, Φ) folgende Begriffe aus Φ abgeleitet?

(i) Norm eines Vektors $x \in V$

(ii) Abstand zweier Punkte des zugehörigen affinen Raumes

(iii) Winkelmaß zwischen zwei Vektoren
(Leiten Sie daraus den Cosinussatz ab !)

(iv) Orthogonalität zweier Vektoren
(Gehen Sie dabei auch auf den Satz des Pythagoras ein !)

(v) Orthogonalraum zu einer Teilmenge M von V

(i) $||x|| := \sqrt{\Phi(x,x)}$ (Norm auf V)

Es folgen die definierenden Eigenschaften einer Norm, nämlich: $||x|| \geq 0$ sowie ($||x|| = 0 \Leftrightarrow x = 0$), ferner $||kx|| = |k|\ ||x||$ und $||x+y|| \leq ||x|| + ||y||$ für alle $x, y \in V, k \in I\!K$.

(ii) $d\,(x,y) := ||y - x||$

Es folgen die Eigenschaften für einen Abstand, nämlich: $d(x,y) \geq 0$ und $d(x,y) = 0 \Leftrightarrow x = y$ sowie die Dreiecksungleichung

$$d(x,y) + d(y,z) \leq d(x,z) \text{ für alle } x,y,z \in V.$$

Anmerkung: Im Fall $I\!R^n$ mit kanonischem Skalarprodukt erhält man den **euklidischen Abstand**

$$d\,((\zeta_1,\ldots,\zeta_n),(\eta_1,\ldots,\eta_n)) - \sqrt{\sum_{i-1}^{n}(\eta_i - \xi_i)^2}.$$

(iii) $\sphericalangle\,(x,y) := \arccos \frac{\Phi(x,y)}{||x||\cdot||y||}$ für $x, y \neq 0$.

Anmerkung: Diese Definition ist möglich, da nach der *Cauchy-Schwarzschen* Ungleichung $\frac{|\Phi(x,y)|}{||x||\cdot||y||} \leq 1$ gilt.
Es folgt analog zu den elementargeometrischen Verhältnissen $\Phi(x,y) = ||x|| \cdot ||y|| \cdot \cos \sphericalangle(x,y)$ und durch Ausmultiplizieren von $\Phi(x-y, x-y)$ der **Cosinussatz** (s. Bild 1.13 a):

$$||x-y||^2 = ||x||^2 + ||y||^2 - 2||x||\ ||y|| \cos \sphericalangle(x,y).$$

(iv) $x \perp y :\Longleftrightarrow \Phi(x,y) = 0$ (Orthogonalität)

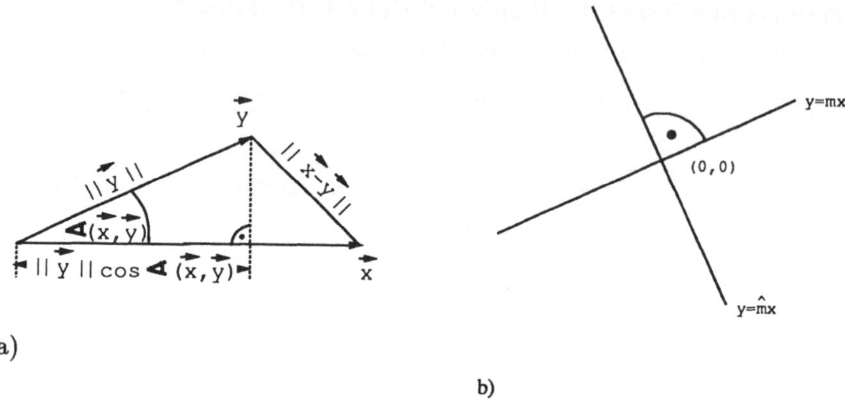

Bild 1.13 a) Zum Cosinussatz b) Zur Gleichung $m \cdot \hat{m} = -1$

Anmerkung: Es folgt $\cos \sphericalangle(x, y) = 0$ für $x \perp y$ und der **Satz des Pythagoras** (als Spezialfall des Cosinussatzes):

$$||x - y||^2 = ||x||^2 + ||y||^2 .$$

(v) Für $\emptyset \neq A \subseteq V$ ist $A^\perp := \{x \in V \mid \Phi(x, a) = 0 \text{ für alle } a \in A\}$ definiert als der **Orthogonalraum** zu A; es ist $A^\perp$ stets Unterraum von V.

Beispiel: Sei $V = \mathbb{R}^2$ und Φ das kanonische Skalarprodukt. Für die Gerade $A = \mathbb{R}(1, m)$ der Steigung $m \neq 0$ durch $(0, 0)$ gilt:
$A^\perp = \{(\xi, \eta) | 1\xi + m\eta = 0\} = \mathbb{R}(1, -\frac{1}{m})$ (wegen $\eta = -\frac{1}{m}\xi$). Daher ist $A^\perp$ eine Gerade durch den Nullpunkt mit der Steigung $\hat{m} = -1/m$.

Dies stimmt mit der bekannten Formel $m \cdot \hat{m} = -1$ für die Steigungen orthogonaler Geraden überein (s. Bild 1.13 b).

Beschreiben Sie für einen endlich-dimensionalen Prähilbertraum (V, Φ) Eigenschaften der Abbildung " $\perp$ " : $U \mapsto U^\perp$ der Menge $\mathcal{U}(V)$ der Unterräume von V in sich !

Es gilt für $U, U_1, U_2 \in \mathcal{U}(V)$ wegen der Endlichkeit von $\dim V$:

$$\begin{array}{ccc} U_1 \leq U_2 & \Longleftrightarrow & U_2^\perp \leq U_1^\perp \\ (U_1 + U_2)^\perp & = & U_1^\perp \cap U_2^\perp \\ (U_1 \cap U_2)^\perp & = & U_1^\perp + U_2^\perp \end{array}$$

Ferner ist " $\perp$ " bijektiv, da wegen der endlichen Dimension von V gilt $(U^\perp)^\perp = U$.
Zusammenfassend sagt man :
$\perp$ ist ein *Antiautomorphismus des Verbands* $(\mathcal{U}(V)\ , \leq)$.
Schließlich gilt noch für jeden Unterraum U von V (siehe unten):

$$\dim_{\mathbb{K}} U^{\perp} = \dim_{\mathbb{K}} V - \dim_{\mathbb{K}} U .$$

Geben Sie eine Beweisskizze für die Existenz eines **orthogonalen Komplements** für jeden Unterraum U eines n-dimensionalen Prähilbertraums V an (für $n < \infty$)!

Behauptung: $V = U \bigoplus U^{\perp}$, d. h. $U^{\perp}$ ist orthogonales Komplement von U.

Beweisskizze: Es gilt $U \cap U^{\perp} = \{0\}$ (wegen $\Phi(u,u) \neq 0$ für $u \neq 0$), sowie

$$\dim U^{\perp} = \dim V - \dim U ;$$

diese Gleichung erhält man wie folgt:

$$x \in U^{\perp} \iff \Phi(x,U) = 0 \iff \vec{x}^T M \vec{b_i} = 0 \ (i = 1, \ldots, m)$$

für eine Basis $B = (b_1, \ldots, b_m)$ von U und eine Φ (bzgl. einer Basis von V) darstellende Matrix M. Da M regulär ist (s.o.) und daher $M\vec{b_1}, \ldots M\vec{b_m}$ linear unabhängig sind, ergibt sich für den Lösungsraum die Dimension $n - m$. □

Sei (V,Φ) ein Prähilbertraum endlicher Dimension. Unter welchen Bedingungen ist die Fundamentalmatrix M bzgl. einer Basis $B = (b_1, \ldots, b_n)$ Einheitsmatrix?

Wegen $M = (\Phi(b_i, b_j))_{i,j=1,\ldots,n}$ ist $M = E_n$ genau dann, wenn $\Phi(b_i, b_j) = \delta_{ij}$ gilt; (zur Erinnerung: $\delta_{ij} := 0$ für $i \neq j$ und $\delta_{ii} := 1$); in diesem Fall ist B *Orthonormalbasis* (ONB), d. h. es ist $\| b_i \| = 1$ und $b_i \perp b_j$ für $i, j = 1, \ldots, n$, $i \neq j$.
Anmerkung: Bezüglich einer ONB hat das Skalarprodukt die Form

$$\Phi(x,y) = \sum_{i=1}^{n} \xi_i \overline{\eta_i} \quad (\text{mit} \quad x = \sum_{i=1}^{n} \xi_i b_i \ \text{ und } \ y = \sum_{j=1}^{n} \eta_i b_i \ ) .$$

Beschreiben Sie das **Schmidt'sche Orthonormalisierungsverfahren**! Interpretieren Sie dabei auch anschaulich den Term $$\sum_{i=1}^{j} \Phi(a_{j+1}, e_i) e_i \ !$$

Gegeben sei eine (endliche oder abzählbare) Familie $(a_i)_{i \in \Im}$ linear unabhängiger Vektoren von V. Dann existiert ein Φ-Orthonormalsystem $(e_i)_{i \in \Im}$ mit

$$< e_1, \ldots, e_j > = < a_1, \ldots, a_j > \quad \textit{für alle } j \in \Im.$$

Dabei lassen sich die Vektoren e_i wie folgt rekursiv bestimmen:
$e_1 := \frac{1}{\|a_1\|} a_1$ und, nach der Konstruktion von $e_1, \ldots, e_j$, falls $j + 1 \in \Im$,

$$e_{j+1} := \frac{1}{\|b_{j+1}\|} b_{j+1} \qquad \text{für} \qquad b_{j+1} := a_{j+1} - \sum_{i=1}^{j} \Phi(a_{j+1}, e_i) e_i .$$

Beweis durch vollständige Induktion ...

Der Term $\sum_{i=1}^{j} \Phi(a_{j+1}, e_i)e_i \quad := \quad c_{j+1}$ ist dabei gerade das Bild der Orthogonalprojektion p von a_{j+1} auf $< e_1, \ldots, e_j >$. Denn hat a_{j+1} bzgl. der Orthonormalbasis $(e_1, \ldots, e_{j+1})$ von $< a_1, \ldots, a_{j+1} >$ die Darstellung $a_{j+1} = p(a_{j+1}) + \mu e_{j+1} = \sum_{i=1}^{j} \lambda_i e_i + \mu e_{j+1}$, so folgt mit $\Phi(a_{j+1}, e_k) = \sum \lambda_i \Phi(e_i, e_k) + 0 = \lambda_k$ für k aus $\{1, , \ldots, j\}$ auch $p(a_{j+1}) = \sum_{i=1}^{j} \Phi(a_{j+1}, e_i)e_i$. □

Die Bilder 1.14 sollen die Verhältnisse im Fall $j = 1$ bzw. $j = 2$ verdeutlichen.

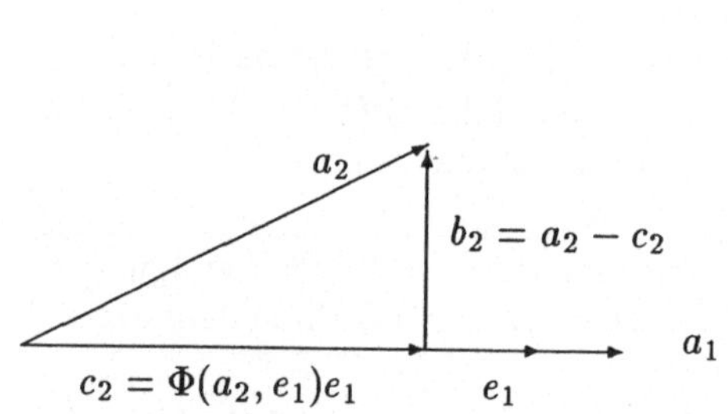

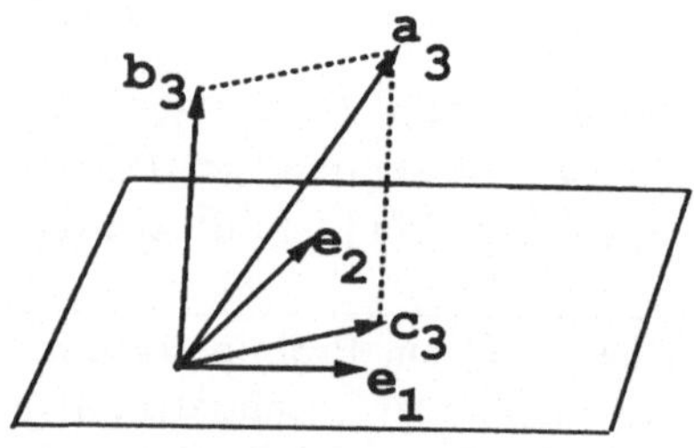

Bild 1.14 Orthogonalprojektion auf $< e_1 >$ bzw. $< e_1, e_2 >$

Beispiel:

Gegeben seien $V = \mathbb{R}^2$ *mit* $\quad \Phi(\vec{x}, \vec{y}) = (\xi_1 \xi_2) \begin{pmatrix} 4 & -2 \\ -2 & 3 \end{pmatrix} \begin{pmatrix} \eta_1 \\ \eta_2 \end{pmatrix}$.

(Φ ist positiv definit wegen $\Phi(\vec{x}, \vec{x}) = 4\xi_1^2 - 4\xi_1\xi_2 + 3\xi_2^2 = (2\xi_1 - \xi_2)^2 + 2\xi_2^2$).
Ferner sei $\vec{a}_1 = (1, 0)$ und $\vec{a}_2 = (1, 1)$. (Die Vektoren $\vec{a}_1, \vec{a}_2$ sind linear unabhängig).

$$
\begin{aligned}
\vec{e}_1 &= \frac{1}{\| \vec{a}_1 \|} = \Phi(\vec{a}_1, \vec{a}_1)^{-1} \cdot \vec{a}_1 = \frac{1}{\sqrt{4}}(1, 0) = (1/2, 0) \\
\vec{b}_2 &= \vec{a}_2 - \Phi(\vec{a}_2, \vec{e}_1)\vec{e}_1 = (1, 1) - (1, 1)\begin{pmatrix} 4 & -2 \\ -2 & 3 \end{pmatrix} \begin{pmatrix} \frac{1}{2} \\ 0 \end{pmatrix} \cdot (\tfrac{1}{2}, 0) \\
&= (1, 1) - 1 \cdot (\tfrac{1}{2}, 0) = (\tfrac{1}{2}, 1) \\
\vec{e}_2 &= \left(\sqrt{\Phi(\vec{b}_2, \vec{b}_2)}\right)^{-1} \cdot \vec{b}_2 = \frac{1}{\sqrt{2}} \cdot b_2 = (\frac{1}{2\sqrt{2}}, \frac{1}{\sqrt{2}})
\end{aligned}
$$

Anmerkung:

Sei $\mathcal{P}(\mathbb{R})$ der Raum der reellen Polynomabbildungen auf $[-1, 1]$ mit Skalarprodukt $\Phi(f, g) := \int_{-1}^{1} f(t)g(t)dt$. Aus $({id_{[-1,1]}}^m)_{m \in \mathbb{N}}$ erhält man durch das Schmidt'sche

Verfahren als Orthonormalbasis die Familie der sogenannten Legendre-Polynome L_n. (Wie sehen L_0, L_1, L_2 aus?)

Was versteht man in einem Prähilbertraum unter einer **Bestapproximation** eines Vektors a durch ein Element eines endlich-dimensionalen Unterraums U ? Beweisen Sie, daß die Orthogonalprojektion von a auf U diese Eigenschaft hat !

Der Vektor $u_0 \in U$ heißt Bestapproximation von $a \in V$ durch ein Element von U, wenn u_0 ein Element minimalen Abstandes von a (unter allen Elementen von U) ist, also gilt

$$d(a, u_0) = \min_{u \in U} d(a, u).$$

Die Orthogonalprojektion von a auf U hat diese Eigenschaft:

$$\begin{aligned} d(a,u)^2 &= \| a-u \|^2 = \Phi(a-u, a-u) = \\ &= \Phi(a-p(a)+p(a)-u, a-p(a)+p(a)-u) \\ &= \| a-p(a) \|^2 + \| p(a)-u \|^2 + \Phi(a-p(a), p(a)-u) + \\ &\quad \Phi(p(a)-u, a-p(a)) \end{aligned}$$

Nun ist $p(a)-u \in U$ und $a-p(a) \in U^\perp$ (wegen $a \in p(a)+U^\perp$), so daß die beiden letzten Terme 0 sind. Folglich gilt: $d(a,u)^2 = d(a,p(a))^2 + d(p(a),u)^2$. Wegen $d(p(a),u) \geq 0$ folgt: $d(a,u)$ ist minimal genau für $u = p(a)$.
Die Orthogonalprojektion ist daher sogar das einzige Element von U mit minimalem Abstand. □

Beispiele:

1.) Für $\mathbb{K} = \mathbb{R}$, $V = \mathcal{C}([-1,1], \mathbb{R})$ und $\Phi(f,g) := \int_{-1}^{1} f(t)g(t)dt$ sowie $U := \{g \mid g(x) = a_0 + a_1x + a_2x^2 + a_3x^3\}$ sei $f_1 : [-1,1] \to \mathbb{R}$ mit $f_1(x) = |x|$ zu approximieren. Man kann zeigen, daß für die Orthogonalprojektion p auf U gilt: $p(f_1) : x \mapsto \frac{3}{16} + \frac{15}{16}x^2$. Diese Polynomabbildung ist unter allen Polynomabbildungen g

vom Grad ≤ 3 diejenige, für die $\sqrt{\int_{-1}^{1} [f_1(t) - g(t)]^2\, dt}$ minimal ist.

2.) *Approximation durch eine trigonometrische Summe :*

Sei $\mathbb{K} = \mathbb{R}$, $V = \mathcal{C}([-\pi,\pi], \mathbb{R})$, $\Phi(f,g) := \int_{-\pi}^{\pi} f(t)g(t)dt$ sowie

$U_n = \{t \in V \mid t(x) = \alpha_0/2 + \sum_{k=1}^{n} (\alpha_k \cos kx + \beta_k \sin kx)\}$ für festes $n \in \mathbb{N} \setminus \{0\}$.

Die Funktionen $h_0, h_1, h_{-1}, \ldots, h_n, h_{-n} \in V$ mit

$$h_0(x) = \frac{1}{\sqrt{2\pi}} \text{ (konstant)}, \quad h_k(x) = \frac{1}{\sqrt{2\pi}} \cos(kx) \text{ und } h_{-k}(x) = \frac{1}{\sqrt{2\pi}} \sin kx$$

bilden ein ONS in (V, Φ).

Die Bestapproximation einer Funktion $f \in V$ bzgl. Φ (sogenannte Approximation im quadratischen Mittel) ist dann gegeben durch die Funktion

$$S_n := \sum_{k=-n}^{n} \gamma_k h_k \quad \text{mit} \quad \gamma_k = \int_{-\pi}^{\pi} f(t) h_k(t) dt,$$

den sogenannten "**Fourierkoeffizienten**" (s. auch "Fourierreihe" unter §4.2). Literaturhinweise: H. Heuser L.d.Analysis 2, Kap.XVII ; Liedl/Kuhnert: 6.3.

1.7 Isometrien

Seien (V, Φ) und (W, Ψ) reelle (bzw. komplexe) Vektorräume mit Skalarprodukt (s. 1.6), also euklidische (bzw. unitäre) Vektorräume (Prähilberträume) .

Definieren Sie, was unter einer **linearen Isometrie** $f : V \to W$ zu verstehen ist, und geben Sie einige Bedingungen an, die zur definierenden Eigenschaft äquivalent sind.

Sei $f : V \to W$ eine lineare Abbildung. Dann heißt f *lineare Isometrie*, wenn gilt:

(1) f ist abstandstreu, d.h. verträglich mit den von Φ bzw. Ψ induzierten Metriken d_Φ und d_Ψ:

$$\forall x, y \in V: \quad d_\Psi(f(x), f(y)) = d_\Phi(x, y).$$

Zu (1) äquivalent sind die folgenden Aussagen:

(2) f ist mit den Skalarprodukten Φ und Ψ verträglich (SKP-Homomorphismus):

$$\forall x, y \in V: \quad \Phi(f(x), f(y)) = \Psi(x, y).$$

(3) f bildet jedes Φ-Orthonormalsystem (ONS) auf ein Ψ-ONS ab.

(4) f ist längentreu, d.h.

$$\forall x \in V: \quad \|f(x)\|_\Psi = \|x\|_\Phi .$$

(5) f bildet Vektoren der Länge 1 von (V, Φ) auf solche der Länge 1 von (W, Ψ) ab.

Hinweis zum Beweis: Man beachte den folgenden Zusammenhang zwischen Skalarprodukt und Metrik: $d_\Phi(x,-y)^2 - d_\Phi(x,y)^2 = 4\Phi(x,y)$ im Fall $I\!K = I\!R$ und $d_\Phi(x,-y)^2 - d_\Phi(x,y)^2 + i \cdot d_\Phi(x,-iy)^2 - i \cdot d_\Phi(x,iy)^2 = 4\Phi(x,y)$ im Fall $K = \mathbb{C}$. (Dies erhält man durch definitionsgemäßes Einsetzen und Ausrechnen.)
Damit ist nicht nur d_Φ durch Φ vermöge $d_\Phi(x,y) = \sqrt{\Phi(x-y, x-y)} = \|x-y\|_\Phi$ bestimmt, sondern auch umgekehrt Φ durch d_Φ.
Schließlich benutzt man noch $x = \|x\| \cdot \frac{x}{\|x\|}$ mit Einheitsvektor $\frac{x}{\|x\|}$ □.

Anmerkungen:

(i) Man kann zeigen, daß für reelle normierte Vektorräume V und W jede surjektive Isometrie $f : V \to W$ mit $f(0) = 0$ notwendigerweise linear ist (Satz von Ulam und Mazur, s.z.Bsp.W.Benz, Geometrische Transformationen, Mannheim etc. 1992).

(ii) Lineare Isometrien sind injektiv.

(iii) Die Menge der bijektiven linearen Isometrien eines Prähilbertraums (V, Φ) auf sich bildet eine Untergruppe U von $(GL(V), \circ)$, der Gruppe aller linearen Abbildungen von V auf sich. U heißt **orthogonale Gruppe** $O(V, \Phi)$ im Fall $K = I\!R$ bzw. **unitäre Gruppe** $U(V, \Phi)$ im Fall $K = \mathbb{C}$. Die Elemente von U, also die surjektiven Isometrien von V auf sich, heißen auch *unitäre* bzw. *orthogonale* (oder *euklidische*) Transformationen.

Welche Eigenschaften haben die Matrizen, die eine Isometrie f eines n-dimensionalen Prähilbertraums (V, Φ) auf sich bzgl. geeigneter Basis darstellen?

Tabelle 1.2 Typen einiger Matrizen im Zusammenhang mit Prähilberträumen:

	unitärer Raum	euklidischer Raum
Fundamentalmatrix des Skalarprodukts	A hermitesch, also $A \in \mathbb{C}^{(n,n)}$ mit $A = \bar{A}^T$	A symmetrisch, also $A \in I\!R^{(n,n)}$ mit $A = A^T$
Darstellende Marix einer Isometrie bzgl. ONB	A unitär, d.h. $A \in \mathbb{C}^{(n,n)}$ mit $A^{-1} = \bar{A}^T$	A orthogonal, d.h. $A \in I\!R^{(n,n)}$ mit $A^{-1} = A^T$

Sind B und C Orthonormal- Basen von (V, Φ) und $A := M_C^B(f) \in I\!K^{(n,n)}$, so gilt:

$$f \text{ Isometrie} \iff \bar{A}^T A = E_n$$

A ist also unitär bzw. orthogonal (s. Tabelle 1.2)

Beweisskizze:
Bzgl. Orthonormalbasen sind die Fundamentalmatrizen von (V,Φ) gerade Einheitsmatrizen. Daher gilt:

$$\begin{array}{llcl} & \forall x,y\in V: & \Psi(f(x),f(y)) & = & \Phi(x,y) \\ \Longleftrightarrow & \forall \mathbf{x},\mathbf{y}\in I\!\!K^n: & (\overline{A\mathbf{x}})^T\cdot E_n(A\mathbf{y}) & = & \overline{\mathbf{x}}^T\cdot E_n\cdot\mathbf{y} \\ \Longleftrightarrow & \forall \mathbf{x},\mathbf{y}\in I\!\!K^n: & \bar{\mathbf{x}}^T\bar{A}^TA\mathbf{y} & = & \bar{\mathbf{x}}^T\mathbf{y}\,. \end{array}$$

Die Gleicheit der Einträge in Zeile i und Spalte j folgt mit Hilfe der Wahl $\mathbf{x}=\mathbf{e}_i$ und $\mathbf{y}=\mathbf{e}_j$. □

Welche Determinante hat eine Isometrie f eines endlich-dimensionalen Prähilbertraums auf sich, welche Eigenschaft haben die Eigenwerte von f ?

(a) Es gilt $|\det f|=1$ wegen $1=\det\bar{A}^TA=(\overline{\det A})\cdot\det A=(\det A)^2$

(b) Jeder Eigenwert von f hat Betrag 1; dies folgt mit der Längentreue von f aus $\|v\|=\|f(v)\|=\|\lambda v\|=|\lambda|\|v\|$ für einen zu λ gehörenden Eigenvektor v. □

Bestimmen Sie die **orthogonalen Automorphismen** des euklidischen Vektorraums $I\!\!R^2$ (bzw. $I\!\!R^3$) !

(i) Sei $A=\begin{pmatrix}\alpha&\gamma\\\beta&\delta\end{pmatrix}$ Matrix eines orthogonalen Automorphismus f von $I\!\!R^2$ bzgl. einer Orthonormalbasis. Die Spalten von A bilden wegen $A^TA=E_n$ ein Orthonormalsystem (bzgl. des kanonischen Skalarprodukts). Also gilt $\|\binom{\alpha}{\beta}\|=1=\|\binom{\gamma}{\delta}\|$ und $\binom{\alpha}{\beta}\perp\binom{\gamma}{\delta}$. Der Orthogonalraum von $\binom{\alpha}{\beta}$ ist 1-dimensional, also von $\binom{-\beta}{\alpha}$ erzeugt. Es folgt daher insgesamt: $\binom{\gamma}{\delta}$ ist aus $\left\{\binom{-\beta}{\alpha},\binom{\beta}{-\alpha}\right\}$ und $\alpha^2+\beta^2=1$. Aufgrund der letzten Gleichung garantieren Eigenschaften der trigonometrischen Funktionen die Existenz eines (Winkels vom Maß) $\varphi\in[0,2\pi)$ mit $\alpha=\cos\varphi$ und $\beta=\sin\varphi$. Es ergeben sich damit die beiden folgenden Fälle:

1. Fall: $\det A=+1$ (*gleichsinnige* oder *eigentliche Bewegung*)
$A=A_1=\begin{pmatrix}\cos\varphi&-\sin\varphi\\\sin\varphi&\cos\varphi\end{pmatrix}$. Es handelt sich also bei f um eine *Drehung* um den Nullpunkt um einen Winkel vom Maß φ, im Spezialfall $\varphi=\pi$ um eine *Punktspiegelung*.

2. Fall: $\det A=-1$ (*gegensinnige Bewegung*)
$A_2=\begin{pmatrix}\cos\varphi&\sin\varphi\\\sin\varphi&-\cos\varphi\end{pmatrix}$. Diese Matrix hat Eigenwerte $\lambda_1=1$ und $\lambda_2=-1$. (Beweis durch Nachrechnen von $\det(A_2\pm E_2)=0$). Der Eigenraum V_1 zu $\lambda_1=1$ ist Fixpunktgerade, der Eigenraum zu $\lambda_1=-1$ als einzige weitere Fixgerade senkrecht zu V_1. Es handelt sich also um eine *Achsenspiegelung* an einer Nullpunktgeraden, bzgl. geeigneter Basis mit Matrix $A_3=\begin{pmatrix}-1&0\\0&1\end{pmatrix}$.

Umgekehrt sind die erwähnten Abbildungen Isometrien. *Genau die Spiegelungen und Drehungen mit Fixpunkt* 0 *sind somit die orthogonalen Automorphismen von* $\mathbb{R}^2$.

(ii) Sei f orthogonaler Automorphismus von $\mathbb{R}^3$; als reelles Polynom ungeraden Grades hat χ_f mindestens eine Nullstelle, damit f mindestens einen Eigenwert λ_3 mit zugehörigem (normierten) Eigenvektor e_3. Der (2-dimensionale) Orthogonalraum $W = e_3^{\perp}$ ist wie $< e_3 >$ unter f invariant. $f|_W$ ist orthogonaler Automorphismus von W und damit Spiegelung oder Drehung in W (s.o.). Es gibt daher eine Basis (e_1, e_2) von W, bzgl. der $f|_W$ durch eine Matrix $A \in \{A_1, A_3\}$ dargestellt werden kann. Im Fall $A = A_3$ kann o.B.d.A.[7] $\lambda_3 = 1$ gewählt werden; ist $A = A_1$, so folgt (s.o.) $\lambda_3 = 1$ oder $\lambda_3 = -1$. Auf jeden Fall gibt es also eine Basis (e_1, e_2, e_3) von $\mathbb{R}^3$, bezüglich der f durch eine der folgenden Matrizen dargestellt werden kann:

$$\left(\begin{array}{cc|c} \cos\varphi & -\sin\varphi & 0 \\ \sin\varphi & \cos\varphi & 0 \\ \hline 0 & 0 & 1 \end{array}\right), \quad \left(\begin{array}{cc|c} \cos\varphi & -\sin\varphi & 0 \\ \sin\varphi & \cos\varphi & 0 \\ \hline 0 & 0 & -1 \end{array}\right), \quad \left(\begin{array}{c|c|c} -1 & 0 & 0 \\ 0 & 1 & 0 \\ \hline 0 & 0 & 1 \end{array}\right).$$

Die erste Matrix beschreibt eine *Drehung* um die Achse $< e_3 >$ um einen Winkel vom Maß φ (vgl. Bild 1.12 mit $a = e_3$); die zweite eine *Drehspiegelung* – dies ist eine Ebenenspiegelung, verknüpft mit einer Drehung um eine zur Spiegelungsachse orthogonalen Geraden –, die dritte eine reine *Achsenspiegelung* an der Ebene $< e_2, e_3 >$. Die *Punktspiegelung* am Nullpunkt ist eine spezielle Drehspiegelung ($\varphi = \pi$). Umgekehrt sind diese Abbildungen Isometrien.

Die orthogonalen Automorphismen von $\mathbb{R}^3$ *sind also genau die Drehungen und die Drehspiegelungen (einschließlich Punkt- und Ebenenspiegelungen) mit Fixpunkt* 0.

1.8 Dualraum

Was versteht man unter einer **Linearform** eines Vektorraums V, und wie sieht eine Koordinatendarstellung einer solchen Abbildung im Fall $\dim V < \infty$ aus? Geben Sie einige Beispiele von Linearformen an!

(i) Eine *Linearform*, auch *lineares Funktional* genannt, ist eine lineare Abbildung f von V in K (als K-Vektorraum), also ein Element von $\mathrm{Hom}_K(V, K) =: V^*$, dem *Dualraum* von V.

[7] Es existiert dann insgesamt ein Eigenwert $+1$, der von vornherein als λ_3 gewählt werden kann.

(ii) Ist $B = (b_1, \ldots, b_n)$ Basis von V, und wählt man $C = \{1\}$ als Basis von K, so ist $M_C^B(f) = (f(b_1), \ldots, f(b_n)) \in K^{(1,n)}$ und

$$f(\sum_{i=1}^{n} \xi_i b_i) = (f(b_1) \ldots f(b_n)) \begin{pmatrix} \xi_1 \\ \vdots \\ \xi_n \end{pmatrix}$$

(iii) *Beispiele:*

1. Ist $V \cong K^n$ und $(\alpha_1 \ldots \alpha_n) \in K^n$, wird (umgekehrt zu (ii)) durch

$$f(\mathbf{x}) = \sum_{i=1}^{n} \alpha_i \xi_i \qquad \text{mit} \quad M_B(\mathbf{x}) = \begin{pmatrix} \xi_1 \\ \vdots \\ \xi_n \end{pmatrix}$$

eine Linearform auf V definiert.

2. Sei Φ Skalarprodukt auf einem $\mathbb{K}-$ Vektorraum V (wie in §1.6 definiert) und $\mathbf{y}_0$ aus V fest. Dann ist $\Phi(\cdot, \mathbf{y}_0) : V \to K$ mit $\mathbf{x} \mapsto \Phi(\mathbf{x}, \mathbf{y}_0)$ eine Linearform auf V.

   Anmerkung: Ist V endlich-dimensionaler $K-$ Vektorraum und Φ nicht-ausgeartete Semibilinearform, so läßt sich jede Linearform f von V mittels Φ darstellen, d.h. es existiert ein $\mathbf{y}_0 \in V$ mit $f = \Phi(\cdot, \mathbf{y}_0)$. (Beweis ?)

3. Für $V = \mathcal{C}[0,1]$ definiert $f \mapsto \int_0^1 f(t)dt$ eine Linearform. (Begründung?)

4. Die Abbildung $\lim_{n \to \infty}$ ist eine Linearform auf dem Vektorraum der konvergenten reellen Zahlenfolgen. ($\to$ Additionssatz, Homogenität).

5. Auf dem $\mathbb{R} - VR$ der reellwertigen Zufallsvariablen eines endlichen Wahrscheinlichkeitsraumes $(\Omega, \mathfrak{P}(\Omega), p)$ (s.Kap.5), also auf $Abb(\Omega, \mathbb{R})$, ist der Erwartungswert E eine Linearform.
   (Zur Erinnerung: $E(X) = \sum_{\omega \in \Omega} p(\omega) X(\omega)$, s. Kap.5).

Gehen Sie ganz kurz auf die Bedeutung der Linearformen ein !

1. Wie eben gesehen, ist die durch ein Skalarprodukt Φ gegebene Abbildung $\Phi(\cdot, \mathbf{y}_0)$ eine Linearform. Die Rolle dieser Funktionen können bei Vektorräumen über beliebigen Körpern oft durch Linearformen übernommen werden. Auch die Orthogonalität von Unterräumen hat ihre Entsprechung in V^*. In Vektorräumen ohne Skalarprodukt kann man dessen Fehlen oft mittels einer nicht notwendig positiv definiten Abbildung, z. Bsp. $\Phi(\mathbf{x}, \mathbf{y}) := \sum_{i=1}^{n} \xi_i \eta_i$, ausgleichen, deren Eigenschaften man dann durch Betrachten der Linearformen $\Phi(\cdot, \mathbf{y})$ bzw. $\Phi(\mathbf{x}, \cdot)$ erhält.

2. Viele der in der (Funktional-)Analysis betrachteten stetigen Abbildungen (Operatoren) sind Linearformen. Man kann zeigen, daß sich jeder endlich-dimensionale Operator $L : E \to F$ durch $L(\mathbf{x}) = \sum_{\nu=1}^{n} f_\nu(\mathbf{x})\mathbf{y}_\nu$ mit Linearformen $f_1, \ldots, f_n$ und Basis $\{\mathbf{y}_1, \ldots, \mathbf{y}_n\}$ von L(E) darstellen läßt.

3. Linearformen und Dualraum gestatten es, "Dualitäten" genauer zu beschreiben, z. Bsp. die Dualität von Punkten und Hyperebenen in der Projektiven Geometrie. Mit einer Aussage, die für den Unterraumverband (projektive Geometrie, s.u.) $\mathfrak{U}(V)$ eines jeden $n+1$ -dimensionalen Vektorraums V gilt, folgt auch die duale Aussage (als Aussage über $\mathfrak{U}(V^*)$ ($\to$ Dualitätsprinzip).

Sei V ein K-Vektorraum mit Basis B und $V^* = \mathrm{Hom}_K(V, K)$ der Dualraum von V. Begründen Sie $V^* \cong K^B = \mathrm{Abb}(B, K)$ durch Betrachtung der Zuordnung $f \mapsto (f(b))_{b \in B}$.

Die Abbildung $\varphi : V^* \to K^B$ mit $f \mapsto (f(b))_{b\in B}$ ist eine Bijektion: Nach dem Satz über die Existenz und Eindeutigkeit der linearen Fortsetzung (Fortsetzungssatz s. 1.4) ist f durch $(f(b))_{b\in B}$ eindeutig bestimmt und jedes Element aus K^B Bild unter φ. Die Linearität von φ folgt durch Nachrechnen:
$\varphi(f+g) = ((f+g)(b))_{b\in B} = (f(b)+g(b))_{b\in B} = (f(b)_{b\in B}) + (g(b))_{b\in B} =$
$\varphi(f) + \varphi(g)$ und $\varphi(\lambda f) = ((\lambda f)(b))_{b\in B} = (\lambda f(b))_{b\in B} = \lambda(f(b))_{b\in B} = \lambda\varphi(f)$. □

Anmerkung **
Ist $\dim_K V = n < \infty$, so $V^* \cong K^n$ und damit $\dim_K V^* = \dim_K V$.
Ist V endlich-dimensional, so ist also V zu V^* isomorph, damit auch V isomorph zum *Bidualraum*, d.h. dem Dualraum von V^*. Im Gegensatz zum Isomorphismus φ ist $j : V \to V^{**}$, definiert durch $j(v) : V^* \to K$ mit $f \mapsto f(v)$ von der Basis unabhängig, sodaß man V mit V^{**} identifizieren kann: $v(f) := f(v)$. Ohne die Beschränkung von V auf endliche Dimensionen ist j i.a. nur ein Monomorphismus, d.h. injektiv und linear.

Beschreiben Sie die zu einer Basis B eines endlich-dimensionalen K-Vektorraums V **duale Basis** von V^* !

Ist $B = \{b_1, \ldots, b_n\}$, so definiert man b_i^* als lineare Fortsetzung von

$$b_i^*(b_j) := \delta_{ij}\,.$$

$B^* = \{b_1^*, \ldots, b_n^*\}$ ist Basis von V^* : Aus $\sum_{i=1}^{n} \mu_i b_i^* = o$ folgt $\mu_j = \sum \mu_i b_i^*(b_j) = 0$ für $j = 1, \ldots, n$; ferner sieht man $f = \sum_{i=1}^{n} f(b_i) b_i^*$ für jede Linearform f durch Anwendung auf b_j und Nachrechnen ein. □

Anmerkung: Im unendlich-dimensionalen Fall existiert das analog definierte B^* und ist linear unabhängig, aber keine Basis mehr: f mit $f(b_i) = 1$ für alle i ist nicht als endliche Linearkombination von B^* darstellbar.

Definieren Sie, was unter dem zu einer Teilmenge A von V **orthogonalen Raum** $A^\perp$ in V^* zu verstehen ist. Welche Struktur hat $A^\perp$?

Definition:
$A^\perp := \{f \in V^* | f(a) = 0$ für alle $a \in A\}$ (manchmal auch mit A° bezeichnet) heißt der zu A *orthogonale Raum* von V^*.
Durch Anwenden der Definition der Verknüpfungen auf V^* und Nachrechnen sieht man, daß $A^\perp$ Unterraum von V^* ist. (Zur Dimension s. u.).

Anmerkungen:

1. Identifiziert man die zur Linearform $f : \mathbb{R}^3 \to \mathbb{R}$ mit $(\xi_1, \xi_2, \xi_3) \mapsto \sum_{i=1}^{3} \lambda_i \xi_i$ gehörende Matrix $A_f = (\lambda_1, \lambda_2, \lambda_3)$ mit dem entsprechenden Vektor aus $\mathbb{R}^3$, so ist $f \in \{v\}^\perp$ (für $v \in \mathbb{R}^3$) genau dann, wenn $A_f \perp v$ im elementargeometrischen Sinne gilt. Wir haben es hier also mit einer Verallgemeinerung des Orthogonalitätsbegriffs zu tun (s. auch unten).

2. Ist $F^* \subseteq V^*$, so definiert man $F^*_\perp = \{v \in V | f(v) = 0$ für alle $f \in F^*\}$; $F^*_\perp$ ist Unterraum von V und darf i.a. nicht mit $(F^*)^\perp$, einem Unterraum von V^{**}, verwechselt werden. Ist jedoch V endlich-dimensional, so gehen bei der oben beschriebenen Identifizierung von V mit V^{**} die beiden Räume $(F^*)^\perp$ und $(F^*)_\perp$ ineinander über. Im folgenden werden wir sie daher nicht im Schriftbild unterscheiden.

Geben Sie für einen endlich-dimensionalen Vektorraum V mit Unterraum U Eigenschaften von $U^\perp$ an !

(i) Wie schon erwähnt, ist $U^\perp$ Unterraum von V^*. Für seine Dimension gilt
$$\dim_K U^\perp = \operatorname{codim}_V U = \dim_K V - \dim_K U .$$
Dies folgt aus der Tatsache, daß $\{v_1^*, \dots, v_{n-k}^*\}$ Basis von $U^\perp$ ist, wenn $\{v_1, \dots, v_{n-k}\}$ eine Basis von U zu einer solchen von V ergänzt, oder auch aus der Beziehung $U^\perp \cong (V/U)^*$.

(ii) Nach Identifizierung von V mit V^{**} gilt (im Endlich-dimensionalen!):
$$(U^\perp)^\perp = U.$$

(iii) Bezeichnet $\mathfrak{U}(V)$ den Unterraumverband von V, so ist die Abbildung $\perp$: $\mathfrak{U}(V) \to \mathfrak{U}(V^*)$ mit $U \mapsto U^\perp$ ein Verbands-Antiisomorphismus, d.h. eine bijektive Abbildung, die die Relation $\subseteq$ umkehrt (und Durchschnitte auf Summen sowie Summen auf Durchschnitte abbildet).

Stellen Sie für einen endlich-dimensionalen K-Vektorraum mit nicht ausgearteter Semibilinearform Φ einen Zusammenhang her zwischen dem Orthogonalraum $U^{\perp_\Phi}$ von U bzgl. Φ und $U^\perp$!

Wie schon erwähnt, läßt sich jedes $f \in V^*$ darstellen in der Form $f = \Phi(\cdot, y_\circ)$ mit geeignetem $y_\circ \in V$. Die Abbildung $\Psi : V \to V^*$ mit $y \mapsto \Phi(\cdot, y)$ ist eine Bijektion mit $\Psi(U^{\perp_\Phi}) = U^\perp$ für jeden Unterraum U von V.

Interpretieren Sie die Lösungsmenge eines **linearen homogenen Gleichungssystems** als Durchschnitt von Orthogonalräumen !

1. Die lineare homogene Gleichung
$$\sum_{i=1}^{n} \alpha_i \xi_i = 0$$
läßt sich mit Hilfe der Linearform $f_{(\alpha_1,\ldots,\alpha_n)} : \mathbf{x} = \begin{pmatrix} \xi_1 \\ \vdots \\ \xi_n \end{pmatrix} \mapsto \sum_{i=1}^{n} \alpha_i \xi_i$ in der Form $f_{(\alpha_1,\ldots,\alpha_n)}(\mathbf{x}) = 0$ schreiben. Für ihre Lösungsmenge L_1 gilt daher[8] $L_1 = \{f_{(\alpha_1\ldots\alpha_n)}\}^\perp$. Ist $(\alpha_1 \ldots \alpha_n) \neq 0$, die Gleichung also nicht-trivial, so folgt sofort $\dim_K L_1 = n - 1$, es ist also L_1 eine Hyperebene durch den Nullpunkt.

2. Jeder Zeile eines homogenen linearen Gleichungssstems
$$\begin{cases} \sum\limits_{i=1} \alpha_{1i}\xi_i = 0 \\ \vdots \\ \sum\limits_{i=1}^{n} \alpha_{mi}\xi_i = 0 \end{cases}$$
läßt sich wie in (1) eine Linearform $f_k = f_{(\alpha_{k_1},\ldots,\alpha_{k_n})}$ zuordnen; für die Lösungsmenge L des LGS folgt
$$L = \{f_1\}^\perp \cap \{f_2\}^\perp \cap \cdots \cap \{f_m\}^\perp = \{f_1, f_2, \ldots, f_m\}^\perp$$
und $\dim L = n - \dim < f_1, \ldots, f_m >$.
Anmerkung :
Jede Lösungsmenge eines (nicht notwendig homogenen) LGS's läßt sich daher als Durchschnitt von Hyperebenen darstellen (vgl. §2.1).

Zeigen Sie, daß sich jeder Unterraum U eines endlich-dimensionalen Vektorraums V durch ein homogenes lineares Gleichungssystem darstellen läßt!

Es ist $U^\perp$ UR von V^* der Dimension $m := \operatorname{codim}_V U$; es gibt daher m den Raum $U^\perp$ erzeugende Linearformen $g_1, \ldots, g_m \in V^*$; mit diesen gilt $U = (U^\perp)^\perp = \, < g_1, \ldots, g_m >^\perp = \{g_1, \ldots, g_m\}^\perp$. Es ist daher U Lösungsmenge des Systems

[8] nach Identifizierung von V^{**} mit V.

$$\left\{\begin{array}{l} g_1(x)=0 \\ \quad\vdots \\ g_m(x)=0 \end{array}\right.$$ (für $x \in V$), das nach Wahl einer Basis B von V und Übergang zu Matrizen und Koordinatenvektoren zu einem LGS für U wird. □

Anmerkung: Jedes Element aus $AG(K^n) \cup \{\emptyset\}$ läßt sich also als Lösungsmenge eines LGS beschreiben und umgekehrt (vgl. dazu den Beweis in §2.1).

1.9 Determinanten

Geben Sie Motivationen für die Einführung des Begriffs der Determinanten an!

Motivation für den Begriff der Determinante sind u. a.

1. *Volumenbestimmung* (bei dem durch 3 Vektoren v_1, v_2, v_3 aufgespannten Parallelflach $\{\sum \alpha_i v_i \mid \alpha_i \in [0,1]\} \subseteq \mathbb{R}^3$) bzw. *Flächenbestimmung* (bei Parallelogrammen in $\mathbb{R}^2$) und damit:
2. Test der *linearen Unabhängigkeit* von n Vektoren eines n-dimensionalen Vektorraums; bei linearer Abhängigkeit ist das Volumen bzw. Flächenmaß gleich 0.
3. Test der *Regularität* einer quadratischen Matrix
4. Maß für die Änderung des Volumens von Körpern bei linearen Abbildungen.

Definieren Sie, was unter einem **Volumen** (einer Determinantenform) eines n-dimensionalen K-Vektorraumes V zu verstehen ist ! Gehen Sie auch auf alternative Definitionen ein !

Δ heißt *Volumen* (Determinantenform), falls gilt:

(i) Δ ist n-fache Linearform , d. h. $\Delta : V^n \to K$ und Δ ist linear in jeder Komponente.

(ii) $\Delta(v_1, \ldots, v_n) = 0$ für beliebige linear abhängige Vektoren $v_1, \ldots, v_n$ aus V.

(iii) $\Delta(b_1, \ldots, b_n) \neq 0$ für mindestens eine Basis $B = (b_1, \ldots, b_n)$ von V.

Es folgt insbesondere, daß Δ alternierende Multilinearform ist, d. h. daß Δ die folgende Eigenschaft hat:

(ii') $\Delta(v_1, \ldots, v_i, \ldots, v_j, \ldots, v_n) = -\Delta(v_1, \ldots, v_j, \ldots, v_i, \ldots, v_n)$
(für alle $v_1, \ldots, v_n \in V$) . (Beweisskizze: $\Delta(\ldots, v_i + v_j, \ldots, v_i + v_j, \ldots) = 0$).

Umgekehrt ist im Falle[9] char $K \neq 2$ eine Abbildung Δ mit (i), (ii') und (iii) ein Volumen.
Beim Beweis beachte man

$$\Delta(x_i, x_2, \ldots, x_i, \ldots, x_n) = -\Delta(x_i, x_2, \ldots, x_i, \ldots, x_n) \quad .$$

Anmerkung:
Die Forderung (i) ergibt sich ebenso wie (ii) und (iii) u. a. aus dem Ziel der Bestimmung eines (gerichteten) Volumens, (s. Bild 1.15 für $n = 2$).

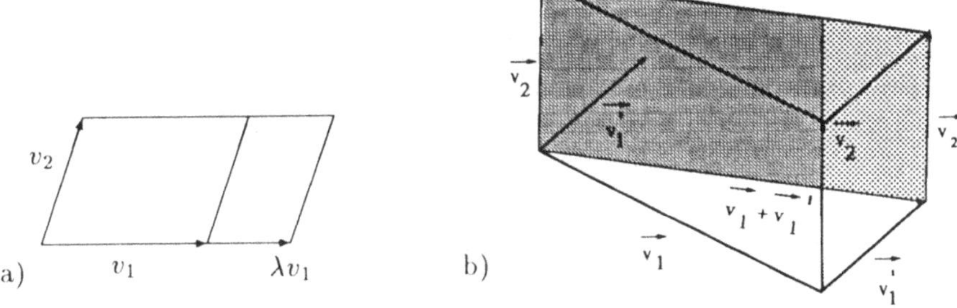

Bild 1.15 Eigenschaften eines Volumens im Fall $n = 2$
a) $\Delta(\lambda v_1, v_2) = \lambda\Delta(v_1, v_2)$
b) Additivität (Flächenumwandlungen durch 2 Scherungen !)

Beispiel:

Sei $n = 2$ und $\Delta : V \times V \to K$ Volumen; berechnen Sie $\Delta(v_1, v_2)$ in Abhängigkeit von den Koordinaten von $v_1, v_2 \in V$ bzgl. einer Basis $C = (c_1, c_2)$ von V !

Für $v_i = \xi_{i1}c_1 + \xi_{i2}c_2 \quad (i = 1, 2)$ folgt aus der Multilinearität von Δ und wegen $\Delta(c_i, c_i) = 0$ die Darstellung:

$$\begin{aligned}\Delta(\xi_{11}c_1 + \xi_{12}c_2, \xi_{21}c_1 + \xi_{22}c_2) \\ &= \xi_{11}\xi_{21}\Delta(c_1, c_1) + \xi_{11}\xi_{22}\Delta(c_1, c_2) + \xi_{12}\xi_{21}\Delta(c_2, c_1) + \xi_{12}\xi_{22}\Delta(c_2, c_2) \\ &= (\xi_{11}\xi_{22} - \xi_{12}\xi_{21}) \cdot \Delta(c_1, c_2).\end{aligned}$$

Anmerkung:

1.) Bekanntlich ist $\begin{vmatrix} \xi_{11} & \xi_{21} \\ \xi_{12} & \xi_{22} \end{vmatrix} = \xi_{11}\xi_{22} - \xi_{12}\xi_{21}$, *s. u.*.

2.) Im Hinblick auf die allgemeine Formel für Volumen-Funktionen (Volumina) bemerken wir: Die Menge der Permutationen von $\{1, 2\}$ ist

$$S_2 = \{id, \sigma\} \text{ mit } \sigma = \begin{pmatrix} 1 & 2 \\ 2 & 1 \end{pmatrix} = (12) \, ,$$

und daher gilt (mit dem Signum sgn (π) von π, s. u.) :

$$\xi_{11}\xi_{22} - \xi_{21}\xi_{12} = \operatorname{sgn}(id)\xi_{id(1)1}\xi_{id(2)2} + \operatorname{sgn}(\sigma)\xi_{\sigma(1)1}\xi_{\sigma(2)2} \, .$$

[9] d.h. im Falle eines Körpers K mit $1 + 1 \neq 0$

Geben Sie die allgemeine Formel für $\Delta(v_1, \ldots, v_n)$ in Abhängigkeit von den Koordinaten von v_i bzgl. einer Basis $C = (c_1, \ldots, c_n)$ an!
Welche unmittelbaren Folgerungen ergeben sich aus dieser Formel?

(i) Es gilt für $v_i = \sum_{j=1}^{n} \xi_{ij} c_j \quad (i = 1, \ldots, n)$ die Gleichung

$$(*) \quad \Delta(v_1, \ldots, v_n) = \sum_{\pi \in S_n} \operatorname{sgn}(\pi) \xi_{\pi(1)1} \cdots \xi_{\pi(n)n} \cdot \alpha \quad \text{mit} \quad \alpha = \Delta(c_1, \ldots, c_n).$$

Hierbei bedeutet S_n die *symmetrische Gruppe* vom Grad n, also die Gruppe aller Permutationen von $\{1, \ldots, n\}$ (d.h. aller bijektiven Abbildungen von $\{1, \ldots, n\}$ auf sich), und $\operatorname{sgn}(\pi)$ ist $(-1)^m$, falls sich π als Produkt von m Transpositionen schreiben läßt; (man beachte die Unabhängigkeit des Signums von der speziellen Zerlegung von π als Produkt von Transpositionen).
Anmerkung: Umgekehrt ist zu jedem $\alpha \in K\backslash\{0\}$ durch $(*)$ ein Volumen definiert.

(ii) Wegen $(*)$ gilt $\Delta(c_1, \ldots, c_n) \neq 0$ genau dann, wenn $(c_1, \ldots, c_n)$ Basis von V ist, also nicht nur für die Basis $(b_1, \ldots b_n)$ aus der Definition.

(iii) Zwei Volumen-Funktionen von V unterscheiden sich höchstens durch eine Konstante, also

$$\Delta_1, \Delta_2 \text{ sind Volumina von } V \Rightarrow \exists \gamma \in K\backslash\{0\} : \Delta_1 = \gamma \Delta_2.$$

Erläutern Sie, wie man vom Begriff des Volumens zu dem der **Determinante** einer Matrix gelangt.

Man betrachtet dasjenige (eindeutig bestimmte) Volumen Δ_0 von K^n, das für die kanonische Basis $B = (\vec{e}_1, \ldots, \vec{e}_n)$ den Wert 1 hat, also für das gilt:

$$\Delta_0(\vec{e}_1, \ldots, \vec{e}_n) = 1. \quad \text{(Normiertes Volumen)}$$

Ist nun $A \in K^{(n,n)}$ eine quadratische Matrix mit Spalten $\vec{a}_1, \ldots, \vec{a}_n$, so definiert man $\det A := \Delta_0 (\vec{a}_1, \ldots, \vec{a}_n)$. Es gilt dann (s. o., zur konkreten Berechnung s. u.)

$$\det(a_{ij}) = \sum_{\pi \in S_n} \operatorname{sgn} \pi \prod_{j=1}^{n} a_{\pi(j)j} \quad .$$

Welche **Eigenschaften von Determinanten** ergeben sich unmittelbar aus der Definition und den Eigenschaften des Volumens ?

(i) Sei $A \in K^{((n,n)}$. Es gilt dann $\det A \neq 0$ genau dann, wenn Rang $A = n$, also A regulär ist.

(ii) $\det A$ ist linear in jeder Spalte von A.
Analoges folgt für Zeilen aus folgender Beziehung:

(iii) $\det A = \det A^T$
(wegen $\sum_{\delta \in S_n} \operatorname{sgn}(\delta) \prod_i a_{i\,\delta(i)} = \sum_{\delta^{-1} \in S_n} \operatorname{sgn}(\delta^{-1}) \prod_j a_{\delta^{-1}(j)j}$)

(iv) Verhalten bei elementaren Umformungen:

- Die Determinante bleibt unverändert bei Addition einer Linearkombination von Spalten (Zeilen) zu einer anderen Spalte (bzw. Zeile).
- $\det B = \alpha \cdot \det A$, falls B aus A durch Multiplikation einer Zeile (Spalte) mit $\alpha \in K$ hervorgeht.
- $\det B = -\det A$, falls B aus A durch Vertauschen zweier Zeilen (Spalten) hervorgeht.

Anmerkung: Zu weiteren Eigenschaften von Determinanten s. u. !

Geben Sie mehrere Möglichkeiten der **Berechnung** einer 3×3–Determinanten an!

(i) Spezialfall: *Dreiecksmatrix*

$$\begin{vmatrix} a_{11} & & \star \\ & \ddots & \\ 0 & & a_{33} \end{vmatrix} := \det \begin{pmatrix} a_{11} & & \star \\ & \ddots & \\ 0 & & a_{33} \end{pmatrix} = \prod_{i=1}^{3} a_{ii}$$

(direkt aus der Formel $(*)$).

(ii) *Regel von Sarrus* (nur für 3×3-Matrizen !) :

$$\begin{vmatrix} a_{11} & a_{12} & a_{13} \\ a_{21} & a_{22} & a_{23} \\ a_{31} & a_{32} & a_{33} \end{vmatrix} \begin{matrix} a_{11} & a_{12} \\ a_{21} & a_{22} \\ a_{31} & a_{32} \end{matrix}$$

$$= a_{11}a_{22}a_{33} + a_{12}a_{23}a_{31} + a_{13}a_{21}a_{32} - a_{31}a_{22}a_{13} - a_{32}a_{23}a_{11} - a_{33}a_{21}a_{12}.$$

(iii) Durch *elementare Umformung* und Zurückführung auf (i) :

Beispiel:

$$\begin{vmatrix} \lambda & k & k \\ k & \lambda & k \\ k & k & \lambda \end{vmatrix} = \begin{vmatrix} \lambda - k & 0 & k \\ k - \lambda & \lambda - k & k \\ 0 & k - \lambda & \lambda \end{vmatrix} = \begin{vmatrix} \lambda - k & 0 & k \\ 0 & \lambda - k & 2k \\ 0 & 0 & \lambda + 2k \end{vmatrix}$$

1. Spalte minus 2. Spalte
2. Spalte minus 3. Spalte

2. Zeile plus 1. Zeile
3. Zeile plus neue 2. Zeile

$$= (\lambda - k)^2(\lambda + 2k)$$

(iv) Laplace'sche Entwicklung nach einer Zeile:

$$\begin{vmatrix} a_{11} & a_{12} & a_{13} \\ a_{21} & a_{22} & a_{23} \\ a_{31} & a_{32} & a_{33} \end{vmatrix} = a_{11} \begin{vmatrix} a_{22} & a_{23} \\ a_{32} & a_{33} \end{vmatrix} - a_{12} \begin{vmatrix} a_{21} & a_{23} \\ a_{31} & a_{33} \end{vmatrix} + a_{13} \begin{vmatrix} a_{21} & a_{22} \\ a_{31} & a_{32} \end{vmatrix}$$

Anmerkung: Allgemein gilt mit $A_{ej} := (-1)^{e+j} \begin{vmatrix} a_{11} \cdots & a_{1j} \cdots & a_{1n} \\ \vdots & & \vdots \\ a_{e1} & a_{ej} & a_{en} \\ \vdots & & \vdots \\ a_{n1} \cdots & a_{nj} \cdots & a_{nn} \end{vmatrix}$ (Zeile e und Spalte j gestrichen)

die Formel $\delta_{ke} \cdot \det A = \sum_{j=1}^{n} a_{kj} A_{ej}$

(mit $\delta_{ke} = 0$ für $k \neq e$, $\delta_{ke} = 1$ für $k = e$).

Nennen Sie einige mathematische Gebiete, in denen eine Determinante eingesetzt wird!

- Rangbestimmung von Matrizen (t-reihige Unterdeterminante $\neq 0$)
- Kriterien für die lineare Unabhängigkeit von Vektoren
- Volumenberechnung (s. o., mit Spatprodukt $< a \times b, c >= \det(a, b, c)$)
- Auflösung von linearen Gleichungssystemen (Lösbarkeitskriterien,Cramersche Regel)
- Eigenwertbestimmung (charakteristisches Polynom $\chi_A(X) := \det(A - XE_n)$)
- Interpolation: Gesucht ist ein Interpolationspolynom $\sum_{i=0}^{n} a_i X^i$ für die Stützstellen $x_1, \ldots, x_{n+1}$ mit $x_i \neq x_j$ und Funktionswerte $y_1, \ldots, y_{n+1}$. Als Koeffizientmatrix

  des LGS's für die a_i erhält man $\begin{pmatrix} 1 & x_1 \cdots & x_1^n \\ \vdots & & \\ 1 & x_{n+1} \cdots & x_{n+1}^n \end{pmatrix}$, deren Determinante (*Vandermonde-Determinante*)

  gerade $\prod_{1 \leq i < j \leq n+1} (x_j - x_i)$ ist ($\rightarrow$ Beweis durch elementare Umformungen).
  Daher ist das Interpolationsproblem (eindeutig) lösbar.
- Substitutionsregel bei der Integration: Unter gewissen Forderungen an die Funktion $g : I\!R^p \supseteq G \rightarrow I\!R^p$ (g stetig differenzierbar auf der offenen Menge G, injektiv, $\det g'(t)$ ständig positiv oder ständig negativ) und an f (f für eine kompakte, Jordan-meßbare Teilmenge T von G auf $g\,(T)$ reellwertig und stetig) gilt

$$\int\limits_{g(T)} f(\vec{x}) d\vec{x} = \int f(g\,(\vec{t}\,)) \cdot |\det g'\,(\vec{t}\,)\,| d\vec{t}$$

mit der Funktionaldeterminanten $\det g'(\vec{t}) = \det\left(\frac{\partial g_i(\vec{t})}{\partial t_j}\right)$.
Literaturhinweis: H.Heuser, Lehrbuch der Analysis II p. 478

- Lokale Extrema mit Nebenbedingung s. H. Heuser, l.c. , p. 310.
- Lineare Gruppen: Die Abbildung $\det : GL(n,K) \to K\setminus\{0\}$ mit $A \mapsto \det A$ von der Gruppe der regulären $n \times n$–Matrizen über dem Körper K in die Gruppe $(K \setminus \{0\}, \cdot)$ ist ein Homomorphismus mit dem Kern $\{A \in GL(n,K) | \det A = 1\} =: SL(n,K)$. Nach dem Homomorphisatz folgt
$$GL(n,K)/SL(n,K) \cong K \setminus \{0\} .$$

Definieren Sie, was unter der Determinante eines Endomorphismus f eines Vektorraumes V der Dimension n zu verstehen ist ! Wie hängt $\det f$ mit $\det M_B(f)$ für eine Basis B von V zusammen ?

Für jedes Volumen Δ von V ist auch die Abbildung Δ_f mit $\Delta_f(x_1,\ldots,x_n) = \Delta(f(x_1),\ldots,f(x_n))$ ein Volumen. Damit gilt $\Delta_f = \gamma \cdot \Delta$ für ein $\gamma \in K^*$ (s. o.). Die Konstante γ ist unabhängig von Δ. Man kann nun definieren: $\det f = \gamma$. Bezüglich einer Basis B gilt für das zugehörige normierte Volumen: $\det f = \Delta(f(b_1),\ldots,f(b_n))\,\Delta(b_1,\ldots,b_n)^{-1} = \Delta(f(b_1),\ldots,f(b_n))$ und damit $\det f = \det M_B(f)$ für jede Basis B.
Anmerkung: $\det f \neq 0$ gilt genau dann, wenn $M_B(f)$ regulär ist.

Geben Sie den **Multiplikationssatz für Determinanten** an (mit Beweisskizze) sowie Folgerungen für $\det(A^{-1})$ und Determinanten ähnlicher Matrizen !

(i) Für $A, B \in K^{(n,n)}$ gilt der Multiplikationssatz
$$\det(A \cdot B) = \det A \cdot \det B .$$
Beweisskizze: Man zeigt $\det(f \circ g) = \det f \cdot \det g$ für die Abbildungen $f = f_A : K^n \to K^n$ mit $\vec{x} \mapsto A\vec{x}$ und $g = g_B$, und zwar (im Falle f, g regulär) durch $\det(f\circ g) = \Delta(f(g(b_1),\ldots,f(g(b_n))\cdot\Delta(g(b_1),\ldots,g(b_n))^{-1}\cdot\Delta(g(b_1),\ldots,g(b_n))\cdot\Delta(b_1,\ldots,b_n)$. □

(ii) Es gilt für reguläres $A \in K^{(n,n)}$ die Gleichung $\det(A^{-1}) = (\det A)^{-1}$.
Beweis: $\det A \cdot \det(A^{-1}) = \det(A \cdot A^{-1}) = \det E_n = 1$

(iii) Ähnliche Matrizen haben die gleiche Determinante:
$\det(S^{-1}AS) = \det(S^{-1}) \cdot \det A \cdot \det S = \det A$.

Anmerkung: Für jeden Endomorphismus eines endlich-dimensionalen Vektorraumes gilt:
$$\det f \neq 0 \iff M_B(f) \text{ regulär} \iff f \text{ Isomorphismus}.$$

Weitere Themen: → Lineare Optimierung; → Tensorprodukt

Literaturauswahl zu Kapitel 1:

FISCHER, G.: Lineare Algebra, Braunschweig etc. 1986^9;

KLINGENBERG, W. &. P. KLEIN, Lineare Algebra u. Analytische Geometrie I, II, Mannheim 1971/72.

KOECHER, M.: Lineare Algebra und Analytische Geometrie, Berlin etc. 1983.

KOWALSKY, H.-J.: Lineare Algebra, Berlin 1969^4.

sowie ARTMANN, B.: LA, Basel etc. ,1991^3; BENZ, W.: Geometrische Transformationen, Mannheim etc. 1992; BRIESKORN, E.: LA u. Anal. Geom. I–III, Braunschweig etc. 1983,'85, in Vorbereitung; GREUB, W. H.: LA, New York etc. 1975^4; GROTEMEYER, K. P.: LA, Mannheim 1970; GUBER, S.: LA u. Anal. Geom. I,II, Erlangen 1972^3, 1968; HUPPERT, B.: LA I,II , Skript Univ. Mainz; JÄNICH, K.: LA, Berlin etc. 1991^4; KLINGENBERG, W.: LA u. Geometrie, Berlin etc. 1984; LANG, S.: Introd. to LA, New York etc. 1986^2; LEHMANN, E.: LA mit Vektoren u. Matrizen, Stuttgart 1990 (Schulbuch); LIPSCHUTZ, S.: LA SI (metric ed.), New York etc. 1968; LORENZ, F.: LA I, II, Zürich 1988/89; LÜNEBURG, H.: Vorlesungen über LA, Mannheim 1993; LÜNEBURG, H.: Einf. i.d. Algebra, Berlin etc. 1973; SCHAAL, H.: LA und Anal. Geom. I, II, Braunschweig etc. 1976; SCHEJA, G. & U. STORCH: Lehrb. d. Algebra unter Einschl. d. LA, I-III, Stuttgart 1980/88/81; STAMMBACH, U.: LA, Stuttgart 1980; STROTH, G.: LA, in Vorbereitung, vor. Berlin 1995; TIETZ, H.: Lineare Geometrie, Göttingen 1973^2; WAGNER, A.: Grundzüge der LA, Stuttgart 1981; WALTER, R.: Einf. i.d. LA, Braunschweig etc. , 1982; WALTER, R.: LA u. Anal. Geom. , Braunschweig 1985; WILLE, D.: Repetitorium d. LA I,II, Hannover 1991.

2 Analytische Geometrie

2.1 Affine Unterräume

Was versteht man unter einem **affinen Unterraum** eines Vektorraumes V, was unter der affinen Geometrie von V ?

(i) Definitionsgemäß ist ein *affiner Unterraum* von V eine Menge der Form

$$L = p + U_L$$

(mit $p \in V$ und U_L Unterraum von V) oder die leere Menge $\emptyset$.

Alternative Bezeichnung: **Lineare Mannigfaltigkeit**, Nebenklasse nach U_L.

U_L ist eindeutig durch L bestimmt, der Nebenklassenvertreter p im allgemeinen nicht. (Damit der Schnitt zweier affiner Unterräume wieder affiner Unterraum ist, wird auch $L = \emptyset$ als affiner Unterraum zugelassen.)

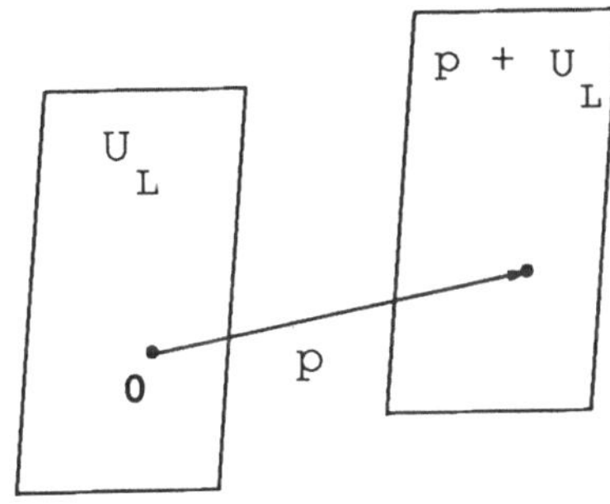

Bild 2.1
Affiner Unterraum $p + U_L$

(ii) $\dim L := \dim U_L$ (und $\dim \emptyset :=$ " $-\infty$ " Grund: Dimensionsformeln)

(iii) Unter der *affinen Geometrie* von V (dem affinen Raum über V), im Zeichen $AG(V)$, verstehen wir hier die Menge aller affinen Unterräume von V mit den Relationen

Inzidenz: $L\ I\ M \quad :\Longleftrightarrow \quad L \subseteq M \ \vee \ M \subseteq L$

Parallelität: $L \parallel M \quad :\Longleftrightarrow \quad U_L\ I\ U_M$ (s. Bild 2.2).

Anmerkung :

1. In der affinen Geometrie betrachtet man also nicht nur Unterräume durch den Nullpunkt, sondern auch deren Bilder unter Translationen.

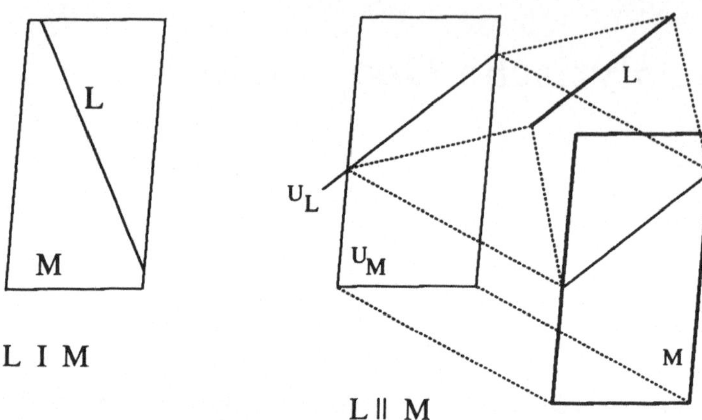

Bild 2.2 Inzidenz und Parallelität affiner Unterräume

2. Um eine frühzeitige Festlegung des Nullpunktes zu vermeiden, definiert man auch *"affine Punkträume"*, d.h. Punktmengen, bei denen jedem Punktepaar ein Vektor eines festen Vektorraumes derart zugeordnet wird, daß das "Abtragen" jedes Vektors eindeutig ist und die "Spitze-Fußregel" der Addition gilt (s. Kap.1).

3. Versieht man $\mathbb{R}^n$ mit einem Skalarprodukt Φ (s. 1.6), so ist damit die Länge eines Vektors, der Abstand zweier Punkte (Metrik) und die Orthogonalität zweier Vektoren definiert. Falls kein Skalarprodukt gegeben ist, wählt man das kanonische. Statt von der affinen Geometrie $AG(\mathbb{R}^n)$ spricht man nun von "der" euklidischen Geometrie $EG(\mathbb{R}^n) := (AG(\mathbb{R}^n), \Phi)$ des Vektorraums $\mathbb{R}^n$, insbesondere von der *reellen euklidischen Ebene* (für $n = 2$), dem *3-dimensionalen reellen euklidischen Raum* (für $n = 3$).

4. Die affinen Geometrien $AG(\mathbb{R}^2)$ und $AG(\mathbb{R}^3)$ (bzw. die euklidischen Geometrien $EG(\mathbb{R}^2), EG(\mathbb{R}^3)$) werden oft als Modell für die inzidenzgeometrischen (bzw. metrischen) Gegebenheiten der Zeichenebene (s.u.) bzw. des Anschauungsraums verwendet. Die affinen Unterräume der Dimension 0 entsprechen dabei den Punkten, diejenigen der Dimension 1 den Geraden (s. u), die der Dimension 2 den Ebenen.

(i) Zeigen Sie, daß sich ein affiner Unterraum eines Vektorraumes der endlichen Dimension n durch ein lineares Gleichungssystem beschreiben läßt.

(ii) Gehen Sie auch auf Hyperebenen (d.h. affine Unterräume der Dimension $n-1$) und die Hessesche Normalform der Gleichung einer Hyperebene H von $EG(\mathbb{R}^3)$ ein.

(i) Jeder affine Unterraum eines Vektorraumes V der Dimension n läßt sich als Lösungsraum eines linearen Gleichungssystems darstellen:

Sei $L = p+U_L$ ein affiner Unterraum der Dimension $n-m$. Dann existiert eine lineare Abbildung $f : V \mapsto K^m$ mit Kern $f = U_L$. (Man wählt eine Basis von U_L, ergänzt sie zu einer Basis von V und definiert eine lineare Abbildung durch lineare Fortsetzung so, daß sie genau auf U_L die Nullabbildung induziert.)

Es folgt $f(L) = f(p) + f(U_L) = f(p) =: b$. Also ist L enthalten im Lösungsraum L von $f(x) = b$ und wegen $\dim L = \dim L_0 = \dim U_L$ sogar gleich diesem. Nach Auswahl einer Basis B_1 von V und einer Basis B_2 von K^m läßt sich f durch eine Matrix A darstellen, und man erhält

$$L = \{ \mathbf{x} \mid A\mathbf{x} = \mathbf{b} \} \quad ;$$

dabei bezeichnet $\mathbf{x}$ den Koordinatenvektor von x bzgl. B_1 und $\mathbf{b}$ denjenigen von b bzgl. B_2.

Anmerkung:

Aus der Theorie linearer Gleichungssysteme in n Unbekannten über K wissen wir umgekehrt, daß der Lösungsraum stets ein affiner Unterraum von K^n ist.

(ii) Wegen $\dim H = n-1$ ist $m = 1$ in (i) und daher A von der Form $\mathbf{a} = (a_1, \ldots, a_n)$; hierbei sind nicht alle a_i gleich 0.

Die Gleichung von H lautet daher:

$$a_1x_1 + \ldots + a_nx_n = b \, ,$$

die des zugehörigen Unterraums U_H ist $a_1x_1 + \ldots + a_nx_n = 0$.

Unter Verwendung des kanonischen Skalarproduktes ergibt sich als Gleichung von U_H nun $\mathbf{a} \cdot \mathbf{x} = 0$; somit ist $U_H = \{\mathbf{a}\}^\perp$, der Orthogonalraum zu $\{\mathbf{a}\}$. Es ist also $\mathbf{a}$ ein Normalenvektor zu U_H und damit zur parallelen Hyperebene H.

Ist $\mathbf{p} \in H$ und $\mathbf{n} = \frac{1}{\|\mathbf{a}\|}\mathbf{a}$, so erhält man aus $\mathbf{a} \cdot \mathbf{p} = b = \mathbf{a} \cdot \mathbf{x}$ als Gleichung für H

$$\mathbf{n} \cdot (\mathbf{x} - \mathbf{p}) = 0,$$

die sogenannte **Hessesche Normalform** der Gleichung von H. Dabei ist $\mathbf{n}$ der bis auf das Vorzeichen eindeutige normierte **Normalenvektor** und

$$d = \mathbf{p} \cdot \mathbf{n} = \frac{1}{\|\mathbf{a}\|} b$$

der *Stützabstand* von H. Auch $\mathbf{x} \cdot \mathbf{n} - d = 0$ wird als Hessesche Normalform der Gleichung von H bezeichnet (s. Bild 2.3 für $n = 3$, Bild 2.8b für n=2).

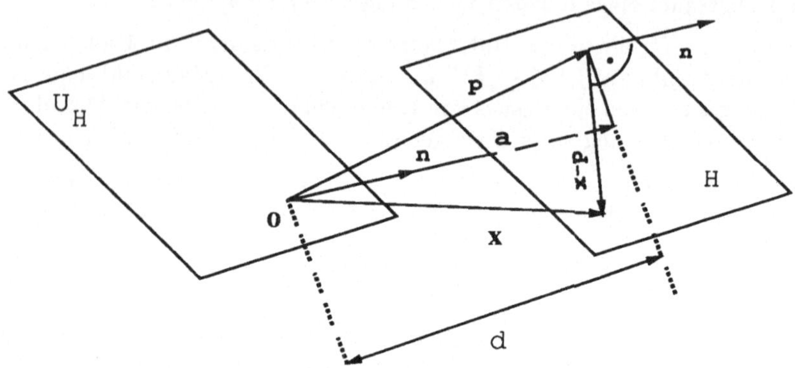

Bild 2.3 Zur Hesseschen Normalform einer Hyperebenengleichung

Anmerkungen:

1. Der Lösungsraum L eines linearen Gleichungssystems

$$\begin{cases} \mathbf{a}_1 \cdot \mathbf{x} & = & b_1 \\ & \vdots & \\ \mathbf{a}_m \cdot \mathbf{x} & = & b_m \end{cases}$$

läßt sich als Schnitt der Lösungsräume der einzelnen Gleichungen ansehen, also gilt (mit $\mathbf{p} \in L$) :

$$L = \mathbf{p} + \{\mathbf{a}_1, \ldots, \mathbf{a}_m\}^{\perp} \quad .$$

Dem entspricht die Tatsache, daß ein affiner Unterraum ungleich V als Schnitt von Hyperebenen aufgefaßt werden kann.

Beispiel: Im $\mathbb{R}^2$ ist der Schnitt zweier Hyperebenen, also zweier Geraden, mit den Gleichungen

$$\mathbf{a}_1\mathbf{x} = a_{11}x_1 + a_{12}x_2 = b_1$$

und

$$\mathbf{a}_2\mathbf{x} = a_{21}x_1 + a_{22}x_2 = b_2$$

entweder ein Punkt (für $\mathbf{a}_1, \mathbf{a}_2$ linear unabhängig) oder eine Gerade (im Fall des Zusammenfalls beider Geraden) oder die leere Menge (im Fall linear abhängiger Vektoren $\mathbf{a}_1, \mathbf{a}_2$ und Verschiedenheit der zu schneidenden Parallelen), s.Bild 2.4. Beispiele s.o..

2. Einen Normalenvektor einer Ebene E des 3-dimensionalen reellen euklidischen Raumes $EG(\mathbb{R}^3)$ durch die nicht-kollinearen Punkte $\mathbf{p}_1, \mathbf{p}_2, \mathbf{p}_3$ erhält man in diesem Fall (s.Bild 2.5) durch:

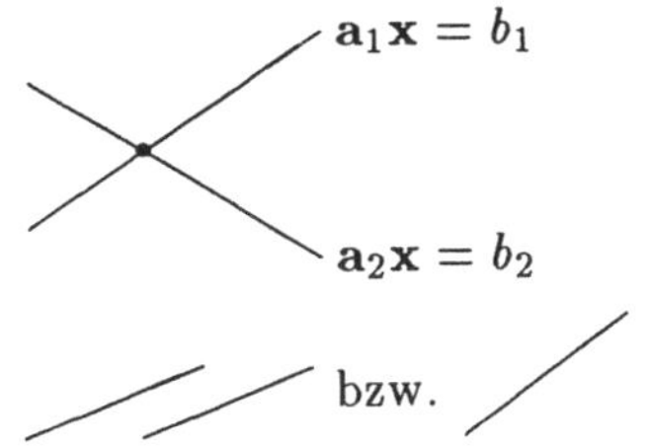

Bild 2.4
Schnitt zweier Geraden in der Ebene (3 mögliche Fälle)

$$\mathbf{n} = \frac{(\mathbf{p}_2 - \mathbf{p}_1) \times (\mathbf{p}_3 - \mathbf{p}_1)}{||(\mathbf{p}_2 - \mathbf{p}_1) \times (\mathbf{p}_3 - \mathbf{p}_1)||}$$

Beispiel: Mit $\mathbf{p}_1 = (0,1,0)$, $\mathbf{p}_2 = (1,1,1)$ und $\mathbf{p}_3 = (0,2,1)$ erhält man

$$(\mathbf{p}_2 - \mathbf{p}_1) \times (\mathbf{p}_3 - \mathbf{p}_1) = (1,0,1) \times (0,1,1) = \begin{vmatrix} 1 & 0 & 1 \\ 0 & 1 & 1 \\ \mathbf{e}_1 & \mathbf{e}_2 & \mathbf{e}_3 \end{vmatrix}$$

$$= \left(\begin{vmatrix} 0 & 1 \\ 1 & 1 \end{vmatrix}, -\begin{vmatrix} 1 & 1 \\ 0 & 1 \end{vmatrix}, \begin{vmatrix} 1 & 0 \\ 0 & 1 \end{vmatrix} \right) = (-1,-1,1),$$

also $\quad \mathbf{n} = \frac{1}{\sqrt{3}}(-1,-1,\ 1).$

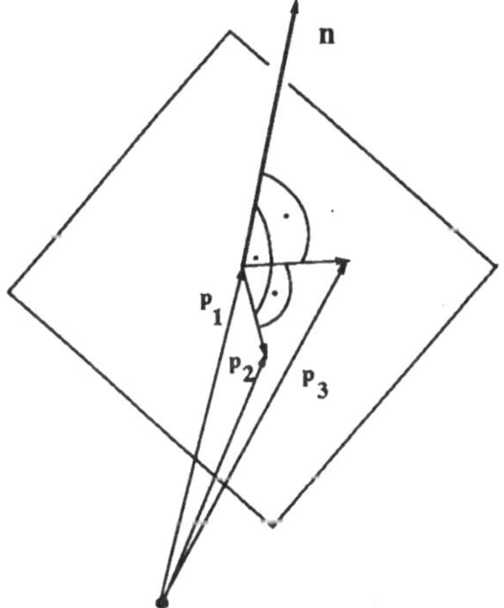

Bild 2.5
Zum Normalenvektor

Geben Sie Möglichkeiten der mathematischen Beschreibung der Zeichenebene und ihrer Punkte an!

1. Modell für die Zeichenebene ist die Geometrie des Vektorraums $I\!R^2$, nämlich $AG(I\!R^2)$ (ohne Metrik) bzw. $EG(I\!R^2)$, die reelle euklidische Ebene, s.o.. Ein Punkt ist dabei nach Festlegung eines (kartesischen) Koordinatensystems ein Zahlenpaar $(x,y) \in I\!R^2$.

2. Die euklidische Ebene läßt sich auch als Gaußsche Zahlenebene auffassen, ein Punkt in dieser hat die Form $x + iy \in \mathbb{C}$, vgl. §4.8. Durch "stereographische Projektion" läßt sich die Ebene auf die Einheitskugel (ohne Nordpol N) abbilden, s. Bild 2.6.

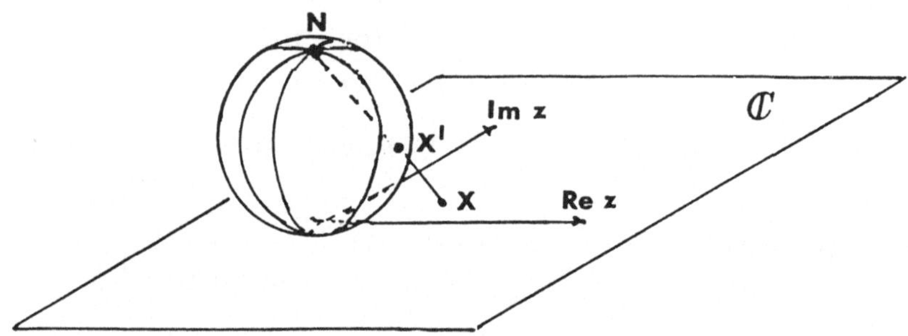

Bild 2.6
Stereographische Projektion

3. ** Durch Übergang zur projektiven Auffassung (mit den Parallelenscharen als neuen uneigentlichen Punkten, s. auch Kap. 3) gelangt man zur reellen projektiven Ebene; diese hat eine algebraische Beschreibung mittels der projektiven Geometrie $PG(\mathbb{R}^3)$ von $\mathbb{R}^3$. Punkte sind dabei die 1-dimensionalen Unterräume, z.B. vermöge der Zuordnung $(x, y) \mapsto \mathbb{R}(1, x, y)$. Als Geraden werden die 2-dimensionalen Vektorräume vor $\mathbb{R}^3$ gewählt.

   Das Modell der elliptischen Ebene erhält man dann z.B. durch Schnitt dieser 1- bzw. 2-dim Unterräumen mit der Einheitskugel.

4. Neben den analytischen Modellen ist auch die synthetische Definition möglich (vgl. Kap. 3), z.B. wie im Hilbertschen Axiomensystem. ,,Punkt" ist dabei ein (nur durch die Axiome beschriebener) Grundbegriff. Nach Festlegung eines Ursprungs ist jedoch jedem Punkt eineindeutig ein Ortsvektor $\vec{OP}$ zugeordnet, die Klasse aller zum Pfeil $\vec{OP}$ vektorgleichen Pfeile; dieser wiederum entspricht einer Translation.

5. ** Auch mit Hilfe des Spiegelungsbegriffs läßt sich die Ebene beschreiben, s. Bachmann.

6. ** Im Mikro- bzw. Makrokosmos werden zunehmend nicht-euklidische Modelle der Ebene verwandt, s. Kap. 3.

Interpretieren Sie die Lösungsmengen der beiden folgenden Linearen Gleichungssysteme geometrisch als Durchschnitt affiner Unterräume in der reellen euklidischen Ebene $\mathcal{E}$, und fertigen Sie jeweils eine Handskizze an!

$$(1)\left\{\begin{array}{ll} -x_1+\frac{1}{2}x_2 & =-\frac{1}{2} \\ 2x_1+x_2 & =3 \end{array}\right. \qquad (2)\left\{\begin{array}{ll} x_1-\frac{4}{3}x_2 & =2 \\ -3x_1+4x_2 & =1 \end{array}\right.$$

(1) Die Lösungsmenge L_1 besteht aus dem eindeutig bestimmten Schnittpunkt der Geraden mit den Gleichungen $(-1,\frac{1}{2})\cdot(x_1,x_2)=-\frac{1}{2}$ und $(2,1)(x_1,x_2)=3$. Die Normalvektoren dieser Geraden haben die Richtung von $\boldsymbol{a}=(-1,\frac{1}{2})$ bzw. von $\boldsymbol{b}=(2,1)$; dadurch und durch je einen Punkt liegen sie fest; (s. Bild 2.7 a, vgl. auch §1.8).

(2) Wie in (1) ist L_2 der Durchschnitt zweier Geraden g_1, g_2; wegen der linearen Abhängigkeit der Normalenvektoren sind diese aber parallell; die zweite Gerade enthält den Punkt $(1,1)$, die erste nicht. Daher gilt $L_2=\emptyset$, s. Bild 2.7 b.

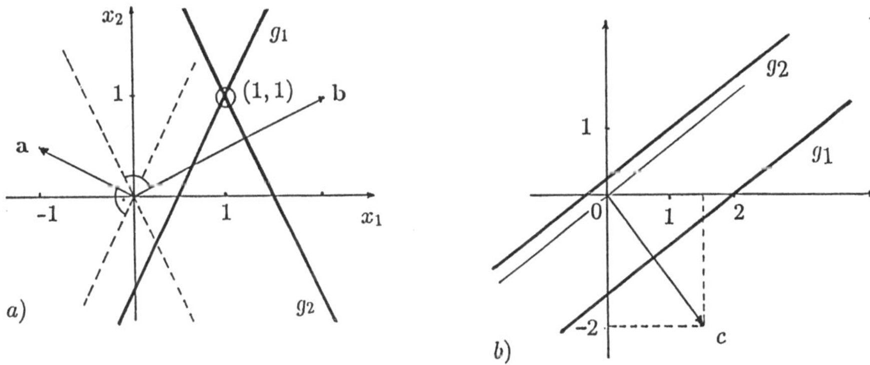

Bild 2.7 *LGS* und Schnitte von affinen Unterräumen a) $L=\{(1,1)\}$ b) $L=\emptyset$

Geben Sie verschiedene Möglichkeiten der allgemeinen **Geradengleichung** in der affinen (bzw. euklidischen) Ebene bzw. im 3-dim. affinen (euklidischen) Raum an !

1. Im 2-dimensionalen affinen Raum :

   a) *vektorielle Punkt-Richtungs-Form* : $\mathbf{x}=\mathbf{p}+k\mathbf{m}$ mit

$\mathbf{x}$	Ortsvektor eines beliebigen Punktes der Geraden g
$\mathbf{p}$	"Aufpunkt"
$\mathbf{m}$	bis auf Vielfache bestimmter Richtungsvektor von g
k	Skalar (aus dem Grundkörper K des Vektorraums)

b) *vektorielle Zwei-Punkte-Form* : $\mathbf{x} = \mathbf{p}_1 + k(\mathbf{p}_2 - \mathbf{p}_1)$ mit verschiedenen Punkten $\mathbf{p}_1, \mathbf{p}_2$ von g und $k \in K$ (s. Bild 2.8 b).

c) *Koordinatengleichung* : $ax + by + c = 0$ mit $(a, b) \neq (0, 0)$
Anmerkung :
Setzt man in der vektoriellen Punkt-Richtungsform aus a) $\mathbf{x} = (x, y)$, ferner $\mathbf{m} = (1, m)$ und $\mathbf{p} = (0, b)$ bzw. $\mathbf{m} = (0, 1)$ und $\mathbf{p} = (c, d)$, so erhält man als Koordinatengleichung $y = mx + b$ bzw. $x = c$ (s. Bild 2.8 a).

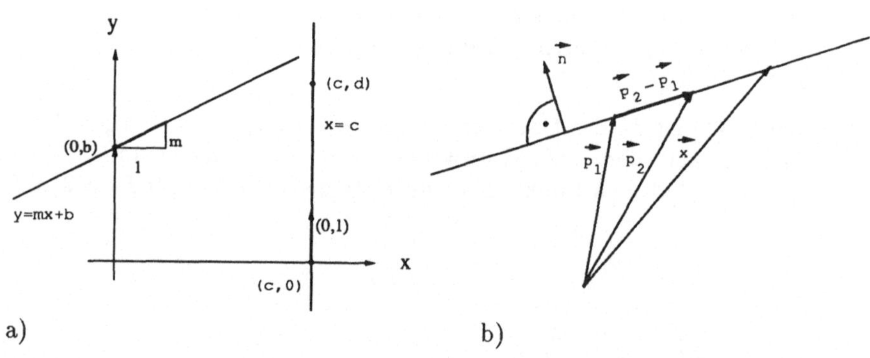

Bild 2.8 a) Zur Koordinatengleichung einer Geraden
b) Zur vektoriellen Geradengleichung: $\vec{x} = \vec{p_1} + k(\vec{p_2} - \vec{p_1})$ bzw. $(\vec{x} - \vec{p_1})\vec{n} = 0$ mit $\vec{n} \perp (\vec{p_2} - \vec{p_1})$

d) *Hessesche Normalform* in $EG(\mathbb{R}^2)$ s.o. und Bild 2.8 b.

2. *Im 3-dimensionalen affinen Raum* :

a), b) vektorielle Punkt-Richtungs- bzw. Zwei-Punkte-Formen wie unter 1.

c) *Koordinatengleichungen* :

$$\left\{ \begin{array}{l} a_1 x + b_1 y + c_1 z + d = 0 \\ a_2 x + b_2 y + c_2 z + d = 0 \end{array} \right. \quad \text{mit} \quad \text{Rang} \begin{pmatrix} a_1 & b_1 & c_1 \\ a_2 & b_2 & c_2 \end{pmatrix} = 2$$

Anmerkung : Hierbei sind (a_1, b_1, c_1) und (a_2, b_2, c_2) (bei kanonischem Skalarprodukt) bis auf Normierung die Normalenvektoren von 2 Ebenen, deren Schnitt die Gerade ist. Die Rang-Bedingung bewirkt, daß die Ebenen nicht parallel sind.

1. Zeigen Sie, daß in der reellen euklidischen Ebene $EG(\mathbb{R}^2)$ der **Abstand eines Punktes Q von einer Geraden g** gleich dem Abstand von Q zum Fußpunkt F des Lots Q auf g ist.
2. Leiten Sie die Formel für diesen Abstand mit Hilfe der Hesseschen Normalform her !
3. Wie kann man entscheiden, ob ein Punkt Q auf derselben Seite der Geraden g wie der Nullpunkt liegt ?
4. Wenden Sie 2. und 3. auf das Beispiel $Q = (1,2)$ und $g : 3x + 4y - 1 = 0$ an!

1. Wir benutzen Ortsvektoren und Skalarprodukt in $EG(\mathbb{R}^2)$.
Sei $g = \mathbf{p} + \mathbb{R}\mathbf{m}$ Gerade mit $\|\mathbf{m}\| = 1$. Dann folgt aus

$$d(Q,g) := \min_t \|\mathbf{q} - (\mathbf{p} + t\,\mathbf{m})\|$$

für den Parameter t des Minimums die Gleichung $\frac{d}{dt}\sqrt{(\mathbf{q} - \mathbf{p} - t\,\mathbf{m})^2} = 0$, also $-2(\mathbf{q} - \mathbf{p})\mathbf{m} + 2t\,\mathbf{m}^2 = 0$ (unter Ausnutzung der Monotonie der Wurzelfunktion) und mit $\mathbf{m}^2 = 1$ daher $t = (\mathbf{q} - \mathbf{p}) \cdot \mathbf{m}$. Für diesen gilt $\mathbf{f} = \mathbf{p} + t\,\mathbf{m} = \mathbf{p} + [(\mathbf{q} - \mathbf{p}) \cdot \mathbf{m}]\mathbf{m}$. Nun ist $\mathbf{f} - \mathbf{p} = t\mathbf{m} = [(\mathbf{q} - \mathbf{p}) \cdot \mathbf{m}]\mathbf{m}$ die Orthogonalprojektion von $(\mathbf{q} - \mathbf{p})$ auf g, also $QF \perp g$ (s. Bild 2.10).

Ein alternativer Beweis benutzt die "Bestapproximation"; vgl. §1.6.

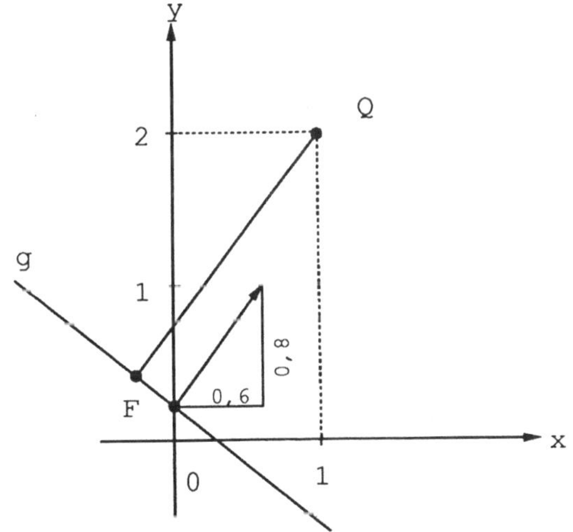

Bild 2.9
Abstand von Q zu g
(Beispiel)

2. Ist $\mathbf{n}\mathbf{x} - c = 0$ die *Hessesche Normalform* der Gleichung von g (mit $\|\mathbf{n}\| = 1$), und d_Q der gerichtete Abstand von Q von g, so folgt (s. Bild 2.10) für $\mathbf{f} = \mathbf{q} - \mathbf{n}\,d_Q$ sofort $0 = \mathbf{n}\mathbf{f} - c = \mathbf{n}\mathbf{q} - \mathbf{n}^2 d_Q - c$, also $d_Q = \mathbf{n}\mathbf{q} - c = \mathbf{n}(\mathbf{q} - \mathbf{p})$.

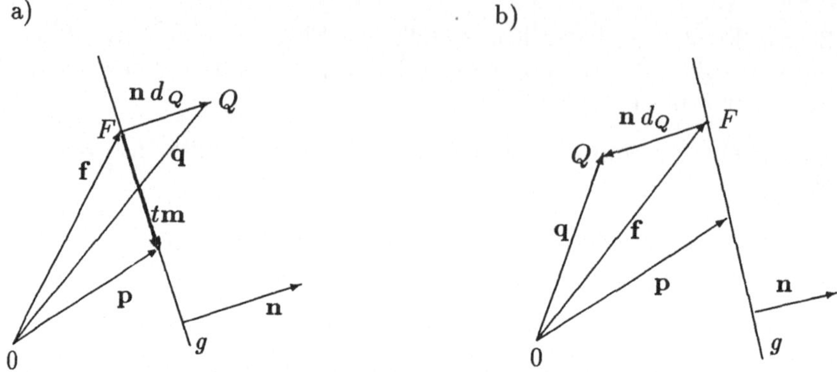

Bild 2.10 Zur Herleitung der Abstandsformel a) $d_0 < 0 < d_Q$ b) $d_0, d_Q < 0$

3. Dabei ist d_Q positiv, wenn Q (mit $Q \notin g$) in der Halbebene liegt, in die $\mathbf{n}$ zeigt, andernfalls negativ. Übereinstimmung im Vorzeichen von d_Q und d_0 zeigt daher, daß Q und $\mathbf{0}$ auf der gleichen Seite von g liegen.

4. Ist $Q = (1,2)$ und $g : 3x + 4y - 1 = 0$, so ergibt sich mit dem kanonischen Skalarprodukt und mit $\|(3,4)\| = \sqrt{3^2 + 4^2} = 5$ als Hessesche Normalform der Gleichung von $g : (\frac{3}{5}, \frac{4}{5}) \cdot (x,y) - \frac{1}{5} = 0$ und damit $d_Q = (\frac{3}{5}, \frac{4}{5}) \cdot (1,2) - \frac{1}{5} = 2$. Wegen $d_Q > 0$ liegt Q in der Halbebene, in die der Vektor $(\frac{3}{5}, \frac{4}{5})$ (von g aus) weist; s. Bild 2.9.

2.2 Affin–lineare Abbildungen, Affinitäten

Was versteht man unter einer *affin-linearen* Abbildung eines Vektorraums, was unter einer **Affinität** ? Geben Sie Eigenschaften einer solchen Abbildung an !

a) *Definitionen*: Sei V ein K-Vektorraum. Dann heißt $F : V \to V$ *affin-lineare Abbildung* von V (bzw. von $AG(V)$), auch *affine Abbildung*, falls es eine lineare Abbildung $f : V \to V$ und ein $t \in V$ gibt mit

$$F(x) = f(x) + t.$$

F heißt *Affinität*, falls F zusätzlich bijektiv ist.

Anmerkungen :

1). Ist V endlich-dimensional, so hat F bzgl. einer Basis die Darstellung $\mathbf{x} \mapsto A\mathbf{x} + \mathbf{t}$ mit Matrix A und Koordinatenvektoren $\mathbf{x}$ und $\mathbf{t}$ von x bzw. t. Bei einer Affinität ist A regulär und umgekehrt.

2). Eine affin-lineare Abbildung ist also eine Translation verknüpft mit einer linearen Abbildung. Oft ist es möglich, durch geeignete Wahl des Ursprungs in $AG(V)$ (als einen Fixpunkt der Abbildung) $t = 0$ zu erreichen.

Beispiele von Affinitäten im $AG(\mathbb{R}^n)$: Reguläre lineare Abbildungen, unter anderem (s.u.) Scherungen, Ähnlichkeitsabbildungen, Kongruenzabbildungen (Bewegungen) (vgl. 1.7).

b) *Eigenschaften affin-linearer Abbildungen* :
Eine affin-lineare Abbildung bildet affine Unterräume auf affine Unterräume ab (Beweis ?) und erhält Inzidenz und Parallelität. Eine Affinität ist damit eine **Kollineation** von $AG(V)$, d. h. eine Bijektion der Punktmenge von $AG(V)$, die die Menge der Geraden von $AG(V)$ auf sich abbildet.

Anmerkungen :

1.) Die Kollineationen von $AG(K^n)$ werden für $K = \mathbb{R}$ ausschließlich von Affinitäten induziert; (dies ergibt sich aus dem sogenannten 2. Hauptsatz der Projektiven Geometrie, da $\mathbb{R}$ keine nicht-trivialen Automorphismen zuläßt.)

2.) Im Gegensatz zum reellen Fall liefert für $K = \mathbb{C}$ zum Beispiel die Abbildung $\mathbf{x} = (x_1, \ldots, x_n) \mapsto \overline{\mathbf{x}} = (\overline{x_1}, \ldots, \overline{x_n})$ (mit $\overline{x} = a - bi$ für $x = a + bi$) (Übergang zu konjugiert komplexen Koordinaten) eine Kollineation, die keine Affinität ist.

c) *Beispiel:* **Scherung** in $AG(\mathbb{R}^2)$
Eine Scherung S von $AG(\mathbb{R}^2)$ ist eine Affinität, bei der eine Gerade punktweise fest bleibt (Fixpunktgerade) – sie heißt Affinitätsachse – und jede Verbindungsgerade von Punkt und Bildpunkt parallel zur Affinitätsachse ist (s. Bild 2.11). Wählt man die Achse als x-Achse, so ergibt sich als Matrix von S :

$$\begin{pmatrix} 1 & a \\ 0 & 1 \end{pmatrix} \quad \text{mit } a \in \mathbb{R}.$$

Anmerkung :
Als lineare Abbildung hat S den zweifachen Eigenwert 1, aber (für $a \neq 0$) nur einen 1–dim. Eigenraum.

2.3 Ähnlichkeitsabbildungen und Bewegungen

Geben Sie Definition und einige Eigenschaften von **Ähnlichkeitsabbildungen** eines euklidischen Raumes an !

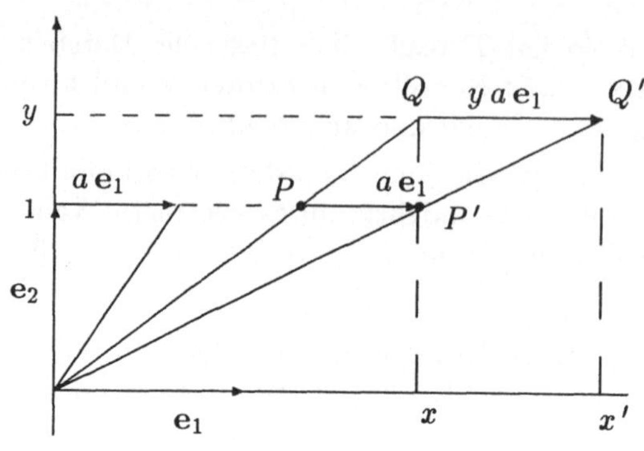

Bild 2.11
Zur Scherung

a) *Definition:*
Sei (V, Φ) euklidischer Vektorraum und F affin-lineare Abbildung von V bzw. von $AG(V)$. Dann heißt F *Ähnlichkeitsabbildung oder äquiforme Abbildung*, falls mit der vom Skalarprodukt Φ induzierten Metrik d für ein $c \in \mathbb{R}, c > 0$, gilt:

$$d(F(x), F(y)) = c \cdot d(x, y) \qquad \text{für alle } x, y \in V.$$

Diese Formel bedeutet, daß Streckenlängen-Verhältnisse konstant bleiben.

b) *Beispiel*:
Die zentrische Streckung $S_c : V \to V$ mit $\mathbf{x} \mapsto c\mathbf{x}$ ist eine Ähnlichkeitsabbildung. (Zugehörige Matrix: $A = c \cdot I_n$)

c) *Weitere Eigenschaften*:
Ist F wie oben definiert, so ist $\tilde{F} := S_c^{-1} \circ F$ wegen $d(\tilde{F}(x), \tilde{F}(y)) = c^{-1} d(F(x), F(y)) = c^{-1} c d(x, y)$ eine längenerhaltende Affinität und damit Kongruenzabbildung (s. u.). Jede Ähnlichkeitsabbildung ist damit *Produkt einer Bewegung und einer zentrischen Streckung.* Somit bleiben auch Winkelgrößen bei Ähnlichkeitsabbildungen invariant.
Ähnliche Figuren, d. h. solche, die durch Ähnlichkeitsabbildungen ineinander übergeführt werden können, stimmen daher in der Größe entsprechender Winkel und dem Verhältnis entsprechender Streckenlängen überein.

Gehen Sie auf Definition und Eigenschaften von **Bewegungen (Kongruenzabbildungen)** ein. Welche Bewegungen kennen Sie in der euklidischen Ebene bzw. im 3-dimensionalen euklidischen Raum ?

a) *Definition*:
Unter einer *Bewegung* (*Kongruenzabbildung*) eines reellen euklidischen Raumes $EG(V) = (AG(V), \Phi)$ (d. h. eines affinen Raumes über einem $\mathbb{R}$-Vektorraum V mit Skalarprodukt Φ) versteht man eine Affinität von $AG(V)$, die den Abstand je zweier Punkte invariant läßt, also *längentreu* ist.

b) *Beispiele*:
Translationen, Spiegelung an einer Geraden (in $EG(\mathbb{R}^2)$) bzw. an einer Ebene (in $EG(\mathbb{R}^3)$), Drehungen.

c) *Eigenschaften*:
Sei F Affinität von $EG(\mathbb{R}^n)$ mit zugehöriger linearer Abbildung f. Dann gilt

$$F \text{ Kongruenzabbildung} \iff f \text{ orthogonal} \iff f \text{ Isometrie.}$$

Im 2- bzw. 3-dimensionalen Fall ist eine Bewegung nach 1.7 Produkt einer Translation mit einer Drehung (***eigentliche Bewegung*** oder ***gleichsinnige Kongruenzabbildung***, $\det f = 1$; im 3-Dimensionalen: Schraubung oder Translation) bzw. Produkt einer Translation mit einer Drehung verknüpft mit einer Achsenspiegelung (***uneigentliche Bewegung***, $\det f = -1$; im 3-Dimensionalen: Drehspiegelung, Punktspiegelung, Gleitspiegelung). Damit haben Bewegungen u. a. folgende Eigenschaften von Isometrien: Längentreue, Abstandstreue, Winkeltreue.

Welche Gruppen von Abbildungen eines reellen euklidischen Raumes kennen Sie und welche Inklusionen bestehen zwischen diesen ?

U.a. die folgenden Mengen von Abbildungen eines euklidischen Raumes $R = EG(\mathbb{R}^n)$ bilden bzgl. Verkettung eine Gruppe:

$\mathcal{A}$: Menge der Affinitäten von R
$\ddot{\mathcal{A}}$: Menge der Ähnlichkeitsabbildungen von R
$\mathcal{D}$: Menge der Dehnungen von R (s. Kap. 3)
$\mathcal{K}$: Menge der Kongruenzabbildungen von R
$\mathcal{K}^+$: Menge der gleichsinnigen Kongruenzabbildungen von R
$\mathcal{T}$: Menge der Translationen von R
$\mathcal{T}_g$: Menge der Translationen längs einer Geraden g.

Es gilt: $\mathcal{A} \supseteq \ddot{\mathcal{A}} \supseteq \mathcal{D} \subseteq \mathcal{K} \supseteq \mathcal{K}^+ \supseteq \mathcal{T} \subseteq \mathcal{T}_g$.

Weitere wichtige Gruppen sind die *Symmetriegruppen* von Figuren der Ebene oder Körpern des Raums, z. Bsp.
- die Symmetriegruppe des regelmäßigen n-Ecks, die Diedergruppe D_n mit $2n$ Elementen (s. auch §3.5)
- die Symmetriegruppen der "platonischen Körper".

2.4 ** Kegelschnitte

1. Bestimmen Sie die Gleichung der Schnittmenge $\mathcal{C}$ des geraden Kreiskegels $\{(x,y,z) \in \mathbb{R}^3 \mid x^2+y^2=z^2\}$ mit einer Ebene E von $EG(\mathbb{R}^3)$ der Gleichung $ax+by+cz=d$ (für $c \neq 0$).
2. Definieren Sie, was unter einer Quadrik zu verstehen ist, und verifizieren Sie, daß $\mathcal{C}$ eine Quadrik der reellen affinen Ebene ist.

1.) Durch Substitution von $z = \frac{d}{c} - \frac{a}{c}x - \frac{b}{c}y$ in $z^2 = x^2 + y^2$ erhält man für den **Kegelschnitt** $\mathcal{C}$ in E die Gleichung:

$$(a^2-c^2)x^2 + (b^2-c^2)y^2 + 2abxy - 2adx - 2bdy + d^2 = 0\,.$$

Diese ist von der Form

$$(x \cdot y)\begin{pmatrix}\alpha_{11} & \alpha_{21}\\ \alpha_{12} & \alpha_{22}\end{pmatrix}\begin{pmatrix}x\\ y\end{pmatrix} + (\alpha_{01}\alpha_{02})\begin{pmatrix}x\\ y\end{pmatrix} + \alpha_{00} = 0.$$

Anmerkung:
Neben den entarteten Kegelschnitten mit den Standardgleichungen $u^2+dv^2=0$ (Nullpunkt, Doppelgerade, zwei sich schneidende Geraden) kommen, wie man durch Hauptachsentransformation (s.u.) zeigen kann, folgende Fälle vor:

Ellipse (Standardgleichung $\frac{x^2}{A^2} + \frac{y^2}{B^2} = 1$, im Fall $A^2 = B^2$ *Kreis*)
Parabel (Standardgleichung $y^2 = cx$)
Hyperbel (Standardgleichung $\frac{x^2}{A^2} - \frac{y^2}{B^2} = 1$)

2.) Eine Teilmenge Q von K^n (für einen Körper K der Charakteristik ungleich 2) heißt **Quadrik** (*Hyperfläche 2.Ordnung*), wenn es ein quadratisches Polynom $P(X_1,\ldots,X_n) = \sum\limits_{i\leq j} \alpha_{ij}X_iX_j + \sum\limits_{i=1}^{n} \alpha_{0i}X_i + \alpha_{00}$ gibt, so daß $Q = \{(\xi_1,\ldots,\xi_n) \in K^n \mid P(\xi_1,\ldots,\xi_n) = 0\}$, also Nullstellenmenge von P ist. Offensichtlich genügt $\mathcal{C}$ einer solchen Gleichung für $n=2$ und $K=\mathbb{R}$.

Anmerkung:
Auch im allgemeinen Fall kann man P in der Matrizenform $P(\xi_1,\ldots,\xi_n) = \boldsymbol{x}^TA\boldsymbol{x} + (\alpha_{01}\ldots\alpha_{0n})\boldsymbol{x} + \alpha_{00}$ für $\boldsymbol{x} = (\xi_1,\ldots,\xi_n)^T$ schreiben oder, im Hinblick auf die projektive Darstellung, als

$$P(\xi_1\ldots\xi_n) = (1\,\xi_1\ldots\xi_n)A'\begin{pmatrix}1\\ \xi_1\\ \vdots\\ \xi_n\end{pmatrix} \quad \text{mit } A' = \begin{pmatrix}a_{00}\cdots & a_{0n}\\ \vdots & \vdots\\ a_{n0}\cdots & a_{nn}\end{pmatrix}$$

und $a_{ii} = \alpha_{ii}$ sowie $a_{ij} = a_{ji} = \frac{\alpha_{ij}}{2}$ für $i < j$, also symmetrischer Matrix A'.

Da der lineare Teil $(\alpha_{01}\alpha_{02})\boldsymbol{x}+\alpha_{00}$ durch quadratische Ergänzung (s.u.) berücksichtigt werden kann, betrachten wir zunächst den quadratischen Teil $\boldsymbol{x}^T A\boldsymbol{x}$.

1.) Was versteht man unter einer ***quadratischen Form*** q auf dem $\mathbb{R}$-Vektorraum V, und welche Koordinatendarstellung besitzt eine solche Form?
2.) Wie wirkt sich eine Koordinatentransformation von V auf eine Matrix von q aus?

1.) $q : V \to \mathbb{R}$ heißt ***quadratische Form***, wenn es eine symmetrische Bilinearform Ψ auf V gibt mit $q(v) = \Psi(v,v)$ für alle $v \in V$. Da eine Bilinearform Ψ die Matrixdarstellung $\Psi(x,y) = \boldsymbol{x}^T M_B(\Psi)\boldsymbol{y}$ besitzt, folgt $q(x) = \boldsymbol{x}^T A\,\boldsymbol{x}$ für $A = M_B(\Psi)$ und den Koordinatenvektor $\boldsymbol{x}$ von x bezüglich einer Basis B.

Anmerkung: i) Ist $q(x) = \boldsymbol{x}^T \hat{A}\,\boldsymbol{x}$ und $\hat{A}$ nicht symmetrisch, so setzt man $A := \frac{1}{2}(\hat{A} + \hat{A}^T)$. Es ergibt sich $\boldsymbol{x}^T A\,\boldsymbol{x} = \boldsymbol{x}^T \hat{A}\,\boldsymbol{x}$ und $A^T = A$. Dabei nutzt man aus, daß wegen $\boldsymbol{x}^T \hat{A}\,\boldsymbol{x} \in \mathbb{R}$ auch $\boldsymbol{x}^T \hat{A}\,\boldsymbol{x} = (\boldsymbol{x}^T \hat{A}\,\boldsymbol{x})^T$ ist. ii) Die Bilinearform Ψ erhält man aus q durch $\Psi(x,y) = \frac{1}{2}(q(x+y) - q(x) - q(y))$.

2.) Sind B und C Basen von V, so gilt mit $S := M_B^C(id_V)$ (vgl. Kap. 1) für die darstellenden Fundamentalmatrizen von Ψ die Gleichung

$$M_c(\Psi) = S^T \cdot M_B(\Psi) \cdot S$$

(wegen $\Psi(x,y) = M_B(x)^T A\, M_B(y) = [S \cdot M_C(x)]^T A\,[S \cdot M_C(y)]$).

Welche Ziele verfolgt man bei einer *affinen*, welche bei einer **(iso-)metrischen Hauptachsentransformation** einer reellen Quadrik Q ?

In beiden Fällen will man durch eine geeignete Abbildung (bzw. eine geeignete Koordinatentransformation) eine besonders einfache Darstellung von Q erreichen. Bei der affinen Transformation erreicht man durch eine bijektive affin-lineare Abbildung eine Gleichung in einer der folgenden (Hauptachsen-)Formen:

$$\begin{array}{lll}
\text{(a)} & \xi_1^2 + \ldots \xi_k^2 - \xi_{k+1}^2 - \ldots - \xi_m^2 = 1 & (1 \le k \le m) \\
\text{(b)} & \xi_1^2 + \quad \xi_k^2 - \xi_{k+1}^2 - \ldots - \xi_m^2 = 0 & (0 \le k \le m \le 2k) \\
\text{(c)} & \xi_1^2 + \ldots \xi_k^2 - \xi_{k+1}^2 - \ldots - \xi_m^2 = -2\xi_{m+1} & (1 \le k \le m \le 2k)
\end{array}$$

vgl. z.B. Fischer, G: Analytische Geometrie, p.52/63.

Da beliebige Affinitäten (bzw. Koordinatentransformationen) zugelassen sind, ist jede Quadrik *affin-äquivalent* zu einer Quadrik der angegebenen Gleichungen. Dabei sind aber die metrischen Gegebenheiten unberücksichtigt geblieben; z.B. bilden die Ellipsen, genau so die Hyperbeln und auch die Parabeln je eine Äquivalenzklasse.[1]

[1]** Geht man zur projektiven Ebene über und läßt beliebige Kolineation zu, so sind auch die Ellipsen, Parabeln und Hyperbeln ineinander überführbar (projektiv äquivalent): Bei der Ellipse ist die uneigentliche Gerade eine Passante, bei der Parabel eine Tangente, bei der Hyperbel eine Sekante.

Bei der *isometrischen Hauptachsentransformation* läßt man als Abbildungen nur Isometrien (bzw. isometrische Koordinatentransformationen) zu. Geometrisch gesprochen will man eine *Bewegung* derart anwenden, daß bzgl. der neuen Koordinaten die Quadrik ihre Hauptachsen in Richtung der Koordinatenachsen hat. Für die oben angesprochene Matrixtransformation heißt das die Suche nach einer orthogonalen Matrix S derart, daß für $A = M_B(\Psi)$ die Matrix $S^T AS = S^{-1}AS$ Diagonalform hat. (Dies bedeutet die Diagonalisierbarkeit der symmetrischen Matrix A unter der Nebenbedingung $S^{-1} = S^T$).

Formulieren Sie den Satz über die isometrische Hauptachsentransformation einer reellen symmetrischen Matrix (bzw. einer quadratischen Form).

Satz *Zu jeder reellen symmetrischen Matrix A gibt es eine orthogonale Matrix S derart, daß $S^{-1}AS$ eine Diagonalmatrix ist.*

Für eine quadratische Form q eines $\mathbb{R}$-Vektorraums V heißt dies: Es gibt eine ON-Basis C von V derart, daß die quadratische Form bzgl. C die Darstellung $q(x) = \sum_{i=1}^{n} \lambda_i \xi_i^2$ hat.

Beweisidee:
Ist B eine ON-Basis des euklidischen Vektorraums (V, Φ) und A die darstellende symmetrische Matrix von q, so ist $f : V \to V$ mit $M_B^B(f) = A = A^T$ selbstadjungiert, d.h. es gilt $\Phi(f(x), y) = \Phi(x, f(y))$. Für selbstadjungierte Endomorphismen existiert, wie man zeigen kann, eine ON-Basis $C = (h_1, \ldots, h_n)$ aus Eigenvektoren von f mit Eigenwerten λ_i. Die Matrix $S = M_B^C(id)$ des Koordinatenwechsels ist orthogonal und die f bzgl. C darstellende Matrix $\hat{A} = S^{-1}AS = S^TAS$ hat die Diagonalgestalt $\begin{pmatrix} \lambda_1 & & 0 \\ & \ddots & \\ 0 & & \lambda_n \end{pmatrix}$, da die h_i Eigenvektoren von f sind. $\hat{A}$ stellt aber auch q bzgl. C dar. (Die Geraden $\mathbb{R}h_i$ heißen **Hauptachsen** von q.) □
Einen direkteren Beweis findet man in Fischer, Analytische Geometrie, p. 76.

Betrachten Sie in $\mathbb{R}^2$ als Beispiel das quadratische Polynom g mit $g(\xi, \eta) = 8\xi^2 + 8\xi\eta + 2\eta^2 - 10\xi - 20\eta - 22$, und bringen Sie den Kegelschnitt M mit $M := \{x = (\xi, \eta) \in \mathbb{R}^2 | g(\xi, \eta) = 0\}$ auf Hauptachsenform.

(a) Zunächst betrachten wir die quadratische Form q mit

$$q(x) = 8\xi^2 + 8\xi\eta + 2\eta^2 = (\xi\ \eta) \begin{pmatrix} 8 & \frac{8}{2} \\ \frac{8}{2} & 2 \end{pmatrix} \begin{pmatrix} \xi \\ \eta \end{pmatrix}$$

Durch $\Phi(x, y) = x\, y^T$ prägen wir $\mathbb{R}^2$ eine Prähilbertraumstruktur auf, bzgl. der die kanonische Basis B eine ON-Basis ist.

Wir bestimmen die Eigenwerte und die Eigenvektoren von $A = M_B(q) = \binom{8\ 4}{4\ 2}$: Das charakteristische Polynom von A ist χ_A mit

$$\chi_A(X) = (8 - X)(2 - X) - 16 = X \cdot (X - 10).$$

Als Eigenwerte ergeben sich $\lambda_1 = 0$ und $\lambda_2 = 10$, als Eigenräume $V_{\lambda_1} = \mathbb{R}(1, -2)$ und $V_{\lambda_2} = \mathbb{R}(2, 1)$. Dann ist $C = (h_1, h_2)$ mit $h_1 = \frac{1}{\sqrt{5}}(1, -2)$ und $h_2 = \frac{1}{\sqrt{5}}(2, 1)$ eine ON-Basis von $(\mathbb{R}^2, \Phi)$ und $S = M_B^C(id_V) = \frac{1}{\sqrt{5}}\begin{pmatrix} 1 & 2 \\ -2 & 1 \end{pmatrix}$

orthogonal. Ferner gilt, wie erwartet, $S^T AS = \frac{1}{5}\begin{pmatrix} 1 & -2 \\ 2 & 1 \end{pmatrix}\begin{pmatrix} 8 & 4 \\ 4 & 2 \end{pmatrix}\begin{pmatrix} 1 & 2 \\ -2 & 1 \end{pmatrix} = \begin{pmatrix} 0 & 0 \\ 0 & 10 \end{pmatrix}$. Mit der Koordinatentransformation

$$\underbrace{\begin{pmatrix} \xi \\ \eta \end{pmatrix}}_{\substack{\text{Koordinaten} \\ \text{bzgl. } B}} = S \cdot \underbrace{\begin{pmatrix} \hat{\xi} \\ \hat{\eta} \end{pmatrix}}_{\substack{\text{Koordinaten} \\ \text{bzgl. } C}} = \frac{1}{\sqrt{5}}\begin{pmatrix} \hat{\xi} + 2\hat{\eta} \\ -2\hat{\xi} + \hat{\eta} \end{pmatrix}$$

erhält man $q(x) = 0\hat{\xi}^2 + 10\hat{\eta}^2 = 10\hat{\eta}^2$.

(b) Nun betrachten wir g einschließlich seines linearen Teils:

$$\begin{aligned} g(\xi, \eta) &= q(x) - 10\xi - 20\eta - 22 \\ &= 10\hat{\eta}^2 - \tfrac{10}{\sqrt{5}}(\hat{\xi} + 2\hat{\eta}) - \tfrac{20}{\sqrt{5}}(-2\hat{\xi} + \hat{\eta}) - 22 \\ &= 10\hat{\eta}^2 + \tfrac{30}{\sqrt{5}}\hat{\xi} - \tfrac{40}{\sqrt{5}}\hat{\eta} - 22 = \\ &\quad \text{(nach Suche der quadratischen Ergänzung)} \\ &= 10(\hat{\eta} - \tfrac{2}{\sqrt{5}})^2 + 6\sqrt{5}\hat{\xi} - 22 - 8 = \\ &\quad 10(\hat{\eta} - \tfrac{2}{5}\sqrt{5})^2 + 6\sqrt{5}(\hat{\xi} - \sqrt{5}). \end{aligned}$$

Wir verschieben nun den Nullpunkt um den Vektor $t = (\sqrt{5}, \frac{2}{5}\sqrt{5})$ und setzen $\tilde{\xi} = \hat{\xi} - \sqrt{5}$ sowie $\tilde{\eta} = \hat{\eta} - \frac{2}{5}\sqrt{5}$. Wir erhalten $g(x) = 10\eta^2 + 6\sqrt{5}\tilde{\xi}$. Bezüglich des neuen Koordinatensystems wird M dargestellt durch die Gleichung $\tilde{\eta}^2 + \frac{6\sqrt{5}}{10}\tilde{\xi} = 0$, ist also eine Parabel.

Literaturauswahl zu Kap. 2:

DIFF Studienbriefe Grundkurs Mathematik III 3-III 5, Tübingen 1973, '74, '77 und Mathematik MG 1- MG 4, Tübingen 1982,'83,'84,'86;

FISCHER, G.: Analytische Geometrie, Braunschweig 1978

desweiteren ARTZY, R.: Geometry, an algebraic approach, Mannheim 1992; BENZ, W.: Geometrische Transformationen, Mannheim etc. 1992; BRIESKORN, E.: Lineare Algebra und Anal.Geom. Bd.I-III, Braunschweig etc.1983,'85,in Vorbereitung; GROTEMEYER, K.P.: Analytische Geometrie, Berlin 1962; KOECHER,M.:Lineare Algebra und Anal.Geom., Berlin etc. 1983; KOECHER & A. KRIEG, Berlin etc. 1983; LEICHTWEISS, K. und L.PROFKE, Anal.Geom., Stuttgart 1972; PICKERT, G.: Anal.Geom., Leipzig 1964; SCHAAL, H.: Lineare Algebra und Anal.Geom. I,II, Braunschweig etc. 1976

3 Elementargeometrie (synthetische Geometrie)

Worin unterscheidet sich “die” synthetische Geometrie von der analytischen ?

Im Rahmen der analytischen Geometrie werden die Objekte und Relationen *Punkt, Gerade, Ebene, Inzidenz, Anordnung, Kongruenz* oder *Orthogonalität* mit Mitteln der linearen Algebra konkret definiert, so die *Punkte* als die Vektoren eines Vektorraumes V (z. B. : $V = \mathbb{R}^3$), die *Geraden* und *Ebenen* als 1- bzw.2-dimensionale affine Unterräume, die *Indizenz* als Enthaltensein, die *Anordnung* auf einer *Geraden* durch die lexikographische Ordnung der Koordinatenvektoren, die *Länge* einer Strecke bzw. *Orthogonalität* mittels Skalarprodukt.
Demgegenüber sind bei der synthetischen Geometrie die erwähnten Begriffe nicht konkret angegeben, sondern Grundbegriffe, die lediglich durch gewisse Eigenschaften und Beziehungen untereinander, also axiomatisch beschrieben sind.

3.1 Affine Räume

Wie läßt sich der Begriff des 3–dimensionalen affinen Raumes axiomatisch definieren?

Unter einem 3-dimensionalen affinen Raum versteht man [1]

- eine Menge $\mathcal{P}$, deren Elemente “Punkte” heißen,
- eine Menge $\mathcal{G}$, deren Elemente “Geraden” heißen,
- eine Menge $\mathcal{E}$, deren Elemente “ Ebenen” heißen

und zwei Indizenzrelationen $I_1 \subseteq \mathcal{P} \times \mathcal{G}$ sowie $I_2 \subseteq \mathcal{P} \times \mathcal{E}$ derart, daß gilt

(1) *Existenz und Eindeutigkeit der Verbindungsgeraden und Verbindungsebenen :*

Zu $P \neq Q \in \mathcal{P}$ $\exists 1\, g \in \mathcal{G}$: $P, Q \;\; I_1 \; g$ (Bezeichnung : $g = PQ$)

[1] Aus der Vielzahl der möglichen Definitionen eines euklidischen Raumes geben wir hier ein Axiomensystem an, das sich an das Hilbert'sche anlehnt, aber (unter Aufgabe der Unabhängigkeit) etwas vereinfacht ist.

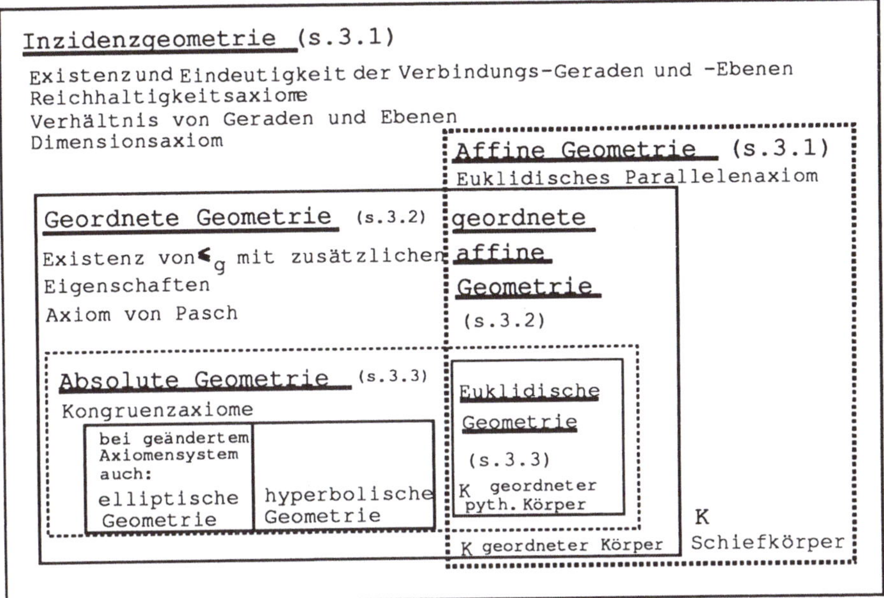

Tabelle 3.1 Übersicht über einen Aufbau der Geometrie

Zu $P, Q, R \in \mathcal{P}$ mit P, Q, R nicht *kollinear* (d. h. nicht auf einer Geraden liegend) existiert genau eine Ebene $E \in \mathcal{E}$ mit $P, Q, R\ I_2\ E$ (Bezeichnung $E = PQR$).

(2) *Reichaltigkeitsaxiome:*

Auf jeder Geraden liegen mindestens 2 Punkte. Jede Ebene enthält ein Dreieck (drei nicht-kollineare Punkte) .[2] Es existiert eine Ebene. Es existieren vier nicht in einer Ebene liegende (nicht-*komplanare*) Punkte.

Anmerkung :

Aufgrund von (1) und (2) ist $g \in G$ durch $\hat{g} := \{R \in \mathcal{P} | R I_1 g\}$ und $E \in \mathcal{E}$ durch $\hat{E} := \{R \in \mathcal{P} | R I_2 E\}$ eindeutig bestimmt. Man kann daher $\mathcal{G}$ durch $\hat{\mathcal{G}} := \{\hat{g} \mid g \in \mathcal{G}\}$ und $\hat{\mathcal{E}} := \{\hat{E} | E \in \mathcal{E}\}$ ersetzen und I_1 bzw. I_2 durch die Menge-Element Relation " $\in$ ", eingeschränkt auf $\mathcal{P} \times \hat{G}$ bzw. $\mathcal{P} \times \hat{\mathcal{E}}$. Dies werden wir hier stets tun. Geraden und Ebenen sind also jetzt gewisse Punktmengen.

(3) *Verhältnis von Geraden und Ebenen*

Für $g = PQ$ und $P, Q \in E$ folgt $g \subseteq E$; (s. Bild 3.1 a).

[2] Es reicht die Forderung mindestens eines Punktes in jeder Ebene.

(4) *Beschränkung auf "Dimension"* 3 :

Zwei verschiedene Ebenen sind entweder disjunkt oder enthalten mindestens zwei gemeinsame Punkte; (d.h. nach (3) und (1), daß sie sich dann in einer Geraden schneiden).

(5) *Parallelenaxiom :*

Zu jeder Geraden $g \in \mathcal{G}$ und jedem Punkt $P \in \mathcal{P}$ gibt es genau eine Gerade $h \in \mathcal{G}$ durch P, die zu g parallel ist; (s. Bild 3.1 b).

Dabei heißen zwei Geraden *parallel*, wenn sie entweder gleich sind oder in einer Ebene liegen und sich nicht schneiden.

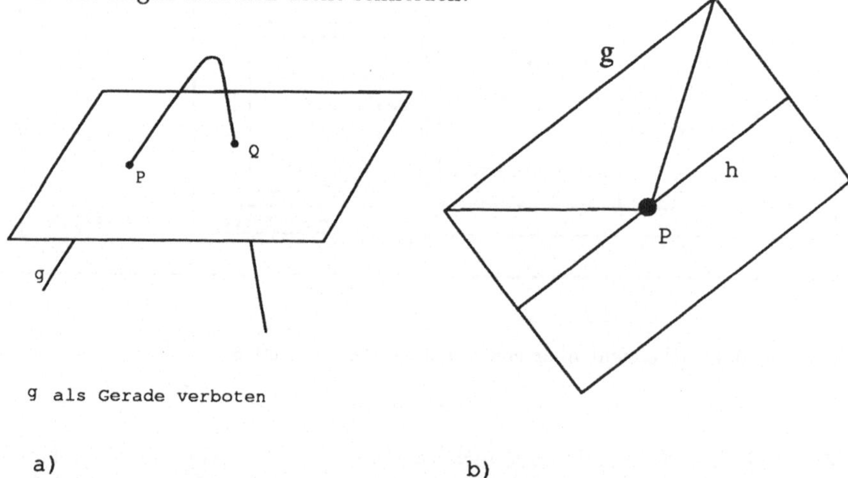

Bild 3.1 a) Gerade und Ebene b) Zum Parallelenaxiom

Beispiele 3-dimensionaler affiner Räume:
Die affine Geometrie $AG(3, K)$ (vgl.Kap.2) ist für jeden Körper K mit den Vektoren von K^3 als Punkten, den 1– und 2–dimensionalen affinen Unterräumen als Geraden bzw. Ebenen und der folgenden Definition der Parallelität ein 3-dimensionaler affiner Raum:

$$p_1 + U_1 \parallel p_2 + U_2 \quad :\Longleftrightarrow \quad U_1 = U_2 \, .$$

Zeigen Sie, daß die **Parallelität** von Geraden im 3-dimensionalen affinen Raum eine Äquivalenzrelation ist.

Beweis:
Die Reflexivität und Symmetrie der Parallelitätsrelation folgt sofort aus der Definition. Die Transitivität ergibt sich wie folgt: Seien a, b, c Geraden mit $a||b$ und $b||c$; zu zeigen ist $a||c$. Sei o.B.d.A. $a \neq b$. Liegen a, b, c, in einer Ebene und gilt $a \neq c$, so widerspräche $a \cap c = \{P\}$ dem Parallelenaxiom - durch P gingen zwei zu b parallele Geraden. Seien a, b, c also nicht komplanar; dann gibt es ein $C \in c$, das nicht in der von a und b aufgespannten Ebene E liegt. Die Ebene F durch a und C schneidet die Ebene G durch b und C in einer Geraden c'; diese mit b komplanare

Gerade ist parallel zu b wegen $b \cap c' = (G \cap E) \cap (F \cap G) = (E \cap F) \cap (E \cap G) = a \cap b$; analog ergibt sich $c' \parallel a$. Nach dem Parallelenaxiom folgt $c = c'$ und daher $a \parallel c$. □

Anmerkung:

1. Definiert man für Ebenen des **3**-dimensionalen affinen Raums $\mathcal{A}$ eine Parallelität durch

$$E_1 \parallel E_2 \text{ genau dann, wenn } E_1 = E_2 \ \vee \ E_1 \cap E_2 = \emptyset;$$

so kann man zeigen, daß es zu jedem Punkt P und jeder Ebene E genau eine zu E parallele Ebene E' durch P gibt. Daraus folgt auch, daß die Parallelität von Ebenen eine Äquivalenzrelation ist.

2. **Jede Äquivalenzklasse paralleler Geraden wird ein *uneigentlicher Punkt* genannt: $P_g = \{h \mid h \parallel g\}$ (s. Bild 3.2); die Gerade h inzidiert mit P_g genau dann, wenn $h \in P_g$ oder, mit anderen Worten, $h \parallel g$ gilt.
Motivation u.a.: Bildpunkte der "Verschwindungsgeraden" und Urbildpunkte der "Fluchtgeraden" bei der "Zentralprojektion" (s.u.).

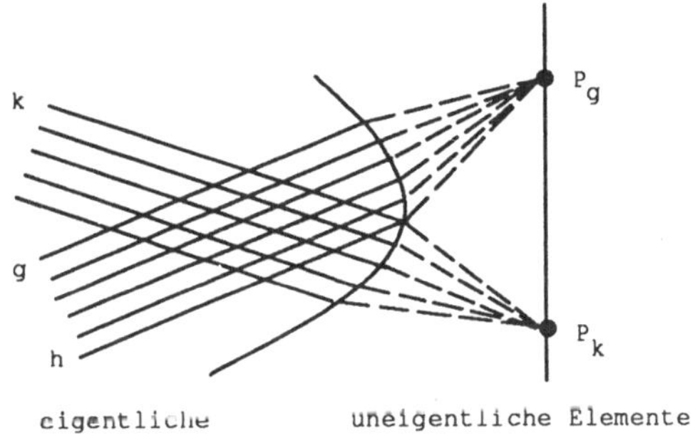

Bild 3.2
Zur projektiven Erweiterung

Vorteile 1.: Die Fallunterscheidung zwischen parallelen Geraden und sich schneidende Geraden ist nicht mehr nötig. 2.: Die algebraische Darstellung wird einfacher (Unterräume statt affine Unterräume).
Analog heißen die Parallelenklassen von Ebenen *uneigentliche Geraden* (Ferngeraden); der uneigentliche Punkt P_h inzidiert mit der uneigentlichen Geraden f_E definitionsgemäß, wenn $h \parallel E$ ist. Alle uneigentlichen Punkte zu Geraden einer Ebene E inzidieren mit g_E. Alle uneigentlichen Punkte zusammen bilden *die* uneigentliche Ebene des 3-dimensionalen affinen Raums, alle eigentlichen und uneigentlichen Elemente die *projektive Erweiterung* von $\mathcal{A}$ (→ Projektive Geometrie).

Beschreiben Sie elementargeometrisch die **Parallelprojektion** des affinen Raumes $\mathcal{A}$ auf eine Ebene F längs einer Geraden g (mit $g \nparallel F$) und die **Zentralprojektion** mit Zentrum Z von einer Ebene E auf eine sie schneidende Ebene F !

(i) Jedem Punkt X von $\mathcal{A}$ wird als Bild $\pi(X)$ der Schnittpunkt der Parallelen h zu g durch X mit der Ebene F zugeordnet; dieser Schnittpunkt existiert, da die Ebene durch g und h die Ebene F in einer Geraden schneidet, die nicht zu h parallel sein kann (s. Bild 3.3). Alle Punkte von h werden auf einen Punkt, jede nicht zu g parallele Gerade auf eine Gerade abgebildet. Gilt $u \parallel v \nparallel g$, so folgt $\pi(u) \parallel \pi(v)$.

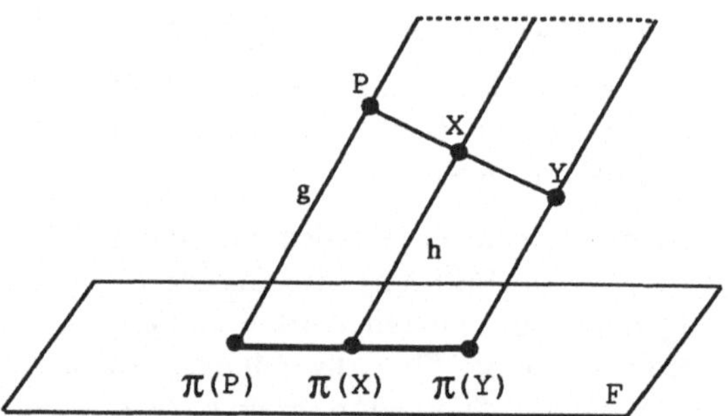

Bild 3.3 Parallelprojektion π des Raumes auf eine Ebene

Anmerkungen:

1. Einschränkung des Definitionsbereichs auf eine zu g nicht parallele Ebene führt zu einer bijektiven Abbildung, der *Parallelprojektion von E auf F*.
2. ** In der darstellenden Geometrie werden → Grund- und → Aufriß eines Körpers durch zwei (senkrechte) Parallelprojektionen auf Koordinatenebenen gewonnen; durch die entsprechenden Koordinaten ist dann jeder Urbildpunkt bestimmt.
3. Durch Parallelprojektion sieht man leicht ein: Je zwei Geraden eines 3-dimensionalen affinen Raumes $(\mathcal{P}, \mathcal{G}, \mathcal{E})$ sind gleichmächtig, für jede Ebene F und jede Gerade g gilt $|F| = |g|^2$, ferner $|\mathcal{P}| = |g|^3$.
4. In einem *geordneten* 3-dimensionalen affinen Raum (s. § 3.2) bleibt bei Parallelprojektion einer Geraden auf eine andere die Zwischenrelation erhalten. Damit geht die Ordnung der einen Geraden auf die Ordnung oder auf die entgegengesetzte Ordnung der Bildgeraden über. Insbesondere werden Strecken wieder auf Strecken abgebildet.

   Im *metrischen* Fall bleiben zusätzlich Teilverhältnisse erhalten.
5. Eine Parallelprojektion läßt sich auch auch auffassen als Zentralprojektion mit uneigentlichem Zentrum.

(ii) Seien E und F sich in g schneidende Ebenen und $Z \notin E \cup F$. Zu einem Punkt P aus E, der nicht auf der Schnittgeraden von E mit der zu F parallelen Ebene durch Z (Verschwindungsgerade v) liegt, wird als Bildpunkt $\zeta(P)$ der "Durchstoßpunkt" der Geraden PZ mit F zugeordnet (s. Bild 3.4 a). Bezeichnet f die Schnittgerade von F mit der zu E parallelen Ebene durch

Z (*"Fluchtgerade"*), so ist ζ eine bijektive Abbildung von $E\backslash v$ auf $F\backslash f$, die sogenannte *Zentralprojektion* von E auf F mit *Projektionszentrum* (*Augenpunkt*) Z. Das Geradenbündel durch einen Punkt $R \in v$ wird unter ζ auf ein Büschel paralleler Geraden abgebildet. Ähnlich sind die Urbilder der Geraden eines Bündels durch $S' \in f$ parallel (s. Bild 3.4 b).

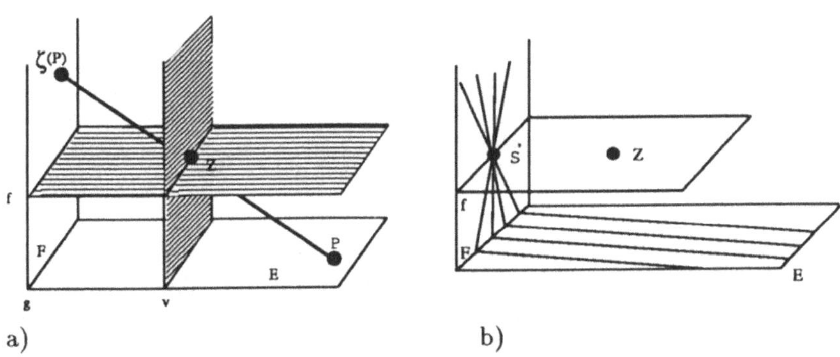

Bild 3.4 a) Zentralprojektion ζ von $E \setminus v$ auf $F \setminus f$
b) Urbild eines Geradenbüschels durch einen Punkt der Fluchtgeraden

**Damit entsprechen den Punkten von v als Bilder unter ζ die uneigentlichen Punkte von F (s.o.) und f hat als Urbild unter ζ die uneigentliche Gerade von E. Unter ζ werden also die (um den Fernpunkt erweiterten) eigentlichen Geraden und die Ferngerade von E auf solche von F abgebildet.

Formulieren Sie für einen 3-dimensionalen affinen Raum $\mathcal{A}$ den affinen **Satz von Desargues**, geben Sie eine Beweisskizze an, und erläutern Sie kurz die Bedeutung dieses Satzes.

1. *Affiner Satz von Desargues*

   Seien a, b, c drei parallele oder durch einen Punkt Z gehende Geraden von $\mathcal{A}$, ferner ABC und $A'B'C'$ zwei Dreiecke mit $A, A' \in a$, $B, B' \in b$ und $C, C' \in c$, die Z nicht enthalten; sind dann zwei Paare entsprechender Dreiecksseiten parallel (gilt also zum Beispiel $AB \| A'B'$ und $AC \| A'C'$), so ist auch das dritte Paar parallel: $BC \| B'C'$ (s. Bild 3.5 a,b).

   Beweisskizze

   Idee: Schnitt zweier Ebenen im räumlichen Fall, Projektion einer geeigneten räumlichen Desargues-Figur auf die gegebene Figur im ebenen Fall.

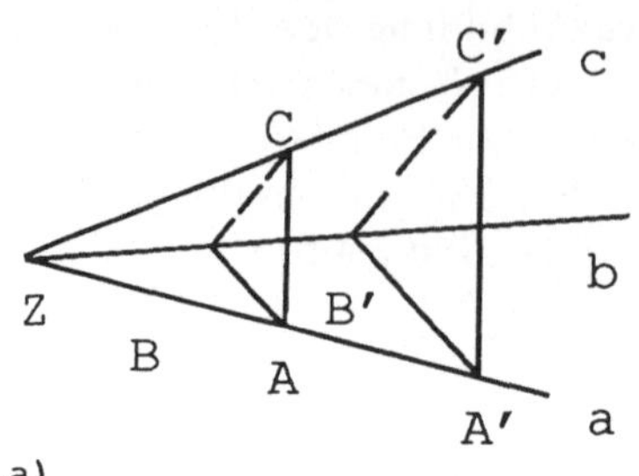

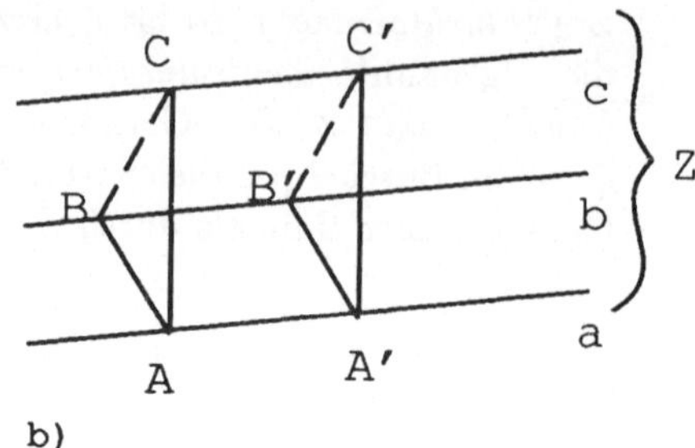

Bild 3.5 Affiner Satz von Desargues
a) mit eigentlichem Zentrum b) kleiner affiner Satz

(i) Räumlicher Fall: a, b, c liegen nicht in einer Ebene. Dann sind die Ebenen ABC und $A'B'C'$ verschieden; sie sind daher parallel oder schneiden sich in einer eigentlichen Geraden. Die gemeinsame uneigentliche oder eigentliche Gerade heiße h. Die Parallelen AB und $A'B'$ bestimmen einen uneigentlichen Punkt, der uneigentlicher Punkt von ABC und $A'B'C'$ und damit von h ist. Analoges gilt für die Geraden AC und $A'C'$. Daher ist h uneigentlich und es gilt $ABC \,||\, A'B'C'$. Die um den Fernpunkt erweiterten Geraden BC und $B'C'$ liegen in einer Ebene, besitzen folglich einen gemeinsamen Punkt Q, der wegen der Parallelität von ABC und $A'B'C'$ nur uneigentlich sein kann.

(ii) Ebener Fall: a, b, c liegen in einer Ebene E. Es existiert eine zu E nicht parallele Gerade g; zu $X \in E$ sei g_X die Parallele zu g durch X (Existenz gemäß Parallelenaxiom). Wählt man einen Punkt B_1 auf $g_B \setminus \{B\}$, so gilt $B_1 \notin E$ und[3] $g_B \subseteq ZB'B_1$; dann ist auch $g_{B'}$ in $ZB'B_1$. Nun definiert man $B_1' := g_{B'} \cap ZB_1$ (dieser Punkt existiert) und zeigt, daß die Punkte Z, A, B_1, C, A', B_1' und C' eine räumliche Desargues-Figur bilden (s. Bild 3.6). Die Bilder der parallelen Geraden B_1C und $B_1'C'$ unter der Parallelenprojektion des Raums auf E längs g, also BC und $B'C'$, sind ebenfalls parallel. □

2. Der affine Satz von Desargues garantiert die Existenz aller "möglichen" *Dehnungen* (s.u.) von $\mathcal{A}$. Genauer: Zu gegebenen Punkten Z, A, A' einer Geraden $g \in G$ mit $Z \neq A, A'$ gibt es genau eine zentrische Streckung δ, welche Z festläßt und A auf A' abbildet (vgl. Bild 3.5 a), und zu A, A' gibt es genau eine Translation, die A auf A' abbildet; wir bezeichnen sie mit $\tau_{AA'}$ (s. Bild 3.5 b).

Die Existenz (und Eindeutigkeit) dieser Dehnungen wiederum ermöglicht eine Darstellung von $\mathcal{A}$ als affine Geometrie eines 3-dimensionalen Vektorraums

[3] Im Falle des kleinen Satzes von Desargues bezeichnet Z den uneigentlichen Punkt von a, b, c.

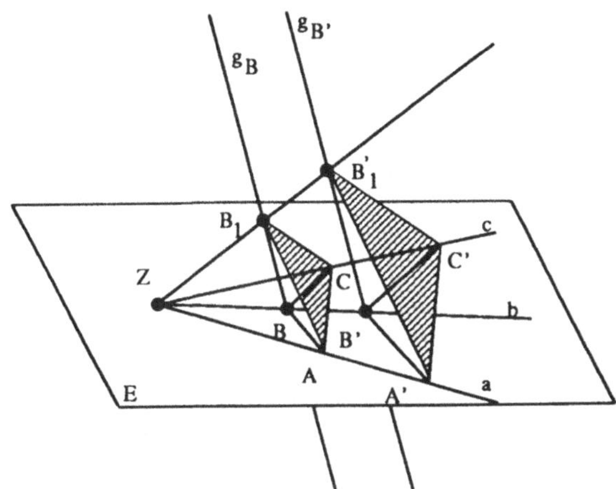

Bild 3.6 Ebene Desargues-Konfiguration als Grundriß einer räumlichen

über einen Schiefkörper K (s.u.), also die Einführung von *Koordinaten* aus K.

Es gibt eine Reihe von Beispielen *affiner Ebenen* (d.h. einer Struktur $(\mathcal{P}, \mathcal{G}, I_1)$ mit Existenz und Eindeutigkeit der Verbindungsgeraden, euklidischem Parallelaxiom und Existenz eines Dreiecks), in denen der Satz von Desargues nicht gilt und die demzufolge auch nicht isomorph zu $AG(K^2)$ sind. Beispiel: → Moultonebene.

(i) Was ist unter einer **Translation** eines 3-dimensionalen affinen Raums $\mathcal{A}$ zu verstehen? Beschreiben Sie die Parallelogrammkonstruktion eines Bildpunktes.

(ii) Was ist ein **Ortsvektor**? Gehen Sie auf die Beschreibung von $\mathcal{A}$ durch die Menge der Translationen ein !

(i) Eine *Translation* ist eine *fixpunktfreie Dehnung* oder die Identität. Dabei heißt eine Bijektion φ der Punktmenge eines affinen Raumes auf sich *Dehnung* (Dilatation, affin-axiale Kollineation), wenn gilt

$$\varphi(A)\varphi(B) \,||\, AB \quad \text{für alle Punkte } A, B \text{ mit } A \neq B\,.$$

Ist τ eine Translation, so ist jede Gerade $X\tau(X)$ Fixgerade (Spur genannt): $X\tau(X)$ wird auf die ebenfalls durch $\tau(X)$ gehende Parallele $\tau(X)\tau^2(X)$, also auf sich abgebildet. Alle diese Geraden $X\tau(X)$ bilden ein Parallelenbüschel, die *Richtung* von τ.

Sind nun ein Punkt A und sein Bildpunkt $\tau(A) \neq A$ gegeben, so ist das Bild $\tau(X)$ eines Punktes $X \notin A\tau(A)$ durch die Eigenschaften $AX \,||\, \tau(A)\tau(X)$ und

$X\tau(X) \parallel A\tau(A)$ eindeutig festgelegt und damit als 4. Punkt eines Parallelogramms (s. Bild 3.7 a) konstruierbar (Punkte auf $A\tau(A)$ konstruiert man mittels Hilfspunkten).

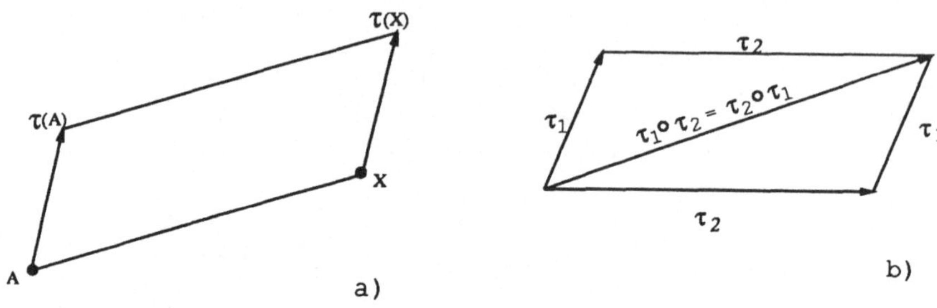

Bild 3.7 Translationen
a) Parallelogrammkonstruktion b) Kommutieren zweier Translationen

(ii) Die *Pfeile* $X\tau(X)$ sind alle gleichgerichtet und gehen durch die beschriebene Parallelogrammkonstruktion auseinander hervor; im euklidischen Raum sind sie damit von gleicher Richtung, Orientierung und Länge.

Jede Translation (als Relation $\{(X, \tau(X)) | X \in \mathcal{P}\}$) ist daher ein Vektor (im Sinne von "Klasse vektorgleicher Pfeile"). Nach Auszeichnung eines Punktes O als Ursprung läßt sich jedem Punkt P der Vektor $\boldsymbol{p} = \tau_{OP}$ (also die O auf P abbildende Translation) zuordnen; $\boldsymbol{p}$ heißt **Ortsvektor** von P; (es ist derjenige Vektor, zu dem der Pfeil $\overrightarrow{OP}$ gehört).

Die Menge T aller Translationen von $\mathcal{A}$ ist scharf transitiv auf der Punktmenge $\mathcal{P}$; d.h. zu $A, B \in \mathcal{P}$ gibt es, wie erwähnt, genau eine Translation τ_{AB}, die A auf B abbildet; daher ist die Zuordnung $P \mapsto \tau_{OP}$ eine Bijektion von $\mathcal{P}$ auf T und eine Beschreibung von $\mathcal{A}$ mittels T möglich.

Anmerkung: Skizze der weiteren Algebraisierung:

1. Die Menge aller Dehnungen von $\mathcal{A}$ bildet bzgl. Hintereinanderausführung eine Gruppe; in dieser ist die Menge T aller Translationen ein Normalteiler. Ferner ist T kommutativ – dies folgt für Translationen verschiedener Richtung aus der Parallelogrammkonstruktion (s. Bild 3.7 b); im anderen Fall führen ein Hilfspunkt und geschicktes Rechnen zum Ziel.

2. **Der *Skalarbereich:*
Jede *zentrische Streckung* δ, d.h. jede Dehnung mit Fixpunkt, induziert durch $\delta^* : \boldsymbol{p} \mapsto \delta \circ \boldsymbol{p} \circ \delta^{-1}$ einen Endomorphismus von T, der jeden Vektor auf einen Vektor paralleler Richtung abbildet. (Motivation: Multiplikation von $\boldsymbol{p}$ mit dem Streckungsfaktor von δ).

Man kann zeigen, daß die Menge K all dieser Endomorphismen zusammen mit der Nullabbildung bzgl. der durch $(k_1 + k_2)(\boldsymbol{x}) = k_1(\boldsymbol{x}) \circ k_2(\boldsymbol{x})$ und $(k_1 \cdot k_2)(\boldsymbol{x}) = k_1(k_2(\boldsymbol{x}))$ definierten Operationen einen Schiefkörper bildet; über diesem ist die Gruppe T der Translationen ein 3-dimensionaler (Links-) Vektorraum. Verwendet man die oben erwähnte Beschreibung von $\mathcal{A}$, so läßt sich also jedem Punkt von $\mathcal{A}$ genau ein Vektor dieses Vektorraums zuordnen. Dabei werden die Geraden von $\mathcal{A}$ auf die 1-dimensionalen und die Ebenen von $\mathcal{A}$ auf die 2-dimenionalen affinen Unterräume des Vekorraums T abgebildet: $\mathcal{A}$ ist isomorph zu $AG(K^3)$.

3. **Der in 2.) konstruierte Schiefkörper K ist genau dann kommutativ, wenn der *Satz von Pappos* (oder Pappus) gilt, s. Bild 3.8.

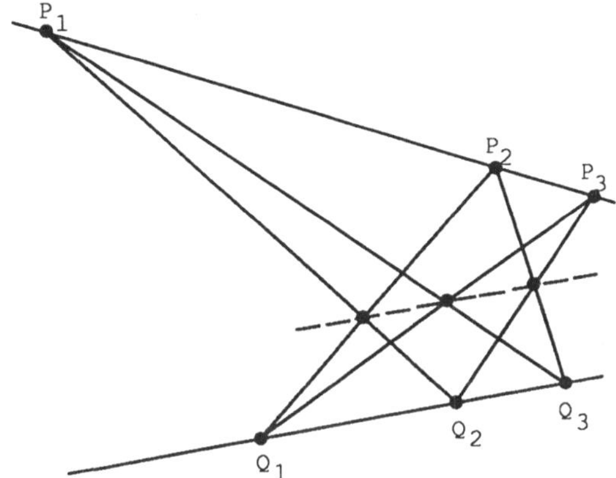

Bild 3.8 Satz von Pappos:
$P_iQ_j \cap P_jQ_i$ für $i \neq j$ sind kollinear

3.2 Geordnete Geometrie

In diesem Abschnitt betrachten wir **geordnete (3-dimensionale) affine Räume** $\mathcal{A}$; damit meinen wir (3-dimensionale) affine Räume $(\mathcal{P}, \mathcal{G}, \mathcal{E})$, bei denen für jede Gerade $g \in \mathcal{G}$ eine Relation $\leq_g$ definiert ist mit folgenden Eigenschaften:

(1) Für jedes $g \in G$ ist $\leq_g$ eine lineare Ordnung.

(2) Zu je zwei Punkten $A, B \in \mathcal{P}$ gibt es einen Punkt $C \in \mathcal{P}$ derart, daß B zwischen A und C liegt.

(3) Es gilt das Axiom von Pasch.

(i) Beschreiben Sie die Beziehung der **Zwischenrelation** auf $\mathcal{P}$ mit den Ordungsrelationen $\leq_g$ der Geraden $g \in \mathcal{G}$.

(ii) Beweisen Sie, daß zwischen je zwei Punkten einer Geraden eines geordneten 3-dimensionalen affinen Raums unendlich viele weitere Punkte liegen.

(iii) Formulieren Sie das **Axiom von Pasch**! Zeigen Sie, daß keine Gerade alle drei Seiten eines Dreiecks schneiden kann.

(i) Auf $\mathcal{P}$ läßt sich eine ternäre Relation Z definieren durch

(*) $(A, B, C) \in Z$, g.d.w. A, B, C verschiedene Punkte einer Geraden g sind und $A \leq_g B \leq_g C$ oder $C \leq_g B \leq_g A$ gilt.

Für diese Zwischenrelation folgt (Beweis?):

(**) Ist $(A, B, C) \in Z$, so sind A, B, C verschiedene kollineare Punkte und es gilt $(C, B, A) \in Z$ sowie $(A, C, B) \notin Z$.

Anmerkung:

Bei Hilbert ist die Zwischenrelation als Grundbegriff gewählt und (statt (1)) dann (**) als Axiom gefordert. Daraus wird dann für jede Gerade g die Existenz zweier Ordnungsrelationen $\leq_g$ mit (*) gefolgert. Wir können hier als zweite Ordnungsrelation die zu $\leq_g$ entgegengesetzte wählen:

$$A \leq_g' B :\Longleftrightarrow B \leq_g A.$$

(ii) Zu zwei Punkten A und B wählt man nach (2) einen Punkt C mit $C \notin AB$, dann D und E mit $(A, C, D), (B, D, E) \in Z$. Es ist $C \notin EB$, da andernfalls $A \in CD = BD = EB$ gelten würde. Nach dem Axiom von Pasch (s.u.) liegt $EC \cap AB$ zwischen A und B (s. Bild 3.10 a). Zwischen je zwei Punkten liegt also stets ein weiterer. Die Annahme endlich vieler Punkte zwischen A und B führt nun zum Widerspruch. □

(iii) Das *Axiom von Pasch* lautet:

Seien A, B, C Eckpunkte eines Dreiecks und g eine nicht durch diese Punkte gehende Gerade der Ebene A, B, C. Enthält dann g einen Punkt, der zwischen A und B liegt, so enthält g auch einen Punkt D zwischen A und C oder einen Punkt zwischen B und C (s. Bild 3.9).

Ergänzung:

Keine Gerade schneidet alle drei Seiten $]A, B[$, $]B, C[$, $]A, C[$ eines Dreiecks $\triangle ABC$

Beweis: Würde eine Gerade die Dreiecksseiten in den Punkten A', B', C' schneiden, so läge ein Punkt, etwa B', zwischen den anderen. Das Pasch-Axiom, angewandt auf das Dreieck $\triangle A'BC'$ (s. Bilder 3.10 b, 3.9), und die Gerade AC liefert einen Widerspruch. □

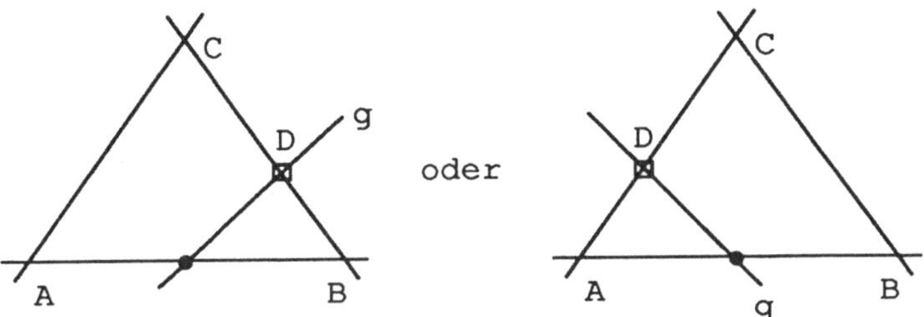

Bild 3.9
Zum Paschaxiom

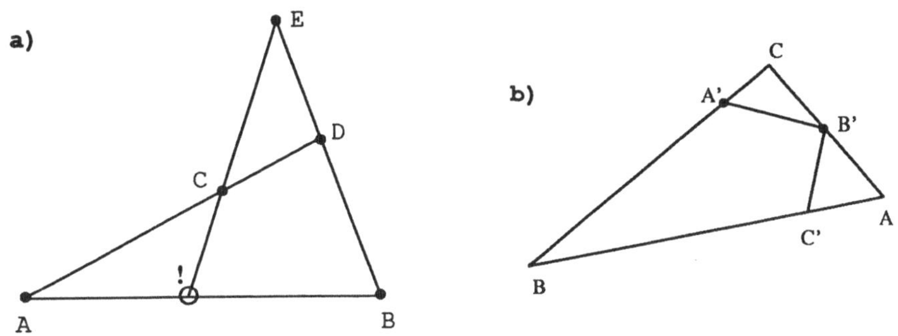

Bild 3.10 a) Nachweis eines Punktes zwischen A und B
b) Schneidet eine Gerade 3 Seiten eines Dreiecks ?

> Führen Sie folgende **Begriffe der geordneten Geometrie** ein:
>
> 1. Offenes Intervall, abgeschlossenes Intervall, Strecke
> 2. Halbgerade, Halbebene, Halbraum
> 3. Winkel, Winkelfeld, Scheitelwinkel, Nebenwinkel
> 4. konvexe Menge, konvexe Hülle

Sei $\mathcal{A}$ geordnete affine Geometrie.

1. Zu $P, Q \in \mathcal{P}$ heißt $]P, Q[:= \{X \in \mathcal{P} | X \text{ zwischen} P \text{ und } Q\}$ das *offene* und $[P, Q] :=]P, Q[\cup \{P, Q\}$ das *abgeschlossene* Intervall mit Randpunkten P und Q. Oft spricht man auch von einer Strecke statt von einem Intervall. Jedoch wird unter einer *Strecke* $\overset{\vdash\!\dashv}{PQ}$ auch das (ungeordnete) Paar (P, Q) verstanden.

2. Ist $P \neq Q$, so heißt $\overset{\longmapsto}{PQ} = PQ^+ := [P,Q] \cup \{X \in \mathcal{P} \mid Q \text{ zwischen } P \text{ und} X\}$ *Halbgerade* (Strahl, Speer) mit Scheitel P und Trägergerade PQ. Ist R aus $PQ \setminus PQ^+$, so ist $PQ^- := PR^+$. Also gilt $PQ = PQ^+ \cup PQ^-$ und $PQ^+ \cap PQ^- = \{P\}$.

   Ist E Ebene von $\mathcal{A}$ und g Gerade in E. Dann ist die Relation $\sim$ mit $A \sim B :\Longleftrightarrow [A,B] \cap g = \emptyset$ für $A, B \in E \setminus g$ eine Äquivalenzrelation (mit genau zwei Äquivalenzklassen):

   Für nicht kollineare Punkte von E folgt die Transitivität unmittelbar aus dem Pasch-Axiom, für kollineare Punkte durch Einführung zweier Hilfspunkte Q und R mit Q zwischen A und R (s. Bild 3.11 a) und Betrachten der Dreiecke $\triangle ABR$ und $\triangle BCR$. (Beweis für die Existenz genau zweier Klassen?).

   Jede der beiden Äquivalenzklassen heißt *offene Halbebene* (Seite) mit Randgerade g. Ist R Punkt der Halbebene mit Randgerade $g = PQ$, so schreibt man $E_1 = PQR^+$.

   Analog werden zu einer Ebene E von $\mathcal{A}$ zwei *offene Halbräume* definiert durch die Relation $\approx$ mit $A \approx B :\Longleftrightarrow [A,B] \cap E = \emptyset$ für $A, B \in \mathcal{P} \setminus E$.

3. Unter einem orientierten (bzw. unorientierten) **Winkel** versteht man ein geordnetes (bzw. ungeordnetes) Paar $p = OP^+$ und $q = OQ^+$ von Strahlen (der *Schenkeln* des Winkels) mit demselben "*Scheitel*" O. Bezeichnung $\sphericalangle(p,q), \sphericalangle POQ$. Oft unterscheidet man nicht zwischen $\sphericalangle POQ$ und dem *inneren Winkelfeld* $\text{Inn}\sphericalangle POQ := OPQ^+ \cap OQP^+$ (für nicht kollineare Punkte O, P, Q), s. Bild 3.11 b. Der Winkel $\sphericalangle(OP^-, OQ^-)$ heißt *Scheitelwinkel* und die Winkel $\sphericalangle(OP^+, OQ^-)$ und $\sphericalangle(OP^-, OQ^+)$ *Nebenwinkel* zum Winkel $\sphericalangle(OP^+, OQ^+)$.

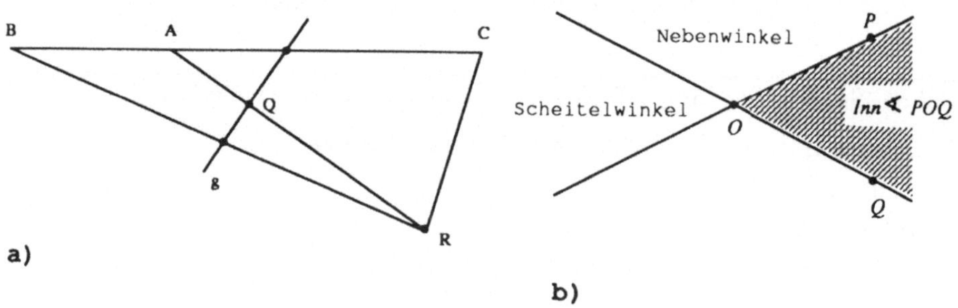

Bild 3.11 a) Zur Definition von Halbebenen
$A \not\sim C \Longrightarrow (C \sim R \wedge B \not\sim R) \Longrightarrow B \not\sim C$
b) Inneres Winkelfeld

4. Eine Punktmenge M aus $\mathcal{A}$ heißt ***konvex***, falls mit $A, B \in M$ auch $[A, B] \subseteq M$ ist.

   Beispiele: Einpunktige Mengen, abgeschlossene Intervalle, Halbgeraden, Geraden, Halbebenen, Ebenen, Halbräume und Durchschnitte konvexer Mengen, z.B. Dreiecksflächen, sind konvex.

   Jede Punktmenge $L \subseteq \mathcal{P}$ ist in einer kleinsten konvexen Menge enthalten, nämlich in

   $$\text{conv }(L) := \bigcap\{B | L \subseteq B \subseteq \mathcal{P} \text{ und } B \text{ konvex}\};$$

   conv (L) heißt die ***konvexe Hülle*** von L.

   Beispiele: 1. $\text{conv}\{A, B\} = [A, B]$ 2. In $AG(3, K)$ mit angeordnetem Schiefkörper K (s.u.) ist

   $$\text{conv}(L) = \{\sum_{i=1}^{n} k_i x_i | x_1, \ldots, x_n \in L,\, k_i \geq 0,\, \sum k_i = 1,\, n \in \mathbb{N}^*\}\ .$$

Zeigen Sie, daß bei einer Parallelprojektion (oder Translation) einer Geraden g auf eine Gerade h die *Zwischenrelation* erhalten bleibt.
Schildern Sie kurz die Konsequenzen a) für die Ordnungsrelationen $\leq_h$ und b)** für den Koordinatenbereich K von $\mathcal{A} \cong AG(K^3)$.

Beweisskizze:
Wendet man das Paschaxiom auf Bild 3.12 a) an, so folgt aus $B \in]A, C[$ sofort $B'' \in]A, C''[$ und daraus $B' \in]A'C'[$. Die Wirkung einer Translation auf eine Gerade läßt sich durch das Produkt zweier Parallelprojektionen beschreiben. □
Anmerkung: Eine Translation erhält die Orientierung einer Fixgeraden. (Beweis? Lösungshinweis s.Bild 3.12 b.)
Folgerungen:

a) Da sich zwei beliebige Geraden g und h eines 3-dimensionalen affinen Raumes durch Verkettung zweier Parallelprojektionen aufeinander abbilden lassen, ist $\leq_h$ durch $\leq_g$ schon bis auf den Übergang zur entgegengesetzten Ordnungsrelation festgelegt. Jede Gerade h hat damit genau zwei mögliche **Orientierungen**.

b) Ist $\mathcal{A} \cong AG(K^3)$ mit einer Ordnung versehen, so kann der Schiefkörper so geordnet werden (s.u.), daß für jede Gerade $\boldsymbol{g} = \boldsymbol{a} + K\boldsymbol{m}$ die eine der beiden Ordnungsrelationen durch

   $$(*) \qquad \boldsymbol{a} + x_1\boldsymbol{m} < \boldsymbol{a} + x_2\boldsymbol{m} \iff x_1 < x_2\,.$$

   beschrieben wird. Ist umgekehrt K ein geordneter Schiefkörper, so wird $AG(K^3)$ durch $(*)$ zu einem geordneten affinen Raum.

   Beweisskizze:
   Nach Übergang zu den Ortsvektoren sei $g = K\boldsymbol{n}$ und $\boldsymbol{n} >_g \boldsymbol{o}$. Durch

$$a \leq_K b :\Longleftrightarrow a\boldsymbol{n} \leq_g b\boldsymbol{n}$$

wird auf K eine lineare Ordnungsrelation definiert. Die Translation $\boldsymbol{v} \mapsto \boldsymbol{v} + c\boldsymbol{n}$, eingeschränkt auf g, läßt die Ordnung von g fix (s.o.); daher gilt:

(i) $\quad a < b \Rightarrow a + c < b + c \quad$ für alle $a, b, c \in K$.

Außerdem ergibt sich

(ii) $\quad a > 0 \wedge b > 0 \Rightarrow a \cdot b > 0 \quad$ für alle $a, b \in K$.

durch Auffassen der Multiplikation (Ausführung einer zentrischen Streckung) mit a bzw. b als zwei Parallelprojektionen (s. Bild 3.12 c), die ja nach a) die Ordnung umdrehen oder, wie im vorliegenden Fall, wegen $0 < 1$ und $b \cdot 0 < b \cdot 1$) erhalten. Ein Schiefkörper mit linearer Ordnungsrelation, die (i) und (ii) erfüllt, heißt *geordneter Schiefkörper*. Die Aussage (∗) ergibt sich durch Anwendung einer Parallelprojektion und einer Translation.

Die Rückrichtung folgt durch Nachrechnen in $AG(K^3)$. □

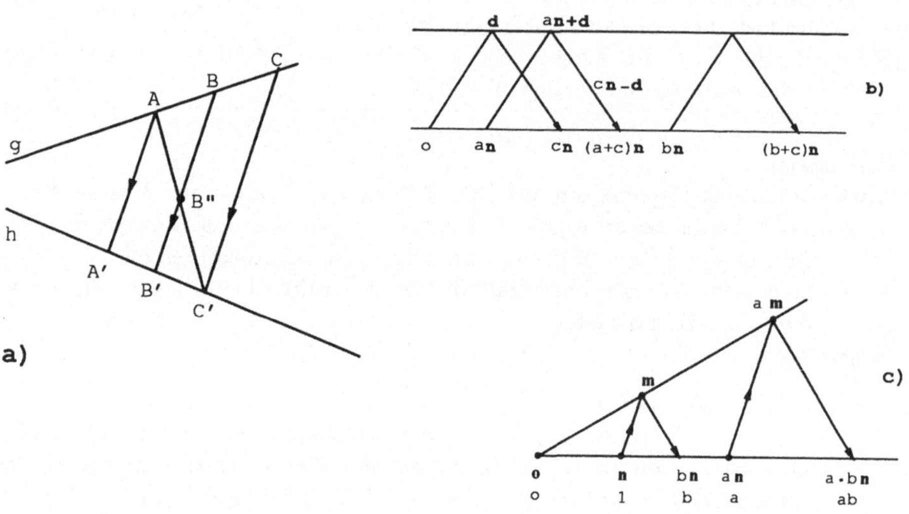

Bild 3.12 Zur Ordnungsrelation der Ebene und des Koordinatenkörpers

3.3 Kongruenzgeometrie

Beschreiben Sie mit Hilfe von Kongruenzaxiomen, was man unter einem 3-dimensionalen *euklidischen affinen Raum* versteht.

Ein *euklidisch affiner Raum* (kurz nur *euklidischer Raum*) der Dimension 3 ist ein geordneter 3-dimensionaler affiner Raum $\mathcal{A}$ in dem zusätzlich auf der Menge der Strecken von $\mathcal{A}$ und auf der Menge der (nicht-orientierten) Winkel [4]von $\mathcal{A}$ je eine binäre den folgenden Kongruenzaxiomen genügende Relation definiert ist; ohne große Gefahr der Verwechslung heißen beide *Kongruenzrelation* und werden mit dem Symbol $\equiv$ (kongruent) oder $\stackrel{\wedge}{=}$ bezeichnet.[5]

A) *Axiome der Streckenkongruenz*

(1) Die Streckenkongruenz ist eine *Äquivalenzrelation.*

(2) *Möglichkeit des Streckenabtragens:*
Zu jeder Strecke $\overset{\vdash\!\dashv}{PQ}$ und jeder Halbgeraden RS^+ (mit $R \neq S$) gibt es genau einen Punkt $T \in RS^+$ mit $\overset{\vdash\!\dashv}{PQ} \equiv \overset{\vdash\!\dashv}{RT}$.

(3) *Axiom der Streckenaddition:*
Liegt Q zwischen P und R sowie T zwischen S und U, so folgt aus $\overset{\vdash\!\dashv}{PQ} \equiv \overset{\vdash\!\dashv}{ST}$ und $\overset{\vdash\!\dashv}{QR} \equiv \overset{\vdash\!\dashv}{TU}$ auch $\overset{\vdash\!\dashv}{PR} \equiv \overset{\vdash\!\dashv}{SU}$ (s. Bild 3.13 a).

B) *Axiome der Winkelkongruenz*

(4) Die Winkelkongruenz ist eine *Äquivalenzrelation*[6]

(5) *Axiom des Winkelantragens:*
Zu jedem Winkel $\sphericalangle AOB$, jeder Halbgeraden PQ^+ und jeder Halbebene PQR^+ gibt es genau eine Halbgerade PS^+ mit $S \in PQR^+$ und $\sphericalangle AOB \equiv \sphericalangle QPS$ (s. Bild 3.13 b).

C) *Axiom der Dreieckskongruenz*

(6) Sind für zwei Dreiecke $\triangle ABC$ und $\triangle A'B'C'$ die Seiten $\overset{\vdash\!\dashv}{AB}$, $\overset{\vdash\!\dashv}{A'B'}$ und die Seiten $\overset{\vdash\!\dashv}{AC}$, $\overset{\vdash\!\dashv}{A'C'}$ sowie die eingeschlossenen Winkel $\sphericalangle BAC$, $\sphericalangle B'A'C'$ kongruent, so gilt $\sphericalangle ABC \equiv \sphericalangle A'B'C'$ (und damit $\sphericalangle ACB \equiv \sphericalangle A'C'B'$).

---

[4] Da keine Ordnung auf den Halbgeraden des Winkels festgelegt ist, stelle man sich einen Winkel zwischen 0° und 180° vor!

[5] Wesentlich einfacher (allerdings auf Kosten der Elementarität der Axiome) kann man es sich machen, wenn man 1. ein *Streckenmaßaxiom* fordert, d.h. die Existenz einer "Streckenmaßfunktion" $d : \mathcal{P} \times \mathcal{P} \to \mathbb{R}_0^+$ mit $d(P,Q) = d(Q,P)$ und $d(P,Q) = d(P,R) + d(R,Q)$ für $R \in \overset{\vdash\!\dashv}{PQ}$ und der Eigenschaft, daß auf jeder Halbgeraden das Abtragen einer Strecke vom Maß a eindeutig möglich ist, und
2. in einem "Winkelmaßaxiom" die Existenz einer *Winkelmaßfunktion* $|\cdot|$ von der Menge der Winkel in das reelle Intervall $[0,180]$ verlangt mit
(i) $w = w_1 + w_2 \Rightarrow |w| = |w_1| + |w_2|$ (Additivität)
(ii) Möglichkeit des Abtragens eines Winkels w mit $|w| = \alpha$ (für jedes $\alpha \in [0,180]$ an jede Halbgerade in eine Halbebene). Die *Kongruenz von Strecken* bzw. *Winkeln* wird dann mittels Gleichheit des Strecken- bzw. Winkelmaßes eingeführt; s.DIFF III 1.1A. Als weitere Axiome werden dort gefordert: 3. Halbebenenaxiom 4. Spiegelungsaxiom 5. Streckungsaxiom.

[6] Hilbert fordert bei (4) nur die Reflexivität.

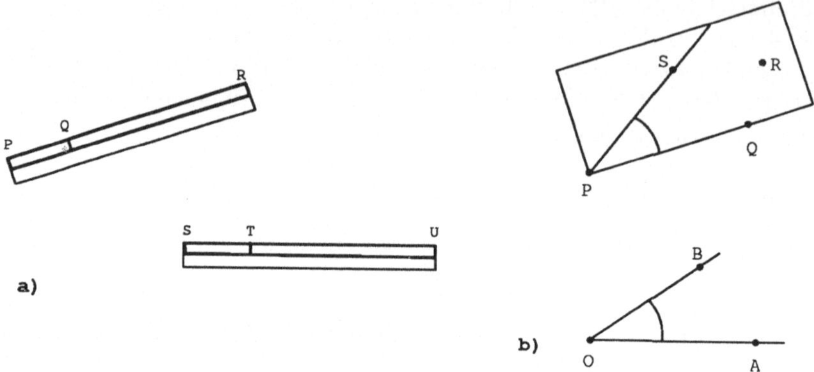

Bild 3.13 a) Streckenaddition b) Winkelantragen

Anmerkungen:

1. Das Axiom (6) ist bis auf die beweisbare Aussage $\overset{\vdash\!\dashv}{BC} \equiv \overset{\vdash\!\dashv}{B'C'}$ der *Kongruenzsatz* "SWS": Sind bei zwei Dreiecken 2 Seitenpaare und die eingeschlossenen Winkel kongruent, so sind die Dreiecke kongruent. Hierbei heißen zwei Dreiecke kongruent, wenn die entsprechenden Seiten und Innenwinkel kongruent sind.

2. Ob das euklidische Parallelenaxiom unabhängig von den übrigen Axiomen Euklids ist, war lange Zeit eine offene Frage, die von Bolyai, Lobatschewski und Gauß bejahend beantwortet werden konnte.
Verzichtet man bei der Definition des euklidisch-affinen Raums der Dimension n auf dieses Parallelenaxiom, hält aber bis auf das Dimensionsaxiom alle anderen Axiome bei, so spricht man von einer ***absoluten*** (oder ***metrischen***) *Geometrie* ; diese umfaßt die ***Euklidische Geometrie*** (bei Gültigkeit des Parallelenaxioms) und die ***hyperbolische Geometrie***, in der die Existenz von zwei "hyperbolischen" Parallelen zu einer Geraden und durch einem Punkt außerhalb gefordert wird. Ändert man die Definition einer metrischen Ebene etwas ab, so kommen als *Nichteuklidische Ebene* neben der hyperbolischen und weiteren Ebenen noch die elliptische Ebene in Frage, bei der keine Parallelen existieren.

3. ** Klassisch sind die folgenden *Modelle Nichteuklidischer Ebenen* (jeweils mit geeigneter Definition der Kongruenzrelationen und Ordnungen):

   Elliptische Ebene:

   Punkte sind die Paare von Gegenpunkten auf einer Sphäre [7] von EG($\mathbb{R}^3$)
   Geraden sind die Großkreise; bei Beschränkung auf die Halbsphäre erhält man Bild 3.14 a.

Hyperbolische Ebenen:

1. *Kleinsches Modell:*
   Punkte sind die Punkte im Innern einer Kreisscheibe.
   Geraden sind die Sekantenabschnitte (s. Bild 3.14 b).
2. *Poincarésches Halbebenenmodell:*
   Punkte sind die Punkte einer Halbebene (ohne Randgerade k).
   Geraden sind die zu k senkrechten Halbgeraden und Halbkreise der Halbebene (s. Bild 3.14 c).

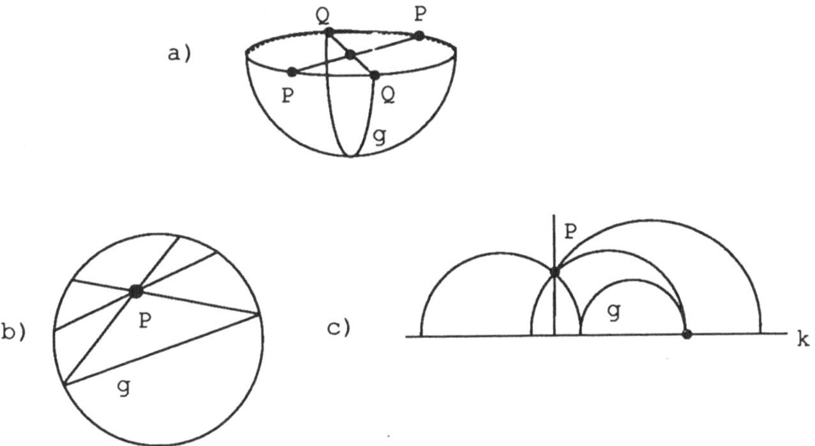

Bild 3.14 a) Modell der elliptischen Ebene
Hyperbolische Ebene: b) Kleinsches Modell c) Poincarésches Modell

> Geben Sie ein **Beispiel** eines 3-dimensionalen euklidischen Raumes an (mit Hilfe von Koordinatenkörper und Skalarprodukt, ohne Nachrechnen der Axiome).

Auf $\mathbb{R}^3$ sei $\boldsymbol{x} \cdot \boldsymbol{y} = \sum x_i y_i$ das kanonische Skalarprodukt und $||\boldsymbol{x}|| := \sqrt{\boldsymbol{x} \cdot \boldsymbol{y}}$. In dem mit der lexikographischen Ordnung [8] versehenen 3-dimensionalen affinen Raum $AG(3, \mathbb{R})$ definieren wir zwei Kongruenzrelationen durch

$$(*)\quad \overset{\vdash\!\dashv}{\boldsymbol{uv}} \equiv \overset{\vdash\!\dashv}{\boldsymbol{rs}} \iff ||\boldsymbol{v}-\boldsymbol{u}|| = ||\boldsymbol{s}-\boldsymbol{r}|| \quad (\text{für alle } \boldsymbol{u}, \boldsymbol{v}, \boldsymbol{r}, \boldsymbol{s} \in \mathbb{R}^3)$$

$$(**)\quad \sphericalangle \boldsymbol{vuw} \equiv \sphericalangle \boldsymbol{srt} \iff \frac{(\boldsymbol{v}-\boldsymbol{u})}{||\boldsymbol{v}-\boldsymbol{u}||} \cdot \frac{(\boldsymbol{w}-\boldsymbol{u})}{||\boldsymbol{w}-\boldsymbol{u}||} = \frac{(\boldsymbol{s}-\boldsymbol{r})}{||\boldsymbol{s}-\boldsymbol{r}||} \cdot \frac{(\boldsymbol{t}-\boldsymbol{r})}{||\boldsymbol{t}-\boldsymbol{r}||}$$

(für $\boldsymbol{u}, \boldsymbol{v}, \boldsymbol{w}, \boldsymbol{s}, \boldsymbol{r}, \boldsymbol{t} \in \mathbb{R}^3$).

Der so definierte Raum ist ein 3-dimensionaler euklidischer Raum, Bezeichnung $EG(\mathbb{R}^3)$; er heißt 3-dimensionaler reeller (oder klassischer) euklidischer Raum.

[8] $(\xi_1, \xi_2, \xi_3) < (\eta_1, \eta_2, \eta_3)$ g.d.w. $\xi_1 < \eta_1$ oder $\xi_1 = \eta_1 \wedge \xi_2 < \eta_2$ oder $\xi_1 = \eta_1 \wedge \xi_2 = \eta_2 \wedge \xi_3 < \eta_3$

Analoge Definitionen auf $\mathbb{R}^2$ führen über $AG(\mathbb{R}^2)$ zur euklidischen Ebene $EG(\mathbb{R}^2)$.

Anmerkungen:

1. **In Verallgemeinerung kann man statt mit $K = \mathbb{R}$ die obige Konstruktion mit einem beliebigen geordneten pythagoräischen (s.u.) Körper K durchführen und erhält den euklidischen Raum $EG(K^3)$ bzw. die euklidische Ebene $EG(K^2)$. (K heißt pythagoräisch, falls die Summe zweier Quadrate wieder ein Quadrat ist.)

2. **Umgekehrt läßt sich zeigen, daß der einem 3-dimensionalen euklidischen Raum $\mathcal{R}$ zugrundeliegende Koordinatenschiefkörper ein geordneter pythagoräischer Körper sein muß und die Kongruenzrelationen (und davon induzierten metrischen Strukturen) durch ein Skalarprodukt des zugehörigen Vektorraums bestimmt ist. Analoges gilt für die desarguesschen euklidischen Ebenen.

   Hinweise zum Beweis:

   $\mathcal{R}$ ist ein geordneter affiner Raum und damit als affiner Raum über dem geordneten Schiefkörper K darstellbar, s. §3.1 und §3.2.

   Daß K kommutativ ist, sieht man z. B. nach R. BAER aus dem Höhenschnittpunktsatz (s. Degen & Profke 1976). Die Forderung "pythagoräisch" ergibt sich aus dem Satz des Pythagoras. Ein Skalarprodukt Φ erhält man nach einführung eines Längenmaßes (s.u.) durch folgende Definition:

   $\Phi(\boldsymbol{x}, \boldsymbol{x}) := |\, \overset{\mapsto}{o\boldsymbol{x}}\, |^2$ für $\boldsymbol{x} \in V$

   $\Phi(\boldsymbol{x}, \boldsymbol{y}) := \frac{1}{2}[\Phi(\boldsymbol{x}+\boldsymbol{y}, \boldsymbol{x}+\boldsymbol{y}) - \Phi(\boldsymbol{x}, \boldsymbol{x}) - \Phi(\boldsymbol{y}, \boldsymbol{y})]$

   Abkürzend schreiben wir $\boldsymbol{x} \cdot \boldsymbol{y} := \Phi(\boldsymbol{x}, \boldsymbol{y})$. Es gilt $\boldsymbol{x} \cdot \boldsymbol{y} = \boldsymbol{x} \cdot \boldsymbol{y}_{\boldsymbol{x}}$ für die *Orthogonalprojektion* $\boldsymbol{y}_{\boldsymbol{x}}$ von $\boldsymbol{y}$ auf $g = o\boldsymbol{x}$; hiermit zeigt man die Bilinearität von Φ. Aussage $(*)$ folgt nun wegen $|\, \overset{\mapsto}{uv}\, | = ||v - u||$; der Beweis von $(**)$ ist etwas aufwendiger.

3. **Erst durch die Hinzunahme von sogenannten Stetigkeitsaxiomen (geometrische Fassung des Archimedischen Axioms, §4.8, und das Axiom der linearen Vollständigkeit, das garantiert, daß jede Gerade maximal ist und somit keine Löcher enthält) wird $K = \mathbb{R}$ erzwungen.

Es folgen erste Beispiele zur Beweisführung in der Kongruenzgeometrie. Abbildungsgeometrische Beweise dieser Sätze findet man in §3.5.

Formulieren und beweisen Sie folgende Sätze der absoluten Geometrie

1. *Existenz und Eindeutigkeit des* **Lots**

2. *Existenz und Eindeutigkeit des* **Mittelpunktes** *einer Strecke.*

Dabei dürfen Sie unbewiesen benutzen, daß freie Schenkel kongruenter Stufenwinkel parallel sind und daß Scheitelwinkel kongruent sind. Auch den Additionssatz für Winkel und den Kongruenzsatz WSW können Sie voraussetzen.

1. *Existenz und Eindeutigkeit des* Lots :

   Für einen Punkt P und eine Gerade g gibt es in der Ebene durch P und g (im Falle $P \notin g$) *bzw. in jeder Ebene durch g* (für $P \in g$) *genau eine zu g senkrechte Gerade h mit $P \in g$.*

   Dabei heißen $g = QR$ und $h = QS$ *senkrecht* zueinander, falls die Halbgeraden QR^+ und QS^+ einen *rechten Winkel*, also einen zu seinen Nebenwinkeln kongruenten Winkel bilden, in Zeichen $g \perp h$.

   Beweis: Idee: Konstruktion eines gleichseitigen Dreiecks mit Höhe g.

   Ist $P \notin g = OA$, so wird der Winkel $\sphericalangle POA$ in die Halbebene OAP^- angetragen und auf dem freien Schenkel die Strecke $\overset{\mapsto}{OP}$ von O aus abgetragen. Die Gerade durch P und den konstruierten Punkt P' schneidet g, denn P und P' liegen in verschiedenen Halbebenen.

   Liegt der Punkt $F = PP' \cap g$ auf $OA^+ \setminus \{O\}$ (s. Bild 3.15 a) oder auf $OA^- \setminus \{O\}$, so ist $\triangle OPF \equiv \triangle OP'F$ und daher $\sphericalangle OFP$ ein rechter Winkel. Ist $F = O$, so folgt die Behauptung ebenfalls.

   Für $P \in g$ erhält man ein Lot durch Antragen eines rechten Winkels, dessen Existenz aus dem 1. Teil und der Tatsache folgt, daß jeder zu einem rechten Winkel kongruente Winkel ein rechter ist.

   Die Eindeutigkeit folgt im Fall $P \notin g$ aus der Parallelität der freien Schenkel kongruenter Stufenwinkel (s. Bild 3.15 b), im Fall $P \in g$ aus der Eindeutigkeit des Antragens rechter Winkel.

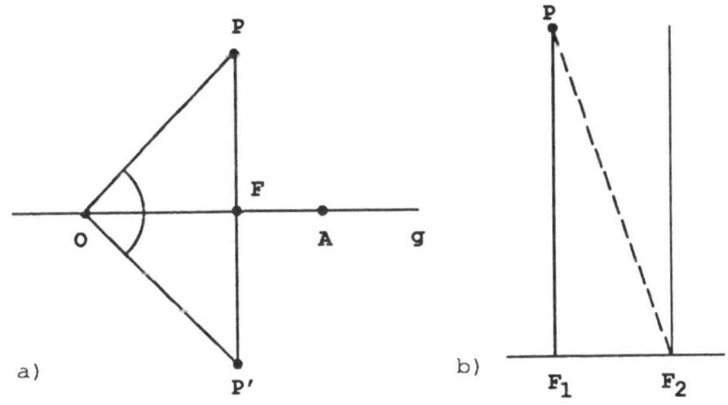

Bild 3.15 a) Zum Fällen des Lots von P auf g b) Zur Eindeutigkeit des Lots

2. *Zu jeder Strecke $\overset{\mapsto}{PQ}$ mit $P \neq Q$ existiert genau ein* **Mittelpunkt** M.

   Beweisskizze:
   Idee: Konstruktion eines Parallelogramms mit Diagonale PQ und Diagonalschnittpunkt M (s. Bild 3.16).).

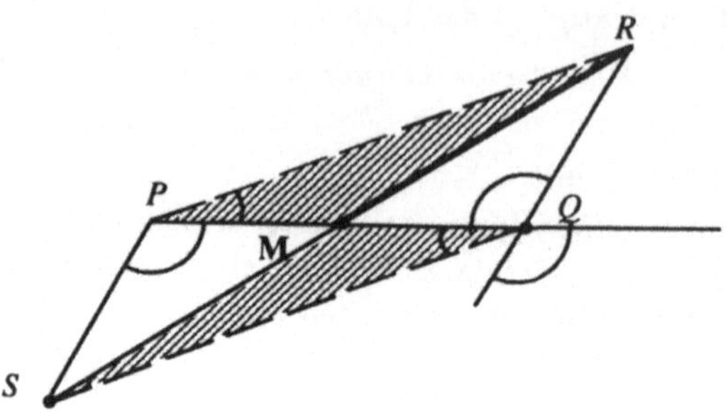

Bild 3.16 Konstruktion des Mittelpunktes einer Strecke

Nach Wahl von R mit $R \notin PQ$ trägt man einen zu $\sphericalangle PQR$ kongruenten Winkel an PQ^+ in PQR^- an und bestimmt auf dem freien Schenkel einen Punkt S mit $\overline{PS} \equiv \overline{QR}$. Da R und S in verschiedenen Halbebenen liegen, existiert $M = [R, S] \cap PQ$. Da der Scheitelwinkel zu $\sphericalangle PQR$ zu diesem kongruent ist und damit kongruenter Stufenwinkel zu $\sphericalangle QPS$, sind QR und PS parallel; daher liegen S und folglich M in RQP^+. Es ist also $M \in QP^+$ und aus Symmetriegründen $M \in]P, Q[$. Aus dem Kongruenzsatz SWS ergibt sich $\triangle QPS \equiv \triangle PQR$ und daraus $\overline{QS} \equiv \overline{PR}$ sowie $\sphericalangle QPR \equiv \sphericalangle PQS$.
Da $PQ^+ \setminus \{P\}$ im Innern von $\sphericalangle SPR$ liegt ($M \in]S, R[$) und analog $QP^+ \setminus \{Q\}$ im Innern von $\sphericalangle RQS$, folgt aus dem Additionssatz für Winkel $\sphericalangle RQS \equiv \sphericalangle SPR$. Erneute Anwendung des Kongruenzsatzes SWS liefert $\triangle RQS \equiv \triangle SPR$, der Kongruenzsatz WSW nun $\triangle PRM \equiv \triangle QSM$, insbesondere $\overline{PM} \equiv \overline{QM}$. Daher ist M Mittelpunkt von $\overline{PQ}$.

Gäbe es zwei Mittelpunkte M, N von $\overline{PQ}$; man wählt dann $R \in QP^-$ und $S \in RP^-$ mit $\overline{QR} \equiv \overline{MN} \equiv \overline{RS}$. Nun folgt $\overline{MR} \equiv \overline{PN} \equiv \overline{NQ}$ und daraus $\overline{MS} = \overline{MR} + \overline{RS} \equiv \overline{NQ} + \overline{MN} = \overline{MQ}$, ein Widerspruch. □

Anmerkung: Aus den beiden behandelten Sätzen folgt für jede Strecke $\overline{AB}$ und jede sie enthaltende Ebene H die Existenz und Eindeutigkeit der *Mittelsenkrechten* m_{AB} von $\overline{AB}$ in H, d.h. des Lots in H auf AB im Mittelpunkt S von $\overline{AB}$. Mit den Kongruenzsätzen SWS und SSS (s. §3.4) kann man dann zeigen: $m_{AB} = \{P \in H \mid \overline{AP} \equiv \overline{BP}\}$. Bild 3.17 zeigt eine sich daraus ergebende Konstruktionsmöglichkeit für m_{AB}.

Definieren Sie **Strecken- und Winkelgrößen** und führen Sie im 3-dimensionalen euklidischen Raum $\mathcal{R}$ ein Längen- und Winkelmaß ein!

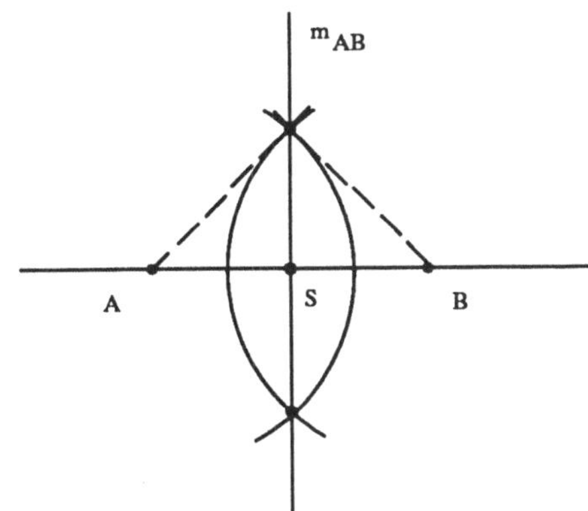

Bild 3.17
Zur Mittelsenkrechten

1. *Streckengrößen*[9]

   (i) *Definition:*

   Die Äquivalenzklasse aller zu einer Strecke $\overset{\vdash\!\dashv}{PQ}$ kongruenten Strecken heißt *Größe* oder *Länge* der Strecke $\overset{\vdash\!\dashv}{PQ}$, im Zeichen $\ell(\overset{\vdash\!\dashv}{PQ})$. Insbesondere gilt $\ell(\overset{\vdash\!\dashv}{PQ}) = \ell(\overset{\vdash\!\dashv}{PS}) \iff \overset{\vdash\!\dashv}{PQ} \equiv \overset{\vdash\!\dashv}{RS}$. Die Menge aller Streckengrößen des Raums bezeichnen wir mit $\mathcal{L}$.

   (ii) *Vergleich von Streckengrößen:*
   Sei $p = OE^+$ eine fest gewählte Halbgerade mit $E > O$ (Bezugsstrahl). Für $a, b \in \mathcal{L}$ definiert man $a < b$ genau dann, wenn für die eindeutigen Punkte $A, B \in p$ mit $\ell(\overset{\vdash\!\dashv}{OA}) = a$ und $\ell(\overset{\vdash\!\dashv}{OB}) = b$ gilt: $A < B$.
   Es läßt sich zeigen, daß die Relation $\leq$ auf $\mathcal{L}$ unabhängig von p und eine lineare Ordnungsrelation ist.

   (iii) *Addition auf* $\mathcal{L}$ *:*

   Für $a, b \in \mathcal{L}$ wird als Summe $a+b := \ell(\overset{\vdash\!\dashv}{OB})$ definiert, wobei $A, B \in p$ mit $A \leq B$ und $\ell(\overset{\vdash\!\dashv}{OA}) = a$ sowie $\ell(\overset{\vdash\!\dashv}{AB}) = b$ gewählt ist. Aufgrund des Streckenadditionsaxioms gilt dann für $Q \in [P, R]$ die Gleichung

   $$\ell(\overset{\vdash\!\dashv}{PR}) = \ell(\overset{\vdash\!\dashv}{PQ}) + \ell(\overset{\vdash\!\dashv}{QR}).$$

   (iv) *Längenmaß* (*Idee:* Vergleich mit einem Maßstab)

[9] Siehe auch die Fußnote zu den Kongruenzaxiomen!

Im euklidischen Raum $\mathcal{R}$ mit Koordinatenkörper K (s.u.) seien O und E gewählt und die Punkte von $\mathcal{R}$ mit ihren Ortsvektoren bzgl. O identifiziert. Zu jeder Strecke $\overset{\vdash\!\dashv}{AB}$ gibt es eine kongruente Strecke $\overset{\vdash\!\dashv}{OB'}$ auf OE^+; ist $E = 1 \cdot e$ und $B' = k\,e$, so ordnen wir der Klasse $\ell(\overset{\vdash\!\dashv}{AB}) = \ell(\overset{\vdash\!\dashv}{OB'})$ als Maßzahl das Element $k \in K$ zu, (also den Endomorphismus, der E auf B' abbildet); Schreibweise: $\mid \overset{\vdash\!\dashv}{AB} \mid := |\ell(\overset{\vdash\!\dashv}{AB})| := k$. So wird p zum Maßstab mit Einheitsstrecke $\overset{\vdash\!\dashv}{OE}$.

Man kann zeigen, daß sich die Ordnung und die Addition von $\mathcal{L}$ und von K dabei entsprechen:

$$\begin{array}{rcl} \mid \overset{\vdash\!\dashv}{AB} \mid < \mid \overset{\vdash\!\dashv}{CD} \mid & \Longleftrightarrow & \ell(\overset{\vdash\!\dashv}{AB}) < \ell(\overset{\vdash\!\dashv}{CD}) \quad \text{und} \\ \mid \overset{\vdash\!\dashv}{AB} \mid + \mid \overset{\vdash\!\dashv}{CD} \mid & = & \ell(\overset{\vdash\!\dashv}{AB}) + \ell(\overset{\vdash\!\dashv}{AC})\,. \end{array}$$

Nach fester Auswahl von $\mid \overset{\vdash\!\dashv}{OE} \mid$ wird daher oft $\mathcal{L}$ mit $K_\circ^+$ identifiziert.

2. *Winkelgrößen*[10]

(i) *Definition*

Analog zu 1. heißt die Kongruenzklasse von $\sphericalangle AOB$ die *Größe des Winkels* $\sphericalangle AOB$. Zwei Winkel haben also dann die gleiche Größe, wenn sie kongruent sind. $\mathcal{W}$ bezeichne die Menge aller Winkelgrößen von $\mathcal{R}$, und R die Klasse der rechten Winkel.

(ii) *Vergleich von Winkelgrößen*

Nach Auswahl einer Halbgeraden $p = OE^+$ und einer Halbebene OER^+ gilt für zwei Winkelgrößen α und β die Beziehung $\alpha < \beta$ genau dann, wenn für den Winkel $\sphericalangle OES$ aus α und $\sphericalangle OET$ aus β gilt: ES^+ liegt im Innern von $\sphericalangle OET$.

Man kann zeigen, daß dadurch eine lineare Ordnungsrelation auf $\mathcal{W}$ definiert ist, die von p und OER^+ unabhängig ist.

(iii) Die *Winkeladdition* für ungerichtete wie gerichtete Winkelgrößen ist etwas komplizierter; vgl. auch §3.5.

(iv) *Winkelmaß* (*Idee:* Vergleich mit dem Bogen eines Winkelmessers)

Eine Möglichkeit, Winkel zu messen, ist durch bijektive Abbildung der Winkelgrößen auf die Punkte des Einheitshalbkreises (durch einen geeigneten Repräsentanten, s. Bild 3.18). Unter mehreren Möglichkeiten der Zuordnung von Zahlen zu diesen Punkten ist für die reelle euklidische Geometrie neben dem *Gradmaß* [°] das *Bogenmaß* [rad] das bekannteste:

Für $\sphericalangle EOA \in \alpha$ ist $|\alpha|$ die Länge x des Bogens $\overset{\frown}{EA}$; im Gradmaß ist $|\alpha|\,[°] = x\,[rad] \cdot \frac{180}{\pi}$. Es gilt $|R| = \frac{\pi}{2}\,[\text{rad}] = 90\,[°]$.

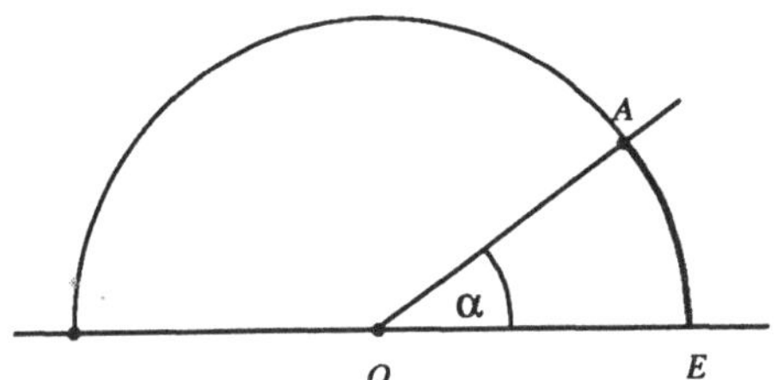

Bild 3.18
Zum Winkelmaß

Welche Axiome fordert man für eine **Flächeninhaltsfunktion** in der Elementargeometrie?

Definition:
Eine *Flächeninhaltsfunktion* ist eine Abbildung $\Im$ von der Menge der Polygonflächen der reellen euklidischen Ebene $\mathcal{E}$ in $\mathbb{R}$, für die gilt

1. $\Im(\mathcal{F}) > 0$ für jede Polygonfläche $\mathcal{F}$ (Positivität)
2. Ist $\mathcal{F}$ in $\mathcal{F}_1$ und $\mathcal{F}_2$ zerlegt, so folgt $\Im(\mathcal{F}) = \Im(\mathcal{F}_1) + \Im(\mathcal{F}_2)$ (Additivität)
3. $\mathcal{F}_1 \equiv \mathcal{F}_2$ impliziert $\Im(\mathcal{F}_1) = \Im(\mathcal{F}_2)$ (Bewegungsinvarianz)[11]
4. $\Im(Q) = 1$ für jede Quadratfläche der Seitenlänge 1 (Normierung)

Anmerkungen

1. Man kann zeigen, daß es (nach der Normierung (4)) genau eine Flächeninhaltsfunktion auf der Menge der Polygonflächen gibt.
2. Es gelten folgende Formeln:

   a) für *Dreiecksflächen* mit Länge der Grundseite c und der Höhe h_c:
   $$\Im(\Delta) = \frac{c \cdot h_c}{2}$$

   b) für *Trapezflächen* mit Seitenlängen a, c, Länge der Mittelparallelen m und der Höhe h:
   $$\Im(\mathcal{T}) = m \cdot h = \frac{a+c}{2} h$$

   c) für *Parallelogramme* mit Grundseitenlänge g und Höhenlänge h
   $$\Im(\mathcal{P}) = g \cdot h$$
   (s. auch §3.4), insbesondere für *Rechtecksflächen* $\Im(R) = a \cdot b$.
   Man beachte, daß die Flächeninhaltsdefinition für Parallelogramme mittels Determinante (s. 1.9) zum gleichen Ergebnis führt.

[10] Siehe auch die Fußnote zu den Kongruenzaxiomen!
[11] Zur Kongruenz von *Figuren* s.u.!

3. *Zerlegungsgleiche* Polygonflächen (d.h. solche, die in paarweise kongruente Figuren zerlegt werden können) und *ergänzungsgleiche* Polygonflächen (die also durch Hinzufügen paarweiser kongruenter Figuren zu kongruenten Figuren ergänzt werden können) haben jeweils gleichen Flächeninhalt.

4. Eine Ausweitung der Definition von der Menge $\mathfrak{P}$ der Vereinigungen endlich vieler Polygonflächen auf die Menge der sogenannten *Jordan-meßbaren* beschränkten Punktmengen erhält man im Falle der Gleichheit von äußerem und innerem Jordanschen Inhalt einer Fläche A:

$$\inf_{U \in \mathfrak{P} \wedge A \subseteq U} \Im(U) = \sup_{V \in \mathfrak{P} \wedge V \subseteq A} \Im(V) =: \mathcal{J}(A)$$

Beispiel:

Für den Kreis vom Radius r erhält man unter Verwendung der Umfangsformel $U = 2\pi r$ die Flächeninhaltsformel

$$\mathcal{J}(A) = \pi r^2$$

durch eine Folge ein- und umbeschriebener n-Ecke (Archimedisches Verfahren) oder durch eine Folge von Trapezen (wie bei der Integration).

3.4 Weitere wichtige Sätze der Euklidischen Geometrie

Vorausgesetzt sei stets eine reelle euklidische Ebene; für einige Aussagen lassen sich diese Voraussetzungen abschwächen , z.B. auf desarguessche euklidische Ebenen.

A) Sätze für parallele Geraden und Parallelogramme

Zitieren Sie Sätze, bei denen parallele Geraden eine Rolle spielen !

1. (i) *Freie Schenkel von kongruenten* **Stufenwinkeln** *sind parallel; und umgekehrt:* (ii) *Stufenwinkel paralleler Geraden sind kongruent.*

   Beweisidee: Aus der Annahme eines Schnittpunktes der freien Schenkel von kongruenten Stufenwinkeln ergibt sich ein Widerspruch zur Tatsache, daß kein Außenwinkel eines Dreiecks zu einem nicht anliegenden Innenwinkel kongruent ist. Umgekehrt: Antragen von kongruenten Stufenwinkeln führt, wie eben gesehen, zu Parallelen. Nach dem euklidischen Parallelenaxiom folgt die Behauptung.

   Anmerkung:

   a) Tatsache (i) reflektiert die Konstruktionsmöglichkeit von parallelen Geraden mittels Verschieben einer Reißschiene oder eines Zeichendreiecks; (s. Bild 3.19 a).

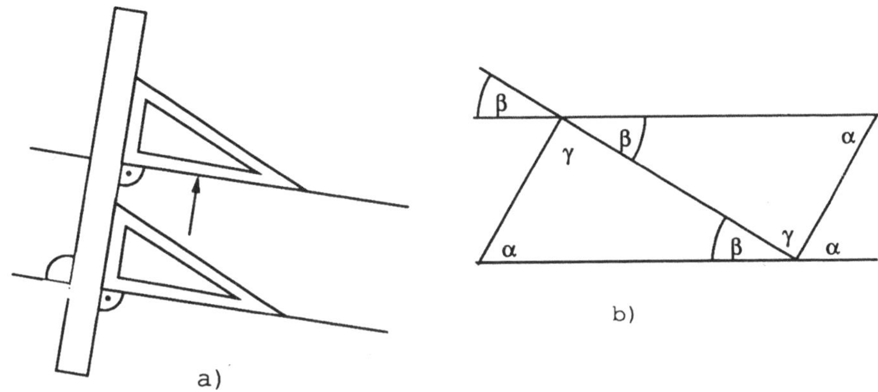

Bild 3.19 a) Stufenwinkel mit parallelen freien Schenkeln
b) Winkel im Parallelogramm

b) Aus (ii) folgt mittels Scheitelwinkeln eine entsprechende Aussage für Wechselwinkel.

2. *Gegenüberliegende Seiten eines* **Parallelogramms** *sind kongruent.*

   Beweisidee: Eine Diagonale zerlegt das Parallelogramm in zwei Dreiecke, die nach 1. und dem Kongruenzsatz WSW kongruent sind; s.Bild 3.19 b.

   Folgerung : Translationen erhalten Strecken- und Winkelgrößen.

3. *Der Diagonalschnittpunkt Z eines Parallelogramms halbiert die Diagonalen.*

   Beweis s.o. (bei der Mittelpunktskonstruktion).

   Folgerung: Die **Punktspiegelung** σ_Z mit Zentrum Z, z.B. definiert als eine zentrische Streckung, die das Parallelogramm auf sich abbildet, hat Streckungsfaktor -1; sie ist damit nur von Z abhängig und längentreu. (So ergibt sich eine alternative Definitionsmöglichkeit).

   Anmerkung:

   Die Symmetriegruppe (s. §3.5) eines echten Parallelogramms (also eines, das kein Rechteck und keine Raute ist) mit Diagonalschnittpunkt Z ist $\{id, \sigma_Z\}$.

4. *Parallelogrammflächen mit gleichlangen Grundseiten und Höhen sind zerlegungsgleich, d.h. in paarweise kongruente Figuren zerlegbar.*

   Beweisidee:

   Durch eine geeignete Bewegung lassen sich Grundseite und Höhe der gegebenen Parallelogrammflächen zur Deckung bringen. Eine anschließende Scherung zeigt die Behauptung.

   Folgerung: Für den Flächeninhalt eines Parallelogramms gilt $\Im(\mathcal{P}) = g \cdot h$.

5. *Strahlensätze, z.B.* **1.Strahlensatz** (s. Bild 3.20):
   Sind g_1, g_2 Geraden mit Schnittpunkt R und $P_i, Q_i \in g_i \setminus \{R\}$, so gilt
   $$P_1P_2 \parallel Q_1Q_2 \iff TV(R, P_1, Q_1) = TV(R, P_2, Q_2).$$
   Hierbei ist $TV(R, P_1, Q_1) := k = \mid \overset{\vdash\!\dashv}{RP_1} \mid / \mid \overset{\vdash\!\dashv}{RQ_1} \mid$ das *Teilverhältnis* von Q_1, R, P_1 im Falle $Q_1 \in RP_1^+$, andernfalls $TV(R, P_1, Q_1) = -k$.
   Beweisidee: Beide Teilaussagen sind äquivalent dazu, daß die zentrische Streckung mit Zentrum R und Streckfaktor k bzw. $-k$ die Punkte P_i auf Q_i $(i = 1, 2)$ abbildet.

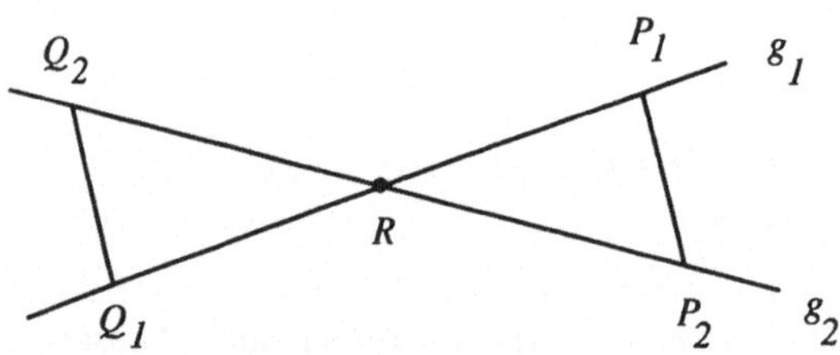

Bild 3.20
Zum Strahlensatz

B) Sätze für beliebige Dreiecke

Zum Satz von Pasch s. §3.2 "Pasch-Axiom".

Gehen Sie für ein beliebiges Dreieck der reellen euklidischen Ebene ein 1. auf einen Außenwinkel (im Vergleich zu den Innenwinkeln) 2. auf die **Winkelsumme** im Dreieck 3. auf die Basiswinkel im gleichschenkligen Dreieck 4. auf den Gegenwinkel der größeren Seite.

1. *Die Größe jedes Außenwinkels ist gleich der Summe der Größen der beiden nicht-anliegenden Innenwinkel.*
   Beweisidee:
   Addition von Stufen- und Wechselwinkel α bzw. β lt. Bild 3.21 a.
2. *In einem Dreieck ist die Winkelsumme gleich $2R$.*
   Beweisidee: Verwendung von 1. und Addition des anliegenden Innenwinkels.
3. *In einem gleichschenkligen Dreieck sind die Basiswinkel kongruent.*
   Beweis: Die Behauptung folgt aus dem Axiom der Dreieckskongruenz.

4. *Der größeren Seite eines Dreiecks liegt der größere Winkel gegenüber.* *Beweisidee:* Abtragen der kürzeren Seite a auf der längeren c ergibt ein gleichschenkliges Dreieck (s. Bild 3.21 b). Es gilt $\alpha < \delta < \gamma$, denn δ ist Außenwinkel von $\triangle ACD$. □

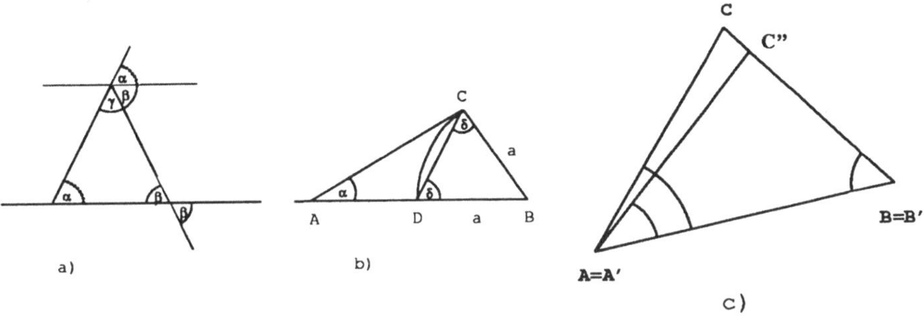

Bild 3.21 Winkel im Dreieck
a) Zur Winkelsumme b) Zum Beweis von 4. c) Zum Kongruenzsatz WSW

Formulieren Sie die **Kongruenz-** und **Ähnlichkeitssätze** für Dreiecke.

Vorbemerkung:
Jede Ähnlichkeitsabbildung ist Produkt einer zentrischen Streckung (mit der man von Längenverhältnisgleichheit zu Längengleichheit von Strecken bei Invarianz der Winkelgrößen kommen kann) und einer Bewegung, mit der ein Dreieck auf ein beliebiges kongruentes abgebildet werden kann. So gehört zu jedem Kongruenzsatz ein Ähnlichkeitssatz.

(i) *Kongruenzsatz SWS*

s. Anmerkung zum Axiom der Dreieckskongruenz in §3.3.

Ähnlichkeitssatz SWS:

Zwei Dreiecke sind ähnlich, wenn sie übereinstimmen in den Längenverhältnissen zweier Seiten und in der Größe des eingeschlossenen Winkels.

(ii) *Kongruenzsatz WSW*:

Zwei Dreiecke sind kongruent, wenn sie übereinstimmen in den Größen einer Seite und der beiden anliegenden Winkel.

Beweisidee (s. Bild 3.21 c): Erfüllen die Dreiecke $\triangle ABC, \triangle A'B'C'$ die Voraussetzungen, so konstruiert man ein Dreieck $\triangle ABC''$ mit $\triangle ABC'' \equiv \triangle A'B'C'$ mittels Kongruenzsatz SWS, ein Widerspruch im Falle $BC \not\equiv B'C''$.

Ähnlichkeitssatz WSW:

Zwei Dreiecke sind ähnlich, wenn sie übereinstimmen in der Größe zweier Winkel.

(iii) *Kongruenzsatz SSS*:

Zwei Dreiecke sind kongruent, wenn sie in der Größe aller drei Seiten übereinstimmen.

Beweisidee: Konstruktion eines Drachenvierecks (s.u.) mit Hilfe des Konguenzsatzes SWS und Anwendung des folgenden Satzes.
Satz vom Drachenviereck (s. Bild 3.22):

Liegen in einer Ebene die Punkte C und D in verschiedenen Halbebenen zu AB und gilt $\overline{AC} \equiv \overline{AD}$ und $\overline{BC} \equiv \overline{BD}$, so folgt $\triangle ABC \equiv \triangle ABD$.

Diesen wiederum beweist man z.B. mit dem Kongruenzsatz *SWS* unter Beachtung der Basiswinkel gleichschenkliger Dreiecke.

Ähnlichkeitssatz SSS:

Zwei Dreiecke sind ähnlich, wenn sie in den Längenverhältnissen aller Seiten übereinstimmen.

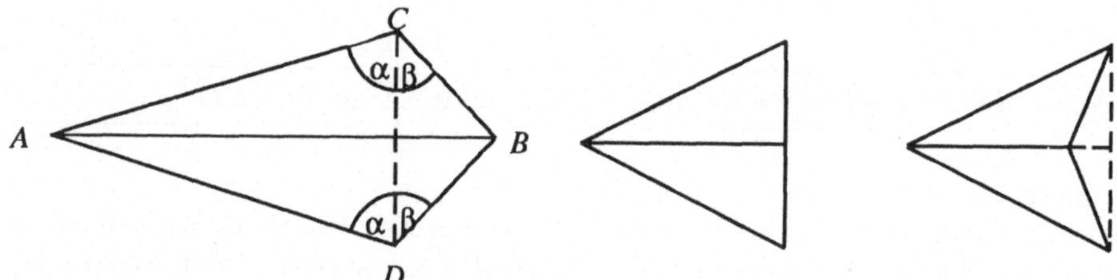

Bild 3.22 Zum Satz vom Drachenviereck

(iv) *Kongruenzsatz SsW*:

Zwei Dreiecke sind kongruent, wenn sie in den Größen zweier Seiten und der Größe des Gegenwinkels der längeren Seite übereinstimmen.

Beweisskizze: Mit dem Kongruenzsatz *SWS* erreicht man die Situation von Bild 3.23 a). Es folgt $\beta = \delta$ (Basiswinkel eines gleichseitigen Dreiecks) und $\gamma > \beta$ (Gegenwinkel der größeren Seite) sowie $\delta > \gamma$ (Außenwinkel), ein Widerspruch im Falle $B \neq B'$.

Ähnlichkeitssatz SsW:

Zwei Dreiecke sind ähnlich, wenn sie in den Längenverhältnissen zweier Seiten und in der Größe des der längeren Seite gegenüberliegenden Winkels übereinstimmen.

Beweisen Sie die **Dreiecksungleichung**!

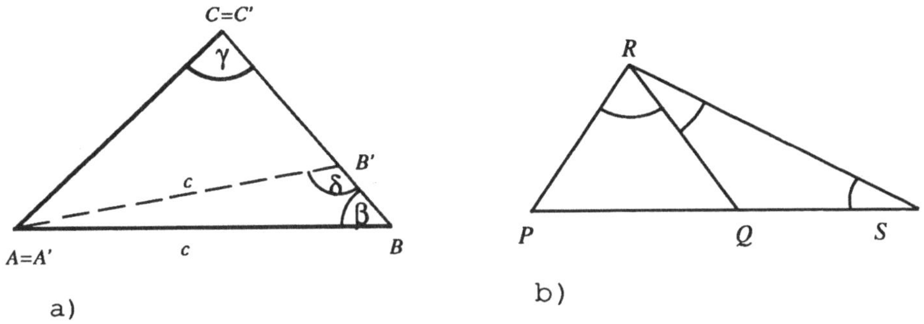

Bild 3.23 a) Zum Beweis des Kongruenzsatzes SsW
b) Zum Beweis der Dreiecksungleichung

Für jedes (nicht-ausgeartete) Dreieck $\triangle PQR$ gilt $|\overline{PR}| < |\overline{PQ}| + |\overline{QR}|$

Beweisskizze: Sei $S \in QP^-$ mit $|\overline{QS}| = |\overline{QR}|$ (s. Bild3.23 b); der Winkel $\sphericalangle PRS$ ist größer als $\sphericalangle QRS \equiv \sphericalangle PSR$, die ihm gegenüberliegende Seite $\overline{PS}$ also länger als $\overline{PR}$, s.o. Nr.4. Aus $|\overline{PS}| = |\overline{PQ}| + |\overline{QR}|$ folgt die Behauptung. □

Anmerkung: Allgemein gilt somit die Ungleichung $|\overline{PR}| \leq |\overline{PQ}| + |\overline{QR}|$ mit Gleicheit im Falle der Kollinearität der Punkte P, Q, R.

Behandeln Sie den Mittellotensatz, den Höhenschnittpunktsatz und die Sätze über den Schnittpunkt der Winkelhalbierenden bzw. der Seitenhalbierenden im Dreieck!

Mittellotensatz

Die Mittelsenkrechten der Seiten eines Dreiecks schneiden sich in einem Punkt M. Dieser ist der Mittelpunkt des Umkreises.

Beweisskizze :

Die Mittelsenkrechten des Dreiecks $\triangle ABC$ können nicht parallel sein; daher schneiden sich m_{AB} und m_{AC} in einem Punkt M. Nach Eigenschaften der Mittelsenkrechten (s. §3.3) gilt $|\overline{MB}| = |\overline{MA}| = |\overline{MC}|$ und damit auch $M \in m_{BC}$. □

Höhenschnittpunktsatz

Die Höhen eines Dreiecks schneiden sich in einem Punkt H.

Beweisidee: Man konstruiert ein Dreieck, in dem die Höhen des ursprünglichen Dreiecks Mittelsenkrechte sind (s. Bild 3.24).

Beweisskizze: Man zieht Parallelen zu den Dreiecksseiten durch die gegenüberliegenden Eckpunkte des Dreiecks. Aus der Kongruenz von Wechselwinkeln an Parallelen folgt die Kongruenz der Dreiecke $\triangle AB'C$, $\triangle BCA$ und $\triangle C'AB$ und damit $|\overset{\vdash\!\dashv}{AB'}| = |\overset{\vdash\!\dashv}{AC'}|$. Die Höhe h_{BC} ist somit gleich $m_{B'C'}$. Entsprechendes gilt für die anderen Höhen. Anwendung des Mittellotensatz zeigt die Behauptung. □

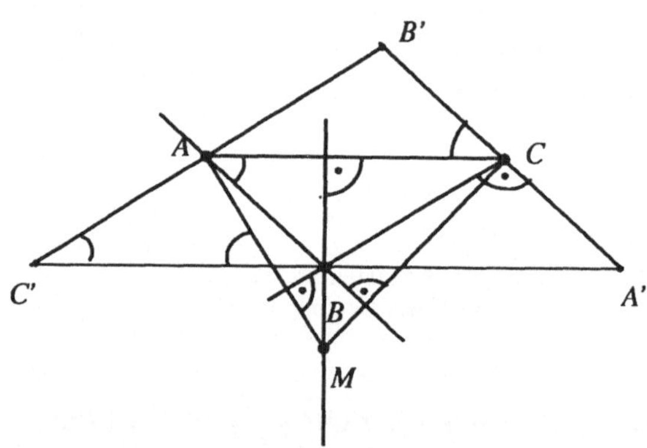

Bild 3.24 Zum Höhenschnittpunkt

Satz vom **Schnittpunkt der Winkelhalbierenden**
Die Winkelhalbierenden eines Dreiecks schneiden sich in einem Punkt W. Dieser ist Mittelpunkt des Inkreises des Dreiecks.

1. Beweismöglichkeit (s. Bild 3.25 a):
Der Abstand von $W = w_\alpha \cap w_\beta$ zu AC und AB sowie zu BA und BC ist gleich; daher gilt $W \in w_\gamma$.
2. Beweismöglichkeit: Anwendung des Dreispiegelungssatzes $\gamma_{w_\alpha} \circ \gamma_h \circ \gamma_{w_\beta} = \gamma_{WC}$.

Satz vom **Schnittpunkt der Seitenhalbierenden**
Die Seitenhalbierenden eines Dreiecks schneiden sich in einem Punkt S, und zwar im Verhältnis zwei zu eins.
Beweisidee: Das aus den Seitenmittelpunkten gebildete Dreieck ist zum ursprünglichen perspektiv-ähnlich mit Ähnlichkeitszentrum S. Beweis?
Anmerkung: Nach dem **Satz von Euler** liegen die Punkte M, H und S auf einer Geraden, der "*Eulergeraden*" des Dreiecks. Auf dieser liegt auch der Mittelpunkt des Feuerbachkreises , des Kreises durch die Seitenmitten und Höhenfußpunkte (s. B. Schupp, Abbildungsgeometrie, p. 135).

Aus der Trigonometrie behandeln wir noch den Sinussatz:

Geben Sie einen Beweis für den **Sinussatz** für Dreiecke an!

Idee: Berechnung des Flächeninhalts des Dreiecks $\triangle$ mittels der Sinusfunktion (s. Bild 3.25 b).
Beweisskizze: Aus $\Im(\triangle) = \frac{1}{2}c \cdot b \sin\alpha = \frac{1}{2}ca \sin\beta = \frac{1}{2}ab \sin\gamma$ folgt der *Sinussatz*

$$\frac{a}{\sin\alpha} = \frac{b}{\sin\beta} = \frac{c}{\sin\gamma} \quad .$$

Weitere Sätze am Dreieck: ⟶ Satz von Menelaos, ⟶ Satz von Ceva.

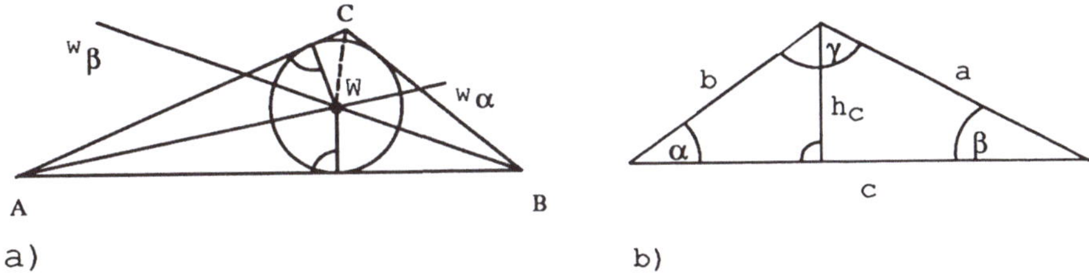

Bild 3.25 a) Der Schnittpunkt der Winkelhalbierenden
b) Zum Beweis des Sinussatzes: $\Im(\triangle) = \frac{1}{2}ch_c = \frac{1}{2}c \cdot b \sin\alpha = \frac{1}{2}c \cdot a \sin\beta$

C) Klassische Sätze am rechtwinkligen Dreieck

> Formulieren und beweisen Sie aus der **Satzgruppe des Pythagoras** folgende Sätze:
> 1. Kathetensatz 2. Satz des Pythagoras und seine Umkehrung 3. Höhensatz

1.) **Kathetensatz** (Euklid)
In jedem rechtwinkligen Dreieck genügen die Länge b einer Kathete, die Länge c der Hypothenuse und die Länge q des anliegenden Hypothenusenabschnitts der Gleichung $b^2 = cq$ (s. Bild 3.26 a).

Beweisidee (s. Bild 3.26 b): Konstruktion einer Figur, auf die der erste Strahlensatz angewendet werden kann: $c : b = b : q$. Dazu zeigt man $c > b$, $\triangle ABC \equiv \triangle AFE$ (Kongruenzsatz SWS) sowie $EF \,||\, CC'$.
Alternative: Anwendung des Tangentensatzes, s.u. .
2.a) **Satz des Pythagoras**:
Im rechtwinkligen Dreieck gilt $a^2 + b^2 = c^2$.
Beweisidee (zu einem von über 100 Beweisen): Zweimalige Anwendung des Kathetensatzes (s. Bild 3.27 a).
Anmerkung: Dieser Satz ist Spezialfall des Cosinussatzes für beliebige Dreiecke (vgl. §1.6) $c^2 = a^2 + b^2 + 2ab\cos\gamma$.
2b) *Umkehrung des Satzes von Pythagoras*:
Gilt für ein Dreieck $a^2 + b^2 = c^2$, so ist es rechtwinklig.

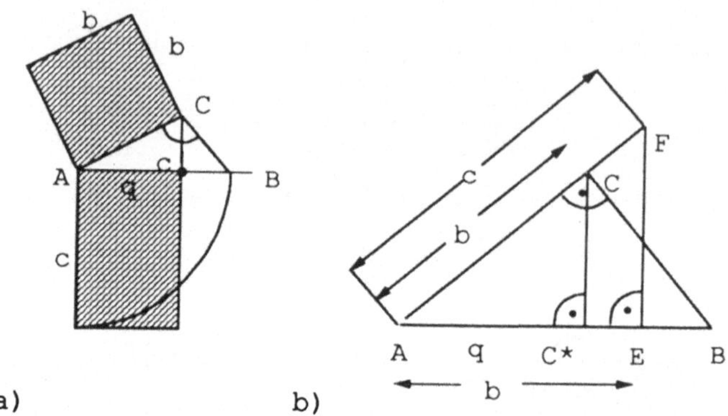

Bild 3.26 Kathetensatz a) Interpretation mit Flächeninhalten b) Zum Beweis

Beweisidee: Kongruenzsatz SSS, angewandt auf das vorliegende und ein geeignetes rechtwinkliges Dreieck.

3.) **Höhensatz**

Im rechtwinkligen Dreieck gilt für die Länge h_c der Hypothenusenhöhe und die Hypothenusenabschnitte p, q die Gleichung $h_c^2 = p \cdot q$ (s. Bild 3.27 b).

Beweisskizze: $h_c^2 \underset{\text{Pythagoras}}{=} a^2 - p^2 \underset{\text{Kathetensatz}}{=} cp - p^2 = p(c-p)$.

Alternative: Anwendung des Sehnensatzes (s.u.).

Anmerkung: In der reellen euklidischen Ebene werden Katheten- und Höhensatz zur Flächenumwandlung eines Rechtecks benutzt (s. Bild 3.28). Die Größe des Flächeninhalts bleibt dabei unverändert ($F_{\text{Rechteck}} = a \cdot b$).

D) Sätze am Kreis

Formulieren und beweisen Sie den **Satz des Thales** und seine Umkehrung!

Thalessatz: Jeder Umfangswinkel im Halbkreis ist ein rechter Winkel.

Beweisidee: Zerlegung des zugehörigen Dreiecks in zwei gleichschenklige Dreiecke und Anwendung des Winkelsummensatzes (s. Bild 3.29 a) : $(\alpha + \beta) + \alpha + \beta = 2R$.

Alternative Idee: Thalessatz als Spezialfall des Umfangswinkelsatzes (s.u.).

Umkehrung des Thalessatzes

Ist in einem Dreieck $\triangle ABC$ der Winkel bei C ein rechter Winkel, so liegt C auf dem Kreis mit $\overline{AB}$ als Durchmesser.

Beweisidee: Widerspruchsbeweis durch Schnitt von AC mit dem Halbkreis über AB (s. Bild 3.29 b); Anwendung des Thalessatzes und des Winkelsummensatzes.

Anmerkung:

Bei dem zuletzt angedeuteten Beweis wird benutzt, daß jede Tangente, also eine den

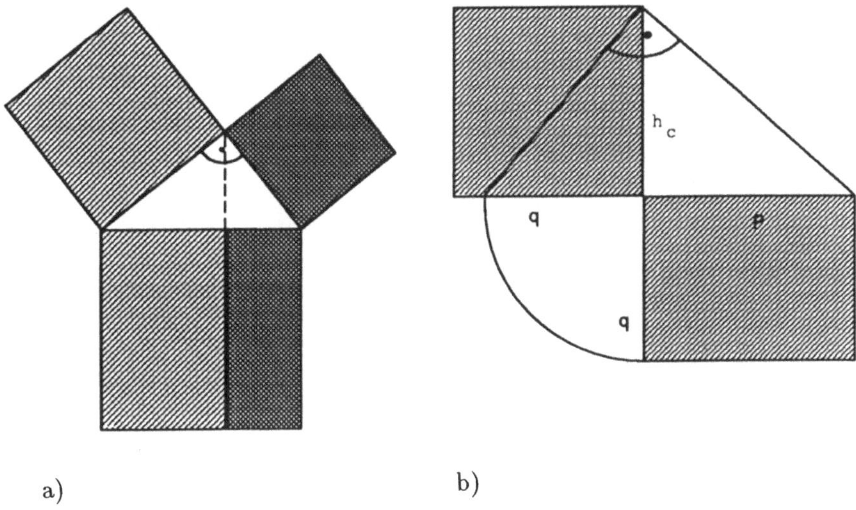

Bild 3.27 a) Satz des Pythagoras b) Zum Beweis des Höhensatzes

Kreis in genau einem Punkt schneidende Gerade, auf dem zugehörigen Durchmesser senkrecht steht.

> Zeigen Sie, daß 1.) jede Tangente an einen Kreis senkrecht auf der zugehörigen "Durchmessergeraden" steht und 2.) die Mittelsenkrechte jeder Sehne durch den Kreismittelpunkt geht.

ad 1 *Beweisidee:* Eine Spiegelung am Lot von M auf die Tangente t würde andernfalls P auf einen zweiten Kreispunkt abbilden (s. Bild 3.30 a).

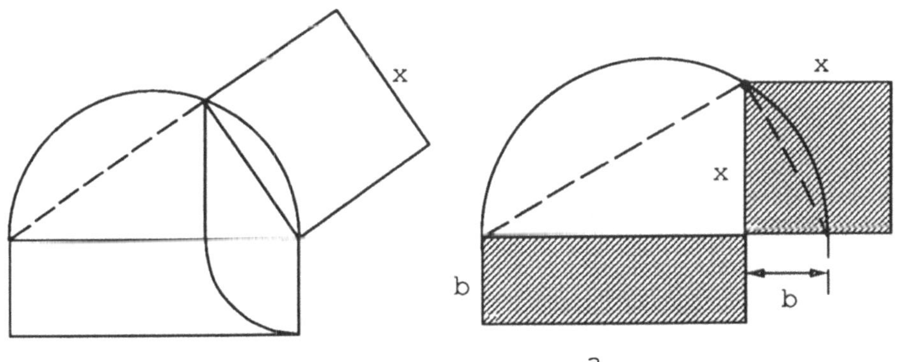

Bild 3.28 "Quadratur" eines Rechtecks (2 Möglichkeiten)

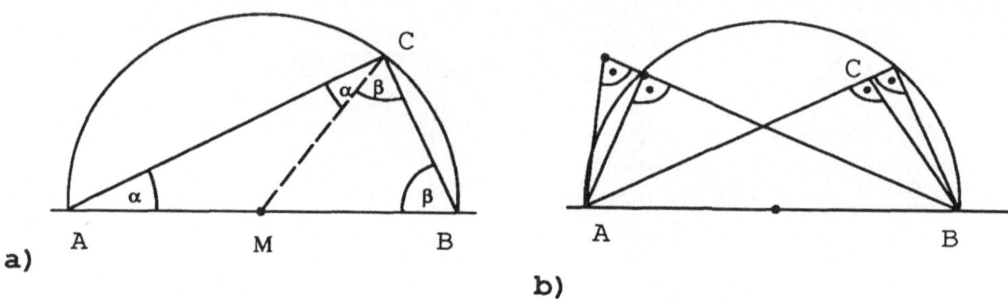

Bild 3.29 Zum Beweis des Thalessatzes (a) und seiner Umkehrung (b)

ad 2 *Beweisidee:* Genau jeder Punkt der Mittelsenkrechten von $\overline{AB}$ hat von A und B gleichen Abstand.

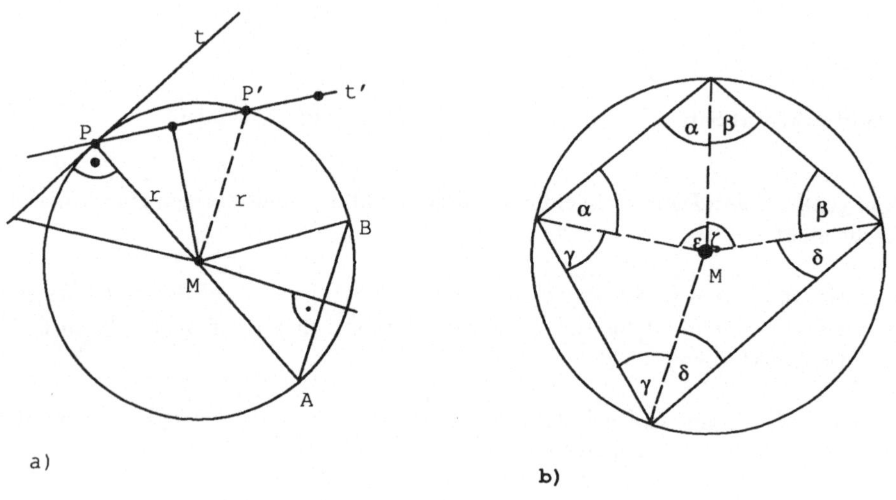

Bild 3.30 a) Tangenten, Sehnen und Sekanten am Kreis
b) Zum Beweis des Umfangswinkelsatzes (Satz vom Sehnenviereck)

Anmerkung: Die zur Durchmessergeraden durch P senkrechte Gerade t durch P (s. Bild 3.30 a) ist umgekehrt Tangente (die Hypothenuse von $\triangle PMP'$ müßte länger als jede Kathete sein).

Geben Sie eine Beweisskizze für den **Umfangswinkelsatz**!

Satz vom Umfangswinkel (Peripheriewinkel)
Alle Umfangswinkel über einem festen Kreisbogen sind gleich groß, nämlich halb so groß wie der zugehörige Mittelpunktswinkel (Zentriwinkel). (s. Bild 3.31)

Beweisidee: 1. Möglichkeit: Man zeigt den Satz vom Sehnenviereck (s. Bild 3.30 b): $\alpha + \beta + \gamma + \delta = \pi$. Mit $\epsilon + \zeta = 2\pi - 2(\alpha + \beta)$ ergibt sich die zweite Behauptung.
2. Möglichkeit: Mit Spiegelungen. Seien a, b die Mittelsenkrechten der auf den Schenkeln des Umfangswinkels liegenden Sehnen; sie bilden einen Winkel vom Maß α. Nun betrachtet man $\gamma_b \circ \gamma_a$; dies ist die Drehung δ_{AB} vom Maß 2α (s. §3.5), die MA auf MB abbildet.
Anmerkung: Bezeichnet γ das Maß des Sehnentangentenwinkels, so gilt $\gamma + \frac{1}{2}(\pi - 2\alpha) = \frac{\pi}{2}$ (Bild 3.31 a) bzw. $\gamma = \frac{\pi}{2} + \frac{1}{2}(\pi - (2\pi - 2\alpha)) = \alpha$ (im Fall b). *Ein Umfangswinkel und sein zugehöriger Sehnentangentenwinkel sind also gleich groß.*

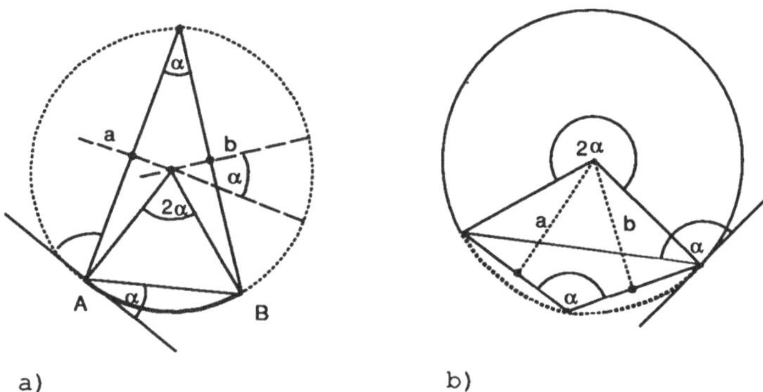

Bild 3.31 Umfangs-, Mittelpunkts- und Sehnentangentenwinkel (2 Fälle)

> Gehen Sie ohne Beweis auf den **Potenzsatz am Kreis** und seine Spezialfälle (*Sehnen-*, *Sekanten-* und *Tangentensatz*) ein!

Potenzsatz:
Schneiden zwei Geraden durch einen Punkt P einen (nicht durch P gehenden) Kreis K, so ist das Produkt der von P aus gemessenen Längen der Sekanten- bzw. Sehnenabschnitte gleich groß, (s. Bild 3.32), *nämlich gleich $|m^2 - r^2|$ für den Mittelpunkt M, den Radius r von K und $m := |\overline{PM}|$.*
Je nach Lage von P spricht man auch vom *Sehnensatz* (Bild 3.32 a), oder vom *Sekantensatz* (Bild 3.32 b). Der Satz gilt auch, wenn eine (oder beide) Geraden Tangenten sind (*Sekanten-Tangenten-Satz bzw. Tangentensatz* ; s. ebenfalls Bild 3.32 b).
Beweisidee: Anwendung des Umfangswinkelsatzes zeigt die Ähnlichkeit der Dreiecke $\triangle B_2A_2P$ und $\triangle A_1B_1P$ (Sekantensatz) bzw. $\triangle A_1PB_2$ und $\triangle B_1PA_2$ (im Bild b). Die Größe von t^2 erhält man im Spezialfall $A_1, A_2 \in PM$. Im Fall a) ergibt sich $|m^2 - r^2|$ durch die Wahl von A_1A_2 mit $PM \perp A_2M$.
Anmerkung:
Der *Höhensatz* ist Spezialfall des Sehnensatzes (s. Bild 3.33 a), der *Kathetensatz* folgt aus dem Tangentensatz (s. Bild 3.33 b). Zum Beweis wird der Satz des Thales

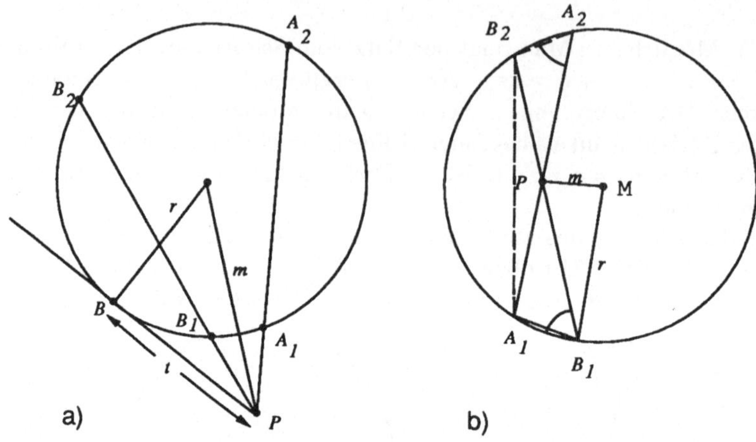

Bild 3.32 Potenzsatz am Kreis: $|\overset{\mapsto}{PA_1}|\cdot|\overset{\mapsto}{PA_2}| = |m^2-r^2| = |\overset{\mapsto}{PB_1}|\cdot|\overset{\mapsto}{PB_2}| = t^2$

benutzt.

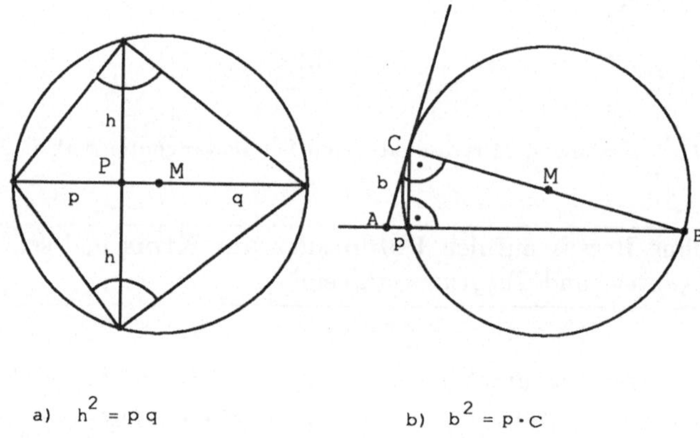

Bild 3.33 a) Höhensatz und b) Kathetensatz als Spezialfälle des Potenzsatzes

3.5 Abbildungsgeometrie

Was ist eine **ebene Bewegung**, was eine räumliche Bewegung?

Vorbemerkung: Die Definitionen variieren; je nach Voraussetzung über die zugrunde liegende Geometrie sind die Forderungen stärker oder schwächer, synthetisch oder analytisch. Ziel sind jedoch stets folgende Eigenschaften:

- *Bijektivität:* Die Inverse ist ebenfalls Bewegung.
- *Geradentreue:* Das Bild einer Geraden ist eine Gerade und umgekehrt.
- *Anordnungstreue:* Strecken werden auf Strecken abgebildet, Halbgeraden auf Halbgeraden, Halbebenen auf Halbebenen.
- *Längentreue:* Jede Strecke wird auf eine Strecke gleicher Länge abgebildet.
- *Winkelgrößentreue:* Jedes Winkelfeld wird auf ein Winkelfeld gleicher Größe abgebildet.
- *Ebenentreue:* Das Bild einer Ebene ist eine Ebene (im räumlichen Fall).

1. *Ebene Bewegungen in der Elementargeometrie*:

   Definition (unter der Voraussetzung der Hilbertschen Axiome):

   Eine *ebene Bewegung* des euklidischen Raumes $\mathcal{R} = EG(3, K)$ oder einer euklidischen Ebene $\mathcal{E}$ ist eine Bijektion φ einer Ebene $\mathcal{E}$ von $\mathcal{R}$ auf eine Ebene $\mathcal{E}'$ bzw. von $\mathcal{E}$ auf sich mit $\overset{\vdash\!\dashv}{\varphi(A)\varphi(B)} \equiv \overset{\vdash\!\dashv}{AB}$ für alle $A, B \in E$.

   Eigenschaften:

   Die Invarianz der Zwischenrelation und die Geradentreue folgen dann (mit der Dreiecksungleichung) wegen

   $$X \in \overset{\vdash\!\dashv}{PQ} \Longleftrightarrow \mid \overset{\vdash\!\dashv}{PX} \mid + \mid \overset{\vdash\!\dashv}{XQ} \mid = \mid \overset{\vdash\!\dashv}{PQ} \mid$$

   (vgl. §3.3), die Winkeltreue mit dem Kongruenzsatz SSS, siehe auch die Anmerkung unter 3.

2. *Räumliche Bewegungen in der Elementargeometrie*:

   Definition: Eine *Bewegung* (Kongruenzabbildung) eines euklidischen Raumes ist definiert als längentreue Kollineation, also eine längen–, geraden– und ebenentreue Bijektion der Punktmenge.

   Eigenschaften: Die in manchen Definitionen geforderte Anordnungs- und Winkelgrößentreue folgt beim Hilbertschen Axiomensystem wie oben bei den ebenen Bewegungen angedeutet.

3. *Zusammenhang mit der analytischen Definition*:

Jede Kollineation des reellen euklidischen Raums $EG(\mathbb{R}^n)$ (mit $n \geq 2$) ist eine Affinität (s. §2.1), damit jede Bewegung dieses Raums im Sinne der Elementargeometrie auch eine Bewegung im Sinne der Analytischen Geometrie (s. §2.2) und umgekehrt. Man kann daher die in §1.7 und §2.3 behandelten Eigenschaften und Klassifikationen anwenden [12]: Die Bewegungen der reellen euklidischen Ebenen sind genau die Translationen, die Geradenspiegelungen, Drehungen (einschließlich Punktspiegelungen) und Gleitspiegelungen (auch Schubspiegelungen genannt); die Bewegungen des 3-dimensionalen reellen euklidischen Raums sind Schraubungen (einschließlich Drehungen und Verschiebungen), Drehspiegelungen (einschließlich Punktspiegelungen) und Gleitspiegelungen (einschließlich Ebenenspiegelungen). Literatur: z.B. E. Quaisser, Bewegungen..., Berlin 1983.

Was versteht man unter der "**Freien Beweglichkeit**" in der reellen euklidischen Ebene $\mathcal{E}$? Gehen Sie kurz auf die Stellung dieser Aussage im axiomischen Aufbau ein!

Vorbemerkung: Ein Paar (p, H) heißt Fahne von $\mathcal{E}$, falls $p = AB^+$ Halbgerade ist und $H = ABC^+$ Halbebene von $\mathcal{E}$ mit Randgerade AB; s. Bild 3.34 a.

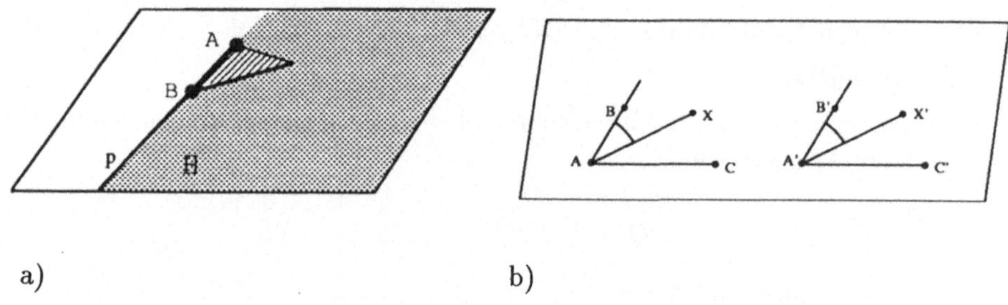

a) b)

Bild 3.34 a) Eine Fahne b) Zum Beweis der freien Beweglichkeit

1. Unter *"freier Beweglichkeit"* in $\mathcal{E}$ versteht man folgende Eigenschaft:

   Zu zwei Fahnen $\mathcal{F} = (p, H)$ und $\mathcal{F}' = (p', H')$ von $\mathcal{E}$ gibt es genau eine ebene Bewegung φ von $\mathcal{E}$, die $\mathcal{F}$ auf $\mathcal{F}'$ abbildet, d.h. für die gilt $\varphi(p) = p'$ und $\varphi(H) = H'$.

2. *Zur Bedeutung:*

   Die freie Beweglichkeit läßt sich im Hilbertschen Axiomensystem u.a. mit Hilfe der Kongruenzsätze beweisen (s.u.). Beim Aufbau der Geometrie mittels Bewegungen ("Abbildungsgeometrie") wird die freie Beweglichkeit manchmal als Axiom gefordert und daraus und aus anderen Axiomen die Kongruenzgeometrie hergeleitet.

[12] Vgl. aber auch die abbildungsgeometrische Klassifikation, s.u.!

Die behandelte Eigenschaft beschreibt den Grad der Transitivität der Gruppe Bew $(\mathcal{E})$ aller Bewegungen von $\mathcal{E}$, also die "Symmetrie" von $\mathcal{E}$; insbesondere läßt sich jedes *rechtwinklige Achsenkreuz* (p,h) mit $p \perp h$ von $\mathcal{E}$ mittels eines Elements von Bew $(\mathcal{E})$ auf jedes andere rechtwinklige Achsenkreuz (p', h') von $\mathcal{E}$ abbilden. In diesem Sinne sind alle solche Achsenkreuze gleichwertig.

3. *Beweisidee:*

Bezüglich einer Fahne $\mathcal{F} = (AB^+, ABC^+)$ ist ein Punkt X durch $|\overset{\longmapsto}{AX}|$ und $|\sphericalangle(BAX)|$ sowie eine der Angaben $X \in AB^+$, $X \in AB^-$, $X \in ABC^+$ oder $X \in ABC^-$ eindeutig bestimmt. Dadurch und durch $\varphi(\mathcal{F})$ liegt dann auch $\varphi(X)$ fest (s. Bild 3.34 b). Zum Nachweis der Existenz muß man dann zeigen, daß φ eine Bewegung induziert.

Definieren Sie die Begriffe **Geradenspiegelung** und **Drehung** der reellen euklidischen Ebene $\mathcal{E}$ abbildungsgeometrisch, also als spezielle Bewegungen.

1. Eine Bewegung von $\mathcal{E}$ auf sich heißt *Geradenspiegelung*, falls sie zwei Punkte A, B festläßt und von der Identität verschieden ist.

   Eigenschaften: Zu je zwei Punkten A, B von $\mathcal{E}$ existiert (wegen der Eindeutigkeit der Wirkung von Bewegungen auf den Fahnen) genau eine Geradenspiegelung mit Fixpunkten A, B ; Bezeichnung γ_{AB}. Jeder Punkt der *Achse* $g = AB$ bleibt fest unter γ_{AB} , und es gilt $(\gamma_{AB})^2 = id$.

2. Eine Bewegung von $\mathcal{E}$ heißt *Drehung*, wenn sie sich als Produkt zweier Geradenspiegelungen darstellen läßt, deren Achsen sich in einem Punkt Z schneiden. Z heißt Drehzentrum.

3. *Spezialfall:* Ist $g \perp h$, so ist $\sigma_Z := \gamma_g \circ \gamma_h = \gamma_h \circ \gamma_g$ die *Punktspiegelung* mit Zentrum $Z = g \cap h$, also zentrische Streckung mit Streckfaktor -1. Insbesondere gilt $(\sigma_Z)^2 = id$.

Anmerkung: Man beachte die alternativen Definitionsmöglichkeiten in der Linearen Algebra und der Kongruenzgeometrie.

Skizzieren Sie Beweise mittels Spiegelungen für die Existenz

(i) des *Lots* vom Punkt P auf die Gerade g

(ii) des *Mittelpunktes* und der *Mittelsenkrechten* einer Strecke $\overset{\longmapsto}{AB}$

(iii) der *Winkelhalbierenden* eines Winkels $\sphericalangle AOB$ (für $A \notin OB$)

in der reellen euklidischen Ebene $\mathcal{E}$.

(i) *Lot fällen:*

Ist $P \notin g$, dann existiert die Geradenspiegelung γ_g (s.o.), und die Gerade $P\gamma(P)$ ist Lot von P auf g. □

Lot errichten:[13]

Sei $P \in g$. Wähle R in $\mathcal{E}$ mit $R \notin g$. Fälle das Lot von R auf g (s.o.); der Fußpunkt dieses Lots sei F, s. Bild 3.35 a. Die Bewegung φ, die die Fahne $(PF^+,\ PFR^+)$ auf die Fahne $(PF^-,\ PFR^+)$ abbildet, läßt die Gerade g und den Punkt P fest. Ist R kein Fixpunkt von φ (und damit $F \neq P$), so bleibt $S = \varphi(R)F \cap R\varphi(F)$ wegen $\varphi^2(R) = R$ und $\varphi^2(F) = F$ fest. Daher ist $\varphi = \gamma_{PS}$ und SP das Lot in P. □

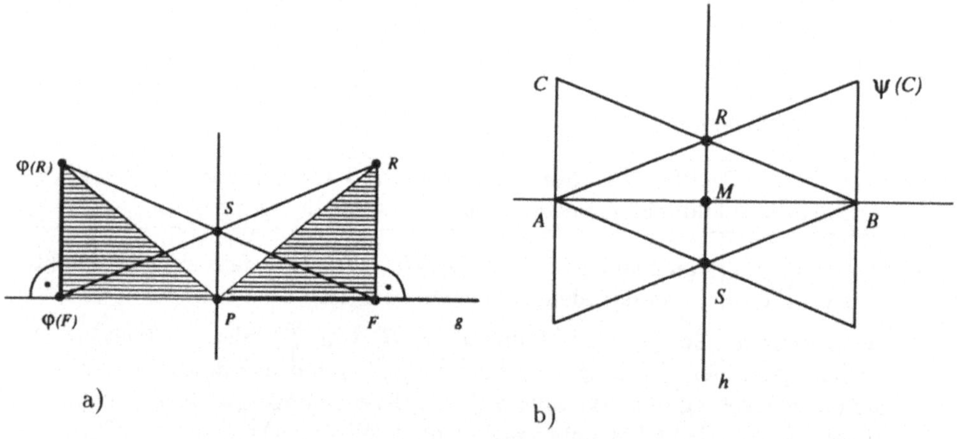

Bild 3.35 a) Existenz des zu errichtenden Lots
b) Existenz von Mittellot und Mittelpunkt

(ii) Für C in $\mathcal{E}$ mit $AC \perp AB$ ist die Bewegung ψ, die $(AB^+,\ ABC^+)$ auf $(BA^+,\ ABC^+)$ abbildet, involutorisch (d.h. $\psi^2 = id \neq \psi$) und hat $R = A\psi(C) \cap BC$ als Fixpunkt. Ähnlich erhält man einen Fixpunkt S von ψ in ABC^-. Die Gerade $h = RS$ ist Achse von ψ und daher senkrecht auf $AB = A\psi(A)$. Ferner ist $M := AB \cap h$ der Mittelpunkt von $\overset{\mapsto}{AB}$ (s. Bild 3.35 b). □

(iii) Betrachte die Bewegung γ, die (OA^+, OAB^+) auf (OB^+, OBA^+) abbildet. Sie ist eine Spiegelung[14], deren Achse gerade die Winkelhalbierende ist. □

Formulieren Sie den **Darstellungssatz** für Bewegungen (Darstellung mittels Spiegelungen) und Folgerungen daraus, insbesondere den **Dreispiegelungssatz**!

[13] Anmerkung: Die Möglichkeit zur Errichtung des Lots kann, je nach Aufbau der Geometrie, auch durch das Axiom des Winkelantragens (Hilbertscher Aufbau), das Winkelmaßaxiom (z.B. DIFF p.27) oder ein Orthogonalitätsaxiom (z.B. Bachmann p.24, Kindler/Spengler p. 32) gesichert werden.

[14] Ist $B' \in OB^+$ mit $\overset{\mapsto}{OA} \equiv \overset{\mapsto}{OB'}$, so gilt $\gamma(A) = B'$ und, wegen der Eigenschaften des Winkelantragens, $\gamma(B') = A$; daher bleibt außer O auch der Mittelpunkt von $\overset{\mapsto}{AB'}$ fix.

Darstellungssatz:
Jede Bewegung der reellen euklidischen Ebene $\mathcal{E}$ ist als Produkt von höchstens drei Geradenspiegelungen darstellbar.
Beweisskizze:
Bildet die Bewegung φ die Fahne $\mathcal{F}_1 = (O_1P_1^+, H_1)$ auf $\mathcal{F}_2 = (O_2P_2^+, H_2)$ ab, so verkettet man die Spiegelung γ, die O_1 auf O_2 abbildet (bzw. im Fall $O_1 = O_2$ die Identität) mit der Spiegelung, die $O_2\gamma(P_1)^+$ auf $O_2P_2^+$ abbildet, und das Produkt gegebenenfalls mit der Spiegelung, die $(O_2P_2^+, H_2^-)$ in $(O_2P_2^+, H_2)$ überführt. Wie φ bildet die so definierte Bewegung $\mathcal{F}_1$ auf $\mathcal{F}_2$ ab und ist daher gleich φ. □
Unmittelbare Folgerung:
Besteht das Produkt aus einem Faktor, so ist es eine Geradenspiegelung; bei 2 Faktoren können die Achsen g, h parallel sein; dann ergibt sich eine *Translation* in Richtung senkrecht zu g und h mit dem doppelten Abstand der Geraden als Länge des Translationsvektors (s. Bild 3.36 a). Schneiden sich hingegen die Achsen in Z (im Winkel vom Maß α), so erhält man eine *Drehung* um Z (s.o.) vom Maß 2α (Bild 3.36 b).
Man kann zeigen, daß jedes Produkt von drei Geradenspiegelungen (Dreifachspiegelung) eine *Gleitspiegelung* ist, das heißt ein Produkt der Form $\gamma_g \circ \tau$ mit Translation τ in Richtung von g.

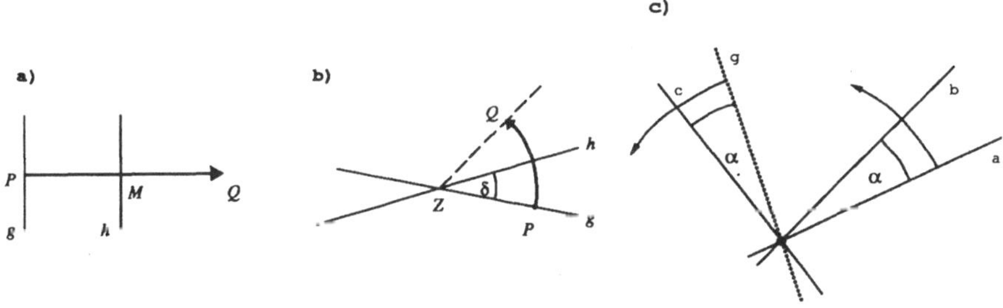

Bild 3.36 a) Translation b) Drehung $\gamma_h \circ \gamma_g$
c) Zum Dreispiegelungssatz $\gamma_b \circ \gamma_a = \delta_{2\alpha} = \gamma_c \circ \gamma_g$

Einen wichtigen Spezialfall behandelt dabei der *Dreispiegelungssatz:*
Jedes Produkt von drei Geradenspiegelungen von $\mathcal{E}$, deren Achsen parallel sind oder sich alle in einem Punkt schneiden, ist eine Geradenspiegelung.

Beweisidee: Ist $P \in a$ und $a||b||c$, so setzt man $\tau = \gamma_c \circ \gamma_b$ und wählt g als die Parallele zu a durch den Mittelpunkt der Strecke $P\tau(P)$, also so, daß $\gamma_g \circ \gamma_a$ gleich τ ist. Im Fall $a \cap b \cap c = \{Z\}$ wählt man g als die Winkelhalbierende eines der durch a und $\varphi(a)$ mit $\varphi = \gamma_c \circ \gamma_b \circ \gamma_a$ begrenzten Winkels . Man zeigt dann, daß φ und γ_g eine Fahne mit Träger a auf dieselbe Bildfahne abbilden und daher gleich sind. Setzt man die Kenntnis der Eigenschaften einer Drehung voraus, so kann man alternativ auch, wie in Bild 3.36 c angedeutet, vorgehen. □

Anwendungsbeispiel:

Beweisen Sie den Satz über den Schnittpunkt der *Mittelsenkrechten eines Dreiecks* von $\mathcal{E}$ mit Hilfe des Dreispiegelungssatzes.
Lösungshilfe: Betrachten Sie $\gamma = \gamma_{m_a} \circ \gamma_g \circ \gamma_{m_b}$ für eine geeignete Gerade g.

Beweisskizze:
Die Mittelsenkrechten m_a und m_b sind nicht parallel(!); wähle g und M wie in Bild 3.37, und betrachte $\gamma = \gamma_{m_a} \circ \gamma_g \circ \gamma_{m_b}$. Nach dem Dreispiegelungssatz ist γ eine Spiegelung; diese läßt M fest und bildet A auf B ab. Die Achse von γ ist Mittellot zu $\overline{AB}$ und geht durch M . □

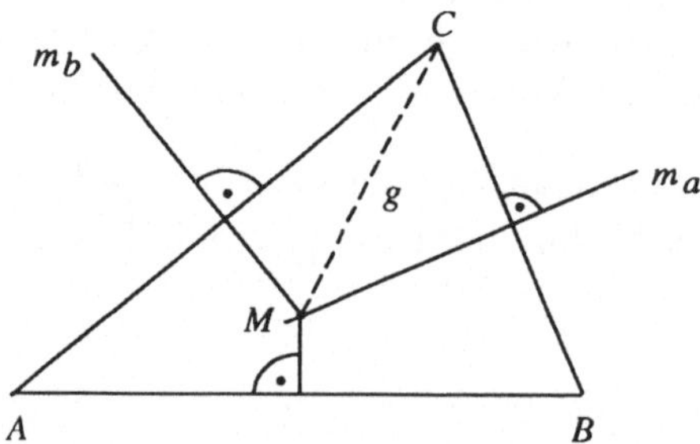

Bild 3.37
Zum Mittellotensatz

Was wissen Sie über **gleichsinnige** und **gegensinnige Bewegungen** der reellen euklidischen Ebene (ohne Beweis)?

(i) *Definition:* Eine ebene Bewegung heißt *gleichsinnig*, falls sie sich als Produkt einer geraden Anzahl von Geradenspiegelungen darstellen läßt, andernfalls gegensinnig.

(ii) Eine gleichsinnige Bewegung kann kein Produkt einer ungeraden Anzahl von Geradenspiegelungen sein. Sie ist eine Translation oder eine Drehung. Die ungleichsinnigen Bewegungen von $\mathcal{E}$ sind genau die Gleitspiegelungen (einschließlich der Geradenspiegelungen).

(iii) Die gleichsinnigen Bewegungen von E bilden eine Untergruppe $\text{Bew}^+(\mathcal{E})$ von $\text{Bew}(\mathcal{E})$ mit $\text{Bew}(\mathcal{E}) = \text{Bew}^+(\mathcal{E}) \cup \text{Bew}^+(E) \circ \gamma$ für eine Geradenspiegelung γ. Die Menge der Drehungen um einen Punkt Z bildet eine kommutative Untergruppe von $\text{Bew}^+(\mathcal{E})$, die auf der Menge der Halbgeraden mit Scheitel Z scharf transitiv operiert.

(iv) Definitionsgemäß wird durch eine gleichsinnige Bewegung jede Figur auf eine zu ihr *gleichsinnig - kongruente* Figur abgebildet und jede Fahne auf eine ebenfalls gemäß Definition *gleichorientierte*.

Beispiele: Die Fahnen (AB^+, ABC^+) und (AB^-, ABC^-) sind gleichorientiert (vermöge der Punktspiegelung an A).

Die Relation "gleichorientiert" ist eine Äquivalenzrelation auf der Menge der Fahnen mit genau zwei Äquivalenzklassen.

Anmerkungen:

1. Die Ebene zusammen mit einer ausgezeichneten der beiden Äquivalenzklassen heißt **orientierte Ebene**, jede Fahne aus dieser Klasse *positiv orientiert*. Damit kann man auch definieren, was Abtragen eines Winkels im positiven Sinne bedeutet.
2. Jeder Drehung δ ist dann als *Drehwinkelgröße* die mit Vorzeichen versehene[15] Winkelgröße $\sphericalangle AZ\delta(A)$ zuordenbar; diese ist unabhängig von der Wahl von $A(\neq Z)$. Statt $-\alpha$ kann man auch $2\pi - \alpha$ betrachten. Es gilt dann

$$\delta_\phi \circ \delta_\psi = \delta_\eta \quad \Longleftrightarrow \eta \equiv \phi + \psi \pmod{2\pi}.$$

Bestimmen Sie die **Symmetrieachsen** folgender Figuren der reellen euklidischen Ebene:

a) eines Punkt–Geraden–Paares (P, g) mit $P \notin g$

b) einer Strecke $\overset{\vdash\!\dashv}{AB}$ mit $A \neq B$

c) eines Winkels.

Bestimmen Sie die *Symmetriegruppe*

d) eines gleichseitigen Dreiecks e) eines Quadrats!

Unter einer *Symmetrieachse* einer Figur $\mathcal{F}$ der Ebene $\mathcal{E}$ versteht man die Achse einer Geradenspiegelung γ mit $\gamma(\mathcal{F}) = \mathcal{F}$.
Die Menge aller *Deckabbildungen* von $\mathcal{F}$, d.h. aller Bewegungen κ von $\mathcal{E}$ mit $\kappa(\mathcal{F}) = \mathcal{F}$, bildet eine Untergruppe von Bew($\mathcal{E}$), die *Symmetriegruppe* von $\mathcal{F}$.

(a) Als ausgezeichneter Punkt ist P Fixpunkt jeder Deckabbildung, außerdem g Fixgerade. Da g nicht Achse sein kann, steht diese senkrecht auf ihr. Das Lot von P auf g ist Symmetrieachse und damit einzige Symmetrieachse.

(b) Entweder sind A und B Fixpunkte einer Deckabbildung oder werden durch sie vertauscht. Damit sind g und m_{AB} die einzigen Symmetrieachsen.

(c) Ist der Winkel nicht gestreckt, so ist die Winkelhalbierende (Existenznachweis s.o.) einzige Symmetrieachse; ist er gestreckt und gilt der Scheitel S als ausgezeichneter Punkt, so ist die Trägergerade und das Lot in S Symmetrieachse.

(d) Die Symmetriegruppe eines gleichseitigen Dreiecks enthält die Spiegelungen an den Mittelloten – diese sind gleichzeitig die Höhen- und Seitenhalbierenden – sowie die Drehungen um deren Schnittpunkt um 0°, 120°, 240°. Da es insgesamt genau 6 Permutationen der 3 Eckpunkte gibt, folgt:

[15] bei Abtragen im Uhrzeigersinne $-|\alpha|$, andernfalls $+|\alpha|$.

$$D_3 = \{id, \gamma_{m_a}, \gamma_{m_b}, \gamma_{m_c}, \delta_{120^\circ}, \delta_{240^\circ}\}$$

(s. Bild 3.38 a).

(e) "Das" Quadrat erlaubt genau 8 Deckabbildungen

$$D_4 = \{id, \gamma_a, \gamma_b, \gamma_c, \gamma_d, \delta_{90^\circ}, \delta_{180^\circ}, \delta_{270^\circ}\} ;$$

(zu den Bezeichnungen s. Bild 3.38 b !). Mit $\delta = \delta_{90^\circ}$ und $\gamma = \gamma_a$ ist $D_4 = \langle \gamma, \delta \mid \delta^4 = id = \gamma^2, \delta\gamma = \gamma\delta^{-1} \rangle$ (wie D_3) eine "Diedergruppe".

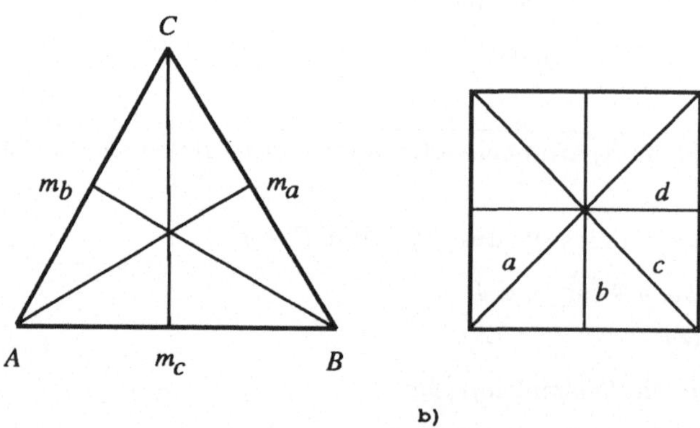

Bild 3.38 Symmetrieachsen des regelmäßigen Dreiecks und des Quadrats

Anmerkung: Die Untergruppen von D_4 sind verbunden mit bestimmten Vierecksarten, deren Symmetriegruppe sie sind; z.B. $\{id, \delta_{180^\circ}, \gamma_b, \gamma_d\}$ Symmetriegruppe des echten Rechtecks, $\{id, \delta_{180^\circ}, \gamma_a, \gamma_c\}$ die der echten Raute, $\{id, \delta_{180^\circ}\}$ die des echten Parallelogramms, $\{id, \gamma_a\}$ die des echten Drachenvierecks, $\{id, \gamma_b\}$ die des gleichschenkligen Trapezes, $\{id\}$ des allgemeinen Vierecks.

Literaturauswahl zu Kap. 3 :

DEGEN, W. & L. PROFKE: Grundlagen der affinen und euklidischen Geometrie, Stuttgart 1976.

DIFF: Grundkurs Mathematik, III 1, 1. & 2. Teil Elementargeometrie, Tübingen 1974.

REINHARDT, B.R. & SOEDER, H.: DTV-Atlas zur Mathematik, Bd. 1, München 1974

SCHEID, H.: Elemente der Geometrie, Mannheim 1991.

SCHRÖDER, E.M.: Geometrie euklidischer Ebenen, Paderborn 1985.

SCHUPP, H.: Elementargeometrie. Paderborn 1977

BACHMANN, F.: Aufbau der Geometrie aus dem Spiegelungsbegriff, Berlin 1973. COXETER, H.S.M. & S.L. GREITZER: Zeitlose Geometrie, Stuttgart 1983. EWALD, G.: Geometrie, Göttingen 1974. HILBERT, D.: Grundlagen der Geometrie, Leipzig 1899, Stuttgart 1987[13]. KINDER, H. & U. SPENGLER: Die Bewegungsgruppe einer euklidischen Ebene, Stuttgart 1980. KARZEL, H., K. SÖRENSEN & D. WINDELBERG: Einführung in die Geometrie, Göttingen 1973. KUNZ, E.: Ebene Geometrie, Hamburg 1976.LENZ, H.: Grundlagen der Elementarmathematik (hier 2. Abschnitt), München 1976. LORENZEN, P.: Elementargeometrie, Mannheim 1984. LÜNEBURG, H.: Grundlagen der ebenen Geometrie, Hagen 1981. MESCHKOWSKI, H.: Grundl. d. euklidischen Geometrie, Zürich 1974. PICKERT, G.: Ebene Inzidenzgeometrie, Frankfurt 1973[3]. QUAISSER, E.: Bewegungen in der Ebene und im Raum, Berlin 1983. ROE, J.: Elemetary Geometry, Oxford etc. 1993. SCHEID, H. & R. POWARZYNSKI Math. f. Lehramtskandid. Bd.III Geometrie, Wiesbaden 1975. SCHUPP, H.:Abbildungsgeometrie, Weinheim etc.1968, 1974[4]. WITTMANN, E.CH.: Elementargeometrie u. Wirklichkeit, Braunschweig 1987. ZEITLER, H.: Axiomatische Geometrie, München 1972.

Kollineationen: *inzidenzerhaltende Bijektionen*
(dargestellt durch Translationen verknüpft mit bijektiven semilinearen Abbildungen)

im reellen Fall gleich den
Affinitäten
(dargestellt durch affin-lineare Bijektionen , also Translationen verknüpft mit linearen bijektiven Abbildungen)

Ähnlichkeitsabbildungen:
längenverhältnis- und winkelgrössentreue Kollineationen
(zentrische Streckungen verknüpft mit Kongruenzabbildungen)

Kongruenzabbildungen(Bewegungen):
längentreue Kollineationen
(dargestellt durch Translationen verknüpft mit orthogonalen Abbildungen)

Ebene Bewegungen: *(längentreue Bijektionen einer Ebene E auf eine Ebene E')*	
gegensinnig	*gleichsinnig*
Gleitspiegelungen	*Translationen*
(einschl. Geradenspiegelungen)	*Drehungen (einschl. Punktspiegelungen)*

Tabelle 3.2 Übersicht über Abbildungen des n-dim reellen euklidischen Raumes (für $n = 2$ fallen die ebenen Bewegungen mit den Kongruenzabbildungen zusammen)

4 Analysis

4.1 Folgen und Reihen in $\mathbb{R}^1$

Definieren Sie den Begriff der **Folge** und der Konvergenz einer reellen Zahlenfolge.

a) Eine *Folge* $(a_n)_{n\in\mathbb{N}^*} = (a_1, a_2, a_3, \ldots, a_n, \ldots)$ mit $a_n \in M$ ist definiert [1] als Abbildung $f : \mathbb{N}^* \to M$ mit $n \mapsto a_n$.

Spezialfälle:

(i) *konstante Folge:* $a_n = c$ für alle $n \in \mathbb{N}^*$

(ii) *arithmetische Folge:*
$a_{n+1} = a_n + d$ (mit $a_1, d \in \mathbb{R}$), d.h. $a_n = a_1 + (n-1)d$;

Anmerkung: In diesem Fall gilt $a_n = \frac{1}{2}(a_{n-1} + a_{n+1})$.

(iii) *geometrische Folge:* $a_{n+1} = q\cdot a_n$ (mit $a_1, q \in \mathbb{R}\setminus\{0\}$), d.h. $a_n = a_1 q^{n-1}$
Anmerkung: Nun ist $|a_n| = \sqrt{a_{n-1}\cdot a_{n+1}}$.

(iv) *Reihe:* $a_n = \sum\limits_{\nu=1}^{n} b_\nu$ mit gegebener Folge $(b_\nu)_{\nu\in\mathbb{N}^*}$ (s. §4.4).
Beispiel: Ist $b_\nu = b_1 + (\nu - 1)d$, so erhält man als "*arithmetische Reihe*" die Reihe $(a_n)_{n\in\mathbb{N}^*}$ mit $a_n = \sum\limits_{\nu=1}^{n} b_\nu$. Durch die Addition

$$\begin{array}{ll} a_n & = b_1 + (b_1 + d) + \ldots + (b_1 + (n-1)d) \\ a_n & = b_n + (b_n - d) + \ldots + (b_n - (n-1)d) \\ \hline 2a_n & = (b_1 + b_n)\cdot n \end{array}$$

erhält man $a_n = n \cdot \frac{a_1 + a_n}{2}$ ($\longrightarrow$ Gauss für $1 + 2 + 3 + \ldots + 100$).

Anmerkung: Eine reelle Folge f (d.h. eine Folge mit $M = \mathbb{R}$) heißt *monoton steigend*, falls $a_n \le a_{n+1}$ für alle $n \in \mathbb{N}^*$, *nach oben beschränkt*, falls $f(\mathbb{N}^*)$ eine obere Schranke besitzt. Analog ist "monoton fallend" und "nach unten beschränkt" definiert. Eine "monotone Folge" ist definitionsgemäß eine monoton steigende oder eine monoton fallende Folge, eine "beschränkte Folge" nach oben und unten beschränkt.

[1] Die Zählung kann auch bei 0 oder einem anderen Index $j \in \mathbb{Z}$ beginnen; dann ist der Definitionsbereich nicht $\mathbb{N}^* = \mathbb{N}\setminus\{0\}$, sondern $\mathbb{N}$ bzw. $\{z \in \mathbb{Z} | z \ge j\}$.

b) Die reelle Folge $(a_n)_{n\in\mathbb{N}}$ heißt *konvergent* gegen a und a Grenzwert der Folge, falls (mit $n \in \mathbb{N}$) gilt:
$\forall \varepsilon > 0\ \exists n_0 \in \mathbb{N}\ \forall n \geq n_0 : a_n \in U_\varepsilon(a)$ d.h. $|a_n - a| < \varepsilon$.
Bezeichnung: $\lim\limits_{n\to\infty} a_n = a$.
Spezialfall Nullfolge: $a = 0$.

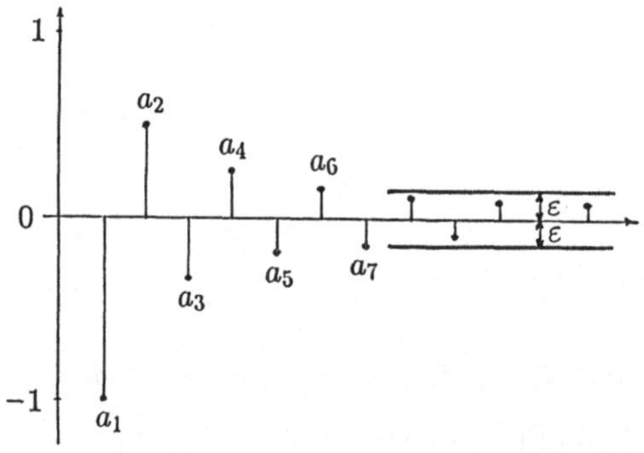

Bild 4.1
Zur Konvergenz einer Folge: Für jedes $\varepsilon > 0$ liegen schließlich alle Werte im ε-Schlauch

(1) *Beispiel:* $((-1)^n \frac{1}{n})_{n\in\mathbb{N}^*}$ konvergiert gegen 0, siehe auch Bild 4.1.

(2) Arithmetische Folgen divergieren (d.h. konvergieren nicht) für $d \neq 0$, geometrische Folgen für $|q| > 1$.

Anmerkung: Jede Folge besitzt höchstens einen Grenzwert.

Geben Sie einige Konvergenzkriterien für reelle Folgen an !

1. *Monotoniekriterium*
   Eine monoton fallende nach unten beschränkte Folge konvergiert gegen die untere Grenze ihrer Bildmenge. Analoges gilt für monoton steigende nach oben beschränkte Folgen und die obere Grenze.

2. *Cauchy-Konvergenzkriterium*
   Eine reelle Folge konvergiert genau dann, wenn sie **Cauchy-Folge** ist, d.h. wenn gilt:

$$\forall \varepsilon > 0\ \exists n_0 \in \mathbb{N} \quad \forall n, m > n_0 \ : \quad |a_m - a_n| < \varepsilon\,.$$

   Anmerkung: Dieses Kriterium ist Ausdruck der CF-Vollständigkeit von $\mathbb{R}$, siehe §4.2 und §4.8 .

3. *Vergleichskriterium für Nullfolgen*
   Ist $(b_n)_{n\in\mathbb{N}}$ eine reelle Nullfolge, $N > 0$ und $(a_n)_{n\in\mathbb{N}}$ eine reelle Folge mit $|a_n| \leq N \cdot |b_n|$ für fast alle $n \in \mathbb{N}$, so ist auch $(a_n)_{n\in\mathbb{N}}$ Nullfolge.

Anmerkung: Monotoniekriterium und Cauchy-Kriterium sind neben dem Auswahlprinzip von Bolzano-Weierstraß (s.u.) und dem Intervallschachtelungssatz wichtige Prinzipien der Konvergenztheorie, siehe u.a. Heuser I , 1980.

Definieren Sie den Begriff **Häufungswert** einer Folge. Wie wird das Supremum bzw. Infimum aller Häufungswerte einer Folge bezeichnet?

(i) Sei $(a_n)_{n\in\mathbb{N}}$ eine Folge; dann heißt b *Häufungswert* (*Verdichtungspunkt*) der Folge, falls eine gegen b konvergente Teilfolge von $(a_n)_{n\in\mathbb{N}}$ existiert, also in jeder ε-Umgebung von b unendlich viele Folgenglieder liegen.
Anmerkung: Jeder Häufungspunkt der Menge $\{a_n\}$ ist auch Häufungswert von (a_n), aber, wie die konstante Folge zeigt, nicht notwendig umgekehrt.

Beispiele:

a) $-1, 1$ sind Verdichtungspunkte von $((-1)^n)_{n\in\mathbb{N}}$ und von $(\frac{1}{n} + (-1)^n)$

b) Da $\mathbb{Q}$ abzählbar ist, existiert eine Folge $(x_n)_{n\in\mathbb{N}}$ mit $\{x_n | n \in \mathbb{N}\} = \mathbb{Q}$. Die Menge der Verdichtungspunkte ist $\mathbb{R}$ (bzw. $\mathbb{R} \cup \{+\infty, -\infty\}$).

c) Die Folge $(n)_{n\in\mathbb{N}}$ hat keinen Verdichtungspunkt in $\mathbb{R}$.

Anmerkung: Allerdings gilt: Jede beschränkte Folge besitzt mindestens einen Häufungswert, (s. §4.2, Satz von Bolzano-Weierstraß). Und jede beschränkte reelle Folge mit genau einem Häufungswert konvergiert.

(ii) Sei $(x_n)_{n\in\mathbb{N}}$ reelle Folge; dann definiert man

$$\lim_{n\to\infty} x_n = +\infty \;:\Longleftrightarrow\; \forall N \in \mathbb{R}\; \exists n_0 \in \mathbb{N}\; \forall n \geq n_0 : \quad x_n > N$$

(und entsprechend $\lim\limits_{n\to\infty} x_n = -\infty$ mittels $x_n < N$).
Zu einer reellen Folge $(a_n)_{n\in\mathbb{N}}$ besitzt die Menge

$$H := \{b \in \mathbb{R} \cup \{+\infty, -\infty\} \,|\, b \text{ Häufungswert von } (a_n)\}$$

ein Supremum und ein Infimum in $\bar{\mathbb{R}} = \mathbb{R} \cup \{+\infty, -\infty\}$. Man setzt

$$\overline{\lim_{n\to\infty}} a_n := \lim_{n\to\infty} \sup a_n := \sup H \qquad \text{(Limes superior)}$$

und

$$\underline{\lim_{n\to\infty}} a_n := \lim_{n\to\infty} \inf a_n := \inf H \qquad \text{(Limes inferior)}$$

Anmerkung: Konvergenz einer beschränkten Folge in $\mathbb{R}$ ist dann äquivalent mit der Gleichheit von Limes superior und Limes inferior.

Beweisen Sie:

(a) $\lim_{n\to\infty} \sqrt[n]{a} = 1$ für alle $a > 0$ (b) $\lim_{n\to\infty} \sqrt[n]{n} = 1$

(c) $\lim_{n\to\infty} a^n \;= 0$ für $|a| < 1$ (geometrische Folge)
$\phantom{\lim_{n\to\infty} a^n}\;= 1$ für $a = 1$,
$(a_n)_{n\in\mathbb{N}}$ divergent sonst

(d) $\lim_{n\to\infty} c_n = \sqrt{r}$, falls $c_0 \in \mathbb{R}^+$, $r \in \mathbb{R}^+$ und $c_{n+1} := \frac{1}{2}(c_n + r/c_n)$
(rekursiv definierte Folge)

Anmerkung: Beispiel d), das HERON-Verfahren zur Wurzelbestimmung, dient zur Konstruktion von rationalen Cauchyfolgen, die nicht im Raum $(\mathbb{Q}, |\cdot|)$ konvergieren.

(a) *1. Möglichkeit:* Wir benutzen das Monotoniekriterium (s.o.)

1. Fall: $a \geq 1$. Wäre $\sqrt[n]{a} < \sqrt[n+1]{a}$, so $a^{n+1} < a^n$, also $a < 1$, ein Widerspruch. Also ist in diesem Falle $(\sqrt[n]{a})_{n\in\mathbb{N}}$ monoton fallend. Außerdem gilt $\sqrt[n]{a} \geq 1$ für alle $n \in \mathbb{N}^*$. Nach dem zitierten Satz existiert also $\lim \sqrt[n]{a} =: b$. Als Teilfolge konvergiert auch $(\sqrt[2n]{a})_{n\in\mathbb{N}^*}$ gegen b. Es folgt nach der Multiplikationsregel für Grenzwerte:
$b = \lim_{n\to\infty} \sqrt[n]{a} = \lim_{n\to\infty} \sqrt[2n]{a} \cdot \lim_{n\to\infty} \sqrt[2n]{a} = b^2$, also $b \in \{1, 0\}$. Wegen $\sqrt[n]{a} \geq 1$ ergibt sich $\lim_{n\to\infty} \sqrt[n]{a} = 1$.

2. Fall: $a < 1$ Dann ist $A = \frac{1}{a} > 1$ und $\lim_{n\to\infty} \sqrt[n]{A} = 1$, s. Fall 1; es folgt $\lim_{n\to\infty} \sqrt[n]{a} = 1/\lim_{n\to\infty} \sqrt[n]{A} = 1$.

2. Möglichkeit: Wir benutzen die Folgenstetigkeit der Exponentialfunktion:

$$\lim_{n\to\infty} \sqrt[n]{a} = \lim_{n\to\infty} e^{\ell n(\sqrt[n]{a})} = \lim_{n\to\infty} e^{\ell n(a)/n} = e^{\lim_{n\to\infty} \ell n(a)/n} = e^0 = 1 .$$

b) 1. *Möglichkeit:*
Man zeigt, ähnlich wie in a), daß $(\sqrt[n]{n})_{n\in\mathbb{N}\setminus\{0,1,2,3\}}$ monoton fällt[2], nach unten beschränkt ist und der damit existierende Grenzwert die Gleichung $b^2 = b$ erfüllt.

2. *Möglichkeit:*
$\lim_{n\to\infty} \sqrt[n]{n} = \lim_{n\to\infty} \exp(\frac{1}{n}\ell n\, n) = e^0 = 1$ wegen $\lim_{x\to\infty} \frac{\ell n\, x}{x} = \lim_{x\to\infty} \frac{1/x}{1} = 0$ (nach der Regel von de L'Hospital) und der Folgenstetigkeit von exp.

(c) Sei $0 < |a| < 1$. Dann gilt mit $\frac{1}{|a|} > 1$ auch $h := \frac{1}{|a|} - 1 > 0$ und $|a| = \frac{1}{1+h}$. Zu betrachten ist nun $\left(\frac{1}{(1+h)^n}\right)_{n\in\mathbb{N}}$.

[2] Mit dem Binomischen Lehrsatz zeigt man $(1 + \frac{1}{n})^n < 3$, s.u. .

Es gilt die Bernoullische Ungleichung:

$$(1+x)^n \geq 1+nx \qquad \text{für } x > -1$$

(Beweis durch vollständige Induktion: Für $n = 1$ ist die Behauptung richtig; es gelte die Ungleichung für n. Dann folgt

$$(1+x)^{n+1} \geq (1+x)(1+nx) = 1 + x + nx + nx^2 \geq 1 + (n+1)x\,.)$$

Zu $\varepsilon > 0$ wählt man nun $n_0 \in \mathbb{N}$ mit $n_0 > \frac{1}{\varepsilon h}$. Für $n \geq n_0$ folgt dann:

$$|a^n| = \frac{1}{(1+h)^n} \leq \frac{1}{1+nh} < \frac{1}{nh} < \varepsilon\,.$$

Für $a = 0$ oder $a = \pm 1$ sind die Behauptungen klar. Für $|a| > 1$ existiert ein $h > 0:\quad |a| = 1 + h$; damit folgt $|a^n| = (1+h)^n > 1 + nh$; d.h. $|a^n|$ ist unbeschränkt.

(d) Wir benutzen die Formel $\frac{a+b}{2} \geq \sqrt{a \cdot b}$ für alle $a, b \in \mathbb{R}^+$; d.h.:
Das arithmetische Mittel ist größer gleich dem geometrischen Mittel;
dies folgt mit $\left(\sqrt{a} - \sqrt{b}\,\right)^2 \geq 0 \;\Rightarrow\; a - 2\sqrt{ab} + b \geq 0\,.$
Behauptung: $\sqrt{r} \leq c_{n+1} \leq \sqrt{r} + c_1/2^n$

Beweis:

(i) $c_{n+1} = \frac{1}{2}(c_n + \frac{r}{c_n}) \geq \sqrt{c_n \cdot \frac{r}{c_n}} = \sqrt{r}\,.$

(ii) Der Beweis von $c_{n+1} \leq \sqrt{r} + c_1/2^n$ erfolgt durch vollständige Induktion:
Für $n = 0$ gilt $c_1 \leq \sqrt{r} + c_1$. Die Behauptung gelte für n; dann folgt

$$c_{n+2} = \frac{1}{2}\left(c_{n+1} + r/c_{n+1}\right) \underset{c_{n+1} \geq \sqrt{r}}{\leq} \frac{1}{2}\left(c_{n+1} + r/\sqrt{r}\,\right)$$

$$\leq \frac{1}{2}\left(\sqrt{r} + c_1/2^n + \sqrt{r}\,\right) = \sqrt{r} + c_1/2^{n+1}.$$

Die Aussage (d) folgt nun mit (c). □

Zeigen Sie die Existenz und Gleichheit folgender Grenzwerte

$$\lim_{n\to\infty}\left(1 + \frac{1}{n}\right)^n = \lim_{n\to\infty} \sum_{k=0}^{n} \frac{1}{k\,!} \;(= e)$$

(i) Mit Hilfe der binomischen Formel $(a+b)^n = \sum_{k=0}^{n} \binom{n}{k} a^k b^{n-k}$ erhält man die Monotonie der Folge $((1+\frac{1}{n})^n)_{n\in\mathbb{N}^*}$ wie folgt:

$$\begin{aligned} a_n &= (1+\frac{1}{n})^n = \sum_{k=0}^{n} \binom{n}{k} \frac{1}{n^k} \\ &= 1+\sum_{k=1}^{n} \frac{1}{k!} \frac{n}{n} \frac{(n-1)}{n} \frac{(n-2)}{n} \cdots \frac{(n-k+1)}{n} \\ &= 1+\sum_{k=1}^{n} \frac{1}{k!}(1-\frac{1}{n})\cdots(1-\frac{k-1}{n}) \\ &< 1+\sum_{k=1}^{n+1} \frac{1}{k!}(1-\frac{1}{n+1})\cdots(1-\frac{k-1}{n+1}) = a_{n+1}\,. \end{aligned}$$

Die Beschränktheit ergibt sich folgendermaßen (mit $s_n := \sum_{k=0}^{n} \frac{1}{k!}$ und $q = \frac{1}{2}$)

$$a_n \underset{s.o.}{\leq} 1+\sum_{k=1}^{n} \frac{1}{k!} = s_n \leq 2+\sum_{k=2}^{n} \frac{1}{2^{k-1}} = 1+\sum_{k=1}^{n} q^{k-1} \underset{geom.Reihe}{=} 1+\frac{1-q^n}{1-q} < 3\,.$$

Nach dem Monotoniekriterium folgt die Existenz von $\lim_{n\to\infty}(1+\frac{1}{n})^n =: a$.

(ii) Nach (i) ist auch die Folge (s_n) nach oben beschränkt und, trivialerweise, monoton steigend, also konvergent. Wegen $a_n \leq s_n$ gilt $a \leq \lim_{n\to\infty} s_n$.

Andererseits ist $a_n \geq \sum_{k=0}^{m} \frac{1}{k!}(1-\frac{1}{n})\cdots(1-\frac{k-1}{n}) = b_m$ für $m \leq n$ (vergl. (i)) und daher $a = \lim_{n\to\infty} a_n \geq \lim_{n\to\infty} b_m = s_m$. Es folgt die Gleichheit der zu untersuchenden Limites. Dieser Grenzwert wird je nach Einführung der Expotentialfunktion als Eulersche Zahl e definiert oder wie folgt als e identifiziert:
Die Potenzreihendarstellung der Funktion exp (s. §4.4) ergibt
$\lim_{n\to\infty} \sum_{k=0}^{n} \frac{1}{k!} = \sum_{k=0}^{\infty} \frac{x}{k!} \big|_{x=1} = \exp(1) = e^1 = e\,.$ □

Anmerkung: Ein alternativer Beweis benutzt neben $(a_n)_{n\in\mathbb{N}^*}$ die Folge $(b_n)_{n\in\mathbb{N}^*}$ mit $b_n = (1+\frac{1}{n})^{n+1}$, die ebenfalls gegen e konvergiert.

Zitieren Sie (ohne Beweis) Sätze über das Verhalten der Grenzwerte bei Summen, Produkten , Quotienten, Majoranten von konvergenten reellen Folgen.

Seien $(a_n)_{n\in\mathbb{N}}$ und $(b_n)_{n\in\mathbb{N}}$ *konvergente* reelle Folgen. Dann gilt (mit $\lim = \lim_{n\to\infty}$)

(i) $\lim(a_n+b_n) = \lim a_n + \lim b_n$

(ii) $\lim(a_n \cdot b_n) = \lim a_n \cdot \lim b_n$

(iii) $\lim \frac{a_n}{b_n} = \frac{\lim a_n}{\lim b_n}$, falls $\lim b_n \neq 0$

(iv) $\lim |a_n| = |\lim a_n|$

(v) $a_n \leq b_n$ für fast alle $n \implies \lim a_n \leq \lim b_n$

Definieren Sie, was unter einer **Intervallschachtelung** $(a_n|b_n)$ zu verstehen ist; beweisen Sie, daß eine solche Intervallschachtelung eine Zahl a mit $a \in \bigcap_{n\in\mathbb{N}} [a_n, b_n]$ eindeutig bestimmt.

(i) *Definition:*
Eine Folge $(\Im_n)_{n\in\mathbb{N}}$ abgeschlossener Intervalle $\Im_n = [a_n, b_n] \subseteq \mathbb{R}$ (mit $a_n \leq b_n$ heißt *Intervallschachtelung*, falls gilt (vgl. Bild 4.2):

1. $\Im_0 \supseteq \Im_1 \supseteq \Im_2 \supseteq \ldots \supseteq \Im_n \supseteq \Im_{n+1} \supseteq \ldots$, d.h. $(a_n)_{n\in\mathbb{N}}$ ist monoton wachsend und gleichzeitig $(b_n)_{n\in\mathbb{N}}$ monoton fallend.
2. Die Folge $(b_n - a_n)_{n\in\mathbb{N}}$ der Intervallängen ist eine Nullfolge.

Wir bezeichnen diese Intervallschachtelung mit $(a_n|b_n)$.

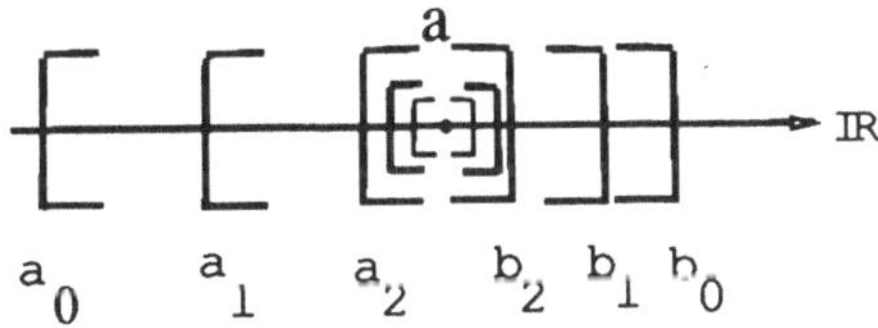

Bild 4.2
Intervallschachtelung

(ii) *Beweisskizze:*
Da die Folgen (a_n) und (b_n) monoton und beschränkt sind, existieren $a = \lim_{n\to\infty} a_n$ und $b = \lim_{n\to\infty} b_n$; ferner gilt $0 = \lim_{n\to\infty}(b_n - a_n) = \lim_{n\to\infty} b_n - \lim_{n\to\infty} a_n = b - a$, also $a = b$. Wegen $a_n \leq \sup\{a_k\} = a = b = \inf\{b_k\} \leq b_n$ (→ Monotoniekriterium) liegt a in jedem Intervall $[a_n, b_n]$. Wegen $b_n - a_n \to 0$ kann $\bigcap_{n\in\mathbb{N}} [a_n, b_n]$ höchstens einen Punkt erhalten. Daher folgt $\{a\} = \bigcap_{n\in\mathbb{N}} [a_n, b_n]$. □

Anwendungsbeispiele:

a) Berechnung des Kreisumfangs und der Kreisfläche durch ein- und umbeschriebene n-Ecke (→ Archimedes).

b) Beweis des Satzes von Bolzano-Weierstraß (s.u., vgl. auch §4.2).

Formulieren Sie den Satz von Bolzano-Weierstraß für Teilmengen von $\mathbb{R}^1$ und geben Sie eine Beweisskizze!

Satz von Bolzano-Weierstraß
Jede beschränkte unendliche Menge reeller Zahlen besitzt mindestens einen Häufungspunkt (und damit jede beschränkte Folge mindestens einen Häufungswert).

Beweisidee: Wie fängt man einen "Löwen in der Wüste"? Zum Bsp. durch *Konstruktion einer Intervallschachtelung mittels Bisektions-Verfahren*
Beweisskizze:
Sei M die gegebene Menge; wegen der Beschränktheit von M gibt es ein Intervall $\Im_0 = [a_0, b_0]$ mit $M \subseteq \Im_0$; insbesondere enhält $\Im_0$ unendlich viele Punkte von M. Sei nun schon $\Im_n = [a_n, b_n]$ derart konstruiert, daß $\Im_n \cap M$ unendlich ist. Dann enhält mindestens eins der Intervalle halber Breite $[a_n, \frac{a_n+b_n}{2}]$ und $[\frac{a_n+b_n}{2}, b_n]$ unendlich viele Elemente. Wir wählen dieses als $\Im_{n+1}$. Auf diese Weise erhält man (rekursiv definiert) eine Intervallschachtelung $(\Im_n)$ mit $h \in \bigcap_{n \in I\!N} \Im_n$. (→ Auswahlaxiom?)
Zu gegebenem $\varepsilon > 0$ existiert dann wegen der gegen 0 strebenden Intervallängen ein $n \in I\!N$ derart, daß $h \in \Im_n \subseteq U_\varepsilon(h)$. Da $\Im_n$ unendlich viele Elemente von M enthält, ist h Häufungspunkt von M. □

4.2 Konvergenz und Stetigkeit in metrischen Räumen

Motivation: Verallgemeinerung der "Analysis" des $I\!R^1$ auf höhere Dimensionen und Funktionenräume.

Was versteht man unter einem metrischen Raum?

Definition: (E, d) heißt **metrischer Raum**, falls gilt: E ist nicht-leere Menge und $d: E \times E \to I\!R$ eine reelle Funktion, genannt **Metrik** oder **Abstand**, mit folgenden Eigenschaften (für alle $x, y, z \in E$):

(a) strenge Positivität : $d(x,y) \geq 0$ und $d(x,y) = 0 \iff x = y$

(b) Symmetrie : $d(x,y) = d(y,x)$

(c) Dreiecksungleichung : $d(x,y) \leq d(x,z) + d(z,y)$

Geben Sie Beispiele metrischer Räume an !

Vorbemerkung:
Beachten Sie, daß auf einem Vektorraum V durch eine Norm $\|\cdot\|$ – (vgl. §1.6)– auch eine Metrik gegeben ist, nämlich vermöge $d(x,y) = \|x - y\|$. Insbesondere wird ein Prähilbertraum mit Skalarprodukt Φ durch $d(x,y) := \sqrt{\Phi(x-y, x-y)}$ zu einem metrischen Raum.

(a) **Zahlengerade:** $(\mathbb{R}, d_1)$ mit $d_1(x,y) = |x-y|$ (in §4.1 verwandt)
Analog $(\mathbb{C}, d_1)$, dem Raum $(\mathbb{R}^2, d_2)$, s.u., entsprechend. (Falls nicht anders vermerkt, geht man bei $\mathbb{R}$ und $\mathbb{C}$ von diesen Metriken aus.)

(b) $\mathbb{R}^n$ mit **euklidischer Metrik**

$$d_2\Big((\xi_1,\ldots,\xi_n), (\eta_1,\ldots,\eta_\eta) \Big) := \sqrt{\sum_{i-1}^{n}(\xi_i - \eta_i)^2}$$

Beweis der Dreiecksungleichung mit Hilfe der *Ungleichung von Cauchy-Bunyakowski-Schwarz:*

$$(\sum_{i-1}^{n} \xi_i\eta_i)^2 \quad \leq \quad (\sum_{i=1}^{n} \xi^2)(\sum_{i-1}^{n} \eta_i^2)$$

bzw. $(\vec{x}\cdot\vec{y})^2 \leq \vec{x}^{\,2}\cdot\vec{y}^{\,2}$ für $\vec{x},\vec{y} \in \mathbb{R}^n$ und kanonisches Skalarprodukt, s. §1.6.

Anmerkung:

1.) Diese Metrik ist von dem kanonischen Skalarprodukt auf $\mathbb{R}^n$ induziert.

2.) Auch $d_p(x\ y) := \big(\sum |\xi_i - \eta_i|^p \big)^{1/p}$ für $p \in \mathbb{N}^*$ definiert eine Metrik auf $\mathbb{R}^n$; diese erhält man aus der Norm $\|\ \|$ mit

$$\|x\| := \big(\sum |\xi_i|^p \big)^{1/p}.$$

Zur Maximumsmetrik d_∞ siehe c)(i)!

(c) $\mathcal{B}(X, \mathbb{R})$: Menge der beschränkten reellen Funktionen auf X
$d_\infty(f,g) := \sup_{x\in X} |f(x) - g(x)|$ definiert eine Metrik auf $\mathcal{B}(X, \mathbb{R})$, die sogenannte *Metrik der gleichmäßigen Approximation* (oder *Konvergenz*) (Begründung für diesen Namen?) Diese Metrik ist durch die Supremumsnorm $\|f\| := \sup_{x\in X} |f(x)|$ induziert, s.u. und §4.4 Bsp. 4.

Spezialfälle:

(i) $X = \{1,\ldots,n\}$: $\mathcal{B}(X,\mathbb{R}) = \mathbb{R}^n$,
$d_\infty\big((x_1,\ldots,x_n),(y_1,\ldots,y_n) \big) = \max_{i=1\ldots n} |y_i - x_i|$

(ii) $X = \mathbb{N}$ und $\mathcal{B}(\mathbb{N},\mathbb{R})$ Raum der beschränkten Folgen in $\mathbb{R}$ mit Supremumsmetrik, auch als l^∞ bezeichnet.

Wichtige Unterräume: $\mathcal{C}_{\mathbb{R}}$ Raum der konvergenten Folgen über $\mathbb{R}$
$\mathcal{C}_0$ Raum der Nullfolgen über $\mathbb{R}$

Analog wird auf $\mathcal{B}(X,\mathbb{C})$ und $\mathcal{C}_{\mathbb{C}}$ eine Metrik definiert.

(d) $\mathcal{C}[0,1]$, Menge der auf $[0,1]$ stetigen reellen Funktionen, mit der Metrik

$$d_2(f,g) := \sqrt{\int_0^1 [f(t)-g(t)]^2\,dt}$$

Diese Metrik ist von dem bei den Beispielen zu Prähilberträumen (s. §1.6 Bsp. c) angegebenen Skalarprodukt Φ induziert. Beachten Sie auch die dortigen Bemerkungen zur strengen positiven Definitheit ! Vgl. auch §4.4 Bsp. 9.

(e) ** $\overline{\mathbb{R}} = \mathbb{R} \cup \{-\infty, +\infty\}$ (*erweiterte Zahlengerade*) mit der Metrik $d_f(x,y) := |\,f(x)-f(y)\,|$ für $f : \overline{\mathbb{R}} \to [-1,1]$ definiert durch $x \mapsto \frac{x}{1+|x|}$

(f) ** $\mathrm{Hom}_{\mathbb{R}}\,(\,\mathbb{R}^n, \mathbb{R}^m\,)$, die Menge der linearen Abbildungen von $\mathbb{R}^n$ in $\mathbb{R}^m$, wird ein metrischer Raum durch die Definition
$d(A,B) = \sup\limits_{\vec{x}\in U_1(\vec{0})} d_2\,(\,A(\vec{x}),\, B(\vec{x})\,)$ (mit der Metrik d_2 auf $\mathbb{R}^m$) .

Verallgemeinern Sie die Definitionen der **Konvergenz** reeller Folgen, von Cauchyfolgen und **Häufungswerten** auf diejenigen von Folgen in beliebigen metrischen Räumen (E,d). Gehen Sie auch auf die Konvergenz in $(\mathbb{R}^m, d)$ und auf die von Funktionenfolgen ein!

(1) In der Definition der Begriffe Konvergenz bzw. Grenzwert in $\mathbb{R}^1$ ist jeweils $|x-y|$ durch $d(x,y)$ zu ersetzen, bzw. als ε-Umgebung nun $U_\varepsilon(a) := \{x \in E \,|\, d(x,a) < \varepsilon\}$ zu wählen. Also (mit $m, n \in \mathbb{N}$):

$$\lim_{n\to\infty} a_n = a :\Longleftrightarrow \forall \varepsilon > 0\ \exists n_0\ \forall n \geq n_0 : \quad a_n \in U_\varepsilon(a), \text{ d.h. } d(a_n, a) < \varepsilon\,.$$

Ein *Häufungswert* ist dann weiterhin als Grenzwert einer Teilfolge definiert. Eine *Cauchyfolge* ist eine Folge, für die gilt

$$\forall \varepsilon > 0\ \exists n_0 \in \mathbb{N}\ \forall n, m > n_0 : \quad d(a_m, a_n) < \varepsilon.$$

Anmerkung: Jede konvergente Folge eines metrischen Raumes ist Cauchyfolge. Gilt in einem metrischen Raum E stets die Umkehrung, so heißt E **Cauchyfolgen-vollständig**, kurz CF-*vollständig*. Beispiel einer Folge, die Cauchyfolge ist, aber nicht konvergiert, ist jede Folge in $(\mathbb{Q}, d_1)$, die in $(\mathbb{R}, d_1)$ gegen $\sqrt{2}$ konvergiert (s. Bsp. d in §4.1 mit $r=2$) ; s. auch §4.4.

(2) Ist $(\vec{x}_n)_{n\in\mathbb{N}^*}$ eine Folge in $\mathbb{R}^m$ mit $\vec{x}_n = (\xi_{n1}, \ldots, \xi_{nm})$, so ist die Konvergenz in $(\mathbb{R}^m, d_2)$ äquivalent zur Konvergenz in allen Komponenten (Beweis?):
$\lim\limits_{n\to\infty} \vec{x}_n = \vec{x}_o \Longleftrightarrow \lim\limits_{n\to\infty} \xi_{ni} = \xi_{oi}$ für $i = 1, \ldots, m$ (s. Bild 4.3 a)

(3) Konvergiert eine Folge (f_n) beschränkter reeller Funktionen auf der Menge X bzgl. der sup-Metrik, so spricht man von *gleichmäßiger Konvergenz*, also

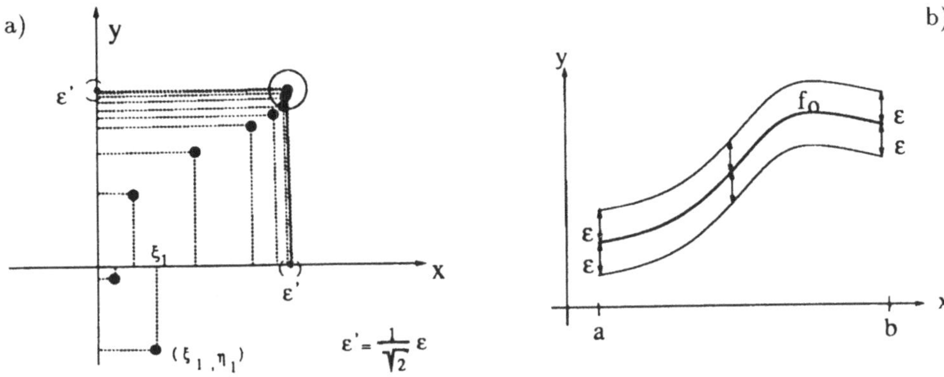

Bild 4.3 a) Zur Konvergenz in $(\mathbb{R}^2, d_2)$
b) ε–Schlauch bei der gleichmäßigen Konvergenz

$$\begin{aligned} f_n \Rightarrow f \text{ (auf } X) &\iff \forall \varepsilon > 0\ \exists n_0\ \forall n > n_0\ \forall x \in X: \quad |f_n(x) - f(x)| < \varepsilon \\ &\iff \forall \varepsilon > 0\ \exists n_0\ \forall n > n_0: \quad d_\infty(f_n, f) < \varepsilon\,. \end{aligned}$$

s. Bild 4.3 b.
Sind die Funktionen f_n alle stetig auf X, so ist wegen der CF-Vollständigkeit von $(\mathcal{C}_b(X, \mathbb{R}), d_\infty)$ auch f stetig (vgl. §1.1 Bsp. 7, §4.4 Bsp. 5).
Beispiele:
Jede Potenzreihe (s. §4.4) konvergiert auf jeder kompakten Teilmenge ihres Konvergenzbereichs gleichmäßig.
Gleichmäßige Konvergenz impliziert die punktweise Konvergenz (Begründung?), aber nicht umgekehrt, s.u..

Was besagt der **Banachsche Fixpunktsatz**?

Satz (Banach):
Sei (X, d) ein vollständiger metrischer Raum und $f : X \to X$ kontraktiv, d.h. $d(f(x), f(y)) \leq \alpha \cdot d(x, y)$ für alle Paare $(x, y) \in X \times X$ und ein $\alpha < 1$. Dann ist f stetig und hat genau einen Fixpunkt.

Beweisskizze: Die Stetigkeit und die Unmöglichkeit von 2 Fixpunkten ist klar. Die Folge $(x_n)_{n\in\mathbb{N}}$ mit $x_0 \in X$ beliebig und $x_n := f(x_{n-1})$ ist eine Cauchy-Folge, denn für $m > n, \varepsilon > 0$ und groß genug gewähltes n ist

$$\begin{aligned} d(x_n, x_m) &\leq \alpha^{n-1} d(x_1, x_{m-n+1}) \\ &\leq \alpha^{n-1}[d(x_1, x_2) + d(x_2, x_3) + \ldots + d(x_{m-n}, x_{m-n+1})] \\ &\leq \alpha^{n-1}(1 + \alpha + \alpha^2 + \ldots + \alpha^{m-n-1}) d(x_1, x_2) \\ &= \alpha^{n-1} \cdot \frac{1 - \alpha^{m-n}}{1 - \alpha} d(x_1, x_2) < \varepsilon\,. \end{aligned}$$

Der Grenzwert x_0 von $(x_n)_{n\in\mathbb{N}^*}$ ist Fixpunkt, da wegen der Stetigkeit von f gilt: $f(x_0) = \lim\limits_{n\to\infty} f(x_n) = \lim\limits_{n\to\infty} x_{n+1} = x_o\,.$ □

Zu Funktionenfolgen:

Was versteht man unter punktweiser, was unter gleichmäßiger Konvergenz einer Funktionenfolge $(f_n)_{n\in\mathbb{N}}$ mit $f_n : X \to \mathbb{R}$?

1.) *Definition:* (f_n) heißt *punktweise konvergent* gegen eine Funktion $f : X \to \mathbb{R}$, wenn gilt:
$\forall x \in X\ \forall \varepsilon > 0\ \exists N(\varepsilon, x) \in \mathbb{N}\ \forall n > N(\varepsilon, x) : \quad | f_n(x) - f(x) | < \varepsilon$
Klassisches Beispiel: $f_n : \begin{cases} [0,1] & \to \mathbb{R} \\ x & \mapsto x^n \end{cases}$ (s. Bild 4.4 a)
konvergiert punktweise gegen die Funktion f mit $f(x) = \begin{cases} 0 & \text{für } x \in [0,1] \\ 1 & \text{für } x = 1. \end{cases}$
Heuristik: Sei $x \in [0,1)$. Dann gilt:

$$\begin{aligned} | f_n(x) - f(x) | < \varepsilon &\iff x^n < \varepsilon \\ &\iff n\,\ell n\, x < \ell n\, \varepsilon \quad |: \ell n\, x \text{ (negativ!)} \\ &\iff n > \tfrac{\ell n\, \varepsilon}{\ell n\, x}; \end{aligned}$$

Man wählt daher $N(\varepsilon, x) = \lfloor \ell n\, \varepsilon \,/\, \ell n\, x \rfloor + 1$.

a)

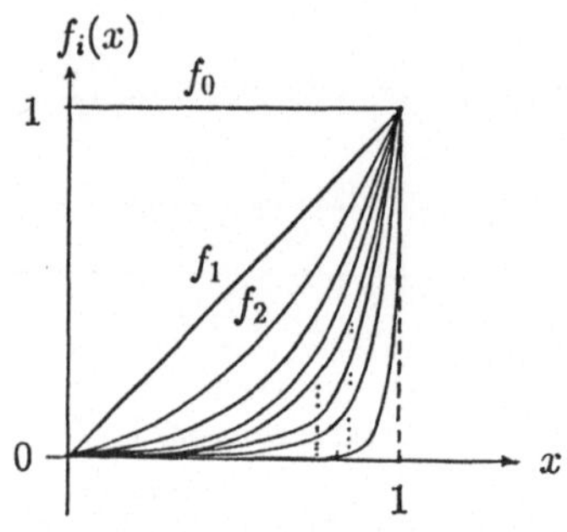

b)

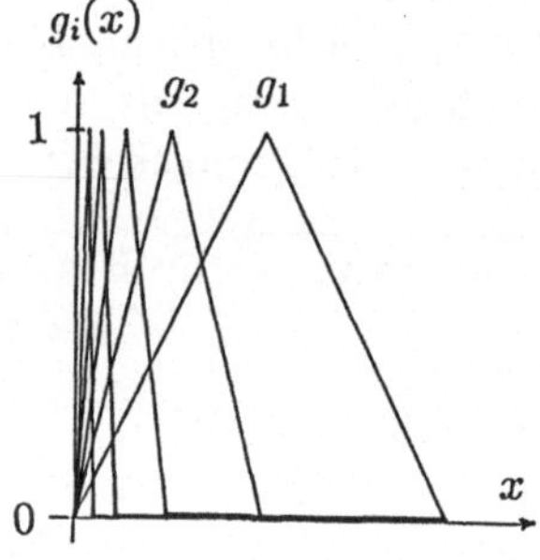

Bild 4.4 a) Zur Folge (f_n) mit $f_n(x) = x^n$
b) Eine weitere nicht gleichmäßig konvergente Funktionenfolge.

Anmerkung: a) Für $x \to 1$ strebt $N(\varepsilon, x)$ gegen ∞, daher ist kein gemeinsames N wählbar. b) Die Grenzfunktion f ist unstetig.

2.) *Definition:*
$(f_n)_{n\in\mathbb{N}}$ heißt *gleichmäßig konvergent* gegen $f : X \to \mathbb{R}$, wenn gilt:

$$\forall \varepsilon > 0\ \exists N \in \mathbb{N}\ \forall n \geq N\ \forall x \in X : \quad | f_n(x) - f(x) | < \varepsilon .$$

Anmerkung:

a) Beim Vergleich von 1.) und 2.) beachte man, daß bei punktweiser Konvergenz die Schranke N auch von x abhängen darf.

b) Man beachte, daß die Aussage "$(f_n)_{n\in\mathbb{N}}$ ist gleichmäßig konvergent" nur eine Umformulierung von "$(f_n)_{n\in\mathbb{N}}$ konvergiert in der sup-Metrik" ist.

c) Das Cauchy-Konvergenz-Kriterium für gleichmäßige Konvergenz lautet:
$$\forall \varepsilon > 0\ \exists N \in \mathbb{N} : \forall n, m > N : \|f_n - f_m\|_\infty < \varepsilon.$$

Geben Sie ein Beispiel einer Folge an, die punktweise, aber nicht gleichmäßig konvergiert.

1. Sei $(f_n)_{n\in\mathbb{N}}$ definiert durch $f_n : [0,1] \to \mathbb{R}$ mit $f_n(x) = x^n$ (s. Bild 4.4 b).

   Dann ist $\lim\limits_{n\to\infty} f_n(x) = \begin{cases} 0 & \text{falls } x\in[0,1) \\ 1 & \text{für } x=1 \end{cases}$ Die Folge konvergiert also punktweise gegen $f : [0,1] \to \mathbb{R}$ mit $f(x) = \begin{cases} 0 & \text{falls } x\in[0,1) \\ 1 & \text{für } x=1 \end{cases}$ (s.o.). Aber $(f_n)_{n\in\mathbb{N}}$ ist nicht gleichmäßig konvergent:

   Beweis: 1. Möglichkeit elementar:
   Wir zeigen $\forall \varepsilon > 0\ \exists n_0 \in \mathbb{N}\ \forall n > n_0 : \sup\limits_{x\in[0,1)} |f_n(x) - f_0(x)| \geq \varepsilon$.
   Sei $\varepsilon \in (0,1), n_0$ und $n > n_0$ gegeben; wähle $x_1 \in (0,1]$ mit $x_1 \geq \sqrt[n]{\varepsilon}$. Dann gilt $\|f_n - f_0\| = \sup(\{|x^n| : x \in (0,1)\} \cup \{0\}) \geq |x_1^n| \geq \varepsilon$.

   2. Möglichkeit:
   Da $(\mathcal{C}([0,1],\mathbb{R}), d_\infty)$ vollständig ist, konvergiert eine gleichmäßig konvergente Folge stetiger Funktionen auf $[0,1]$ gegen eine stetige Funktion. Die Funktionen f_n sind stetig; also müßte die Grenzfunktion, die mit der Grenzfunktion der punktweisen Konvergenz übereinstimmt, stetig sein. Bei f_0 ist dies nicht der Fall. □

2. $(g_n)_{n\in\mathbb{N}}$ wie in Bild 4.4 b. Es ist $\lim\limits_{n\to\infty} g_n = 0$ auf $[0,1]$, aber $\sup\limits_{x\in[0,1]} |g_n(x)| = 1$.

3. $(f_n)_{n\in\mathbb{N}}$ mit $f_n(x) = n\,x(1-x^n)$ auf $X = [0,1]$, s. Heuser I, p. 543.

Gehen Sie auf mögliche Vertauschungen von Grenzübergängen bei Funktionenfolgen ein!

Seien $f_n : X \to \mathbb{R}$ Funktionen auf der kompakten Teilmenge X von $\mathbb{R}$, und sei $(f_n)_{n\in\mathbb{N}}$ in den Fällen (1) und (2) gleichmäßig konvergent. [3]

(1) Sind alle Funktionen f_n stetig, so gilt: $\lim\limits_{x\to a}\lim\limits_{n\to\infty} f_n(x) = \lim\limits_{n\to\infty}\lim\limits_{x\to a} f_n(x)$.
Daraus folgt: Eine gleichmäßig konvergente Folge stetiger Funktionen besitzt eine stetige Grenzfunktion. $\mathcal{C}(X,\mathbb{R})$ ist (bzgl. sup-Norm) vollständig. (Beweis s. z.B. Heuser: Lehrbuch der Analysis I, p.550f.)
Obiges Beispiel zeigt, daß punktweise Konvergenz diese Eigenschaft **nicht** hat.

[3] Die gleichmäßige Konvergenz ist wichtig für die Vertauschbarkeit der involvierten Grenzprozesse s.u..

(2) Seien f_n R-integrierbar auf $X = [a,b]$ und (f_n) gleichmäßig konvergent gegen f. Dann ist f R-integrierbar und $\lim\limits_{n\to\infty} \int\limits_a^b f_n(x)dx = \int\limits_a^b f(x)dx$.

(3) *Satz von der gliedweisen Differentiation.*
Ist $(f_n)_{n\in\mathbb{N}}$ Folge differenzierbarer Funktionen $f_n : \Im = [a,b] \to \mathbb{R}$, konvergiert $(f_n(x_0))_{n\in\mathbb{N}}$ für mindestens ein $x_0 \in \Im$ und konvergiert $(f_n')_{n\in\mathbb{N}}$ *gleichmäßig* auf $\Im$, so konvergiert $(f_n)_{n\in\mathbb{N}}$ gleichmäßig auf $\Im$ und $f = \lim\limits_{n\to\infty} f_n$ ist differenzierbar auf $\Im$ mit $f' = \lim\limits_{n\to\infty} f_n'$. (Beweis s. Heuser l.c. p. 552 ; Beispiele s. unter Potenzreihen).

(4) Siehe auch Tabelle 4.1 !

Tabelle 4.1 Vertauschbarkeit von Grenzprozessen

Art	Voraussetzung	Aussage
Grenzwerte bei reellen Funktionenfolgen	$f_n \to f$ *gleichmäßig* konvergent, $\lim\limits_{x\to\xi} f_n(x)$ ex.	$\lim\limits_{n\to\infty}\lim\limits_{x\to\xi} f_n(x) = \lim\limits_{x\to\xi} f(x)$
Stetigkeit der Grenzfunktion einer reellen Funktionenfolge	$f_n \to f$ *gleichmäßig* konvergent, f_n stetig in ξ	f stetig in ξ
Ableitung der Grenzfunktion	$f_n : [a,b] \to \mathbb{R}$ differenzierbar, (f_n') *gleichmäßig* konvergent, $(f_n(x_0))$ konvergent für ein x_0	$f_n \to f$ gleichmäßig und $f' = \lim\limits_{n\to\infty} f_n'$
Integral der Grenzfunktion	f_n auf $[a,b]$ R-integrierbar $f_n \to f$ *gleichmäßig*	f integrierbar, $\int f(t)dt = \lim \int f_n(t)dt$
Spezialfall: Funktionsreihen		Anwendung der obigen Resultate auf (f_n) mit $f_n = \sum\limits_{k=1}^{n} g_k$
Grenzwerte bei Doppelfolgen	$g_{nk} \to x_n$ *gleichmäßig*, $\exists \lim\limits_{n\to\infty} g_{nk} = y_k$ $\exists \lim\limits_{n\to\infty} x_n$ oder $\exists \lim\limits_{k\to\infty} y_k$	$\lim\limits_{n\to\infty}\lim\limits_{k\to\infty} g_{nk} = \lim\limits_{k\to\infty}\lim\limits_{n\to\infty} g_{nk}$
partielle Ableitungen	$g : G \to \mathbb{R}$, G offen in $\mathbb{R}^m$, $\frac{\partial^2 g}{\partial x_i \partial x_j}, \frac{\partial^2 g}{\partial x_j \partial x_i}$ ex. und stetig in Umgebung von $\mathbf{x}$	$\frac{\partial^2 g}{\partial x_i \partial x_j} = \frac{\partial^2 g}{\partial x_j \partial x_i}$ an der Stelle $\mathbf{x}$

Nennen Sie einige Möglichkeiten, eine reelle Funktion f lokal (in einem Punkt) oder global zu **approximieren**!

1. Lokal in Punkt x_0 unter Verwendung der *Folgenstetigkeit* (s.u.): $f(x_0) = \lim\limits_{x_n \to x_0} f(x_n)$ im Fall der Stetigkeit von f in x_0 .

2. Lokal in $U_\varepsilon(x_0)$ unter Verwendung der *Ableitung* (s. § 4.5): $f(x) \approx f(x_0) + f'(x_0)(x - x_0)$ (Tangentiale affin-lineare Funktion) im Fall der Differenzierbarkeit von f in x_0.

3. Lokal oder global unter Verwendung des *Mittelwertsatzes* (s. § 4.5): $f(x) = f(x_0) + f'(\xi)(x - x_0)$ durch Abschätzung von $f'(x)$ im Fall der Differenzierbarkeit auf $[x, x_0]$.

4. Global mittels *Taylorpolynom* (s. §4.4) (Restgliedbetrachtung!)

5. **Global mittels *trigonometrischer Summe* (s. §1.6): Sei $f : [-\pi, \pi] \to I\!R$ stückweise stetig; definiert man dann $S_n(t) := \sum\limits_{k=-n}^{n} c_k(t)\, h_k(t)$ mit $h_0(t) = \frac{1}{\sqrt{2\pi}}$ und, für k positiv, $h_k(t) = \frac{1}{\sqrt{\pi}} \cos(kt)$ sowie $h_{-k}(t) = \frac{1}{\sqrt{\pi}} \sin(kt)$ und mit den "Fourierkoeffizienten" $c_k = \int\limits_{-\pi}^{\pi} f(t)\, h_k(t) dt$, so folgt $\lim\limits_{n\to\infty} \int\limits_{-\pi}^{\pi} [f(t) - S_n(t)]^2 dt = 0$. Es gibt also zu $\varepsilon > 0$ eine Partialsumme S_m der *Fourierreihe* $\sum\limits_{k=-\infty}^{\infty} c_k\, h_k$ mit $\int\limits_{-\pi}^{\pi} [f(t) - S_m(t)]^2 dt < \varepsilon$ (Approximation im quadratischen Mittel).

6. **Global nach dem *Approximationssatz von Weierstraß*: Zu jeder stetigen reellwertigen Funktion f auf $[a, b]$ gibt es eine Folge von Polynomen, die gleichmäßig gegen f konvergiert (s. H. Heuser II, 115..5 oder Liedl/Kuhnert 6.3.34). Die Polynomfunktionen sind konstruierbar als Linearkombination der sogenannten *Bernsteinpolynome*, s. Liedl/Kuhnert l.c..

Definieren Sie , was unter einer **stetigen Funktion** zwischen metrischen Räumen zu verstehen ist. Geben Sie Beispiele für stetige Funktionen an und ein Beispiel einer im Definitionsgebiet überall unstetigen Funktion.
Gehen Sie auch auf Verknüpfungen stetiger Funktionen ein!

(a) *Definition:* Scien (E, d) und $(\hat{E}, \hat{d})$ metrische Räume. $f : E \to \hat{E}$ heißt *stetig* in $x_0 \in E$, falls gilt:

$$\forall \varepsilon > 0 \;\; \exists \delta > 0 \; : \; \forall x \in E \; : \; [d(x, x_0) < \delta \Rightarrow \hat{d}(f(x), f(x_0)) < \varepsilon]$$

(bzw. mit Umgebungen formuliert): Zu jeder $\varepsilon-$Umgebung $\hat{U}$ von $f(x_0)$ in $\hat{E}$ existiert eine $\delta-$Umgebung U von x_0 in E mit $f(U) \subseteq \hat{U}$.

f heißt stetig (auf E), wenn f stetig ist für alle $x_0 \in E$.

Anmerkung:

(1) Für jede Abbildung $f : E \to \hat{E}$ sind äquivalent

(i) f ist stetig

(ii) Alle Urbildmengen zu (in $\hat{E}$) abgeschlossenen Mengen sind abgeschlossen (in E)

(iii) Alle Urbildmengen zu (in $\hat{E}$) offenen Mengen sind offen (in E).

(2) Beispiele dafür, daß unter einer stetigen Abbildung das Bild einer offenen Menge nicht offen zu sein braucht, liefern die konstanten reellen Abbildungen.

(b) *Verknüpfungen stetiger Funktionen:*
Sind f, g Funktionen von E in $\mathbb{K}$ (mit $\mathbb{K} \in \{\mathbb{R}, \mathbb{C}\}$), die in $x_0 \in E$ stetig sind, so folgt $f + g$, $f \cdot g$, λf mit $\lambda \in \mathbb{K}$ sowie $|f| : x \mapsto |f(x)|$ sind stetig in x_0 und, falls $f(x) \neq 0$ für alle $x \in E$ gilt, auch $\frac{1}{f} : x \mapsto \frac{1}{f(x)}$. Ist $f : E \longrightarrow \hat{E}$ stetig in x_0 und $g : \hat{E} \longrightarrow \tilde{E}$ stetig in $f(x_0)$, so ist auch $g \circ f$ stetig in x_0.

(c) *Beispiele stetiger Abbildungen:*

(i) $id_{\mathbb{R}}$, sin, cos, exp sind stetig auf $(\mathbb{R}, d_1)$, log_a auf $(\mathbb{R}_+^*, d_1)$.
Anmerkung: Zu jeder reellen Zahl $a > 0, a \neq 1$ existiert genau ein stetiger Homomorphismus $f_a : (\mathbb{R}_+^*, \cdot) \to (\mathbb{R}, +)$ mit $f_a(a) = 1$, nämlich $f_a = \log_a$ (mit $f_a^{-1}(x) = a^x$).

(ii) Mit $id_{\mathbb{K}}$ sind nach (b) die *Polynomfunktionen* $\sum \alpha_i (id)^i$ auf $\mathbb{K}$, die reellen *Exponentialfunktionen* $x \longmapsto a^x$ und die *gebrochen rationalen Funktionen* $x \mapsto (\sum \alpha_i x^i)/(\sum \beta_i x^i)$ in allen Punkten stetig, die keine Nullstellen des Nenners sind.
Weitere Folgerung: Die reelle Funktion: $x \mapsto x^\alpha$ ist stetig auf $\mathbb{R}_+^*$ (für $\alpha \in \mathbb{R}$).

(iii) Jede lineare Abbildung von $\mathbb{R}^m$ in $\mathbb{R}^n$ ist stetig (z.B. bzgl. der euklidischen Metriken).

(iv) $F : \mathbb{R} \mapsto \mathbb{R}$ mit $F(x) = \int_a^x f(t)dt$ ist für integrierbare Funktionen f stetig (Integral als Funktion der oberen Grenze).

(v) ** $\lim_{\mathbb{K}} : c_{\mathbb{K}} \mapsto \mathbb{K}$, die Limesbildung auf dem metrischen Raum $(c_{\mathbb{K}}, d_\infty)$ der konvergenten Folgen über $\mathbb{K}$, ist stetig, (sogar Lipschitz–stetig, s. u.). Der Teilraum der Nullfolgen ist als Urbild der Null abgeschlossen.

(vi) ** $\Im : \mathcal{C}[a.b] \to \mathbb{R}$ mit $\Im(f) = \int_a^b f(t)dt$ ist stetig (bzl. der Metrik der gleichmäßigen Konvergenz auf $\mathcal{C}[a, b]$ und Betragsmetrik auf $\mathbb{R}$).

d) $f : \mathbb{R} \to \mathbb{R}$ mit $f(x) = 1$ für $x \in \mathbb{Q}$ und $f(x) = 0$ sonst (*Dirichletfunktion*) ist wegen der Dichtheit von $\mathbb{Q}$ in $\mathbb{R}$ und von $\mathbb{R} \setminus \mathbb{Q}$ in $\mathbb{R}$ überall unstetig.

Gehen Sie auf den Zusammenhang zwischen Stetigkeit, Folgenstetigkeit, gleichmäßiger Stetigkeit und Lipschitzstetigkeit von Funktionen zwischen metrischen Räumen ein !

(i) *Stetigkeit und Folgenstetigkeit* (im Punkt x_0)
Definition: **Grenzwert einer Funktion**
Seien (E, d) und $(\hat{E}, \hat{d})$ metrische Räume, $f : E \to \hat{E}$ und $x_0 \in E$ Häufungspunkt.

$$\lim_{x \to x_0} f(x) = q \ :\Longleftrightarrow\ \forall \varepsilon > 0\ \exists \delta > 0\ \forall x \in U_\delta(x_0) \setminus \{x_0\} : \ f(x) \in U_\epsilon(q) \, .$$

Es gilt folgende Charakterisierung (s.z.B. Heuser II, p.231):

f stetig in x_0 $\Longleftrightarrow$ $\lim_{x \to x_0} f(x) = f(x_0)$
$\Longleftrightarrow$ Für jede Folge $(x_n)_{n \in \mathbb{N}^*}$ mit $x_n \in E \setminus \{x_0\}$ und $\lim_{n\to\infty} x_n = x_0$ gilt $\lim_{n\to\infty} f(x_n) = f(x_0)$
(Folgenstetigkeit)

(ii) *Gleichmäßige Stetigkeit* (globale Eigenschaft !)
f **gleichmäßig stetig** $\Longleftrightarrow$

$$\forall \varepsilon > 0 \ \ \exists \delta > 0 \ \forall x, y \in E : \quad [d(x,y) < \delta \Rightarrow \hat{d}(f(x), f(y)) < \varepsilon]$$

Anmerkung:

a) Beachten Sie, daß bei der gleichmäßigen Stetigkeit δ unabhängig von x, y sein muß, während es bei der punktweisen Stetigkeit auf E von x_0 abhängen kann.

b) Es gilt: f gleichmäßig stetig $\Rightarrow f$ stetig

Beispiel einer Funktion, die stetig, aber nicht gleichmäßig stetig ist (Beweis?), s. Bild 4.5 a :

$$\begin{aligned} f : (0,1) &\to \mathbb{R} \\ x &\mapsto \tfrac{1}{x} \end{aligned}$$

Anmerkung: Eine stetige Funktion mit kompaktem Definitionsbereich ist gleichmäßig stetig.

(iii) f *Lipschitz-stetig* (L-stetig) (globale Eigenschaft):

Definition: f heißt **Lipschitz–stetig**, falls gilt:

$$\exists L \in \mathbb{R}\ \forall x, y \in E : \ \ \hat{d}(f(x), f(y)) \le L \cdot d(x,y)$$

a) b)

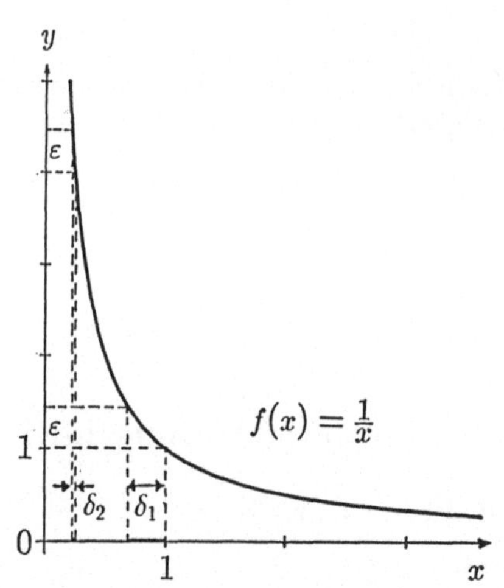

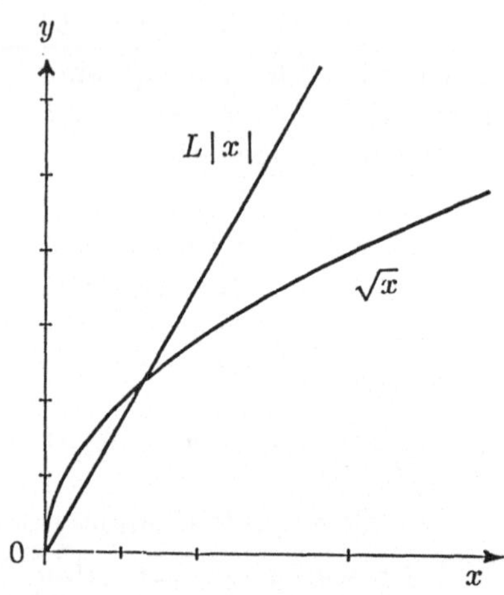

Bild 4.5 a) Beispiel einer stetigen, nicht gleichmäßig stetigen Funktion
b) Beispiel einer stetigen, nicht L-stetigen Funktion : $f : x \mapsto \sqrt{x}$

Beispiele:

a) $id_{\mathbb{R}}$ ist L–stetig $\quad f : \begin{cases} \mathbb{R} \to \mathbb{R} \\ x \mapsto \sqrt{1+x^2} \end{cases}$ ist L–stetig .

Beweisskizze zu b) : Ist $(x,y) \neq (0,0)$, so gilt: $|\sqrt{1+x^2} - \sqrt{1+y^2}| = [(\sqrt{1+x^2})^2 - (\sqrt{1+y^2})^2]]/[(\sqrt{1+x^2} + \sqrt{1+y^2}]$
$= [|x-y| \cdot |x+y|]/[\sqrt{1+x^2} + \sqrt{1+y^2}] \leq |x-y| \cdot [|x| + |y|]/[\sqrt{x^2} + \sqrt{y^2}]$
$= |x-y|$

c) Die Abstandsfunktion von E in $\mathbb{R}$, definiert durch $x \mapsto d(x, x_0)$, ist L–stetig; insbesondere gilt dies für den Betrag $x \mapsto |x|$ für $(\mathbb{R}, d_1)$.

Anmerkung: f Lipschitz-stetig $\Rightarrow$ f gleichmäßig stetig

Beispiel einer Funktion, die gleichmäßig stetig, aber nicht Lipschitz-stetig ist (s. Bild 4.5 b) :

$$f : [0,1] \to \mathbb{R} \text{ mit } x \mapsto \sqrt{x}$$

Beweisskizze: Aus der Annahme $|\sqrt{x} - \sqrt{y}| \leq L|x-y|$ folgte $\frac{|(\sqrt{x}-\sqrt{y})(\sqrt{x}+\sqrt{y})|}{\sqrt{x}+\sqrt{y}} < L|x-y|$, somit $L > 1/(\sqrt{x}+\sqrt{y})$, ein Widerspruch für $(x,y) \to (0,0)$.

Definieren Sie den Begriff der **Kompaktheit** für einen metrischen Raum E, und geben Sie eine Charakterisierung durch das Verhalten von Folgen an. Beschreiben Sie die kompakten Teilmengen in $\mathbb{R}^m$ (durch Zitat des Satzes von Heine–Borel–Lebesgues (ohne Beweis))!

(i) *Kompaktheit und Häufungswerte*
Definitionen: (1) E heißt *kompakt*, falls zu jeder offenen Überdeckung $(U_i)_{i\in\Im}$ (– d.h. einer Familie (U_i) offener TM'en von E mit $E = \bigcup\limits_{i\in\Im} U_i$ –) eine endliche Teilüberdeckung $(U_j)_{j\in J}$ (mit $J \subseteq \Im$ und $|J| < \infty$) existiert.

(2) E hat die *Bolzano-Weierstraß-Eigenschaft* (BWE), wenn jede Folge in E mindestens einen Häufungswert in E besitzt.

(3) Eine Teilmenge A eines metrischen Raumes heißt kompakt (bzw. hat die BWE), falls A als Unterraum diese Eigenschaft hat.

Es gilt der *Satz:*
Ein metrischer Raum ist genau dann kompakt, wenn er die Bolzano–Weierstraß–Eigenschaft besitzt.

Folgerung:
In einem *kompakten* metrischen Raum sind für eine Folge $(x_n)_{n\in\mathbb{N}}$ äquivalent:
(1) $(x_n)_{n\in\mathbb{N}}$ ist konvergent
(2) $(x_n)_{n\in\mathbb{N}}$ besitzt genau einen Häufungswert.

Hierbei gilt die Implikation (1) $\Longrightarrow$ (2) allgemein in metrischen Räumen.

(ii) **Satz von Heine-Borel-Lebesgues:**
Eine Teilmenge A von $\mathbb{R}^m$ ist genau dann kompakt, wenn sie beschränkt und abgeschlossen ist.

(iii) *Folgerung:* **Satz von Bolzano-Weierstraß für Folgen in** $\mathbb{R}^m$ (vgl. §4.1)
Jede beschränkte Folge $(x_n)_{n\in\mathbb{N}}$ mit $x_n \in \mathbb{R}^m$ besitzt mindestens einen Häufungswert, also eine konvergente Teilfolge.
Ist a einziger solcher Häufungswert, so gilt $\lim\limits_{n\to\infty} x_n = a$.

Analog:

Jede beschränkte unendliche Teilmenge des $\mathbb{R}^m$ besitzt mindestens einen Häufungspunkt.

4.3 Invarianten stetiger Abbildungen, Mittelwertsatz, Zwischenwertsatz

Welche Eigenschaften des Urbildraumes übertragen sich bei einer stetigen Abbildung auf die Bildmenge? (Invarianten !) (Geben Sie zwei solcher Eigenschaften an!)

(a) **Kompaktheitstreue** *stetiger Abbildungen*
Sind E und $\hat{E}$ metrische Räume und ist $f : E \to \hat{E}$ stetig, so folgt aus der Kompaktheit von E diejenige von $f(E)$.
Beweisskizze: Ist $(\hat{U}_i)_{i\in\mathfrak{I}}$ offene Überdeckung von $f(E)$, so ist $(f^{-1}(\hat{U}_i))_{i\in\mathfrak{I}}$ eine offene (!) Überdeckung von E; zu ihr gibt es eine endliche Teilüberdeckung $f^{-1}(\hat{U}_{i_1}), \ldots, f^{-1}(\hat{U}_{i_n})$. Daher ist $\hat{U}_{i_1}, \ldots, \hat{U}_{i_n}$ eine endliche Teilüberdeckung von $f(E)$.
Anmerkung: Ist $f : E \to \hat{E}$ bijektiv und stetig und E kompakt, so ist auch f^{-1} stetig.
Beweis: f^{-1} existiert; ist A abgeschlossen in E, so A kompakt, damit $f(A)$ kompakt, also abgeschlossen in $\hat{E}$; folglich ist f^{-1} stetig. □

(b) **Zusammenhangstreue** *stetiger Abbildungen*
Sind E und $\hat{E}$ metrische Räume, und ist $f : E \to \hat{E}$ stetig, so folgt aus dem Zusammenhang von E auch derjenige von $f(E)$.
Dabei heißt E *zusammenhängend*, wenn aus $E = G \cup H$ mit $G \cap H = \emptyset$ und G, H offen in E folgt, daß $G = \emptyset$ oder $H = \emptyset$ ist.
Beweis: $f(E) = \tilde{A}_1 \dot{\cup} \tilde{A}_2$ und $\tilde{A}_i$ offen $\Rightarrow E = f^{-1}(\tilde{A}_1) \dot{\cup} f^{-1}(\tilde{A}_2)$ und $f^{-1}(\tilde{A}_i)$ offen $\Rightarrow \tilde{A}_1 = \emptyset \vee \tilde{A}_2 = \emptyset$. □

(a) Wie folgt aus der Kompaktheitstreue stetiger Funktionen und dem Satz von Heine-Borel-Lebesgues
(i) der Satz vom absoluten Maximum und Minimum
(ii) der Satz von Rolle und
(iii) der Mittelwertsatz ?

(b) Wie ergibt sich aus der Zusammenhangstreue stetiger Funktionen und der Charakterisierung der zusammenhängenden Teilmengen von $\mathbb{R}$
(i) der Zwischenwertsatz
(ii) die Existenz von Nullstellen bei reellen Polynomen ungeraden Grades
(iii) die Existenz von reellen Eigenwerten bei rellen Matrizen ungerader Reihenzahl?

Antworten siehe die Diagramme! Kommentare, die das Diagramm zu a) betreffen:

1) Nach dem Satz von Heine–Borel–Lebesgues ist $[a,b]$ kompakt, wegen der Kompaktheitstreue von f daher auch $f([a,b])$. Weil daher $f([a,b])$ beschränkt ist, existieren $M = \sup f([a,b])$ und $m = \inf f([a,b])$. Da $f([a,b])$ abgeschlossen ist, werden M und m auch als Bildwerte von f angenommen.

2) Wie bei 1) existieren $M = \max f[a,b])$ und $m = \min f[a,b])$, insbesondere ξ_1, ξ_2 aus $[a,b]$ mit $M = f(\xi_1)$ und $m = f(\xi_2)$. Ist $M = m$, so ist f konstant und $f'(x) = 0$ für $x \in [a,b]$ beliebig. Ist $M \neq m$, so ist ξ_1 oder ξ_2 innerer Punkt (wegen $f(a) = f(b)$). Ist o.B.d.A. $\xi_1 \in (a,b)$, so handelt es sich um ein lokales Extremum im Innern des Intervalls; dort ist f differenzierbar. Daher gilt $f'(\xi_1) = 0$ nach dem Satz von lokalen Extremum. (Vgl. Bild 4.6a).

a)

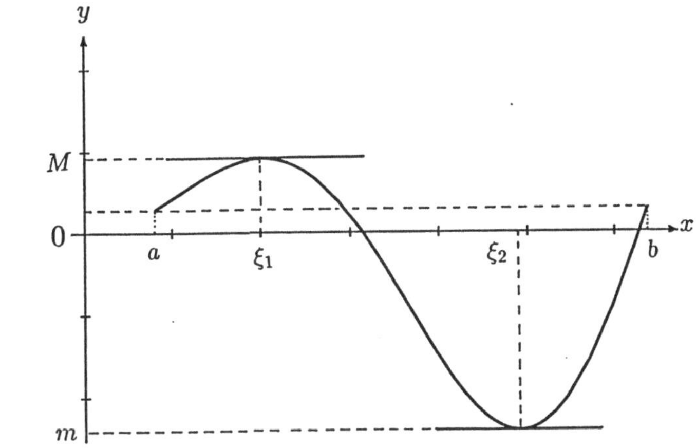

b)

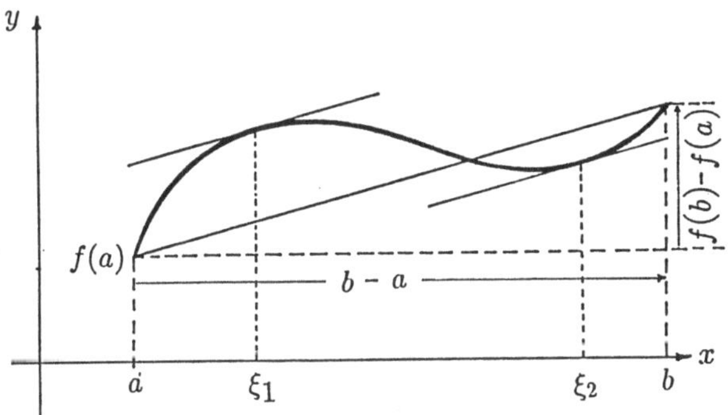

Bild 4.6 Zum Satz von Rolle (a) und zum Mittelwertsatz (b)

3) Da der Satz von Rolle ein Spezialfall des Mittelwertsatzes ist, braucht nur noch der MWS aus dem Satz von Rolle hergeleitet werden. Dies geschieht durch eine Transformation:
Die Funktion $g : [a, b] \to I\!R$ mit $g(x) := f(x) - [f(b) - f(a)]/[b - a] \cdot (x - a)$ erfüllt die Voraussetzungen des Satzes von Rolle; außerdem gilt:

$$0 = g'(\xi) = f'(\xi) - \frac{f(b)-f(a)}{b-a}.$$

Antworten zu a)

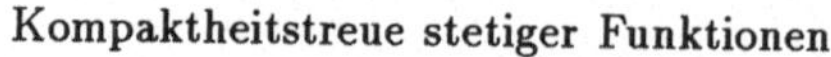

Kompaktheitstreue stetiger Funktionen

Satz von Heine-Borel-Lebesgues
Genau die beschränkten und abgeschlossenen Teilmengen von $I\!R^m$ sind die kompakten Teilmengen von $I\!R^m$.

1)

Satz vom absoluten Maximum und Minimum
Jede stetige reelle Funktion auf einem kompakten metrischen Raum besitzt mindestens ein absolutes Maximum und Minimum.

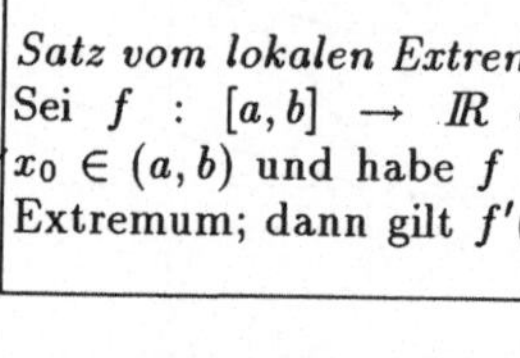

Satz vom lokalen Extremum (s. § 4.5)
Sei $f : [a, b] \to I\!R$ differenzierbar in $x_0 \in (a, b)$ und habe f bei x_0 ein lokales Extremum; dann gilt $f'(x_0) = 0$.

2)

Satz von Rolle
Ist $f : [a, b] \to I\!R$ stetig auf $[a, b]$, differenzierbar auf (a, b) und gilt $f(a) = f(b)$, so existiert ein $\xi \in (a, b) : \; f'(\xi) = 0$.

3)

Mittelwertsatz (MWS)
Ist $f : [a, b] \to I\!R$ stetig auf $[a, b]$ und differenzierbar auf (a, b), so existiert ein $\xi \in (a, b) : \frac{f(b)-f(a)}{b-a} = f'(\xi)$ bzw. ein $\vartheta \in (0, 1)$ mit $f(a + h) = f(a) + hf'(a + \vartheta h)$

Antwort auf b)

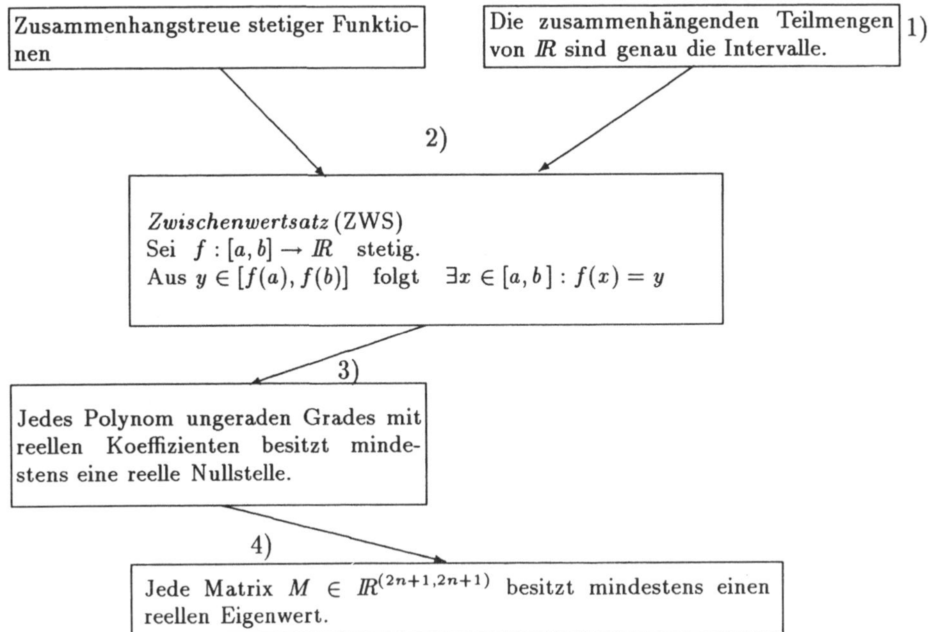

Kommentare, die das Diagramm zu b) betreffen:

1) Siehe z.B. Heuser II, p. 236

2) Ist $f : \Im \to I\!R$ stetig auf dem Intervall $\Im$, so ist mit $\Im$ auch $f(\Im)$ zusammenhängend, also Intervall in $I\!R$; daraus folgt

$$[f(a), f(b)] \subseteq f([a,b]),$$ s. Bild 4.7.

Anmerkung: Neben $f(\Im)$ ist auf $G_f = \{(x, f(x)) \mid x \in \Im\}$ zusammenhängend; denn mit f ist auch $\hat{f}$ mit $x \longmapsto (x, f(x))$ stetig.

Ein elementarer Beweis des Zwischenwertsatzes benutzt den **Nullstellensatz von Bolzano** :

Ist $f : [a,b] \to I\!R$ stetig und gilt $f(a) < 0$ sowie $f(b) > 0$, so besitzt f mindestens eine Nullstelle.

Beweisidee: Man betrachtet $A = \{x \in [a,b] : f(x) \leq 0\}$. Es ist $\xi := \sup A$ Häufungspunkt von A und damit $f(\xi) \leq 0$ (Folgenstetigkeit!). Es folgt $f(\xi) = 0$. Alternativer Beweis: Konstruktion einer geeigneten Intervallschachtelung.□

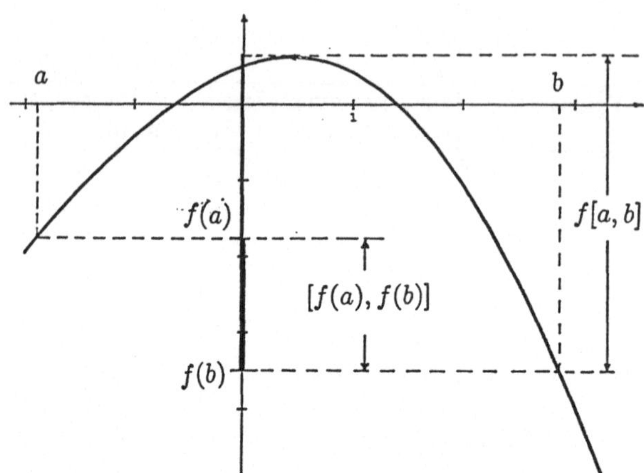

Bild 4.7 Zum Zwischenwertsatz

3) Sei $p(x) = \sum_{i=0}^{n} a_i x^i$ gegeben, o. B. d. A. $a_n = 1$. Dann folgt $\lim\limits_{x\to\pm\infty} \frac{p(x)}{x^n} = 1$; wegen n ungerade existiert ein c mit $p(c) > 0$ und $p(-c) < 0$. Nach dem ZWS gibt es eine Nullstelle.

4) Das charakteristische Polynom $\chi(M)$ der $(2n+1, 2n+1)$– Matrix M ist ein Polynom vom Grad $2n+1$, hat damit mindestens eine Nullstelle. Da die Nullstellenmenge von $\chi(M)$ genau die Eigenwerte von M enthält, ergibt sich die Behauptung.

Weitere Anwendungsbeispiele für den Zwischenwertsatz: Integralmittelwertsatz (s. § 4.7) sowie der
Browerscher Fixpunktsatz (1-dim Version):
Sei $f : [0,1] \to [0,1]$ stetig; dann gibt es ein $\xi \in [0,1]$ mit $f(\xi) = \xi$.
Beweisidee: Anwendung des Zwischenwertsatzes auf g mit $g(x) = x - f(x)$. □

4.4 Reihen in normierten Räumen

Geben Sie die Definition und Beispiele für **normierte Räume** an !

(i) Definition: *Normierter Raum*
Sei V ein $I\!K$-Vektorraum (mit $I\!K \in \{I\!R, \mathbb{C}\}$) und $\|\cdot\|$ mit $\mathbf{x} \mapsto \|\mathbf{x}\|$ eine Abbildung von V in $I\!R$. Dann heißt V ein normierter Raum mit Norm $\|\cdot\|$, wenn für alle $\mathbf{x}, \mathbf{y} \in V$, $\lambda \in I\!K$ gilt:

(1) Strenge positive Definitheit: $\|\mathbf{x}\| \geq 0$ und $\|\mathbf{x}\| = 0 \Longleftrightarrow \mathbf{x} = 0$

(2) Positive Homogenität: $\|\lambda \mathbf{x}\| = |\lambda| \, \|\mathbf{x}\|$

(3) Dreiecksungleichung: $\|\mathbf{x}+\mathbf{y}\| \leq \|\mathbf{x}\| + \|\mathbf{y}\|$

Anmerkungen:

a) Jeder normierte Raum V ist auch ein metrischer Raum bzgl. der „induzierten Metrik" $d(\mathbf{x},\mathbf{y}) := \|\mathbf{x} - \mathbf{y}\|$.
Die Umkehrung gilt nur, wenn d "translationsinvariant" und "positiv homogen" ist. Beispiel eines metrischen Raumes, der nicht von einem normierten Raum induziert wird: Menge, auf der keine Vektorraumstruktur erklärt ist, mit "diskreter Metrik" $d(x,y) = 1$ für $x \neq y$, $d(x,x) = 0$.

b) Man kann zeigen, daß $\|\cdot\|$ (bzgl. der induzierten Metrik auf V) eine gleichmäßig stetige reelle Abbildung ist.

c) Ein **Banachraum** ist definitionsgemäß ein CF-vollständiger normierter Raum, also ein normierter Raum, in dem jede Cauchy-Folge konvergiert. Ein *Hilbertraum* ist ein Banachraum, dessen Norm von einem Skalarprodukt herrührt: $\|x\| := \sqrt{\Phi(\mathbf{x},\mathbf{x})}$, s. §1.6. .

(ii) *Beispiele normierter Räume:*

1. $V = \mathbb{R}^n$ mit $\|(\xi_1,\ldots,\xi_n)\|_2 := \sqrt{\sum\limits_{i=1}^{n} \xi_i{}^2}$ (euklidische Norm) ist Hilbertraum (vgl. §1.6, siehe auch §4.2).
Spezialfall $n = 1$: $(\mathbb{R}, |\cdot|)$ reelle Zahlengerade

2. $V = \mathbb{C}^n$ mit $\|(z_1,\ldots,z_n)\|_2 := \sqrt{\sum\limits_{i=1}^{n} |z_i|^2}$ (unitäre Norm) ist ebenfalls Hilbertraum.

3. $V = \mathbb{R}^n$ mit $\|(\xi_1,\ldots,\xi_n)\|_p := (\sum\limits_{i=1}^{n} |\xi_i|^p)^{\frac{1}{p}}$, s. Bild 4.8, vgl. §4.2.

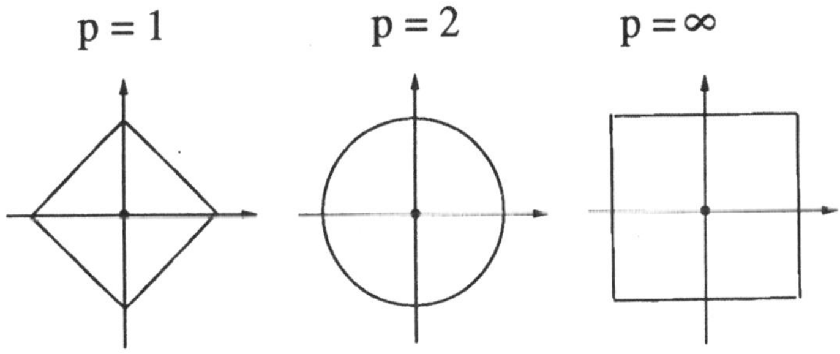

Bild 4.8 ϵ-Umgebungen der Null in $(\mathbb{R}^2, \|\,\|_p)$ für $p = 1$, $p = 2$, $p = \infty$

Anmerkung: Man kann zeigen, daß je zwei Normen des $\mathbb{R}^n$ (als $\mathbb{R}-VR$) „äquivalent" sind; s.z.B. S. Lang I oder H. Heuser II p.19. Ferner ist Konvergenz in $\mathbb{R}^n$ gleichbedeutend mit komponentenweiser Konvergenz.

4. $V = \mathcal{B}(X, \mathbb{K})$ (Raum der beschränkten $\mathbb{K}$-wertigen Funktionen auf X, s. §1.1 Bsp.7, §4.2 Bsp.c und §4.4 Bsp.c) mit beliebiger Menge $X \neq \emptyset$ und
$\|f\|_\infty := \sup\limits_{x \in X} |f(x)|$ (sup-Norm, Norm der gleichmäßigen Approximation, oder auch Tschebyscheff-Norm genannt). $\mathcal{B}(X, \mathbb{K})$ ist bzgl. dieser (kanonischen) Norm Banachraum.
Spezialfall: (Man subsumiert diesen Fall unter $\| \|_p$ für $p =$ "∞"):
$V = \mathbb{R}^n$ mit $\|(\xi_1, \ldots, \xi_n)\|_\infty := \max\limits_{i=1,\ldots,n} |\xi_i|$ (Maximumsnorm)

5. $V = \mathcal{C}_b(F; \mathbb{K})$ mit metrischem Raum $F \neq \emptyset$ (s. §1.1 Bsp.7) und sup-Norm ist Banachraum; d.h.: *Gleichmäßig konvergente Folgen stetiger beschränkter Funktionen konvergieren gegen stetige beschränkte Funktionen.*

6. $V = \mathfrak{c}_{\mathbb{K}}$ Raum der konvergenten Folgen in $\mathbb{K}$ mit sup-Norm ist Banachraum.

7. Der Hilbertsche Folgenraum (s. §1.6 Bsp. b) ist Hilbertraum.

8. ** $\mathrm{Hom}_{\mathbb{R}}((\mathbb{R}^n, \mathbb{R}^m)$ (s. §1.1 Bsp.9) mit $\|A\| = \sup\limits_{\mathbf{x} \in U_1(\mathbf{0}) \subseteq \mathbb{R}^n} \|A(\mathbf{x})\|_{\mathbb{R}^m}$

   ist Banachraum (s.z.B. Simmons, Introduction to Topology and modern Analysis).

9. $\mathcal{C}([a, b], \mathbb{R})$ mit der vom Skalarprodukt $\Phi(f, g) := \int\limits_a^b f(t)g(t)dt$ (vgl. §1.6 und §4.2) induzierten Norm ist nicht vollständig (im Gegensatz zu $\mathcal{C}([a, b], \mathbb{R})$ mit sup-Norm, s.5.), also kein Banachraum und insbesondere kein Hilbertraum. (Dies gibt unter anderem Anlaß zur Betrachtung der Räume L^p in der Funktionalanalysis.)

Was versteht man unter der Konvergenz, was unter der absoluten **Konvergenz einer Reihe** in einem normierten Raum? Wie hängen diese beiden Konvergenzbegriffe zusammen?

(i) *Definitionen:*

Sei $(a_\nu)_{\nu \in \mathbb{N}}$ Folge in einem normierten Raum und $s_n := \sum\limits_{\nu=0}^{n} a_\nu$; dann heißt die Folge $(s_n)_{n \in \mathbb{N}}$ der Partialsummen (Teilsummen) die *Reihe* mit den Gliedern a_ν. Bezeichnung: $\sum\limits_{\nu=0}^{\infty} a_\nu$.

Ist $(s_n)_{n \in \mathbb{N}}$ als Folge konvergent mit $\lim\limits_{n \to \infty} s_n = s$, so heißt die Reihe *konvergent* gegen s, im Zeichen $\sum_{\nu=0}^{\infty} a_\nu = s$, andernfalls *divergent*.

Die Reihe $\sum_{\nu=0}^{\infty} a_\nu$ heißt *absolut konvergent*, falls die Reihe $\sum_{\nu=0}^{\infty} \|a_\nu\|$ konvergiert.

Beispiele: 1) Die geometrische Reihe $\sum_{\nu=0}^{\infty} q^\nu$ divergiert für $|q| \geq 1$, konvergiert absolut für $|q| < 1$: Ist $|q| \geq 1$, so bilden die Glieder keine Nullfolge. Dies ist aber zur Konvergenz nötig. Ist $|q| < 1$, so gilt $\sum_{\nu=0}^{\infty} q^\nu = \frac{1}{1-q}$ wegen $s_n = 1 + q + q^2 + \ldots + q^n = \frac{1-q^{n-1}}{1-q}$.
Beweis durch Multiplikation von s_n mit $(1-q)$.

2) $\sum_{\nu=-1}^{\infty} \frac{9}{10^\nu} = 100$ ($\rightarrow$ Achill und die Schildkröte im Falle, daß Achill 10 mal so schnell läuft wie die Schildkröte und diese 90m Vorsprung hat; vgl. Telekolleg Mathematik)

(ii) *Jede absolut konvergente Reihe ist konvergent.*
Beweis mit Cauchy-Kriterium für (s_n) (s.u.) und Dreiecksungleichung.

Anmerkung:

Die Umkehrung von (ii) ist falsch. Beispiel:
$\sum_{\nu=1}^{\infty} (-1)^\nu \frac{1}{\nu}$ ist konvergent (Leibnitzkriterium, s.u.), die *harmonische Reihe* $\sum_{\nu=1}^{\infty} \frac{1}{\nu}$ divergent.
Beweis der Divergenz der harmonischen Reihe:

$$s_{2^k} = 1 + \tfrac{1}{2} + (\tfrac{1}{3} + \tfrac{1}{2^2}) + (\tfrac{1}{2^2+1} + \ldots + \tfrac{1}{2^3}) + \ldots + (\tfrac{1}{2^{k-1}+1} + \ldots + \tfrac{1}{2^k})$$
$$> \tfrac{1}{2} + \tfrac{2}{2^2} + \tfrac{2^3-2^2}{2^3} + \ldots + \tfrac{2^k-2^{k-1}}{2^k} = \tfrac{1}{2} + \tfrac{1}{2} + \tfrac{2^2}{2^3} + \ldots + \tfrac{2^{k-1}}{2^k} = \tfrac{1}{2} \cdot k;$$

dies zeigt, daß (s_n) unbeschränkt und damit nicht konvergent ist. □

Welche Rechengesetze (z.B. für Addition, Multiplikation, Zusammenfassen von Gliedern, Umordnung) gelten für Reihen? (Ohne Beweis).

Konvergente Reihen darf man gliedweise addieren, subtrahieren oder mit einer Konstanten multiplizieren; also: $\sum_{\nu=0}^{\infty} (a_\nu \pm b_\nu) = \sum_{\nu=0}^{\infty} a_\nu \pm \sum_{\nu=0}^{\infty} b_\nu$ und $\sum_{\nu=0}^{\infty} k\, a_\nu = k \sum_{\nu=0}^{\infty} a_\nu$. Konvergieren die reellen (oder komplexen) Reihen $\sum_{\nu=0}^{\infty} a_\nu = s$ und $\sum_{\nu=0}^{\infty} b_\nu = t$, dabei $\sum_{\nu=0}^{\infty} a_\nu$ absolut, so konvergiert auch $\sum_{\nu=0}^{\infty} c_\nu$ mit $c_\nu = \sum_{\mu=0}^{\nu} a_\mu b_{\nu-\mu}$ (Cauchy-Produkt, Faltung), und zwar gegen $s \cdot t$. Auch das Zusammenfassen von Gliedern ist bei konvergenten Reihen erlaubt, ohne daß sich der Grenzwert ändert. Genau die absolut konvergenten Reihen sind auch *unbedingt konvergent*, d.h. Reihen, bei denen jede ihrer Umordnung ebenfalls konvergent ist; (s. z.B. Heuser, Lehrbuch der Analysis 1, p. 197 u. 202).

Gehen Sie auf das **Wurzelkriterium** und das **Quotientenkriterium** für die Konvergenz von Reihen in Banachräumen ein (mit Beweis), und vergleichen Sie die Trennschärfe zwischen Konvergenz und Divergenz!

1. *Wurzelkriterium*

   (i) Gilt $\overline{\lim\limits_{\nu\to\infty}} \sqrt[\nu]{\| a_\nu \|} < 1$, so ist $\sum\limits_{\nu=0}^{\infty} a_\nu$ absolut konvergent.
   (Es reicht der Nachweis von $\sqrt[\nu]{\| a_\nu \|} \leq q < 1$ für alle $\nu \geq \nu_0$).

   (ii) Ist $\overline{\lim\limits_{\nu\to\infty}} \sqrt[\nu]{\| a_\nu \|} > 1$, so divergiert die Reihe.

   Beweisskizze:
   Mit $\sqrt[\nu]{\| a_\nu \|} \leq q < 1$ gilt $\| a_\nu \| \leq q^\nu$ für fast alle ν; das Vergleichskriterium (s.u.) und die absolute Konvergenz von $\sum\limits_{\nu=0}^{\infty} q^\nu$ (s.o.) zeigen die absolute Konvergenz von $\sum\limits_{\nu=0}^{\infty} a_\nu$. Ist hingegen $\overline{\lim\limits_{\nu\to\infty}} \sqrt[\nu]{\| a_\nu \|} = s > 1$, so existiert eine Teilfolge $(a_{\nu_\mu})_{\mu\in\mathbb{N}}$ mit $a_{\nu_\mu} \geq 1$, und $(a_\nu)_{\nu\in\mathbb{N}}$ kann nicht gegen 0 konvergieren. □

   Beispiele:

   a) $\sum\limits_{\nu=1}^{\infty} \frac{\nu}{(\ln\nu)^\nu}$ konvergiert wegen $\lim\limits_{\nu\to\infty} \sqrt[\nu]{\frac{\nu}{(\ln\nu)^\nu}} = \lim\limits_{\nu\to\infty} \frac{\sqrt[\nu]{\nu}}{\ln\nu} = 0 < 1$.
   (Man beachte $\lim\limits_{\nu\to\infty} \sqrt[\nu]{\nu} = 1$.)

   b) $\sum\limits_{\nu=0}^{\infty} a_\nu q^\nu$ mit $a_\nu = \begin{cases} 1 & \text{für } \nu \text{ gerade} \\ 2 & \text{für } \nu \text{ ungerade} \end{cases}$ konvergiert absolut für $|q| < 1$.

   und divergiert für $|q| \geq 1$. Denn $\overline{\lim\limits_{\nu\to\infty}} \left\{ \sqrt[2\nu]{|q|^{2\nu}},\ \sqrt[2\nu+1]{2\cdot |q|^{2\nu+1}} \right\}$ ist gleich $|q|$. Für $|q| = 1$ bilden die Reihenglieder keine Nullfolge.

   c) Die *Dezimalbrüche*
   $$a_n \ldots a_0, a_{-1}a_{-2}a_{-3} \ldots = \sum_{\nu=0}^{n} a_\nu 10^\nu + \sum_{\nu=1}^{\infty} a_{-\nu} 10^{-\nu}$$
   (mit beliebigen Folgen $(a_{n-i})_{i\in\mathbb{N}}$ und $a_\nu \in \{0, \ldots, 9\}$) konvergieren in $\mathbb{R}$ wegen $0 \leq \sqrt[\nu]{a_{-\nu} 10^{-\nu}} \leq \frac{1}{10}\sqrt[\nu]{9} \to \frac{1}{10}$.

2. *Quotientenkriterium*

   (i) Gilt $\overline{\lim\limits_{\nu\to\infty}} \frac{\|a_{\nu+1}\|}{\|a_\nu\|} < 1$, so konvergiert $\sum\limits_{\nu=0}^{\infty} a_\nu$ absolut.

   (ii) Die Reihe divergiert, falls $\underline{\lim} \frac{\|a_{\nu+1}\|}{\|a_\nu\|} \geq 1$ ist (also für fast alle ν gilt $\frac{\|a_{\nu+1}\|}{\|a_\nu\|} \geq 1$).

Beweisskizze:

(i) Ist $\overline{\lim}\frac{\|a_{\nu+1}\|}{\|a_\nu\|} < 1$, so gibt es ein $q \in \mathbb{R}$ und ein $\nu_0 \in \mathbb{N}$ mit $\frac{\|a_{\nu+1}\|}{\|a_\nu\|} \leq q < 1$ für alle $\nu \geq \nu_0$. Durch vollständige Induktion folgt $\| a_\nu \| \leq q^{\nu-\nu_0} \| a_{\nu_0} \|$. Aus der Konvergenz der geometrischen Reihe ergibt sich die (absolute) Konvergenz von $\sum\limits_{\nu=0}^{\infty} q^\nu \frac{\| a_{\nu_0} \|}{q^{\nu_0}}$ und mit dem Vergleichskriterium diejenige von $\sum\limits_{\nu=0}^{\infty} \| a_\nu \|$.

(ii) Gilt für alle $\nu \geq \nu_0$ die Beziehung $\frac{\|a_{\nu+1}\|}{\|a_\nu\|} \geq 1$, so kann $(a_\nu)_{\nu\in\mathbb{N}}$ keine Nullfolge sein. □

Beispiele:

a) Für $\sum\limits_{\nu=1}^{\infty} \frac{\nu}{(\ln\nu)^\nu}$ gilt $\frac{\|a_{\nu+1}\|}{\|a_\nu\|} = \frac{(\nu+1)(\ln\nu)^\nu}{\nu(\ln(\nu+1))^{\nu+1}} \leq \frac{\nu+1}{\nu} \cdot \frac{1}{\ln(\nu+1)} \to 0$; auch das Quotientenkriterium zeigt uns, wie das Wurzelkriterium, die Konvergenz der Reihe.

b) Für $\sum\limits_{\nu=0}^{\infty} a_\nu q^\nu$ mit $a_\nu = 1$ bzw. 2 (s. Bsp. b) zum Wurzelkriterium) gilt $\overline{\lim}\frac{|a_{\nu+1}|}{|a_\nu|} = \overline{\lim} \left\{ \frac{2|q|^{2\nu+1}}{|q|^{2\nu}}, \frac{|q|^{2\nu+2}}{2|q|^{2\nu+1}} \right\} = \max\{2|q|, \frac{|q|}{2}\} = 2\,|\,q\,|$.
Für $|\,q\,| \in [\frac{1}{2}, 1)$ gibt uns das Quotientenkriterium, im Gegensatz zum Wurzelkriterium, keine Information.

3. *Vergleich*
Beim Wurzelkriterium gibt es lediglich im Fall $\overline{\lim\limits_{\nu\to\infty}} \sqrt[\nu]{\|a_\nu\|} = 1$ keine Information; beim Quotientenkriterium "klafft" hingegen in der Aussagekraft eine Lücke zwischen $\overline{\lim}\frac{\|a_{\nu+1}\|}{\|a_\nu\|} < 1$ und $\underline{\lim}\frac{\|a_{\nu+1}\|}{\|a_\nu\|} \geq 1$; vgl. dazu Beispiel b) zu beiden Kriterien.

4. *Anmerkung*:
Dies hat zur Konsequenz, daß zur Bestimmung des Konvergenzradius einer Potenzreihe meist das Wurzelkriterium herangezogen wird, obwohl - in gewissen Bereichen - auch das Quotientenkriterium Informationen lieferte.

Geben Sie (ohne Beweis) weitere wichtige **Konvergenzkriterien** für Reihen an !

(i) *Cauchy-Kriterium*
In einem Banachraum ist $\sum\limits_{\nu=0}^{\infty} a_\nu$ genau dann konvergent, wenn die Teilsummen eine Cauchy-Folge bilden, d.h.

$$\forall \varepsilon > 0 \; \exists n_0 \; \forall m > n \geq n_0 : \; \| \sum_{\nu=n+1}^{m} a_\nu \| < \varepsilon .$$

(Beweis über die CF-Vollständigkeit und das Cauchy-Kriterium für Folgen.)

(ii) *Monotonie-Kriterium* (für Reihen über $\mathbb{R}$)
Eine Reihe $\sum_{\nu=0}^{\infty} a_\nu$ mit *nicht-negativen reellen* Gliedern konvergiert genau dann, wenn die Folge ihrer Teilsummen beschränkt ist. *Beispiel:* $\sum_{\nu=1}^{\infty} \frac{a_\nu}{10^\nu}$ mit a_ν aus $\{0, \ldots 9\}$ *(Dezimalbruch)* konvergiert wegen $\sum_{\nu=1}^{n} \frac{a_\nu}{10^\nu} < 1$ für alle $n \in \mathbb{N}^*$.

(iii) *Leibnizkriterium* (für alternierende Reihen über $\mathbb{R}$)
Ist $(a_\nu)_{\nu \in \mathbb{N}}$ eine reelle monoton fallende Nullfolge, so ist die "alternierende" Reihe $\sum_{\nu=0}^{\infty} (-1)^\nu a_\nu$ konvergent. *Beispiel:* $\sum_{\nu=1}^{\infty} (-1)^\nu \frac{1}{\nu}$.

(iv) *Vergleichskriterien :*

1. *Majorantenkriterium:*
Ist in einem Banachraum $\sum_{\nu=0}^{\infty} b_\nu$ absolut konvergente Reihe und gilt $\|a_\nu\| \leq \|b_\nu\|$ für alle ν ab einem n_0, dann ist auch $\sum_{\nu=0}^{\infty} a_\nu$ absolut konvergent. Daraus folgt sofort:
2. *Minorantenkriterium* (für Reihen über $\mathbb{R}$):
Ist $\sum_{\nu=0}^{\infty} a_\nu$ divergent und $0 \leq a_\nu \leq b_\nu$ für alle $\nu \geq n_0$, dann divergiert auch $\sum_{\nu=0}^{\infty} b_\nu$.
Beispiel:
$\sum_{k=1}^{\infty} \frac{1}{\sqrt[3]{k(k+1)(k+2)}}$ divergiert wegen $\frac{1}{\sqrt[3]{k(k+1)(k+2)}} \geq \frac{1}{\sqrt[3]{(k+2)^3}}$ und der Divergenz der harmonischen Reihe.
3. *Grenzwertkriterium* (für Reihen über $\mathbb{R}$):
Sind $a_\nu, b_\nu \geq 0$ und gilt $\lim_{\nu \to \infty} \frac{a_\nu}{b_\nu} = c > 0$, so haben $\sum_{\nu=0}^{\infty} a_\nu$ und $\sum_{\nu=0}^{\infty} b_\nu$ das gleiche Konvergenzverhalten.

(v) *Cauchy'scher Verdichtungssatz (für Reihen über $\mathbb{R}$)*
Ist (a_ν) eine monoton fallende Folge nicht negativer Zahlen, so gilt: $\sum_{\nu=0}^{\infty} a_\nu$ ist konvergent genau dann, wenn $\sum_{\nu=0}^{\infty} 2^\nu a_{2^\nu}$ konvergiert.

(vi) *Integralkriterium (für Reihen über $\mathbb{R}$)*
Sei $f : [m, +\infty) \to \mathbb{R}$ positive monoton fallende Funktion (mit $m \in \mathbb{N}$); dann gilt:

$$\sum_{\nu=m}^{\infty} f(\nu) \text{ konvergiert genau dann, wenn } \int_m^{\infty} f(t)dt \text{ konvergiert.}$$

Beweisidee:
$f(\nu) \geq f(x) \geq f(\nu+1)$ für alle $x \in [\nu, \nu+1] \Rightarrow f(\nu) \geq \int\limits_{\nu}^{\nu+1} f(t)dt \geq f(\nu+1)$

$\Rightarrow \sum\limits_{\nu=m}^{n} f(\nu) \geq \int\limits_{m}^{n+1} f(t)dt \geq \sum\limits_{\nu=m+1}^{n+1} f(\nu)$. Nach den Monotoniekriterien für uneigentliche Integrale mit nicht-negativem Integranden und für Reihen folgt die Behauptung.

Beispiele:

1. $f(t) = \frac{1}{t}$: Es ist $\sum\limits_{1}^{\infty} \frac{1}{\nu}$ divergent, da $\int\limits_{1}^{x} \frac{1}{t} dt = \ln x$ für $x \to \infty$ divergiert.
2. $f(t) = \frac{1}{t^\alpha}$ mit $0 \leq \alpha \neq 1$: $\sum\limits_{\nu=1}^{\infty} \frac{1}{\nu^\alpha}$ konvergiert genau für $\alpha > 1$, da
$$\int\limits_{1}^{x} \frac{1}{t^\alpha} dt = \frac{1}{1-\alpha} t^{1-\alpha}\Big|_1^x = \frac{1}{1-\alpha}(x^{1-\alpha} - 1)$$
für $1 - \alpha < 0$ konvergiert, für $1 - \alpha > 0$ divergiert.

Weitere Kriterien s. z.B. Heuser, Lehrbuch der Analysis I, §33.

Was versteht man unter einer (reellen oder komplexen) **Potenzreihe** ? Geben Sie Beispiele an!

Sei $(a_\nu)_{\nu \in \mathbb{N}}$ eine Folge über $\mathbb{K}$ (mit $\mathbb{K} \in \{\mathbb{R}, \mathbb{C}\}$) und $z_0 \in \mathbb{K}$. Dann heißt $\sum\limits_{\nu=0}^{\infty} a_\nu (z - z_0)^\nu$ (formale) *Potenzreihe* um z_0 mit Koeffizienten a_ν; dabei wird z als Variable aufgefaßt. Oft wird auch die Funktion
$f : \{z \in \mathbb{K} \mid \sum\limits_{\nu=0}^{\infty} a_\nu (z - z_0)^\nu$ konvergent $\} \to \mathbb{K}$ mit $z \mapsto \sum\limits_{\nu=0}^{\infty} a_\nu (z - z_0)^\nu$ als Potenzreihe bezeichnet.

Beispiele:

1. $f : \mathbb{R} \to \mathbb{R}$ mit $x \mapsto \sum\limits_{\nu=0}^{\infty} \frac{x^\nu}{\nu!}$ konvergiert nach dem Quotientenkriterium wegen $\left| \frac{x^{\nu+1}}{(\nu+1)!} : \frac{x^\nu}{\nu!} \right| = \frac{|x|}{\nu+1} \to 0$ auf ganz $\mathbb{R}$. Die Funktion f ist stetig und genügt (s. Anwendung der Produktregel für Reihen) der Funktionalgleichung
$$f(x_1 + x_2) = f(x_1) \cdot f(x_2)\,.$$
Es handelt sich daher bei f um eine Potenzfunktion; in der Tat ist f die *Exponentialfunktion* exp : $x \mapsto e^x$ in Potenzreihendarstellung (s.u.). Ihre analytische Fortsetzung auf ganz $\mathbb{C}$ existiert:
$$\exp : \mathbb{C} \to \mathbb{C} \text{ mit } z \mapsto \sum_{\nu=0}^{\infty} \frac{z^\nu}{\nu!}.$$
2. $g : \mathbb{R} \to \mathbb{R}$ mit $x \mapsto \sum\limits_{\nu=0}^{\infty} (-1)^\nu \frac{x^{2\nu+1}}{(2\nu+1)!}$ ist die Potenzreihendarstellung der *sin-Funktion*; auch sie kann auf $\mathbb{C}$ fortgesetzt werden.

3. $h : \mathbb{R} \to \mathbb{R}$ mit $x \mapsto \sum_{\nu=0}^{\infty} (-1)^\nu \frac{x^{2\nu}}{(2\nu)!}$ ist die Potenzreihendarstellung der *cos-Funktion*; wieder gibt es eine eindeutige Fortsetzung auf $\mathbb{C}$.

Welche Form hat der Konvergenzbereich einer Potenzreihe?

Die Konvergenzreihe $\sum_{\nu=0}^{\infty} a_\nu (z - z_0)^\nu$ konvergiert im komplexen Fall $(a_\nu, z_0, z \in \mathbb{C})$ im Innern einer Kreisscheibe der Gauß'schen Zahlenebene mit Mittelpunkt z_0 und Konvergenzradius $\rho = 1/\overline{\lim} \sqrt[\nu]{|a_\nu|}$ absolut, im reellen Fall $(a_\nu, z_0, z \in \mathbb{R})$ auf einer Strecke mit Mittelpunkt z_0 und Durchmesser 2ρ (s. Bild 4.9).
Auf dem Rand dieser Gebiete läßt sich keine allgemeingültige Aussage machen, außerhalb der Kreisscheibe bzw. der Strecke divergiert die Reihe.
Beweis:
Anwendung des Wurzelkriteriums ergibt Konvergenz für $\overline{\lim} \sqrt[\nu]{|a_\nu|}\, |z - z_0| < 1$, Divergenz für $\overline{\lim} \sqrt[\nu]{|a_\nu|}\, |z - z_0| > 1$. □

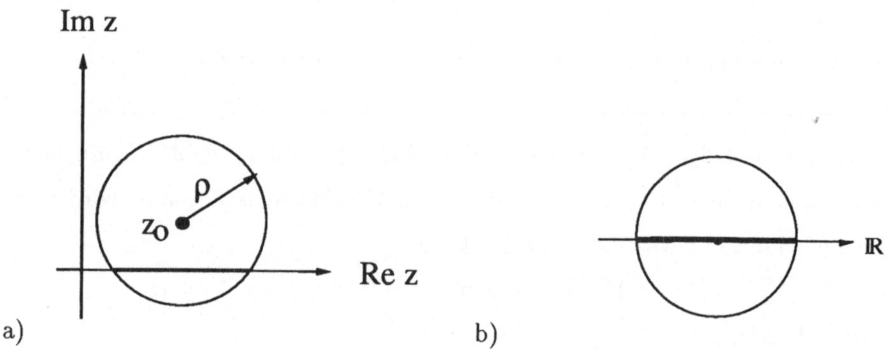

Bild 4.9 Konvergenzbereich einer Reihe
a) komplexer Fall: Kreis b) Einschränkung auf die reelle Zahlengerade: Intervall

Beispiel:
$\sum_{\nu=0}^{\infty} \frac{x^\nu}{\nu}$ konvergiert für $x \in [-1, 1)$; denn der Konvergenzradius ist $\rho = 1/\overline{\lim} \sqrt[\nu]{1/\nu} = 1$; die Randpunkte sind gesondert zu behandeln: $\sum \frac{(-1)^\nu}{\nu}$ konvergiert, $\sum \frac{1}{\nu}$ divergiert, s.o..
Anmerkung: Eine Potenzreihe konvergiert auf jeder kompakten Teilmenge ihres offenen Konvergenzkreises gleichmäßig .
Beweis-Andeutung: Die Betragsfunktion nimmt dann auf der betrachteten Teilmenge ihr Supremum an: $|z - z_0| \leq |b| < \rho$; die Reihe $\sum_{\nu=0}^{\infty} a_\nu b^\nu$ ist dann absolut konvergente Majorante. □

Ist eine reelle Potenzreihe auf ihrem offenen Konvergenzintervall differenzierbar, und wie sieht gegebenenfalls die Ableitung aus ?

Sei $\sum\limits_{\nu=0}^{\infty} a_\nu(x - x_\circ)^\nu$ Potenzreihe in $\mathbb{R}$ mit Konvergenzradius $\rho > 0$. Dann ist $f : (x_\circ - \rho, x_\circ + \rho) \to \mathbb{R}$ mit $x \mapsto \sum\limits_{\nu=0}^{\infty} a_\nu(x - x_\circ)^\nu$ differenzierbar mit Ableitung $f' : x \mapsto \sum\limits_{\nu=1}^{\infty} \nu a_\nu(x - x_\circ)^{\nu-1}$ (*gliedweise Differentiation*). Die abgeleitete Reihe hat den gleichen Konvergenzradius wie die ursprüngliche. Damit ist der Prozeß beliebig wiederholbar und die Reihe unendlich oft differenzierbar.
Amerkung zum Beweis: Dieser folgt aus dem allgemeinen Satz von der gliedweisen Differentiation einer Funktionenfolge (s. § 4.2).
Beispiele:

1. $\frac{de^x}{dx} = \frac{d}{dx}(\sum\limits_{\nu=0}^{\infty} \frac{x^\nu}{\nu!}) = \sum\limits_{\nu=0}^{\infty} \frac{d}{dx}\frac{x^\nu}{\nu!} = \sum\limits_{\nu=1}^{\infty} \frac{\nu}{\nu!}x^{\nu-1} = e^x$

2. Analog zeigt man $\frac{d}{dx}\sin x = \cos x$ und $\frac{d}{dx}\cos x = -\sin x$.

Anmerkungen:

1. Im komplexen Fall gilt ebenfalls, daß eine Potenzreihe im Innern ihres Konvergenzkreises differenzierbar („regulär") ist und die Ableitung durch gliedweise Differentiation erhalten wird.

2. Auch gliedweise Integration erhält den Konvergenzradius und führt zu einer Stammfunktion der Potenzreihe.

Behandeln Sie die Approximation einer auf $\mathfrak{I} = [a, b]$ definierten $(n + 1)$-mal differenzierbaren reellen Funktion durch ein **Taylorpolynom** vom Grad n bzw. einer beliebig oft differenzierbaren Funktion durch eine **Taylorreihe** (mit Beispielen)!

1.) Es gilt der *Satz von Taylor:*
Ist $f : \mathfrak{I} \to \mathbb{R}$ n-mal stetig differenzierbar auf $\mathfrak{I}$ und $(n + 1)$-mal differenzierbar auf (a, b), so gibt es für jedes $x \in \mathfrak{I} \setminus \{x_0\}$ ein $\xi \in (x, x_0)$ (bzw. $\xi(x_0, x)$) mit

$$f(x) = \underbrace{\sum_{\nu=0}^{n} \frac{f^{(\nu)}(x_0)}{\nu!}(x - x_0)^\nu}_{\text{n-tes Taylorpolynom}} + \underbrace{\frac{1}{(n+1)!}f^{(n+1)}(\xi)(x - x_0)^{n+1}}_{\text{Restglied } R_n(x)}$$

Anmerkungen:

1. Das n-te Taylorpolynom p_n approximiert $f(x)$; bis zur n-ten Ordnung stimmen alle Ableitungen von p_n und f an der Stelle x_0 überein. Das Polynom p_n ist in dem Sinne eine optimale Näherungsfunktion n-ten Grades, daß für die durch $r_n(x) = \frac{f(x)-p_n(x)}{(x-x_0)^\nu}$ auf $\Im \setminus \{x_0\}$ definierte Funktion $\lim\limits_{x\to x_0} r_n(x) = 0$ gilt. *Beweisidee:* Im Fall $n = 1$ gilt die Behauptung laut Definition von $f'(x_0)$, im Fall $n \geq 2$ durch mehrfache Anwendung der Regel von de l'Hospital.

2. Als Spezialfall für $n = 0$ erhält man für differenzierbare Funktionen $f(x) = f(x_0) + f'(\xi)(x - x_0)$ für ein ξ aus (x, x_0) bzw. (x_0, x), also den Mittelwertsatz, angewandt auf das Intervall mit den Grenzen x und x_0.

3. Für $n = 1$ ist das Taylorpolynom $f(x_0) + f'(x_0)(x - x_0)$, also gleich der affin-linearen Approximation von f im Punkt x_0 (Tangentengleichung)

4. Für das Restglied gilt auch $R_n(x) = \int\limits_{x_0}^{x} \frac{(x-t)^n}{n!} f^{(n+1)}(t)\,dt$ (Integral-Restglied).

Beweisskizze: Sei $R_n(x) := f(x) - p_n(x)$. Man betrachtet nun die die Funktion $g : \Im \to I\!R$ mit $t \mapsto g(t) = R_n(t) - \frac{R_n(x)}{(x-x_0)^{n+1}}(t - x_0)^{n+1}$. Für $t \in (a, b)$ erhält man

$$
\begin{aligned}
g^{(n+1)}(t) &= f^{(n+1)}(t) - p_n^{(n+1)}(t) - \frac{R_n(x)}{(x-x_0)^{n+1}}(n+1)! \\
&= f^{(n+1)}(t) - \frac{R_n(x)}{(x-x_0)^{n+1}}(n+1)!\ .
\end{aligned}
$$

Es reicht damit der Nachweis der Existenz eines $\xi \in (x, x_0)$ bzw. (x_0, x) mit $g^{(n+1)}(\xi) = 0$. Die Funktion g ist so gewählt, daß sich (neben der Berechenbarkeit von $R_n(x)$ aus $g^{(n+1)}(\xi) = 0$) der Satz von Rolle auf jede der Ableitungen $g^{(\ell)}$ anwenden läßt: $\forall \ell \in \{1, \ldots, n+1\}\ \exists x_\ell \in (x, x_0)$ (bzw. $x_\ell \in (x_0, x)$): $g^{(\ell)}(x_\ell) = 0$. (Beweis durch Induktion nach ℓ). □

2. *Korollar: Entwicklung in eine Taylorreihe. Ist $f : \Im \to I\!R$ beliebig oft differenzierbar und gilt $\lim\limits_{n\to\infty} R_n(x) = 0$ für alle $x \in \Im$, so konvergiert die Potenzreihe $\sum\limits_{\nu=0}^{\infty} \frac{f^{(\nu)}(x_0)}{\nu!}(x - x_0)^\nu$ (Taylorreihe) auf $\Im$ und zwar gegen f.*

Bedeutung: Im Falle $\lim\limits_{n\to\infty} R_n(x) = 0$ läßt sich also $f(x)$ beliebig genau approximieren, und zwar allein aus der Kenntnis der Ableitungen von f an der Stelle x_0.

Beispiele:

(i) $\Im = I\!R$, $f(x) = e^x$

$x_0 = 0: \ p_n(x) = \sum\limits_{\nu=0}^{n} \frac{e^0 x^\nu}{\nu!} \longrightarrow e^x = \sum\limits_{\nu=0}^{\infty} \frac{x^\nu}{\nu!}$ wegen $e^\xi x^{n+1}/(n+1)! \to 0$

$x_0 = 1: \ p_n(x) = \sum \frac{e^1}{\nu!}(x-1)^\nu \longrightarrow e^x = \sum\limits_{\nu=0}^{\infty} \frac{e}{\nu!}(x-1)^\nu.$

(ii) Auch die angegebenen Reihen von sin und cos stimmen mit den Taylorreihen dieser Funktionen überein.

(iii) $\Im = [0,1]$, $f(x) = \ell n(1+x)$, $x_0 = 0$: $\quad p_n(x) = \sum_{\nu=1}^{n} (-1)^{\nu-1}(\nu-1)!\frac{x^\nu}{\nu!}$

$R_n(x) = \frac{1}{(n+1)!}(-1)^n n! \frac{1}{(1+\vartheta x)^{n+1}} x^{n+1}$ mit $0 < \vartheta = \vartheta(x) < 1$.

Wegen $0 \le \frac{x}{1+\vartheta x} \le 1$ für $x \in [0,1]$ konvergiert $R_n(x)$ gegen 0.

Also:

$$\forall x \in [0,1]: \ \ell n(1+x) = \sum_{\nu=1}^{\infty} \frac{(-1)^{\nu-1}}{\nu} x^\nu .$$

Die Formel gilt sogar für $x \in (-1,1]$.) Die Potenzreihe konvergiert für $x > 1$ nicht, obwohl dort $\ell n(1+x)$ definiert ist.

Anmerkung: Selbst wenn die Taylorreihe einer Funktion f im Punkt x konvergiert, braucht sie nicht gegen $f(x)$ zu streben. (In diesem Fall ist $\lim_{n\to\infty} R_n(x) \neq 0$).

Beispiel:

Ist $f: \mathbb{R} \to \mathbb{R}$ mit $f(x) = e^{-\frac{1}{x^2}}$ für $x \neq 0$ und $f(0) = 0$, so gilt $f^{(n)}(0) = 0$ (Beweis durch vollständige Induktion). Die Taylorreihe ist also 0 und stellt daher f nicht dar.

4.5 Differenzierbarkeit in $\mathbb{R}^1$

Wie ist die Differenzierbarkeit einer reellen Funktion f im Punkt x_0 definiert?

Generalvoraussetzung: $\Im$ reelles Intervall, $x_0 \in \Im$, $\Im \setminus \{x_0\} \neq \emptyset$.

Definition: $f: \Im \to \mathbb{R}$ heißt **differenzierbar** in x_0, g.d.w. $\lim\limits_{\substack{x\to x_0\\ x\in\Im}} \frac{f(x)-f(x_0)}{x-x_0}$ in $\mathbb{R}$ existiert. Der Grenzwert $f'(x_0) := \frac{df(x)}{dx}\Big|_{x=x_0} := \lim\limits_{\substack{x\to x_0\\ x\in\Im}} \frac{f(x)-f(x_0)}{x-x_0}$ heißt *Ableitung* oder *Differentialquotient* von f an der Stelle x_0.

Beispiele:

Sei $f: \mathbb{R} \to \mathbb{R}$ mit $f(x) = x^n$ (für $n \in \mathbb{N}^*$). Dann gilt für jedes $x_0 \in \mathbb{R}$:

$$\frac{df(x)}{dx}\Big|_{x=x_0} := \lim_{x\to x_0} \frac{x^n - x_0^n}{x-x_0} = \lim_{x\to x_0} \sum_{j=0}^{n-1} x^j x_0^{n-j-1} = n \cdot x_0^{n-1} .$$

Anmerkungen:

1.) Geometrische Interpretation:
Der *Differenzenquotient* $\frac{f(x)-f(x_0)}{x-x_0}$ ist die Steigung der Sehne durch die Punkte $(x, f(x))$ und $(x_0, f(x_0))$ des Graphen von f, der Differentialquotient die Steigung der Tangente an diesen Graphen im Punkt $(x_0, f(x_0))$ (Bild 4.10).

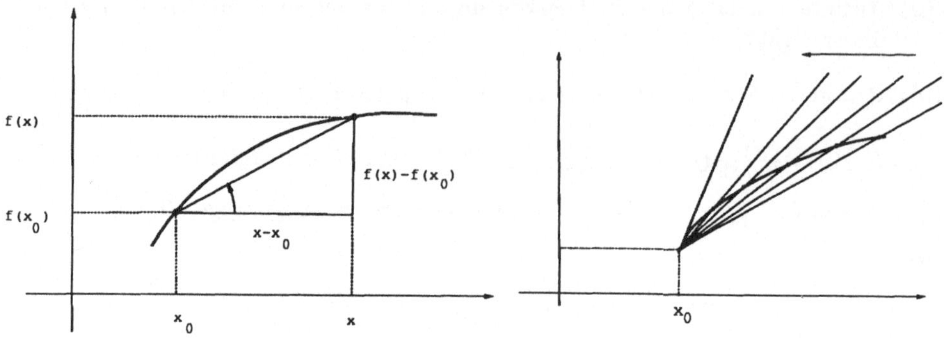

Bild 4.10 Geometrische Interpretation von Differenzenquotient und Differentialquotient

2.) Physikalische Interpretation: Ist $f(t)$ der Wert einer Größe zur Zeit t, so ist $\frac{f(t_2)-f(t_1)}{t_2-t_1}$ die durchschnittliche Änderungsgeschwindigkeit im Zeitintervall $[t_1, t_2]$ und $\dot{f}(t_0) := \frac{d}{dt} f(t)|_{t=t_0}$ die momentane Änderungsgeschwindigkeit.

3.) Differenzierbarkeit im Punkt x_0 im Innern von $\mathfrak{I}$ ist äquivalent damit, daß die linksseitige Ableitung $\lim\limits_{\substack{x \to x_0 \\ x < x_0}} \frac{f(x)-f(x_0)}{x-x_0}$ und die rechtsseitige Ableitung $\lim\limits_{\substack{x \to x_0 \\ x > x_0}} \frac{f(x)-f(x_0)}{x-x_0}$ beide existieren und den gleichen Wert haben. Existenz und Gleichheit der links- bzw. rechtsseitigen Tangente garantieren eine gewisse „Glätte" der Funktion im Punkt x_0.

Geben Sie eine lineare Approximation der differenzierbaren Funktion $f : [a, b] \to \mathbb{R}$ in einer Umgebung von $x_0 \in (a, b)$ an!

Die Funktion $t : [a, b] \to \mathbb{R}$ mit $t(x) = f(x_0) + (x - x_0) \cdot f'(x_0)$ ist eine (affin–) lineare Näherung von f in einer geeigneten Umgebung von x_0, genauer:
Zu jedem $\varepsilon > 0$ existiert ein $\delta > 0$ derart, daß für alle $x \in U_\delta(x_0)$ gilt:

$$|f(x) - t(x)| < \varepsilon |x - x_0|.$$

Beweisskizze: $\frac{|f(x)-t(x)|}{|x-x_0|} = |\frac{f(x)-f(x_0)}{x-x_0} - f'(x_0)| < \varepsilon$ gilt in einer geeigneten δ-Umgebung von x_0 für $x \neq x_0$. □

Geometrische Interpretation:
Der Graph von t ist die Tangente an den Graphen von $f(x)$ an der Stelle $P_0 = (x_0, f(x_0))$; letzterer liegt in einer Umgebung um P_0 in einem Winkelfeld (ε-Sektor) um den Graphen von t, s. Bild 4.11.

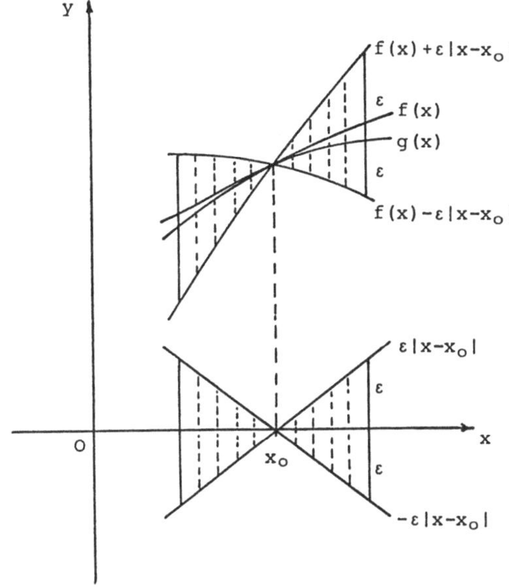

Bild 4.11 Tangentiale Approximation Beispiel der Verhältnisse im Fall $m = n = 1$

> Geben Sie Beispiele von reellen Funktionen an, die
>
> a) stetig, im Nullpunkt nicht differenzierbar
>
> b) differenzierbar, nicht stetig differenzierbar
>
> c) stetig differenzierbar, nicht 2-mal differenzierbar sind !

a) *Beispiele stetiger, im Nullpunkt nicht differenzierbarer Funktionen*

(i) $f_0 : \mathbb{R} \to \mathbb{R}$ mit $x \mapsto |x|$ ist stetig; im Nullpunkt gilt

$$\lim_{x\to 0, x>0} x = 0 = \lim_{x \to 0, x<0} (-x)$$

linksseitige Ableitung: $f_0'^{\ell}(0) = (-x)'|_{x=0} = -1$

rechtseitige Ableitung: $f_0'^{r}(0) = (x)'|_{x=0} = 1$

Wegen Verschiedenheit von links- und rechtsseitiger Ableitung ist f nicht differenzierbar in 0 .

(ii) $h_1 : \mathbb{R} \to \mathbb{R}$ mit $x \mapsto \begin{cases} x \sin \frac{1}{x} & \text{für } x \neq 0 \\ 0 & \text{sonst} \end{cases}$

ist stetig (– im Nullpunkt gilt: $\lim_{x\to 0} x \sin \frac{1}{x} = 0$, da $|\sin \frac{1}{x}| \leq 1$) , aber nicht differenzierbar:

$\lim_{x\to 0} [x \sin \frac{1}{x} - 0]/[x - 0] = \lim_{x\to 0} \sin \frac{1}{x}$ existiert nicht. (Siehe Bild 4.12):

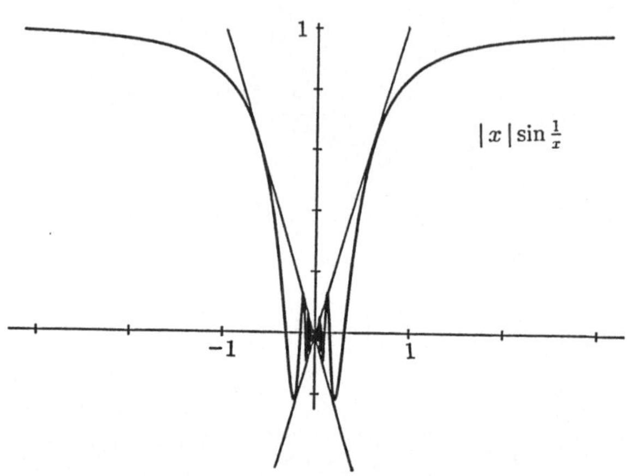

Bild 4.12 Beispiel einer stetigen, im Nullpunkt nicht differenzierbaren Funktion

b) *Beispiel einer differenzierbaren, nicht stetig differenzierbaren Funktion:*

$h_2 : \mathbb{R} \to \mathbb{R}$ mit $x \mapsto \begin{cases} x^2 \sin\frac{1}{x} & \text{für } x \neq 0 \\ 0 & \text{sonst} \end{cases}$ hat die Ableitungen

$$h_2'(x) = 2x\sin\tfrac{1}{x} - x^2(\cos\tfrac{1}{x})x^{-2} = 2x\sin\tfrac{1}{x} - \cos\tfrac{1}{x} \quad \text{für} \quad x \neq 0,$$

$$h_2'(0) = \lim_{x\to 0} [x^2\sin\tfrac{1}{x} - 0]\,/\,[x-0] = \lim_{x\to 0} (x\cdot\sin\tfrac{1}{x}) = 0\,,$$

ist also differenzierbar. h_2' ist wegen der Nichtexistenz von $\lim\limits_{x\to 0} \cos\frac{1}{x}$ nicht stetig.

c) *Beispiel stetig differenzierbarer, nicht 2-mal differenzierbarer Funktionen:*

$f_1 : \mathbb{R} \to \mathbb{R}$ mit $x \mapsto x\cdot|x|$ hat die Ableitung

$$f_1'(x) = \left\{ \begin{array}{ll} (x^2)' = 2x & (\text{im Fall } x \geq 0) \\ (-x^2)' = -2x(& \text{im Fall } x < 0) \end{array} \right\} = 2|x| = 2f_0(x)\,,$$

ist also stetig differenzierbar und nicht 2-mal differenzierbar (s.Bsp. a)).

$h_3 : \mathbb{R} \to \mathbb{R}$ mit $x \mapsto x^3\sin\frac{1}{x}$ für $x \neq 0$ und $h(0) = 0$ hat die Ableitung $h_3'(x) = 3\cdot x^2\sin\frac{1}{x} - x^3x^{-2}\cos\frac{1}{x} = 3h_2(x) - x\cos\frac{1}{x}$ für $x \neq 0$ und $h_3'(0) = \lim\limits_{x\to 0} \frac{x^3\sin(1/x)}{x} = 0$; h_3' ist also stetig.

Die zweite Ableitung $h_3''(0) = \lim\limits_{x\to 0} \frac{3x^2\sin(1/x) - x\cos(1/x)}{x}$ existiert nicht.

Anmerkung:

$f_m : \mathbb{R} \to \mathbb{R}$ mit $x \mapsto x^m|x|$ mit $m \geq 2$ hat die Ableitung

$$f_m'(x) = \left\{ \begin{array}{ll} (x^{m+1})' & = (m+1)x^m \\ (-x^{m+1})' & = -(m+1)x^m \end{array} \right\} = (m+1)\,x^{m-1}\,|x| = (m+1)\,f_{m-1}(x).$$

und ist daher m-mal stetig differenzierbar, aber nicht $(m+1)$-mal differenzierbar.

> Beweisen Sie, daß aus der Differenzierbarkeit von $f : \Im \to \mathbb{R}$ im Punkt x_0 die Stetigkeit von f in x_0 folgt.

Beweis: Aus der Differenzierbarkeit von f im Punkt x des Intervalls $\Im$ folgt die Existenz einer Umgebung $U_\delta(x_0)$ derart, daß für $x \in U_\delta(x_0) \cap \Im \setminus \{x_0\}$ gilt:

$\left| \frac{f(x)-f(x_0)}{x-x_0} - f'(x_0) \right| \leq 1$ und daraus mit der 2. Dreieckungleichung

$\frac{|f(x)-f(x_0)|}{|x-x_0|} - |f'(x_0)| \leq 1$, also $|f(x) - f(x_0)| < (1 + |f'(x_0)|)\,|x - x_0|$, wobei die rechte Seite für $x \to x_0$ gegen 0 strebt. □

> Nennen Sie die (elementaren) Differentiations–Regeln, die die Ableitung von Linearkombinationen, Produkten, Quotienten, Umkehrfunktionen sowie die Verkettung von reellen Funktionen betreffen!

1. Sei $\Im$ ein reelles Intervall mit mehr als einem Punkt, ferner $f, g : \Im \to \mathbb{R}$ und f, g differenzierbar in $x_0 \in \Im$, dann sind die Funktionen $f + \lambda g$ (mit λ aus $\mathbb{R}$), $f \cdot g$, $\frac{f}{g}$ (mit $g(x_0) \neq 0$) differenzierbar in x_0 und es gilt (Beweis?):

   (i) Differentiation einer Linearkombination: $(f+\lambda g)'(x_0) = f'(x_0) + \lambda g'(x_0)$

   (ii) Produktregel: $(f \cdot g)'(x_0) = f'(x_0) \cdot g(x_0) + f(x_0) \cdot g'(x_0)$

   (iii) Quotientenregel: $(\frac{f}{g})'(x_0) = \frac{gf' - fg'}{g^2}(x_0)$ (für $g(x_0) \neq 0$)

2. *Kettenregel* (Beweis z.B. Heuser, Lehrbuch der Analysis I, 47.2)
   Sind $f : \Im \to J$ und $g : J \to \mathbb{R}$ und ist f differenzierbar in $x_0 \in \Im$ und g differenzierbar in $y_0 := f(x_0) \in J$, so ist $g \circ f$ differenzierbar in x_0 und es gilt

   $$(g \circ f)'(x_0) = g'(f(x_0)) \cdot \underbrace{f'(x_0)}_{\text{innere Ableitung}} \quad .$$

   Merkregel: $$\frac{d(g \circ f)}{dx} = \frac{dg}{df} \cdot \frac{df}{dx}$$

3. *Satz über die Umkehrfunktion*
   Ist $f : \Im \to \mathbb{R}$ streng monoton und stetig auf $\Im$ sowie differenzierbar in $x_0 \in \Im$ mit $f'(x_0) \neq 0$, dann ist f^{-1} differenzierbar in $y_0 := f(x_0)$, und es gilt $(f^{-1})'(y_0) = \frac{1}{f' \circ f^{-1}}(y_0)$

   Merkregel (s. Liedl/Kuhnert 334):
   $(f \circ f^{-1})(y) = y \underset{\text{Kettenregel}}{\Longrightarrow} f'(f^{-1}(y)) \cdot (f^{-1})'(y) = 1$
   (kein Beweis der Differenzierbarkeit) oder $\frac{dx}{dy}(y_0) = \frac{1}{\frac{dy}{dx}(x_0)}$

Beweisskizze (s. H. Heuser, l.c. 47.3 unter Verwendung der Stetigkeit von f^{-1}): Ist $\lim y_n = y_0$, so gilt mit $x_n := f^{-1}(y_n)$ und $\lim x_n = f^{-1}(y_0) = x_0$

$$\frac{f^{-1}(y_n)-f^{-1}(y_0)}{y_n-y_0} = \frac{x_n-x_0}{f(x_n)-f(x_0)} \to \frac{1}{f'(x_0)}. \qquad \square$$

Ein Mittel zum Herausfiltern von lokalen Extrema im Innern eines Intervalls stellt der im folgenden angesprochene Sachverhalt dar.

Formulieren und beweisen Sie den **Satz vom lokalen Extremum** für $f : \Im \to \mathbb{R}$ (mit lokalem Extremum ξ im Innern von $\Im$) ! Nennen Sie hinreichende Bedingungen für die Umkehrung dieses Satzes!

a) *Ist $f : \Im \to \mathbb{R}$ im inneren Punkt ξ von $\Im$ differenzierbar, und besitzt f in ξ ein lokales Maximum oder Minimum, so gilt $f'(\xi) = 0$.*
Beweisskizze. Idee: Vorzeichen von Zähler und Nenner des Differenzenquotienten beachten!
Besitzt f in ξ z.B. ein lokales Maximum, so existiert eine Umgebung $U_\delta(\xi)$ in $\Im$ mit $f(x) \leq f(\xi)$ für alle $x \in U_\delta(\xi)$. Aus $\frac{f(x)-f(\xi)}{x-\xi} \geq 0$ bzw. ≤ 0, je nachdem $x < \xi$ oder $x > \xi$ ist, folgt $f'(\xi) = 0$.

b) Sei f differenzierbar auf einer δ-Umgebung U von ξ mit $f'(\xi) = 0$; gilt dann $f'(x) \begin{cases} \text{positiv} \\ \text{negativ} \end{cases}$ für alle $x < \xi$ aus U und $\begin{cases} \text{negativ} \\ \text{positiv} \end{cases}$ für alle $x > \xi$, so hat f bei ξ ein lokales $\begin{cases} \text{Maximum} \\ \text{Minimum} \end{cases}$. Alternativ:

Existiert $f''(\xi)$, so folgt aus $\begin{cases} f''(\xi) < 0 \\ f''(\xi) > 0 \end{cases}$, daß ξ Stelle eines lokalen $\begin{cases} \text{Maximums} \\ \text{Minimums} \end{cases}$ ist.

Der *Beweis* ergibt sich aus folgendem Satz durch Anwendung auf f bzw. unter Beachtung von $f'(\xi) = 0$ durch Anwendung auf f'.

c) **Monotoniekriterien für Funktionen**

Ist $f : \Im \to \mathbb{R}$ stetig auf den Intervall $\Im$ und differenzierbar im Innern $\mathring{\Im}$ von $\Im$, so gilt:

$f'(x) \geq 0$ *auf* $\mathring{\Im} \implies f$ *wächst monoton*

$f'(x) > 0$ *auf* $\mathring{\Im} \implies f$ *wächst streng monoton*

(analog für $f'(x) \leq 0$ und monotones Fallen).

Beweisskizze:
Mit Hilfe des Mittelwertsatzes (s. 4.3) folgt die Behauptung aus der Existenz eines $\xi \in \mathring{\Im}$ mit $f(x_2) - f(x_1) = f'(\xi)(x_2 - x_1)$. $\square$

Zum *Satz von Rolle* und zum *Mittelwertsatz* beachte man Abschnitt 4.3.

** Wie lautet der verallgemeinerte Mittelwertsatz?

Verallgemeinerter Mittelwertsatz:
Seien $f, g : [a,b] \to \mathbb{R}$ stetig auf $[a,b]$, differenzierbar auf $(a,b) \neq \emptyset$; dann existiert ein $\xi \in (a,b)$ mit

$$[f(b) - f(a)] \cdot g'(\xi) = [g(b) - g(a)]f'(\xi)$$

Beweisskizze: Man wendet den Satz von Rolle an auf die Funktion h mit

$$h(x) = [f(b) - f(a)]g(x) - [g(b) - g(a)]f(x)$$

Anwendungsbeispiel: Sei $\boldsymbol{r}$ eine differenzierbare **Kurve** (ein differenzierbarer Weg) in $\mathbb{R}^2$, also $\boldsymbol{r} : [a,b] \to \mathbb{R}^2$ mit $\boldsymbol{r}(t) = (f(t), g(t))$ und differenzierbaren Funktionen f und g. Es gelte $\boldsymbol{r}(a) \neq \boldsymbol{r}(b)$. Dann gibt es einen Punkt $\boldsymbol{r}(\tau)$, in dem der Tangentialvektor $\dot{\boldsymbol{r}}(\tau)$ parallel zu $\boldsymbol{r}(b) - \boldsymbol{r}(a)$ ist (s. Bild 4.13), oder ein t mit $\dot{\boldsymbol{r}}(t) = \boldsymbol{0}$. Denn es ist $\dot{\boldsymbol{r}}(t) = (\dot{f}(t), \dot{g}(t))$ Tangentialvektor und (für geeignetes τ) $(f(b) - f(a), g(b) - g(a)) \begin{pmatrix} \dot{g}(\tau) & -\dot{f}(\tau) \end{pmatrix} = 0$, also :

$$\boldsymbol{r}(b) - \boldsymbol{r}(a) \perp (\dot{g}(\tau), -\dot{f}(\tau)) \perp (\dot{f}(\tau), \dot{g}(\tau)).$$

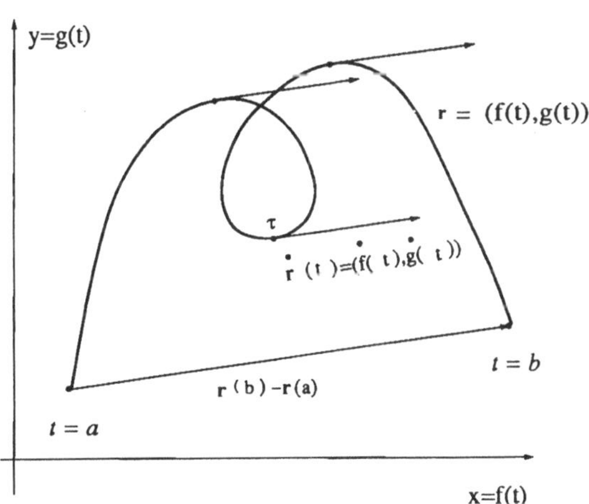

Bild 4.13
Zum verallgemeinerten Mittelwertsatz

Formulieren und beweisen Sie die **Regel von de l'Hospital**-Bernoulli für $\frac{0}{0}$ bei reellen Argumenten.

Regel von de l'Hospital-Bernoulli:
Seien $\Im = (x_\circ, x_\circ + h)$ reelles Intervall, $f, g : \Im \to \mathbb{R}$ differenzierbar, $g'(x) \neq 0$ für alle $x \in \Im$; ist dann $\lim\limits_{\substack{x \to x_\circ \\ x \in \Im}} f(x) = 0 = \lim\limits_{\substack{x \to x_\circ \\ x \in \Im}} g(x)$ und existiert $\lim\limits_{\substack{x \to x_\circ \\ x \in \Im}} \frac{f'(x)}{g'(x)}$ in $\mathbb{R} \cup \{\pm\infty\}$, so folgt die Existenz von $\lim\limits_{\substack{x \to x_\circ \\ x \in \Im}} \frac{f(x)}{g(x)}$ und die Gleichheit der Limites, also $\lim\limits_{\substack{x \to x_\circ \\ x \in \Im}} \frac{f(x)}{g(x)} = \lim\limits_{\substack{x \to x_\circ \\ x \in \Im}} \frac{f'(x)}{g'(x)}$.

Beweisskizze
Man ergänzt f und g in $x_\circ$ stetig zu Funktionen $\tilde{f}, \tilde{g}$ durch die Setzung $\tilde{f}(x_\circ) = 0 = \tilde{g}(x_\circ)$; durch Anwendung des verallgemeinerten Mittelwertsatzes auf das Intervall $[x_\circ, x]$ mit $x \in \Im$ erhält man die Existenz von $\xi_x \in (x_\circ, x)$ derart, daß

$$\frac{f'(\xi_x)}{g'(\xi_x)} = \frac{\tilde{f}'(\xi_x)}{\tilde{g}'(\xi_x)} = \frac{\tilde{f}(x) - \tilde{f}(x_\circ)}{\tilde{g}(x) - \tilde{g}(x_\circ)} = \frac{f(x)}{g(x)}.$$

Mit x strebt auch ξ_x (in $\Im$) gegen $x_\circ$. Wegen der Existenz von $\lim\limits_{x_n \to x_\circ} \frac{f'(x_n)}{g'(x_n)}$ konvergiert daher $\frac{f'(\xi_x)}{g'(\xi_x)}$ gegen diesen Ausdruck (vgl. Liedl/Kuhnert 3.1.31(5)). □

Anmerkung:
Analoge Aussagen erhält man für $\lim\limits_{\substack{x \to x_\circ \\ x < x_\circ}}$, $\lim\limits_{\substack{x \to x_\circ \\ x > x_\circ}}$ bzw. $\lim\limits_{x \to \infty}$ und für $\lim\limits_{x \to x_\circ} g(x) = \pm\infty$ (ohne Voraussetzung von $\lim\limits_{x \to x_\circ} f(x) = \pm\infty$).

Beispiele:
1.) $\lim\limits_{x \to 0} \frac{\sin ax}{\sin bx} = \lim\limits_{x \to 0} \frac{a \cos ax}{b \cos bx} = \frac{a}{b}$ für $b \neq 0$.
2.) $\lim\limits_{x \to \infty} \frac{e^{\alpha x}}{x} = \lim\limits_{x \to \infty} \frac{\alpha \cdot e^{\alpha x}}{1} = +\infty$ für $\alpha > 0$.
3.) $\lim\limits_{x \to \infty} \frac{\ell n\, x}{x^\alpha} = \lim\limits_{x \to \infty} \frac{x^{-1}}{\alpha x^{\alpha - 1}} = \lim\limits_{x \to \infty} \frac{1}{\alpha x^\alpha} = 0$ für $\alpha > 0$.
4.) $\lim\limits_{\substack{x \to 0 \\ x > x_0}} x^\alpha \ell n\, x = \lim\limits_{x \to 0+} \frac{\ell n\, x}{x^{-\alpha}} = \lim\limits_{x \to 0+} \frac{x^{-1}}{(-\alpha) x^{-\alpha - 1}} = \lim\limits_{x \to 0+} (-\frac{1}{\alpha} x^\alpha) = 0$ für $\alpha > 0$.

4.6 Differenzierbarkeit von Abbildungen

Sei E offene Teilmenge von $\mathbb{R}^n$ und $\boldsymbol{f} : E \to \mathbb{R}^m$ eine Abbildung.
Geben Sie die Definition der Differenzierbarkeit von $\boldsymbol{f}$ im Punkt $\boldsymbol{x}_0 \in E$ an und erläutern Sie sie !

Definition:
$f : E \to \mathbb{R}^n$ heißt **differenzierbar** im Punkt $\boldsymbol{x}_0 \in E$ genau dann, wenn gilt:
Es existiert eine lineare Abbildung $\boldsymbol{l}$ von $\mathbb{R}^n$ in $\mathbb{R}^m$ mit

$$\lim_{\boldsymbol{x} \to \boldsymbol{x}_0} \frac{\boldsymbol{f}(\boldsymbol{x}) - \boldsymbol{f}(\boldsymbol{x}_0) - \boldsymbol{l}(\boldsymbol{x} - \boldsymbol{x}_0)}{||\boldsymbol{x} - \boldsymbol{x}_0||} = \boldsymbol{0} \quad .$$

Ausführlicher: $\exists\, \boldsymbol{l} \in \mathrm{Hom}(\mathbb{R}^n, \mathbb{R}^m) : \forall \varepsilon > 0\ \exists \delta > 0\ \forall \boldsymbol{x} \in U_\delta(\boldsymbol{x}_0) :$

(*) $\qquad ||\boldsymbol{f}(\boldsymbol{x}) - (\boldsymbol{f}(\boldsymbol{x}_0) + \boldsymbol{l}(\boldsymbol{x} - \boldsymbol{x}_0))|| < \varepsilon ||\boldsymbol{x} - \boldsymbol{x}_0||$

Bezeichnung:
$D\,\boldsymbol{f}\,(\boldsymbol{x}_0) := \boldsymbol{f}'(\boldsymbol{x}_0) := \boldsymbol{l}$ heißt die (totale) Ableitung von $\boldsymbol{f}$ an der Stelle $\boldsymbol{x}_0$.

Erläuterung:

(i) Eine Funktion $\boldsymbol{g}$ der Form $\boldsymbol{g} : \mathbb{R}^n \to \mathbb{R}^m$ mit $\boldsymbol{x} \mapsto \boldsymbol{l}(\boldsymbol{x}-\boldsymbol{x}_0)+\boldsymbol{f}(\boldsymbol{x}_0) = \boldsymbol{l}(x)+\mathrm{c}$ ist affin-linear; außerdem gilt $\boldsymbol{g}(\boldsymbol{x}_0) = \boldsymbol{f}(\boldsymbol{x}_0)$. Bei (*) handelt es sich also um eine **Approximation** von $\boldsymbol{f}$ in der Umgebung von $\boldsymbol{x}_0$ durch eine (in den Punkt $(\boldsymbol{x}_0, \boldsymbol{f}(\boldsymbol{x}_0))$ affin „verschobene") lineare Funktion.

(ii) Für die Abweichung der Funktionen $\boldsymbol{f}$ und $\boldsymbol{g}$ voneinander gilt bei gegebenem ε definitionsgemäß in einer geeigneten von ε abhängenden Umgebung von $\boldsymbol{x}_0$

$$||\boldsymbol{f}(\boldsymbol{x}) - \boldsymbol{g}(\boldsymbol{x})|| < \varepsilon ||\boldsymbol{x} - \boldsymbol{x}_0||\,;$$

d. h. $\boldsymbol{g}$ verläuft in einer Umgebung von $(\boldsymbol{x}_0, \boldsymbol{f}(\boldsymbol{x}_0)$ in einem "ε-Sektor" um $\boldsymbol{f}$ (für $m = n = 1$ s. Bild..). Man sagt „ $\boldsymbol{f}$ und $\boldsymbol{g}$ sind tangential in $\boldsymbol{x}_0$". Die Approximation ist also so gut, daß das Restglied $\boldsymbol{r}\,(\boldsymbol{x}) := \boldsymbol{f}\,(\boldsymbol{x}) - \boldsymbol{g}\,(\boldsymbol{x})$ selbst nach Division durch h mit $h = ||\boldsymbol{x} - \boldsymbol{x}_0||$ für h gegen 0 noch beliebig klein wird.

Beispiele: s. u.

Anmerkungen: 1.) Ist $\boldsymbol{f}$ differenzierbar in $\boldsymbol{x}_0$, so gilt : $D\boldsymbol{f}(\ \boldsymbol{x}_0)$ ist eindeutig bestimmt und $\boldsymbol{f}$ ist stetig, sogar Lipschitz-stetig. Ferner gilt: $D(\alpha\boldsymbol{f} + \beta\boldsymbol{g})(\boldsymbol{x}_0) = (\alpha D\,\boldsymbol{f} + \beta D\,\boldsymbol{g})(\boldsymbol{x}_0)$ (Linearität der Ableitung).

2.) Sei $\boldsymbol{f}$ eine $\mathbb{R} - \mathbb{R}^m$ - Funktion, also $\boldsymbol{f} : E \to \mathbb{R}^m$ mit $E \subseteq \mathbb{R}$, E offen, und $\boldsymbol{f}\,(x) = (f_1(x), f_2(x), \ldots, f_m(x))$. Dann ist $\boldsymbol{f}$ an der Stelle $a \in E$ genau dann differenzierbar, wenn dort alle *Komponentenfunktionen* f_i differenzierbar sind. In diesem Fall gilt

$$\boldsymbol{f}'(a) = \begin{pmatrix} f_1'(a) \\ \vdots \\ f_m'(a) \end{pmatrix}.$$

Erläutern Sie für $f : \mathbb{R}^1 \to \mathbb{R}^1$ den Zusammenhang zwischen $D\,f\,(x_0)$ und der in 4.5 definierten Ableitung $f'(x_0)$.

Wegen $|f\,(x) \;\; t\,(x)| = |f\,(x) - f\,(x_0) - (x-x_0)f'(x_0)| < \varepsilon|x-x_0|$ (für gegebenes $\varepsilon > 0$ und für alle $x \in U_\delta(x_0)$ mit geeignetem δ; s. 4.5) gilt in diesem Fall $l\,(x) = f'(x_0)\cdot x$.□

Wie sind die **partiellen Ableitungen** einer $\mathbb{R}^n - \mathbb{R}$ - Funktion $g : E \to \mathbb{R}$ (mit $E \subseteq \mathbb{R}^n$ offen) im Punkt $\boldsymbol{a} = (a_1, \ldots, a_n)$ definiert, wie die **Richtungsableitung** von g in Richtung $\boldsymbol{v}$? Welcher Zusammenhang besteht zwischen diesen Ableitungsbegriffen?

1. g heißt in $\boldsymbol{a}$ partiell nach x_j differenzierbar, falls die Funktion g_j mit $g_j(x_j) = g(a_1, \ldots, a_{j-1}, x_j, a_{j+1}, \ldots, a_n)$ in a_j differenzierbar ist; deren Ableitung heißt j-te partielle Ableitung von g in $\boldsymbol{a}$.
   Schreibweise: $\frac{\partial g}{\partial x_j}(\boldsymbol{a}) = g_{x_j}(\boldsymbol{a}) = D_j\, g(\boldsymbol{a}) := g_j'(x_j)|_{x_j=a_j} \quad (j = 1, \ldots, n)$.

2. Ist $\boldsymbol{v} \in E \subseteq \mathbb{R}^n$ mit $||v|| = 1$, so definiert man als Richtungsableitung
   $D_{\boldsymbol{v}}\, g\,(\boldsymbol{a}) := \frac{d}{dt}\, g(\boldsymbol{a} + t\,\boldsymbol{v})|_{t=0}$ Alternative Schreibweise: $\frac{\partial g(\boldsymbol{a})}{\partial \boldsymbol{v}}$
   Geometrische Interpretation für $n = 2$: Man betrachtet im Punkt $\boldsymbol{a}$ die Steigung derjenigen Kurve, die man durch den Schnitt der Fläche $\{(\boldsymbol{x}, g(\boldsymbol{x})\ |\boldsymbol{x} \in E\}$ mit der Ebene durch $(\boldsymbol{a}, 0), (\boldsymbol{a}, g(\boldsymbol{a}))$ und $(\boldsymbol{a} + t\,\boldsymbol{v}, 0)$ erhält (s. Bild 4.14 a).

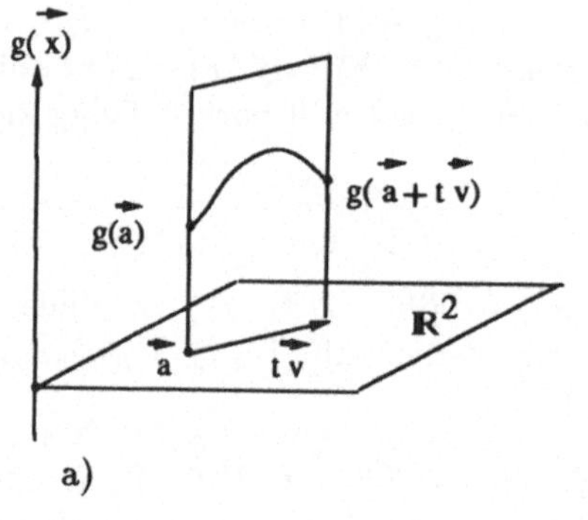

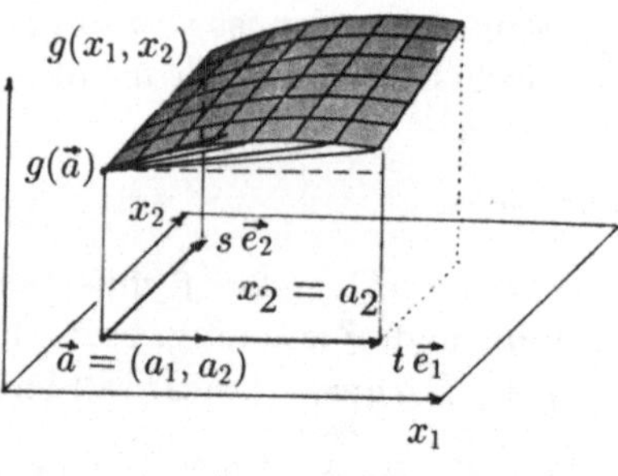

Bild 4.14 a) Zur Richtungsableitung b)Partielle Ableitung als Richtungsableitung

3. Die partiellen Ableitungen von g sind genau die Richtungsableitungen in Richtung der Einheitsvektoren (s. Bild 4.14). Im Falle der Differenzierbarkeit von g erhält man umgekehrt die Richtungsableitung $D_{\boldsymbol{v}} g(\boldsymbol{a})$ aus dem **Gradienten** von g in $\boldsymbol{a}$, also aus grad $g(\boldsymbol{a}) := \nabla\, g(\boldsymbol{a}) := g'(\boldsymbol{a}) = \left(\frac{\partial}{\partial x_1}\, g(\boldsymbol{a}), \ldots, \frac{\partial}{\partial x_n}\, g(\boldsymbol{a})\right)$, durch Anwendung (im Sinne der Ableitung) bzw. Multiplikation (als $1 \times n$-Matrix bzw. Skalarprodukt der Koordinatenvektoren) mit $\boldsymbol{v}$:

$$D_{\boldsymbol{v}}\, g(\boldsymbol{a}) = \text{ grad } g(\boldsymbol{a}) \cdot \boldsymbol{v}\,.$$

Beweisskizze: Durch affin-lineare Approximation (s. Def. Ableitung) erhält man

$$D_{\boldsymbol{v}} g\,(\boldsymbol{a}) = \lim_{t \to 0} \frac{g\,(\boldsymbol{a}+t\boldsymbol{v}) - g\,(\boldsymbol{a})}{t} = \lim_{t \to 0} \frac{g\,(\boldsymbol{a}) + g'(\boldsymbol{a}) \cdot (\boldsymbol{a}+t\boldsymbol{v}-\boldsymbol{a}) + r(t\boldsymbol{v}) - g\,(\boldsymbol{a})}{t}$$
$$= \lim_{t \to 0} \frac{t \cdot g'(\boldsymbol{a}) \cdot \boldsymbol{v} + r\,(t\boldsymbol{v})}{t} = g'(\boldsymbol{a}) \cdot \boldsymbol{v} + \lim_{t \to 0} \frac{r(t\boldsymbol{v})}{t||\boldsymbol{v}||} = g'(\boldsymbol{a}) \cdot \boldsymbol{v}.$$

Die Darstellbarkeit von $g'(\boldsymbol{a})$ durch $(\frac{\partial}{\partial x_i} g(\boldsymbol{a}))_{i=1,\ldots,n}$ ergibt sich aus dem allgemeinen Satz über die Darstellung der Ableitung (s.u.).

Anmerkung:
1.) Falls alle partiellen Ableitungen von g in $\boldsymbol{a}$ existieren und stetig sind, so ist g differenzierbar, s. u.. Daher ist g in diesem Fall in $\boldsymbol{a}$ in jede Richtung differenzierbar!
2.) Existieren in einer Umgebung von $\boldsymbol{a}$ alle zweiten Ableitungen $\frac{\partial^2 f}{\partial x_k \cdot \partial x_l}$ und sind dort stetig, so gilt $\frac{\partial^2 f}{\partial x_i \partial x_j} = \frac{\partial^2 f}{\partial x_j \partial x_i}$.

Sei $g : E \to \mathbb{R}$ (mit $E \subseteq \mathbb{R}^n$ offen) im Punkt $\boldsymbol{a} \in E$ differenzierbar. Zeigen Sie, daß der **Gradient** grad $g(\boldsymbol{a})$ als Vektor in $\mathbb{R}^n$ gleich $\mathbf{0}$ ist oder in die "Richtung des maximalen Wachstums" von g zeigt.

Beweisskizze: Idee: Als Skalarprodukt ist die Richtungsableitung maximal, wenn beide Faktoren parallele Vektoren sind. Genauer: Da g differenzierbar in $\boldsymbol{a}$ ist, gilt für die Ableitung in Richtung eines Vektors $\boldsymbol{v}$ die Gleichung

$$D_{\boldsymbol{v}} g(\boldsymbol{a}) = \nabla g(\boldsymbol{a}) \cdot \boldsymbol{v} = \|\nabla g(\boldsymbol{a})\| \cdot \|\boldsymbol{v}\| \cdot \cos \sphericalangle(\nabla g(\boldsymbol{a}), \boldsymbol{v}) .$$

Ist $\nabla g(\boldsymbol{a}) \neq 0$, so ist also $D_v(\boldsymbol{a})$ maximal für den Einheitsvektor $\boldsymbol{v}_\circ = \frac{\nabla g(\boldsymbol{a})}{\|\nabla g(\boldsymbol{a})\|}$ in Richtung von $\nabla g(\boldsymbol{a})$ und hat dann den Wert $\|\nabla g(\boldsymbol{a})\|$. Man spricht daher von $\boldsymbol{v}_\circ$ als der Richtung des stärksten Anstiegs von g im Punkt $\boldsymbol{a}$. □

Man beachte, daß wegen $f(x) = f(x_\circ) + f'(x_\circ)(x - x_\circ) + r(x)$ mit $|r(x)| < \varepsilon(x - x_\circ)$ in einer Umgebung von $x_\circ$ tatsächlich die Werte der Ableitungen in verschiedenen Richtungen die Größe der Anstiege bestimmen.

Anmerkungen
1.) Die Richtung des stärksten Abstiegs ist $- \nabla g(\boldsymbol{a})$ (→ Fallinien!).
2.) Man kann zeigen, daß für $\nabla g(\boldsymbol{a}) \neq 0$ gilt: $\nabla g(\boldsymbol{a})$ ist in $\boldsymbol{a}$ orthogonal zur *Niveau-Hyperfläche* $N = \{\boldsymbol{x} | g(\boldsymbol{x}) = g(\boldsymbol{a})\}$ (im Fall $n = 2$ Niveau-Linie genannt; s. Bild 4.15)
Beweisidee:[4] Jede Ableitung in einer Richtung tangential an die Niveau-Hyperfläche ist 0; (die Geraden durch die Punkte $(\boldsymbol{a}, g(\boldsymbol{a}))$ und $(\boldsymbol{b}, g(\boldsymbol{b}))$ mit $\boldsymbol{b} \in N$ haben Steigung 0); somit steht nach obiger Formel $\nabla g(\boldsymbol{a})$ senkrecht auf dieser Richtung. □

Gegeben sei die durch die differenzierbare $\mathbb{R}^2 - \mathbb{R}$ - Funktion $f : E \to \mathbb{R}$ (mit $E \subseteq \mathbb{R}^2$ offen) gegebene Fläche $\mathcal{F} = \{(\boldsymbol{x}, f(\boldsymbol{x})) | \boldsymbol{x} \in E\}$ in $\mathbb{R}^3$. Wie bestimmt man die **Tangentialebene** an $\mathcal{F}$ im Punkt $(\boldsymbol{a}, f(\boldsymbol{a}))$?

Vorbemerkung: Bei $\mathcal{F}$ handelt es sich um den Graphen von f; s. Bild 4.16.

[4] Genauer: Sei $\kappa : I \to E$ eine differenzierbare Kurve in der Niveauhyperfläche mit $\kappa(0) = a$. Nach der Kettenregel (s.u.) gilt dann $0 = \frac{d}{dt} g(\kappa(t)) =$ grad $g(\kappa(t)) \cdot \kappa'(t)$, speziell für $t = 0$ also $0 =$ grad $g(a) \cdot \kappa'(0)$. Hieraus folgt, daß grad $g(a)$ an der Stelle a senkrecht zu jeder Kurve durch a in der Niveaufläche ist. S. z.B. S. Lang, Undergraduate Analysis, New York etc. 1983.

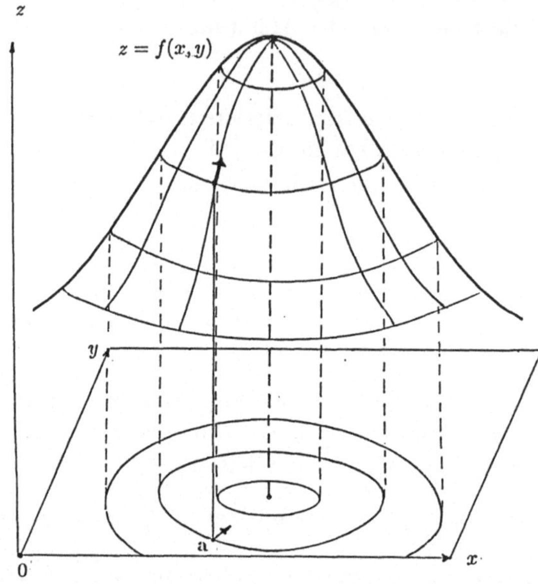

Bild 4.15
Gradient und Niveaulinien

Im Punkt $\boldsymbol{a}$ wird f tangential approximiert durch die Funktion

$$g(\boldsymbol{x}) = f'(\boldsymbol{a})(\boldsymbol{x}-\boldsymbol{a}) + f(\boldsymbol{a}) = \operatorname{grad} f(\boldsymbol{a})(\boldsymbol{x}-\boldsymbol{a}) + f(\boldsymbol{a}).$$

Deren Graph $\mathcal{E}$ erfüllt die Gleichung $z = g(\boldsymbol{x})$, d. h. $\operatorname{grad} f(\boldsymbol{a})(\boldsymbol{x}-\boldsymbol{a}) - z + f(\boldsymbol{a}) = 0$ oder $\frac{\partial f}{\partial x}(\boldsymbol{a})x + \frac{\partial f}{\partial y}(\boldsymbol{a})y - 1 \cdot z = \operatorname{grad} f(\boldsymbol{a})\boldsymbol{a} - f(\boldsymbol{a})$. Ein Normalenvektor von $\mathcal{E}$ ist daher $\boldsymbol{n} = \left(\frac{\partial f}{\partial x}(\boldsymbol{a}), \frac{\partial f}{\partial y}(\boldsymbol{a}), -1\right)$, der Aufpunkt $(\boldsymbol{a}, f(\boldsymbol{a}))$. Man erhält somit als *Antwort:* Die Tangentialebene durch $(\boldsymbol{a}, f(\boldsymbol{a}))$ an $\mathcal{F}$ ist gegeben durch die Gleichung

$$\boldsymbol{n}[(x,y,z) - (a_1, a_2, f(\boldsymbol{a}))] = 0\,.$$

($\boldsymbol{n}$ wie oben definiert).

Anmerkungen:

1. Die Projektion von $\boldsymbol{n}$ auf die (x, y)-Ebene ist gleich dem Gradienten $\operatorname{grad} f(\boldsymbol{a})$.
2. Schneidet man Fläche und Tangentialebene mit der zur x, z-Ebene parallelen Ebene durch $(\boldsymbol{a}, f(\boldsymbol{a}))$, so ergibt sich eine Tangente an eine Kurve (s. Bild 4.16b); ein Vektor in Richtung der Tangente ist $(1, \frac{\partial f}{\partial x}(\boldsymbol{a}))$ (Richtungsableitung!), auf ihm steht $(\frac{\partial f}{\partial x}(\boldsymbol{a}), -1)$ senkrecht. Analoges gilt für einen Schnitt parallel zur (y, z)-Ebene.
3. Eine Verallgemeinerung auf $\mathbb{R}^n - \mathbb{R}$ - Funktionen liefert $(\operatorname{grad} f(\boldsymbol{a}), -1)$ als Normalenvektor einer *Tangentialhyperebene.*
4. Folgerung: Hat die differenzierbare $\mathbb{R}^n - \mathbb{R}$ - Funktion f an der Stelle $\boldsymbol{a}$ ein lokales Extremum, so gilt $\operatorname{grad} f(\boldsymbol{a}) = \boldsymbol{0}$ ($\rightarrow$ horizontale Tangentialhyperebene!).

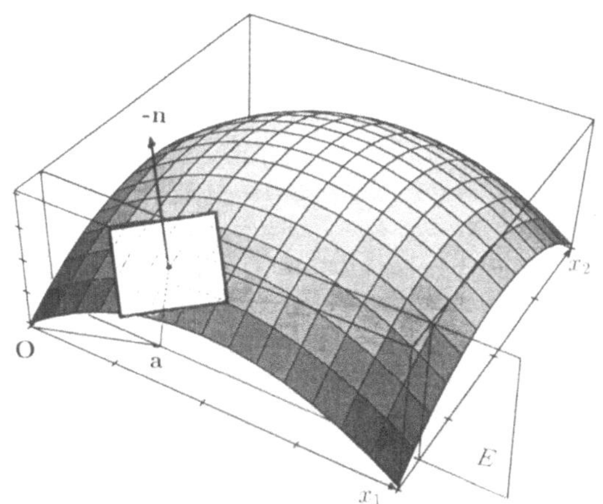

a)

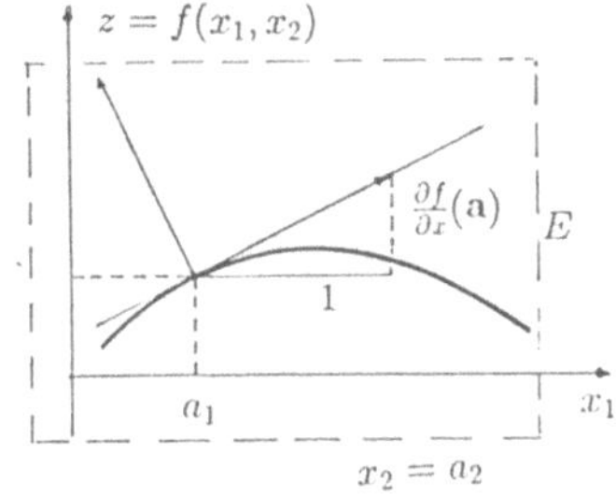

b)

Bild 4.16 a) Tangentialebene an eine Fläche
b) Schnitt durch Fläche und Tangentialeben

Welche Matrixdarstellung hat die Ableitung einer in $\boldsymbol{a} \in E \subset \mathbb{R}^n$ differenzierbaren Funktion $\boldsymbol{f} : E \to \mathbb{R}^m$?

Satz *Seien $E \subseteq \mathbb{R}^n, E$ offen und $\boldsymbol{f} : E \to \mathbb{R}^m$ differenzierbar in $\boldsymbol{a} \in E$; die Funktion $\boldsymbol{f}$ habe die Komponenten $(f_1, \ldots, f_m)$, gelte also $\boldsymbol{f}(\boldsymbol{x}) = (f_1(\boldsymbol{x}), \ldots, f_m(\boldsymbol{x}))$. Dann folgt: Es existieren die partiellen Ableitungen $\frac{\partial f_i}{\partial x_j}(\boldsymbol{a})$ (für $i = 1, \ldots, m, j = 1, \ldots, n$), und $\boldsymbol{f}'(\boldsymbol{a})$ wird (bzl. der kanonischen Basen) dargestellt durch die Funktionalmatrix (auch Jacobi-Matrix genannt):*

$$\mathcal{J}_{\boldsymbol{f}}(\boldsymbol{a}) := \begin{pmatrix} \frac{\partial f_1(\boldsymbol{a})}{\partial x_1} & \cdots & \frac{\partial f_1(\boldsymbol{a})}{\partial x_n} \\ \vdots & & \\ \frac{\partial f_m(\boldsymbol{a})}{\partial x_1} & \cdots & \frac{\partial f_m(\boldsymbol{a})}{\partial x_n} \end{pmatrix}.$$

Es gilt somit: $\boldsymbol{f}'(\boldsymbol{a})(\boldsymbol{x}) = \mathcal{J}_{\boldsymbol{f}}(\boldsymbol{a}) \cdot \boldsymbol{x}$ *für* $\boldsymbol{x} = \begin{pmatrix} x_1 \\ \vdots \\ x_n \end{pmatrix} \in \mathbb{R}^n$.

Beweisskizze:
Idee: Differentiation der Projektionen der Komponenten mittels Kettenregel:[5] Zunächst kann man zeigen, daß f genau dann differenzierbar in $\boldsymbol{a}$ ist, wenn dies die Komponenten $f_i (i = 1 \ldots, m)$ sind, und daß $D\boldsymbol{f}(\boldsymbol{a})(\boldsymbol{x}) = (Df_i(\boldsymbol{a})(\boldsymbol{x}))_{i=1\ldots,m}$ gilt; die hier relevante Richtung folgt z. Bsp. mit Anwendung der *Kettenregel* auf $f_i = \pi_i \circ \boldsymbol{f}$ für die Projektion π_i auf die i-te Komponente. Sei nun $g = f_i$.
Unter Verwendung von $\boldsymbol{h}_j : \mathbb{R} \to \mathbb{R}^n$ mit $x \mapsto (a_1 \ldots, a_{j-1}, x, a_{j+1}, \ldots, a_n)$ folgt dann wegen Kettenregel, Linearität der Ableitung sowie $D\boldsymbol{h}_j(a_j)(x_j) = (0, \ldots, 0, x_j, 0, \ldots, 0)$ die Formel

$$\begin{aligned} Dg(\boldsymbol{a})(\boldsymbol{x}) &= \sum_{j=1}^{m} Dg(\boldsymbol{a})(0, \ldots 0, x_j, 0, \ldots 0) = \sum_{j=1}^{m} Dg(\boldsymbol{h}_j(a_j))\, D\boldsymbol{h}_j(a_j)(x_j) \\ &= \sum_{j=1}^{m} D(g \circ \boldsymbol{h}_j(a_j))(x_j) = \sum_{j=1}^{m} D_j\, g(\boldsymbol{a})\, x_j = \nabla g(\boldsymbol{a}) \cdot \boldsymbol{x}\,. \end{aligned}$$ □

Beispiel: $f : \mathbb{R}^2 \to \mathbb{R}^2$ mit $\boldsymbol{x} = \binom{x}{y} \mapsto \binom{x+y}{x \cdot y}$ ist differenzierbar im Nullpunkt; denn mit $\mathcal{J}_f(\boldsymbol{0}) = \begin{pmatrix} 1 & 1 \\ y & x \end{pmatrix}\big|_{(x,y)=(0,0)}$ als Matrix von $\boldsymbol{l} = f'(0,0)$ gilt:

$$\lim_{\boldsymbol{x}\to\boldsymbol{0}} \frac{\boldsymbol{f}(\boldsymbol{x}) - \boldsymbol{f}(\boldsymbol{0}) - \boldsymbol{l}(\boldsymbol{x}-\boldsymbol{0})}{\|\boldsymbol{x}-\boldsymbol{0}\|} = \lim_{\boldsymbol{x}\to\boldsymbol{0}} \frac{\binom{x+y}{x\cdot y} - \binom{0}{0} - \begin{pmatrix} 1 & 1 \\ 0 & 0 \end{pmatrix}\binom{x}{y}}{\sqrt{x^2+y^2}}$$

$$= \lim_{\boldsymbol{x}\to\boldsymbol{0}} \frac{\begin{pmatrix} x+y-(x+y) \\ x \cdot y \end{pmatrix}}{\sqrt{x^2+y^2}} = \lim_{(x,y)\to(0,0)} \begin{pmatrix} 0 \\ \frac{1}{\sqrt{\frac{1}{y^2}+\frac{1}{x^2}}} \end{pmatrix} = \binom{0}{0}.$$

Fortsetzung und weitere Beispiele s.u..

Anmerkungen:

1.) Eine Funktion $f : \mathbb{C} \to \mathbb{C}$ läßt sich (durch Identifizierung von $\mathbb{C}$ mit der Gaußschen Zahlenebene: $x + iy \mathrel{\hat{=}} (x, y) \in \mathbb{R}^2$) als Abbildung von $\mathbb{R}^2$ in $\mathbb{R}^2$ auffassen und umgekehrt. Für eine solche Funktion gibt es daher zwei i. a. verschiedene Ableitungsbegriffe. Wie unterscheiden sich diese?
Die Ableitung $D\boldsymbol{f}(\boldsymbol{a})$ von $\boldsymbol{f} : \mathbb{R}^2 \to \mathbb{R}^2$ liefert genau dann die Ableitung $f'(\boldsymbol{a})$ von $f : \mathbb{C} \to \mathbb{C}$, wenn die lineare Abbildung $D\boldsymbol{f}(\boldsymbol{a})$ durch Multiplikation mit einer komplexen Zahl gegeben ist; vgl.: die Formel
$$|f(z) - f(z_0) - f'(z_0) \cdot (z - z_0)| < \varepsilon |z - z_0|$$
($\to$ Drehstreckung der Gaußschen Zahleneben)
Die ist der Fall, wenn für die Matrix $\mathcal{J}_{\boldsymbol{f}} = \begin{pmatrix} \frac{\partial f_1}{\partial x} & \frac{\partial f_1}{\partial y} \\ \frac{\partial f_2}{\partial x} & \frac{\partial f_2}{\partial y} \end{pmatrix}$ gilt:

[5] Diese Regel besagt: Ist $\mathbf{g} \circ \mathbf{h}$ definiert und existieren die Ableitungen von $\mathbf{h}$ in $\mathbf{a}$ und von $\mathbf{g}$ in $\mathbf{h}(\mathbf{a})$, so gilt $D(\mathbf{g} \circ \mathbf{h})(\mathbf{a}) = (D\mathbf{g})(\mathbf{h}(\mathbf{a})) \circ D\,\mathbf{h}(\mathbf{a})$.

$\mathcal{J}_{\boldsymbol{f}} \cdot \binom{x}{y} \hat{=} (c+di)(x+iy)$, also (in Übereinstimmung mit einer weiteren möglichen Darstellung von $\mathbb{C}$): $\mathcal{J}_{\boldsymbol{f}} = \begin{pmatrix} c & -d \\ d & c \end{pmatrix}$. Es folgt als zur Regularität von f äquivalente Bedingung die Gültigkeit der **Cauchy-Riemannschen Differentialgleichungen** $\frac{\partial f_1}{\partial x} = \frac{\partial f_2}{\partial y} \wedge \frac{\partial f_1}{\partial y} = -\frac{\partial f_2}{\partial x}$.

2.) Man beachte, daß die Existenz der partiellen Ableitungen zwar notwendig, aber i. a. nicht hinreichend für die Differenzierbarkeit von $\boldsymbol{f}$ ist.

Beispiel: Sei $f : \mathbb{R}^2 \to \mathbb{R}$ mit $(x,y) \mapsto \frac{xy}{x^2+y^2}$ für $(x,y) \neq (0,0)$ und $f(0,0) = 0$. Dann ist $\lim\limits_{(x_n,y_n)\to(0,0)} \frac{x_n y_n}{x_n^2+y_n^2}$ für $(x_n, y_n) = (\frac{1}{n}, \frac{1}{n})$ ungleich 0, also f nicht stetig und damit auch nicht differenzierbar. Aber die partiellen Ableitungen bei $(0,0)$ existieren: $\frac{\partial f}{\partial x}(\mathbf{0}) = \lim\limits_{x\to 0} \left(\frac{xy/(x^2+y^2)-0}{x-0}\Big|_{y=0}\right) = 0$ und analog $\frac{\partial f}{\partial y}(\mathbf{0}) = 0$.

Welche Bedingungen an die partiellen Ableitungen sind notwendig und hinreichend für die **stetige Differenzierbarkeit** der Funktion $\boldsymbol{f} : E \to \mathbb{R}^m$ (mit offenem $E \subseteq \mathbb{R}^n$)?

Die Funktion $\boldsymbol{f}$ ist genau dann auf E stetig differenzierbar, d. h. $\boldsymbol{f}$ differenzierbar und $\boldsymbol{f}'(\boldsymbol{x})$ stetig von $\boldsymbol{x}$ abhängig, wenn die partiellen Ableitungen $\frac{\partial f_i}{\partial x_j}(\boldsymbol{x})$ für $\boldsymbol{x} \in E$ existieren und auf E stetig sind. Beweis s. z.B. Heuser, Lehrb. d. Analysis 2.

Anmerkung: Die eine Richtung dieses Satzes liefert ein wichtiges Differenzierbarkeitskriterium.
Beispiel (Fortsetzung): $\boldsymbol{f} : \mathbb{R}^2 \to \mathbb{R}^2$ mit $\boldsymbol{x} = \binom{x}{y} \mapsto \binom{x+y}{x \cdot y}$ ist differenzierbar in jedem Punkt von $\mathbb{R}^2$; denn wegen $\frac{\partial f_1}{\partial x} = 1 = \frac{\partial f_1}{\partial y}$ und $\frac{\partial f_2}{\partial x}(\boldsymbol{x}) = y$ sowie $\frac{\partial f_2}{\partial y}(\boldsymbol{x}) = x$ sind die partiellen Ableitungen 1. Ordnung stetig auf $\mathbb{R}^2$, und damit ist der obige Satz anwendbar.

Wie läßt sich die *Kettenregel* auf mehrdimensionale Funktionen verallgemeinern (ohne Beweis)?

Ist $\boldsymbol{h} : \mathbb{R}^n \supseteq E \to \mathbb{R}^m$ differenzierbar in $\boldsymbol{a} \in E$ und $\boldsymbol{g} : \mathbb{R}^m \supseteq F \to \mathbb{R}^\ell$ in $\boldsymbol{h}(\boldsymbol{a}) \in F$ differenzierbar, so ist auch $\boldsymbol{g} \circ \boldsymbol{h}$ in $\boldsymbol{a}$ differenzierbar, und die Funktionalmatrix von $\boldsymbol{g} \circ \boldsymbol{h}$ ist das Produkt der Funktionalmatrizen von $\boldsymbol{h}$ und $\boldsymbol{g}$, also

$$\mathcal{J}_{\boldsymbol{g}\circ\boldsymbol{h}}(\boldsymbol{a}) = \mathcal{J}\boldsymbol{g}(\boldsymbol{h}(\boldsymbol{a})) \cdot \mathcal{J}_{\boldsymbol{h}}(\boldsymbol{a})$$

Formulieren Sie (ohne Beweis) den Satz über *inverse Funktionen* und den Satz über *implizit definierte Funktion* !

1. Seien $\boldsymbol{a} \in E \subseteq I\!R^n$, E offen, $\boldsymbol{f} : E \to I\!R^n$ stetig differenzierbar und $\det(D\boldsymbol{f})(\boldsymbol{a}) \neq \mathbf{0}$. Dann ist $\boldsymbol{f}$ ***lokal invertierbar***, d. h. es existieren Umgebungen V von $\boldsymbol{a}$ und W von $\boldsymbol{f}(\boldsymbol{a})$ derart, daß $\boldsymbol{f}|_{V \to W}$ bijektiv ist mit Umkehrabbildung $\boldsymbol{g} : W \to V$ (s. Bild 4.17. Auch $\boldsymbol{g}$ ist stetig differenzierbar und $D\boldsymbol{g}(\boldsymbol{y}) = [D\boldsymbol{f}(\boldsymbol{x})]^{-1}$ für alle $\boldsymbol{y} \in W$ und $\boldsymbol{x}$ mit $\boldsymbol{x} = \boldsymbol{g}(\boldsymbol{y})$.

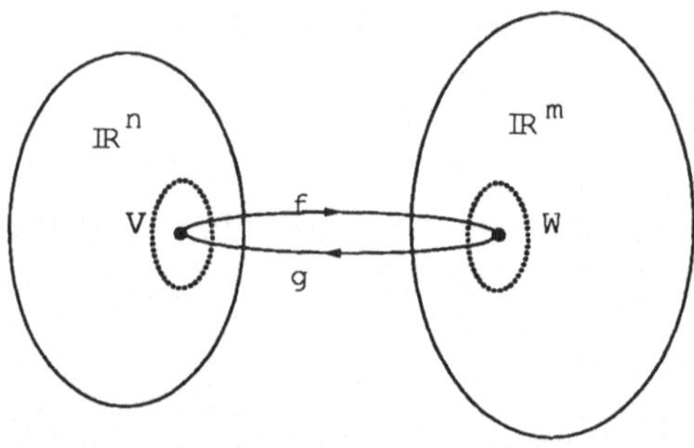

Bild 4.17
Venndiagramm zur lokalen Umkehrbarkeit

2. Seien $(\boldsymbol{a}, \boldsymbol{b}) \in A \subseteq I\!R^n \times I\!R^m$, A offen, $f : A \to I\!R^m$ stetig differenzierbar, $f(\boldsymbol{a}, \boldsymbol{b}) = \mathbf{0}$ und $\det\left(\frac{\partial f_i}{\partial x_{n+k}}(\boldsymbol{a}, \boldsymbol{b})\right)_{i,k=1,\ldots,m} \neq 0$. Dann hat die Gleichung $\boldsymbol{f}(\boldsymbol{x}, \boldsymbol{y}) = \mathbf{0}$ ***lokal für jedes $\boldsymbol{x}$ genau eine Lösung $\boldsymbol{y}$***, d. h. es existieren Umgebungen V von $\boldsymbol{a}$ und W von $\boldsymbol{b}$ und eine eindeutige stetige Abbildung $\boldsymbol{g} : V \to W$ mit $\boldsymbol{g}(\boldsymbol{a}) = \boldsymbol{b}$ und, für jedes $\boldsymbol{x} \in V$

$$\boldsymbol{y} = \boldsymbol{g}(\boldsymbol{x}) \iff \boldsymbol{f}(\boldsymbol{x}, \boldsymbol{y}) = \mathbf{0} \wedge \boldsymbol{y} \in W$$

$\boldsymbol{g}$ ist stetig differenzierbar mit

$$D\boldsymbol{g}(\boldsymbol{x}) = \left(\frac{\partial f_i}{\partial x_{n+k}}(\boldsymbol{x}, \boldsymbol{g}(\boldsymbol{x}))\right)^{-1}_{i,k=1,\ldots,m} \cdot \left(\frac{\partial f_i}{\partial x_j}(\boldsymbol{x}, \boldsymbol{g}(\boldsymbol{x}))\right)_{\substack{i=1\ldots m \\ j=1\ldots n}}.$$

Beispiele:

1. Zeigen Sie die lokale Invertierbarkeit von[6] $\boldsymbol{f} : E = I\!R^+ \times I\!R \to I\!R^2$ mit $\boldsymbol{f}(r, \vartheta) = (r\cos\vartheta, r\sin\vartheta)$.
2. Untersuchen Sie die Gleichung $x^2 + y^2 - 1 = 0$ auf lokale Auflösbarkeit (mittels des Satzes über implizit definierte Funktionen)!

[6] $I\!R^+ := \{r \in I\!R | r > 0\}$

ad 1: Die partiellen Ableitungen von $\boldsymbol{f}$ sind stetig; damit ist $\boldsymbol{f}$ stetig differenzierbar mit Funktionalmatrix $\mathcal{J}_{\boldsymbol{f}} = \begin{pmatrix} \cos\vartheta & -r\sin\vartheta \\ \sin\vartheta & r\cos\vartheta \end{pmatrix}$. Wegen $\det \mathcal{J}_{\boldsymbol{f}} = r > 0$ ist $\boldsymbol{f}$ lokal invertierbar. Für $(x,y) \in W = I\!R^+ \times I\!R^+$ und, z. Bsp., $V = I\!R^+ \times (0, \frac{\pi}{2})$ ist $\boldsymbol{g} : W \to V$ mit $(x,y) \mapsto (\sqrt{x^2+y^2}, \arcsin\frac{y}{\sqrt{x^2+y^2}})$ lokale Inverse von $\boldsymbol{f}$; unter Beachtung von $\cos\vartheta = \sqrt{1-\sin^2\vartheta} = \sqrt{1-\frac{y^2}{r^2}}$ ergibt sich als Funktionalmatrix $\mathcal{J}_{\boldsymbol{g}} =$

$$\begin{pmatrix} \cos\vartheta & -r\sin\vartheta \\ \sin\vartheta & r\cos\vartheta \end{pmatrix}^{-1}\Bigg|_{\substack{r=\sqrt{x^2+y^2} \\ \vartheta=\arcsin\frac{y}{r}}} = \begin{pmatrix} \frac{x}{r} & -y \\ \frac{y}{r} & x \end{pmatrix}^{-1} = \begin{pmatrix} \frac{x}{\sqrt{x^2+y^2}} & \frac{y}{\sqrt{x^2+y^2}} \\ \frac{-y}{x^2+y^2} & \frac{x}{x^2+y^2} \end{pmatrix}.$$

Anmerkung: $\boldsymbol{f}$ beschreibt die Zuordnung der Polarkoordinaten eines Punktes von $I\!R^2$ zu den kartesischen Koordinaten; s. Bild 4.18 a.

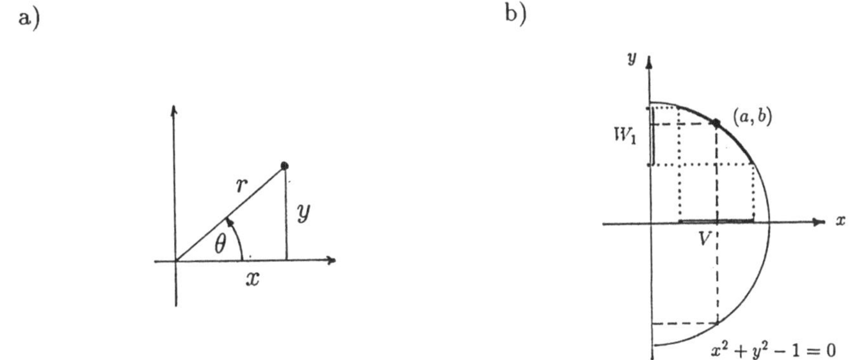

Bild 4.18 a) Polar- und kartesische Koordinaten in $I\!R^2$
b) Beispiel einer implizit gegebenen Funktion

ad 2: Setze $F : I\!R^2 \to I\!R$ mit $F(x,y) = x^2 + y^2 - 1$. Wegen der Stetigkeit der Ableitungen $\frac{\partial F}{\partial x} = 2x$ und $\frac{\partial F}{\partial y} = 2y$ ist F stetig differenzierbar, wegen $\det(\frac{\partial F}{\partial y}(a,b)) = 2b$ ist F in der Umgebung eines Punktes (a,b) mit $a^2 + b^2 = 1$ und $(a,b) \neq (\pm 1, 0)$ lokal invertierbar; in der oberen Halbebene z. B. ist $y = g(x) = \sqrt{1-x^2}$ mit $g'(x) = -(\frac{\partial F}{\partial y})^{-1} \cdot \frac{\partial F}{\partial x} = -\frac{x}{y}$; s. Bild 4.18 b.

4.7 Integration

Wie ist das untere bzw. obere Riemann-Darboux-Integral einer beschränkten Funktion $f : [a,b] \to I\!R$ definiert, und wann heißt f integrierbar?

1. *Idee:* Die Fläche unter dem Graphen von f wird durch Rechtecksflächen von oben und unten approximiert; dies bedeutet, daß f durch obere und untere Treppenfunktionen genähert wird (s.Bild 4.19).

2. *Definitionen bei fester Zerlegung P:* Eine *Zerlegung* (Partition) von $[a, b]$ ist eine endliche Punktfolge $P = x_0, \ldots, x_n$ mit $a = x_0 < x_1 < \ldots < x_n = b$.
   Untersumme und *Obersumme* von f bzgl. der Zerlegung P sind definiert durch $\underline{S}_{P,f} = \sum\limits_{k=1}^{n} \inf\limits_{x \in \Im_k} f(x) \cdot (x_k - x_{k-1})$ (mit $\Im_k := [x_{k-1}, x_k]$) und
   $\overline{S}_{P,f} = \sum\limits_{k} \sup\limits_{x \in \Im_k} f(x) \cdot (x_k - x_{k-1})$
   Geometrische Interpretation: Summe der (mit Vorzeichen versehenen) Rechtecksflächeninhalte ("Intervallbreite mal Inf. bzw. Sup. der Funktion").

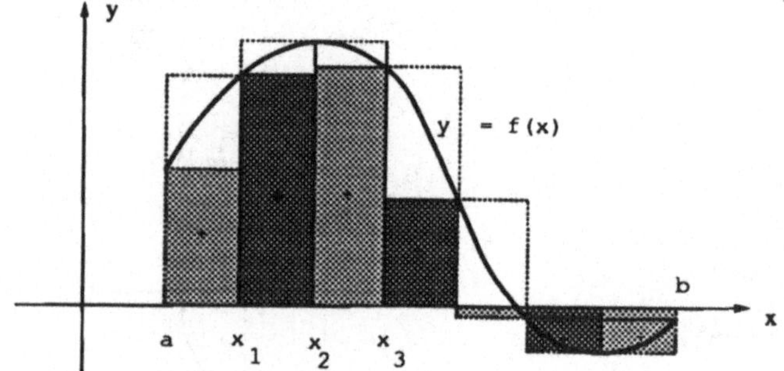

Bild 4.19
Ober- und Untersumme

   Eigenschaften: Es gilt $(b-a) \inf\limits_{x \in [a,b]} f(x) \le \underline{S}_{P,f} \le \overline{S}_{P,f} \le (b-a) \sup\limits_{x \in [a,b]} f(x)$.
   Diese Beschränktheit von $\underline{S}$ bzw. $\overline{S}$ erlaubt folgende Definition:

3. *Definitionen und Eigenschaften von Ober- und Unterintegral:*
   Ist $f \in \mathcal{B}([a, b], \mathbb{R})$, so existiert das *untere* und das *obere Riemann-Darboux-Integral* $\underline{\int}_a^b f(t)dt := \sup\{\underline{S}_{P,f} | P \text{ Zerlegung von } [a, b]\}$ bzw.
   $\overline{\int}_a^b f(t)dt := \inf\{\overline{S}_{P,f} | P \text{ Zerlegung von } [a, b]\}$ und es gilt
   $$\underline{\int}_a^b f(t)\,dt \le \overline{\int}_a^b f(t)\,dt\,.$$

4. *Integrierbarkeit:*
   $f \in \mathcal{B}([a, b], \mathbb{R})$ heißt *Riemann-integrierbar (R-integrierbar)* auf $[a, b]$, falls Ober- und Unterintegral gleich sind; der gemeinsame Wert heißt dann das **Riemann-Integral** (R-Integral) über f von a bis b. Bezeichnung: $\int\limits_a^b f(t)\,dt$.

5. *Erste Beispiele:*

(i) Für die Dirichlet-Funktion $D : [a,b] \to \mathbb{R}$ mit $D(x) = 1$ für $x \in [a,b] \cap \mathbb{Q}$ und $D(x) = 0$ sonst (sowie $a < b$) folgt aus der Dichtheit von $\mathbb{Q}$ und $\mathbb{R} \setminus \mathbb{Q}$ in $\mathbb{R}$ sofort $\underline{S}_{P,D} = 0$ und $\overline{S}_{P,D} = \sum 1 \cdot (x_k - x_{k-1}) = b - a$ und damit $\underline{\int}_a^b D(t)dt = 0 \neq b - a = \overline{\int}_a^b D(t)dt$; es ist also D nicht R-integrierbar.

(Zur Lebesgue-Integrierbarkeit von D s.u.).

(ii) Ist $\hat{c} : [a,b] \to \mathbb{R}$ mit $\hat{c}(x) = c \in \mathbb{R}$ (konstante Funktion), so gilt für jede Zerlegung $\underline{S} = \overline{S} = \sum\limits_k c \cdot (x_k - x_{k-1}) = c\,(b-a)$ und damit $\int\limits_a^b c\,dt = c\,(b-a)$. (Verträglichkeit mit dem elementargeometrischen Inhalt von Rechtecken).

Geben Sie mehrere Klassen von Riemann-integrierbaren Funktionen an!

Es sind u.a. R-integrierbar:

(i) die stetigen Funktionen $f : [a,b] \to \mathbb{R}$

(ii) die beschränkten monotonen Funktionen $g : [a,b] \to \mathbb{R}$

(iii) die stückweise stetigen Funktionen (nur endlich viele Unstetigkeitsstellen), z.B. die Treppenfunktionen, sowie

(iv) die abschnittsweise monotonen beschränkten Funktionen auf $[a,b]$.

Beweisskizze für (i):*Idee:* Bei geeigneter Länge der Zerlegungsintervalle ist die Differenz zwischen Supremum und Infimum kleiner $\frac{\varepsilon}{b-a}$. Genauer:
f ist gleichmäßig stetig auf dem kompakten $[a,b]$. Zu $\varepsilon > 0$ existiert daher ein $\delta > 0$ mit $|x-y| < \delta \Rightarrow |f(x)-f(y)| < \frac{\varepsilon}{b-a}$. Für jede Zerlegung P mit $\max(x_k - x_{k-1}) < \delta$ gibt es $\overline{\xi}_k, \underline{\xi}_k \in \Im_k$ mit $\sup\limits_{x \in \Im_k} f(x) = f(\overline{\xi}_k)$ und $\inf\limits_{x \in \Im_k} f(x) = f(\underline{\xi}_k)$, so daß $\overline{S}_{P,f} - \underline{S}_{P,f} = \sum\limits_k (f(\overline{\xi}_k) - f(\underline{\xi}_k))(x_k - x_{k-1}) < \varepsilon$ ist. Daraus folgt dann die Behauptung mittels des *Riemannschen Integral-Kriteriums*: f ist R-integrierbar, g.d.w. gilt: $\forall \varepsilon > 0\ \exists P : \overline{S}_{P,f} - \underline{S}_{P,f} < \varepsilon$.

Beweisidee für (ii): "Durchschieben der Rechtecke" aus Ober- und Untersumme. Genauer: Bei monotonen Funktionen wird das Supremum im Intervall $[x_{k-1}, x_k]$ in einem Randpunkt angenommen und ist gleichzeitig das Infinum in einem benachbarten Intervall (s. Bild 4.20). Bei einer Zerlegung mit gleichlangen Teilintervallen ist daher, abgesehen vom ersten bzw. letzten, jeder Summand der Obersumme auch ein solcher der Untersumme und umgekehrt. Die Differenz sinkt bei genügend kleiner Intervallbreite unter ein gegebenes ε, ebenso beim oberen und unteren Integral. □

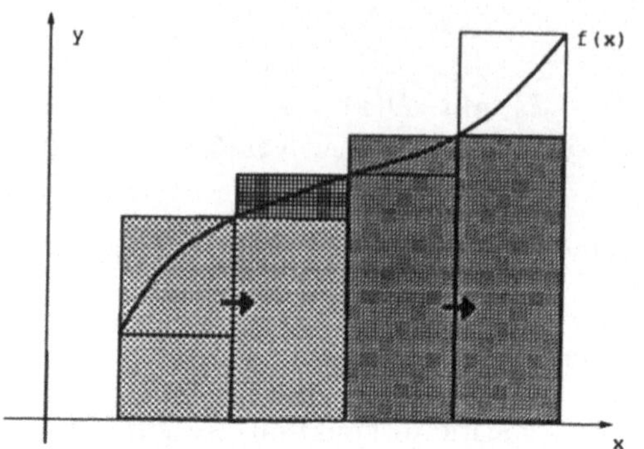

Bild 4.20
"Durchschieben" bei monotoner Funktion

Anmerkung:
Ist $f : \mathbb{R} \to \mathbb{R}$ beschränkt und außerhalb eines geeigneten beschränkten Intervalls gleich Null, so ist f R-integrierbar, g.d.w. f fast überall stetig ist. *Beweisidee für (iii) und (iv):* Additivität des Integrals bzgl. aneinanderstoßender Integrationsintervalle (s.u.).

Nennen Sie (ohne Beweis) einige strukturelle Eigenschaften des Integrals, z.B. Verhalten bzgl. Linearkombinationen, Additivität bzgl. Integrationsintervallen, Abschätzung, Stetigkeit der Integralfunktion.

Seien f, g auf $[a, b]$ Riemann-integrierbare reelle Funktionen und $c \in \mathbb{R}$; dann sind auch $f + g$, $c \cdot g$, $f \cdot g$ und $|f|$ R-integrierbar, und es gilt:

(i) *Linearität:* $\int_a^b (f + c \cdot g)(t)dt = \int_a^b f(t)dt + c \cdot \int_a^b g(t)dt$

(ii) *Monotonie:* $f \leq g \Rightarrow \int_a^b f(t)dt \leq \int_a^b g(t)dt$

(iii) *Additivität bzgl. Integrationsintervallen:* Für $c \in (a, b)$ ist f integrierbar auf $[a, c]$ sowie auf $[c, b]$, und es gilt $\int_a^c f(t)dt + \int_c^b f(t)dt = \int_a^b f(t)dt$.

(iv) *Abschätzungen:*

a) Dreiecksungleichung für Integrale: $\left|\int_a^b f(t)\,dt\right| \leq \int_a^b |f|(t)\,dt$

b) $$\inf_{x\in[a,b]} f(x) \cdot (b - a) \leq \int_a^b f(t)dt \leq \sup_{x\in[a,b]} f(x) \cdot (b - a)$$

(v) *Stetigkeit der Integralfunktion:*

Die *Integralfuktion*, also die Funktion $\mathcal{J} : [a, b] \to \mathbb{R}$ mit $\mathcal{J}(x) = \int_a^x f(t)dt$ für $x \in [a, b]$ ist Lipschitz-stetig auf $[a, b]$. (s.z.B. Heuser, I, Satz 86.1 p.479)

Hinweis: Bezüglich der Vertauschbarkeit von Integration und Folgen bzw. der Reihenkonvergenz vergleiche man Tabelle 4.1.

Was versteht man unter einer Stammfunktion von $f : [a,b] \to \mathbb{R}$? Geben Sie eine integrierbare Funktion an, die keine Stammfunktion besitzt!

(i) Eine auf $[a,b]$ differenzierbare reelle Funktion F heißt *Stammfunktion* von f, wenn für alle $x \in [a,b]$ gilt: $F'(x) = f(x)$.

(ii) Eine Treppenfunktion, z.B. $f : [-1,1] \to \mathbb{R}$ mit $f(x) = 0$ für $x < 0$ und $f(x) = 1$ sonst, ist R-integrierbar; die zugehörige Integralfunktion $\mathcal{J}$ ist an der Sprungstelle von f nicht differenzierbar (s. Bild 4.21). Eine Stammfunktion von f könnte in $[-1,0]$ und in $[0,1]$ nur um Konstanten von $\mathcal{J}$ abweichen.

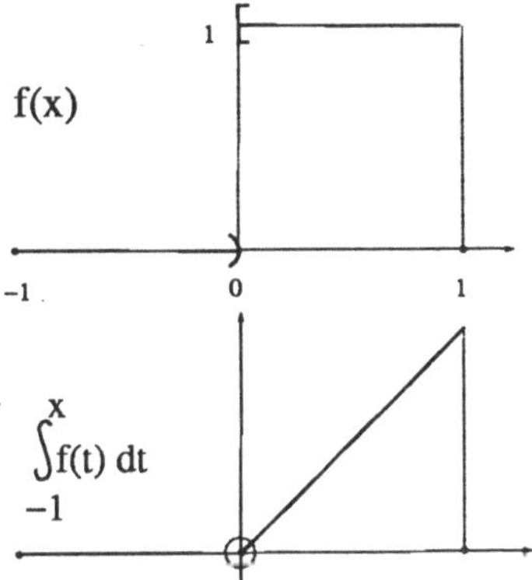

Bild 4.21
Beispiel einer Integralfunktion, die keine Stammfunktion ist.

Anmerkung: Ein Beispiel einer Stammfunktion, die keine Integralfunktion ihrer Ableitung ist, erhält man durch $F(x) := x\sqrt{x}\sin\frac{1}{x}$ für $x > 0$ und $F(0) = 0$. Die Ableitung F' ist in der Umgebung von 0 unbeschränkt: $F'(x) = \frac{3}{2}\sqrt{x}\sin\frac{1}{x} - \frac{1}{\sqrt{x}}\cos\frac{1}{x}$ für $x > 0$; sie ist daher nicht R-integrierbar.

Im Gegensatz zu den oben angegebenen Beispielen ist im Falle der Stetigkeit von f das Verhältnis zwischen Integralfunktion und Stammfunktion übersichtlicher.

Formulieren Sie die beiden Hauptsätze der Differential- und Integralrechnung (Zusammenhang zwischen Integral- und Stammfunktion)[7] mit Beweisskizze.

1. Hauptsatz:
Besitzt die R-integrierbare Funktion $f : [a,b] \to \mathbb{R}$ eine Stammfunktion F, so gilt:

[7] Oft werden die beiden Hauptsätze zu "dem" Hauptsatz der Differential- und Integralrechnung zusammengefaßt.

$$\int_a^b f(t)dt = F(b) - F(a) =: F(x)\Big|_a^b$$

Merkformel (vgl. Heuser): Die Gleichungen

$$\int_a^b F'(t)dt = F(b) - F(a) \text{ bzw. } \int_a^b f(t)\,dt = [\int f(t)\,dt]\Big|_a^b$$

gelten immer dann, wenn alle in ihnen vorkommenden Ausdrücken existieren.
Beweisskizze: Idee: Anwendung des Mittelwertsatzes in jedem Intervall einer Zerlegung auf die Stammfunktion. Genauer:

Zu $\varepsilon > 0$ existiert eine Zerlegung P mit $\int_a^b f(t)dt - \varepsilon < \underline{S}_{P,f} \leq \overline{S}_{P,f} < \int_a^b f(t)dt + \varepsilon$.
Anwendung des MWS'es auf das Intervall $[x_{k-1}, x_k]$ liefert die Existenz eines ξ_k mit $F(x_k) - F(x_{k-1}) = F'(\xi_k)(x_k - x_{k-1}) = f(\xi_k) \cdot (x_k - x_{k-1})$ und daher $\int f(t)dt - \varepsilon < \underline{S}_{P,f} \leq \sum_{k=1}^{n}(F(x_k) - F(x_{k-1})) = F(b) - F(a) \leq \overline{S}_{P,f} < \int f(t)dt + \varepsilon$.□

2. Hauptsatz:
Ist f R-integrierbar auf $[a,b]$ und stetig in $x_0 \in [a,b]$, so gilt: Die Integralfunktion $\mathcal{J}$ mit $\mathcal{J}(x) = \int_a^x f(t)dt$ ist differenzierbar in x_0 und es gilt: $\mathcal{J}'(x_0) = f(x_0)$.

Folgerung:
Eine stetige Funktion besitzt stets eine Stammfunktion, nämlich z. Bsp. die Integralfunktion.

Beweisskizze: Idee: Betrachtung des Differenzenquotienten:
Zu $\varepsilon > 0$ existiert wegen der Stetigkeit von f in x_0 ein $\delta > 0$ mit $|f(t) - f(x_0)| < \varepsilon$ für alle $t \in U_\delta := U_\delta(x_0) \cap [a,b]$. Für $x \in U_\delta$ folgt

$$\begin{aligned} \left|\frac{\mathcal{J}(x) - \mathcal{J}(x_0)}{x - x_0} - f(x_0)\right| &= \frac{1}{|x-x_0|}\left|\int_{x_0}^{x} f(t)dt - (x - x_0)f(x_0)\right| \\ &= \frac{1}{|x-x_0|}\left|\int_{x_0}^{x}(f(t) - f(x_0))dt\right| \leq \frac{1}{|x-x_0|}\varepsilon \cdot |x - x_0| = \varepsilon\,. \end{aligned}$$

Daraus folgt $\mathcal{J}'(x_0) = f(x_0)$. □

Beispiel: Für $x \geq 1$ gilt $\int_1^x \frac{1}{t}dt = \ell n\, t\Big|_1^x = \ell n\, x$ wegen der Stetigkeit von $\frac{1}{t}$ auf $[1,x]$ und wegen $(\ell n)'(x) = \frac{1}{x}$. (Oft wird auch $\ell n\, x$ mittels dieses Integrals definiert.)

Anmerkung: Ist F eine Stammfunktion von f, so ist $\{F + c | c \in \mathbb{R}\}$ die Menge aller Stammfunktionen von f. Ist f integrierbar, so bezeichnet man diese Menge als *unbestimmtes Integral*[8] von f und schreibt $\int f(t)dt = F(t) + c$ mit der sogenannten Integrationskonstanten $c \in \mathbb{R}$. Beispiel: $\int \frac{1}{t}dt = \ell n\,|t| + c$.

[8] Für unbestimmte Integrale gibt es Tabellen in Formelsammlungen.

Das *bestimmte Integral* $\int_a^b f(t)dt$ ergibt sich dann nach dem 1. Hauptsatz als $F(b) - F(a)$.

Zur Integrationstechnik:

Bestimmen Sie folgende Integrale		
(a)	$\int_{-\frac{\pi}{2}}^{\frac{\pi}{2}} t \sin 2t \, dt$	(mittels partieller Integration)
(b)	$\int_{-1}^{1} x \arcsin x \, dx$	und
	$\int_0^1 t(t^2+1)^\alpha \, dt$ für $\alpha \neq -1$	(durch Substitution)
(c)	$\int \frac{1}{t(t-1)^2} \, dt$	unbestimmtes Integral (Partialbruchzerlegung)
(d)	$\int_0^1 t^r \, dt$ für $0 < r < 1$	uneigentliches Integral
(e)	$\int_{-\infty}^{\infty} \frac{1}{1+t^2} \, dt$	uneigentliches Integral

(a) Für stetig differenzierbare Funktionen f und stetige Funktionen g mit Stammfunktion G folgt aus $(fG)' = f'G + fG'$ die Regel der *partiellen Integration*:

$$\int_a^b f(t)\, g(t)\, dt = f(t)G(t)\Big|_a^b - \int_a^b f'(t)\, G(t)\, dt$$

Im vorliegenden Beispiel ergibt sich

$$\int_{-\frac{\pi}{2}}^{\frac{\pi}{2}} t \sin 2t \, dt = t(-\tfrac{1}{2}\cos 2t)\Big|_{-\frac{\pi}{2}}^{+\frac{\pi}{2}} + \tfrac{1}{2}\int_{-\frac{\pi}{2}}^{\frac{\pi}{2}} \cos 2t \, dt = \tfrac{\pi}{2} + \tfrac{1}{4}\sin 2t\Big|_{-\frac{\pi}{2}}^{+\frac{\pi}{2}} = \tfrac{\pi}{2}$$

(b) Ist φ stetig differenzierbar auf $J = [\alpha, \beta]$ und f stetig auf $\Im = \varphi(J)$, so folgt aus der Kettenregel, angewandt auf die Stammfunktion von f,

$$\int_{\varphi(\alpha)}^{\varphi(\beta)} f(x)dx = \int_\alpha^\beta f(\varphi(t))\varphi'(t)\, dt \quad (\textit{Substitution})$$

Merkregel: $x = \varphi(t) \Rightarrow dx = \frac{d\varphi}{dt} dt$
1. Beispiel
(mit der Substitution $x = \sin t$, $\frac{dx}{dt} = \cos t$ und $t_{1/2} = \arcsin \pm 1 = \pm\frac{\pi}{2}$):

$$\int_{-1}^{1} x \arcsin x \, dx = \int_{-\frac{\pi}{2}}^{+\frac{\pi}{2}} \sin t \cdot t \cdot \cos t \, dt = \int_{-\frac{\pi}{2}}^{+\frac{\pi}{2}} \tfrac{1}{2} t \sin 2t \, dt \overset{(a)}{=} \tfrac{\pi}{4}\,.$$

2. Beispiel (mit der Substitution $x = t^2 + 1$, $\frac{dx}{dt} = 2t$):

$$\int_0^1 t(t^2+1)^\alpha\,dt = \int_1^2 x^\alpha \cdot \tfrac{1}{2}\,dx = \left.\tfrac{x^{\alpha+1}}{2(\alpha+1)}\right|_1^2 .$$

(c) Aus dem Ansatz[9] $\frac{1}{t(t-1)^2} = \frac{a}{t} + \frac{b}{t-1} + \frac{c}{(t-1)^2}$ ergibt sich $a = -b = c = 1$ und damit $\int \frac{1}{t(t-1)^2} = \int \frac{1}{t}dt - \int \frac{1}{t-1}dt + \int \frac{1}{(t-1)^2}dt = \ell n|t| - \ell n|t-1| - \frac{1}{t-1} + c$.

(d) $\int\limits_0^1 t^{-r}dt = \lim\limits_{\varepsilon\to 0} \int\limits_\varepsilon^1 t^{-r}dt = \lim\limits_{\varepsilon\to 0} \left.\frac{t^{1-r}}{1-r}\right|_\varepsilon^1 = \frac{1}{1-r}$

(e) $\int\limits_{-\infty}^{\infty} \frac{1}{1+t^2}\,dt = \lim\limits_{b\to\infty} \arctan b - \lim\limits_{a\to-\infty} \arctan a = \frac{\pi}{2} - (-\frac{\pi}{2}) = \pi.$

Wie lauten die **Mittelwertsätze** der Integralrechnung (mit Beweisskizze)?

(i) *1. MWS der Integralrechnung:*
Ist f stetig auf $[a,b]$, dann existiert ein $\xi \in (a,b)$ mit

$$\int_a^b f(t)\,dt = f(\xi)\,(b-a)$$

Beweis: Nach dem 2. Hauptsatz existiert eine Stammfunktion F von f. Anwendung des Mittelwertsatzes der Differentialrechnung liefert die Existenz eines ξ mit

$$\int_a^b f(t)\,dt = F(b) - F(a) = (b-a)F'(\xi) = (b-a)\,f(\xi). \qquad \square$$

Geometrische Interpretation s. Bild 4.22 .

(ii) *Verallgemeinerter 1. MWS*
Sind f, g stetig auf $[a,b]$, $g \geq 0$, dann existiert ein $\xi \in [a,b]$ mit

$$\int_a^b f(t)\,g(t)\,dt = f(\xi) \int_a^b g(t)\,dt .$$

Beweisidee:

Es gilt $\min f(x) \int\limits_a^b g(t)\,dt \leq \int\limits_a^b f(t)\,g(t)\,dt \leq \max f(x) \cdot \int\limits_a^b g(t)\,dt$.
Aus dem Zwischenwertsatz folgt dann die Behauptung. $\square$

(iii) *2. MWS der Integralrechnung*
Ist f monoton und g stetig differenzierbar auf $[a,b]$, dann existiert ein $\xi \in [a,b]$ mit

$$\int_a^b f(t)\,g(t)\,dt = f(a) \int_a^\xi g(t)\,dt + f(b) \int_\xi^b g(t)\,dt$$

[9] Wie die Partialbruchzerlegung anzusetzen ist, steht in vielen Formelsammlungen.

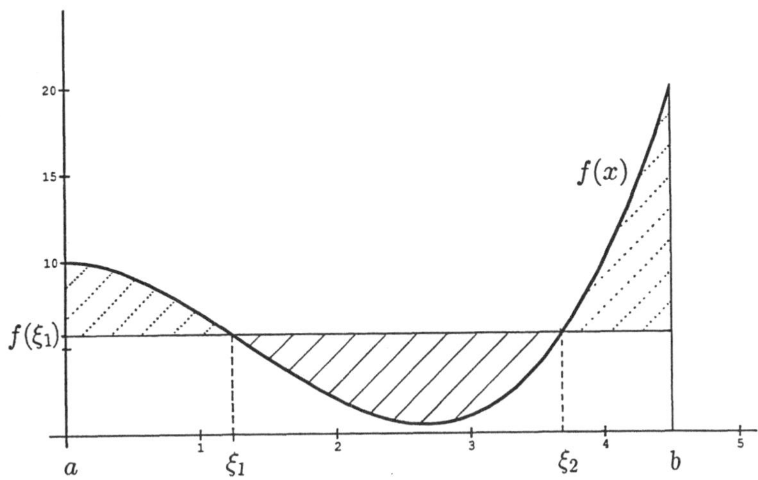

Bild 4.22 Geometrische Interpretation des Integral-Mittelwertsatzes

Beweisskizze:
Idee: Partielle Integration und verallgemeinerter Mittelwertsatz.
Im Falle monoton wachsender Funktion f erhält man mit der Integralfunktion G von g durch partielle Integration und Anwendung von (*ii*) wegen $f' \geq 0$ die Existenz eines ξ mit

$$\int_a^b f(t)\,g(t)\,dt = f(b)G(b) - f(a)\cdot 0 - \int_a^b f'(t)\,G(t)\,dt$$

$$= f(b)\,G(b) - G(\xi)\int_a^b f'(t)\,dt = f(a)\,G(\xi) + f(b)\,[G(b) - G(\xi)]. \qquad \square$$

Beschreiben Sie kurz die Verallgemeinerung des Integralbegriffs 1.) auf höhere Dimensionen und 2.)** auf summierbare Funktionen.

1.) Sei f eine auf dem achsenparallelen Quader $Q = \mathop{\times}\limits_{i=1}^{n} (a_i, b_i)$ definierte reelwertige Funktion. Die Approximation des Volumens unterhalb des Funktionsgraphen $(x_1, \ldots, x_n, f(x_1, \ldots, x_n))$ kann wieder mittels *Treppenfunktionen* geschehen, d.h. diesmal durch Funktionen t, die auf einer Zerlegung von Q in endlich viele achsenparallele n-dimensionale Quader Q_i definiert und auf jedem der Q_i konstant sind (s. Bild 4.23). Der Inhalt des Treppenkörpers ist gleich
$\sum t(Q_i)\mathcal{I}(Q_i) =: \int_Q t(\boldsymbol{x})d\boldsymbol{x} = \int_Q t\,d\mathcal{I}$ mit $\mathcal{I}(Q_i)$ als Volumen des Quaders Q_i .
Wieder kann man Ober- und Unterintegral definieren und R-Integrierbarkeit von f im Falle der Gleichheit dieser beiden.
Änderung des Integrationsbereiches: Ist der Definitionsbereiches D_f von f eine beschränkte Teilmenge von $\mathbb{R}^n$, so wählt man einen beschränkten achsenparallelen

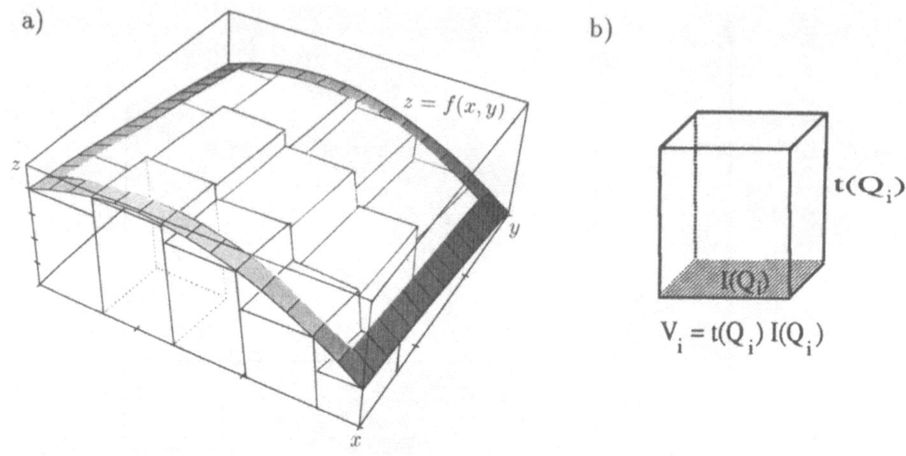

Bild 4.23 a) Approximation des Inhalts durch eine Treppenfunktion
b) Inhalt einer Treppenstufe

Quader Q mit $D_f \subseteq Q$ und setzt (im Falle der Existenz) $\int\limits_{D_f} f(\boldsymbol{x})d\boldsymbol{x} := \int\limits_{Q} \tilde{f}(\boldsymbol{x})d\boldsymbol{x}$ mit $\tilde{f}|_{D_f} = f$ und $\tilde{f}(\boldsymbol{x}) = 0$ für $\boldsymbol{x} \in Q \setminus D_f$; ist hingegen $D_f = I\!R^n$ und der Träger von f (d.h. die Menge der Punkte $\boldsymbol{x}$ mit $f(\boldsymbol{x}) \neq 0$) Teilmenge eines beschränkten Quaders Q, so definiert man $\int\limits_{I\!R^n} f(\boldsymbol{x})d\boldsymbol{x} := \int\limits_{Q} f(\mathbf{x})d\mathbf{x}$.

2.)** Bei gegebenem Maß μ betrachtet man die Menge $\mathcal{T}$ aller Funktionen g auf $I\!R^n$, für die eine fast-überall wachsende Folge $(t_\nu)_{\nu \in I\!N}$ von Treppenfunktionen mit beschränkter Integralfolge $(\int\limits_{I\!R^n} t_\nu d\mu)_{\nu \in I\!N}$ (wie oben definiert mit Maß μ statt des elementargeometrischen Volumens $\mathcal{I}$) und $\lim\limits_{\nu \to \infty} t_\nu(\boldsymbol{x}) = g(\boldsymbol{x})$ für fast alle $\boldsymbol{x}$ existiert. Für solche Funktionen definiert man $\int g d\mu := \lim\limits_{\nu \to \infty} \int t_\nu d\mu$. (Diese Definition stellt sich als unabhängig von der speziellen Folge $(t_\nu)_{\nu \in I\!N}$ heraus.) Jede Differenz $g_1 - g_2$ von Funktionen $g_i \in \mathcal{T}$ heißt dann *summierbar* und das (existierende) Integral $\int\limits_{I\!R^n} f d\mu := \int f_1 d\mu - \int f_2 d\mu$ das *Lebesgue-Integral* von f.

Anmerkung:

Ist f R-intergierbar auf $[a, b]$, so auch Lebesgue-summierbar(– f wird dazu außerhalb $[a, b]$ mit Funktionswerten 0 angesetzt–), und es gilt $\int\limits_a^b f(t)dt = \int\limits_{[a,b]} f\, d\mu$.

Ein Beispiel dafür, daß die Klasse der Lebesgues-summierbaren Funktionen größer als die der R-integrierbaren ist, liefert u.a. die Dirichletfunktion D (s.o., Bsp.5i); für diese gilt $D(x) = 0$ für fast alle x (– wegen der Abzählbarkeit von $\mathbb{Q}$ gilt $\mathcal{I}(\mathbb{Q}) = 0$ –) und daher $\int D\, d\mathcal{I} = 0$.

Formulieren Sie (ohne Beweis) den Satz von Fubini über die **stufenweise Integration** ! Bestimmen Sie mit ihm das Integral von $f_1 : \mathbb{R}^2 \to \mathbb{R}$ mit $f_1(x,y) = 1$ für $x^2 + y^2 \leq r^2$ und 0 sonst!

1.) *Satz von Fubini*
Sei f eine R-integrierbare Funktion[10] $f : \mathbb{R}^n = \mathbb{R}^p \times \mathbb{R}^q \to \mathbb{R}$ *mit* $(\boldsymbol{x},\boldsymbol{y}) \mapsto f(\boldsymbol{x},\boldsymbol{y})$.*(Außerdem verschwinde f außerhalb eines kompakten Quaders.) Dann gilt:*

$$\int_{\mathbb{R}^n} f(\boldsymbol{x},\boldsymbol{y})d(\boldsymbol{x},\boldsymbol{y}) = \int_{\mathbb{R}^p} \left(\int_{\mathbb{R}^q} f(\boldsymbol{x},\boldsymbol{y})d\boldsymbol{y} \right) d\boldsymbol{x} = \int_{\mathbb{R}^q} \left(\int_{\mathbb{R}^p} f(\boldsymbol{x},\boldsymbol{y})\, d\boldsymbol{x} \right) d\boldsymbol{y}$$

Interpretation: Schichtweise Integration ($\to$ Prinzip von Cavalieri); Vertauschbarkeit der Integrationsreihenfolge.

2.) *Beispiel* (s. Bild 4.24):
Volumen des geraden Kreiszylinders mit Höhe 1 und Radius r

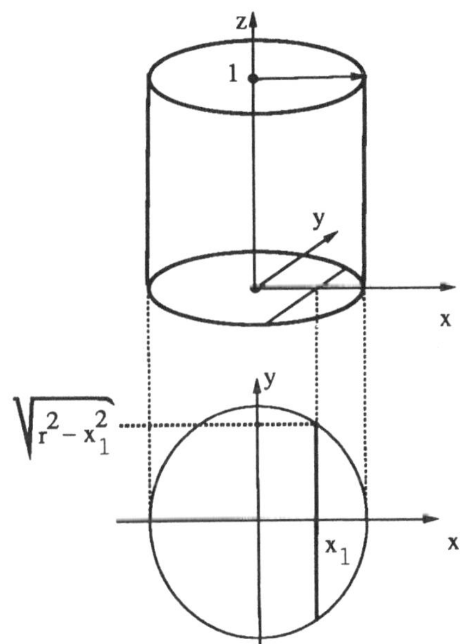

Bild 4.24
Beispiel zum Satz von Fubini

$$\int_{\mathbb{R}^2} f_1(x,y)d(x,y) = \int_{\mathbb{R}} \left(\int_{\mathbb{R}} f_1(x,y)dy \right) dx = \int_{-r}^{r} \left(\int_{-\sqrt{r^2-x^2}}^{\sqrt{r^2-x^2}} 1\, dy \right) dx$$

[10] Eine Verallgemeinerung auf Lebesgues-summierbare Funktionen ist möglich.

$$= 2\int_{-r}^{r} \sqrt{r^2 - x^2}\, dx = \pi\, r^2 \qquad \text{wegen}$$

$$\int_{\varepsilon-r}^{r-\varepsilon} \sqrt{r^2 - x^2} dx = \int_{\varepsilon-r}^{r-\varepsilon} \frac{r^2 - x^2}{\sqrt{r^2 - x^2}}\, dx \qquad \text{(Substitution } x = rt\text{)}$$

$$= r^2 \int_{\varepsilon^*-1}^{1-\varepsilon^*} \frac{r\, dt}{r\sqrt{1-t^2}} + \int_{\varepsilon-r}^{r-\varepsilon} [(\sqrt{r^2 - x^2} \cdot x)' - \sqrt{r^2 - x^2}]\, dx$$

$$= \underbrace{r^2 \arcsin t \Big|_{\varepsilon^*-1}^{1-\varepsilon^*}}_{\downarrow \; r^2(\arcsin 1 - \arcsin(-1))} + \underbrace{\sqrt{r^2 - x^2} x \Big|_{\varepsilon-r}^{r-\varepsilon}}_{\downarrow \; 0} - \int_{\varepsilon-r}^{r-\varepsilon} \sqrt{r^2 - x^2} dx$$

⟶ Sätze von Gauß, Stokes, Green; ⟶ Linienintegral

4.8 Anhang: Reelle und komplexe Zahlen

Geben Sie Eigenschaften von $\mathbb{R}$ an, die zu einer axiomatischen Definition der reellen Zahlen herangezogen werden können!

Wir geben zunächst Eigenschaften von $\mathbb{R}$ an:

1. $(\mathbb{R}, +, \cdot, \leq)$ ist ein *angeordneter Körper*, d.h. ein Körper mit Ordnungsrelation „$\leq$" derart, daß die Addition und die Multiplikation monotone Operationen sind, also für alle $x, y, z \in \mathbb{R}$ gilt:
   $$x \leq y \Rightarrow x + z \leq y + z \quad \text{und} \quad x \geq 0 \wedge y \geq 0 \Rightarrow x \cdot y \geq 0.$$
   Anmerkung:
   Die Anordnung läßt sich durch den *Positivbereich* $\mathbb{R}^+ = \{x \in \mathbb{R} | x > 0\}$ beschreiben. Außerdem ist in einem angeordneten Körper ein *Absolutbetrag* definiert durch $|x| := \max\{x, -x\}$.

2. $\mathbb{R}$ ist *archimedisch angeordnet*, d.h. ein angeordneter Körper, in dem zu jedem Element x ein $n \in \mathbb{N}$ existiert mit $x < n$.
   Folgerung: $\mathbb{Q}$ liegt *dicht* in $\mathbb{R}$, d.h. $(x, y) \cap \mathbb{Q} \neq \emptyset$ für $x < y$.

3. $\mathbb{R}$ erfüllt das *Intervallschachtelungsaxiom*.
   Für jede Folge $(\Im_n)_{n\in\mathbb{N}}$ von Intervallen $\Im_n = [a_n, b_n]$ mit $\Im_{n+1} \subseteq \Im_n$ gilt
   $$\bigcap_{n=0}^{\infty} \Im_n \neq \emptyset.$$

Anmerkung: Gilt $\lim_{n\to\infty} |b_n - a_n| = 0$, so ist $\bigcap_{n=0}^{\infty} \Im_n = \{\alpha\}$ einelementig und $\lim_{n\to\infty} a_n = \alpha = \lim_{n\to\infty} b_n$.

4. In $\mathbb{R}$ gilt das *Schnittaxiom*:
   Jeder Dedekindsche Schnitt besitzt genau eine Trennungszahl.
   Dabei ist $(A|B)$ *Dedekindscher Schnitt*, wenn $\emptyset \neq A, B \subseteq \mathbb{R}$ und $A \cup B = \mathbb{R}$ sowie $a < b$ für alle $a \in A, b \in B$ gilt, und t Trennungszahl, falls $a \leq t \leq b$ für alle $a \in A, b \in B$ ist. ("$\mathbb{R}$ ist lückenlos geordnet"; vgl. Rautenberg 3.4.)

5. $\mathbb{R}$ ist ***vollständig angeordnet***, d.h. erfüllt das Ordnungs-Vollständigkeitsaxiom (Supremumprinzip): Für jede nicht-leere nach oben beschränkte Teilmenge A existiert eine kleinste obere Schranke. (Analoges gilt für untere Grenzen).

6. $\mathbb{R}$ ist *Cauchyfolgen-vollständig* (CF-vollständig), d.h. jede Cauchyfolge in $\mathbb{R}$ konvergiert.

Folgende Äquivalenzen zeigen verschiedene Möglichkeiten der axiomatischen Definition des (bis auf Isomorphie) eindeutig bestimmten Körpers der reellen Zahlen:

$(K, +, \cdot, \leq)$ ist Körper der reellen Zahlen
$\iff$ K ist archimedisch angeordneter Körper und genügt dem Intervallschachtelungsaxiom
$\iff$ K ist vollständig angeordneter Körper
$\iff$ K ist angeordneter Körper und erfüllt das Schnittaxiom
$\iff$ K ist CF-vollständiger archimedisch angeordneter Körper

Anmerkung:
Die *Konstruktion* von $\mathbb{R}$ aus $\mathbb{Q}$ ist auf mehrere Arten möglich, z. B. (i) mit Hilfe Dedekindscher Schnitte in $\mathbb{Q}$ (ii) als Äquivalenzklassen von rationalen Cauchyfolgen (s.u.) oder (iii) mittels einer Äquivalenzrelation auf der Menge der rationalen Intervallschachtelungen, deren Länge gegen 0 strebt: $(\Im_n) \sim (\mathcal{J}_m) :\iff \forall m, k\, \exists n_0, k_0 : \Im_n \subseteq \mathcal{J}_m$ für $n \geq n_0$ und $\mathcal{J}_k \subseteq \Im_\ell$ für $k \geq k_0$. Spezialfälle: Definition durch Dezimalbrüche oder Dualbrüche.

Erläutern Sie die **Konstruktion** von $\mathbb{R}$ aus $\mathbb{Q}$ mittels Cauchyfolgen!

Sei $\mathcal{C}$ die Menge aller Cauchyfolgen mit rationalen Gliedern. Mit komponentenweiser Addition und Multiplikation ist $(\mathcal{C}, +, \cdot)$ ein kommutativer Ring. In diesem bildet die Menge $\mathcal{N}$ aller rationalen Nullfolgen ein maximales Ideal. Der Faktorring (s.Kap.6) $\tilde{\mathbb{R}} := \mathcal{C}/\mathcal{N}$ ist dann ein Körper; dessen Elemente sind die Nebenklassen $\overline{(x_n)_{n\in\mathbb{N}}} = (x_n) + \mathcal{N}$; die Addition und die Multiplikation sind in kanonischer Weise definiert:

$$(a_n) + \mathcal{N} \oplus (b_n) + \mathcal{N} = (a_n + b_n) + \mathcal{N}$$
$$(a_n) + \mathcal{N} \odot (b_n) + \mathcal{N} = (a_n \cdot b_n) + \mathcal{N}$$

Eine Ordnungsrelation erhält man durch die Definition $x \leq y$ g.d.w. es Folgen $(r_k), (s_k) \in \mathcal{C}$ und ein $k_\circ \in I\!N$ gibt mit $x = \overline{(r_k)}, y = \overline{(s_k)}$ und $r_k \leq s_k$ für $k \geq k_\circ$. Man kann zeigen, daß $(\tilde{I\!R}, +, \cdot, \leq)$ ein vollständig angeordneter Körper ist. In ihm existiert ein zu $\mathbb{Q}$ isomorpher Körper, nämlich $\tilde{\mathbb{Q}} := \{\overline{(q)}_{k \in I\!N} \,|\, q \in \mathbb{Q}\}$, den man durch $\mathbb{Q}$ ersetzen kann. (Beweis s.z.B. Oberschelp, Kap. IV).

Was versteht man unter der **Dezimalbruchentwicklung** einer reellen Zahl?

Satz

Zu jeder reellen Zahl x gibt es genau eine Folge $(a_k)_{k \in I\!N}$ mit (1) $a_0 \in I\!N$ und $a_{k+1} \in \{0, 1, 2, \ldots, 8, 9\}$ (2) $|x| = \sum\limits_{k=0}^{\infty} \frac{a_k}{10^k}$ und (3) $\forall k \exists\, l > k : a_l \neq 9$. [11]

Umgekehrt gibt es zu jeder Folge $(a_k)_{k \in I\!N}$ mit (1) und (3) genau eine nicht-negative reelle Zahl x, die (2) erfüllt.

Anmerkung: Für $x \in I\!R_0^+$ läßt sich die Folge (a_k) als Spezialfall der folgenden g-adischen Entwicklung gewinnen (mit $g = 10$):

b_k wird definiert als die eindeutig bestimmte Zahl $n \in I\!N$ mit $\frac{n}{g^k} \leq x$ und $\frac{n+1}{g^k} > x$. Nun setzt man $a_0 := b_0$ und $a_{k+1} := b_{k+1} - g\, b_k$.

Beweisen Sie: Eine reelle Zahl α ist genau dann **rational**, wenn sie eine abbrechende oder periodische Dezimalbruchentwicklung besitzt.

Beweisskizze:

1). Sei $\alpha = \frac{a}{b} \in \mathbb{Q}$ und o.B.d.A. $0 < \alpha < 1$, also $a, b \in I\!N^*$ und $a < b$. Fortgesetzte Division mit Rest ergibt für die Ziffern a_i der Dezimalbruchentwicklung:

$\frac{10a}{b} = a_1 + \frac{r_1}{b}$ mit $0 \leq r_1 < b$ und $r_1 = 10a - a_1 b \in I\!N$

$\frac{10r_1}{b} = a_2 + \frac{r_2}{b}$ mit $0 \leq r_2 < b$ und $r_2 \in I\!N$

......

Gibt es ein i mit $r_i = 0$, so sind r_j und a_j für $j > i$ gleich 0 (abbrechender Dezimalbruch). Andernfalls können die r_i wegen $0 < r_i < b$ nur $b - 1$ verschiedene Werte annehmen; also gibt es i, j mit $r_i = r_j$ und $i < j$. Es folgt $a_{i+1} = a_{j+1}, a_{i+2} = a_{j+2}, \ldots$ (periodischer Dezimalbruch)

2). Ist umgekehrt $\alpha = 0, a_1, a_2 \ldots a_s \overline{b_1 b_2 \ldots b_r}$, so erhält man mit $c = a_1 \ldots a_s$ und $d = b_1 \ldots b_r$ sofort $\alpha = \frac{c}{10^s} + \beta$ für $\beta = 0, 0 \ldots 0 \overline{b_1 \ldots b_r}$ und $10^{s+r}\beta - 10^s\beta = d, \overline{b_1 \ldots b_r} - 0, \overline{b_1 \ldots b_r} = d$, also $\alpha = \frac{c}{10^s} + \frac{d}{10^s(10^r - 1)} \in \mathbb{Q}$. □

Beispiel: $9 \cdot 0,\overline{a} = 10 \cdot 0,\overline{a} - 1 \cdot 0,\overline{a} = a$ impliziert $0,\overline{a} = \frac{a}{9}$ für $a \in \{1, \ldots, 9\}$.

[11] Hierdurch wird die Mehrdeutigkeit $a_0, \ldots a_k \overline{9} = a_0, \ldots (a_k + 1)\overline{0}$ vermieden(Ausschluß von "Neunerenden"). Dabei ist die "Periode" $\overline{b_1 \ldots b_r}$ definiert als $b_1 \ldots b_r b_1 \ldots b_r b_1 \ldots b_r \ldots$ usw. .

Zeigen Sie die **Überabzählbarkeit** von $\mathbb{R}$!

Wäre $\mathbb{R}$ abzählbar, so ließen sich alle reellen Zahlen (in Dezimalbruchdarstellung) erfassen durch

$$\begin{array}{llll} \boxed{a_{00}} \,, & a_{01} & a_{02} & a_{03}\dots \\ a_{10} \,, & \boxed{a_{11}} & a_{12} & a_{13}\dots \\ a_{20} \,, & a_{21} & \boxed{a_{22}} & a_{23}\dots \\ \vdots & & & \\ a_{n0} \,, & a_{n1} & a_{n2} & a_{n3}\dots \\ \vdots & & & \end{array}$$

Der Dezimalbruch $b_0, b_1 b_2 b_3 \dots$ mit $b_0 = a_{00} + 1$ sowie $b_i := a_{ii} + 1$ für $a_{ii} < 9$ und $b_i = a_{ii} - 1$ für $a_{ii} = 9$ z.B. kommt in der Abzählung nicht vor: Hätte er die Nummer m, so wäre $a_{mm} = b_m \neq a_{mm}$, ein Widerspruch (Cantorsches Diagonalverfahren).□

**Verifizieren Sie, daß es außer der Identität keinen Automorphismus des Körpers $\mathbb{R}$ gibt!

Beweisskizze: Für $\varphi \in \operatorname{Aut}(\mathbb{R}, +, \cdot)$ zeigt man

(i) $\varphi(1) = 1 \quad (\text{wegen } \varphi(1) = \varphi(1 \cdot 1) = \varphi(1)^2)$
$\varphi(n) = \varphi(1 + \ldots + 1) = n$ und $\varphi(n \cdot \frac{1}{n}) = 1 \Rightarrow \varphi(\frac{1}{n}) = \frac{1}{\varphi(n)} = \frac{1}{n}$
$\varphi(r) = r$ für alle $r \in \mathbb{Q}$

(ii) $a < b \Rightarrow \varphi(b) - \varphi(a) = \varphi(b - a) = \varphi(\sqrt{b-a})^2 > 0$, d.h. φ ist ordnungserhaltend. Daraus folgt $\varphi(x) = x$ für alle $x \in \mathbb{R}$: Für $r_1, r_2 \in \mathbb{Q}$ mit $r_1 < x < r_2$ gilt $r_1 < \varphi(x) < r_2$ und $r_2 - r_1$ kann beliebig klein gewählt werden. □

Konstruieren Sie, ausgehend von $\mathbb{R}$, den Körper $\mathbb{C}$ der **komplexen Zahlen**!

Wieder gibt es mehrere Möglichkeiten der Definition:

(1) $\mathbb{C} := \mathbb{R} \times \mathbb{R}$ mit Addition $(x_1, y_1) + (x_2, y_2) = (x_1 + x_2, y_1 + y_2)$
mit Multiplikation $(x_1, y_1) \cdot (x_2, y_2) = (x_1 x_2 - y_1 y_2, x_1 y_2 + x_2 y_1)$

Anmerkung:
Durch die Ersetzung von $(r, 0)$ durch r im Falle $r \in \mathbb{R}$ und $i := (0, 1)$ hat jedes $z \in \mathbb{C}$ eine eindeutige Darstellung $z = x + iy =: \operatorname{Re} z + i \cdot \operatorname{Im} z$.

Geometrische Veranschaulichung: Gaußsche Zahlenebene: Zur Zahl $z = x + iy$ gehört in $\mathbb{R}^2$ der Punkt mit den Koordinaten (x, y) bzw. den Polarkoordinaten φ und $r := |z|$ mit $x = r\cos\varphi$ und $y = r\sin\varphi$; also

$$z = x + iy = r(\cos\varphi + i\sin\varphi) = r\,e^{i\varphi}.$$

Die Addition von $\mathbb{C}$ entspricht der Addition von Vektoren in $\mathbb{R}^2$; die Multiplikation geschieht durch Multiplikation der Beträge und Addition der Winkel: $(r_1 e^{i\varphi_1}) \cdot (r_2 e^{i\varphi_2}) = r_1 r_2 e^{i(\varphi_1 + \varphi_2)}$; s. Bild 4.25 ($\longrightarrow$ Drehstreckungen).

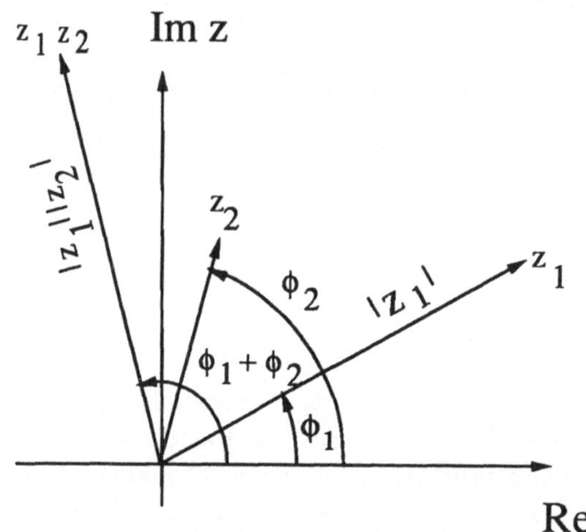

Bild 4.25
Multiplikation in der Gaußschen Zahlenebene

(2) $\mathbb{C} := \mathbb{R}[X]/(X^2+1)$ Dies entspricht der Adjunktion von $\sqrt{-1}$, einer Lösung der Gleichung $X^2+1=0$, an den Körper $\mathbb{R}$, s. Kap. 6.

(3) $\mathbb{C} = \left\{ \begin{pmatrix} x & y \\ -y & x \end{pmatrix} \middle| x, y \in \mathbb{R} \right\}$ mit Matrizen-Addition und Multiplikation (analog zu (1)).

Geben Sie einige *Eigenschaften* von $\mathbb{C}$ an, z.B. bzgl. Metrik, CF-Vollständigkeit, Möglichkeit der Anordnung, Nullstellen von Polynomen (ohne Beweise) !

a) Durch $|z| := \sqrt{z \cdot \overline{z}}$ mit $\overline{z} = \overline{a+bi} := a - bi$ (konjugiert komplexe Zahl zu z) ist eine Metrik auf $\mathbb{C}$ definiert. Bezüglich dieser ist $\mathbb{C}$ CF-vollständig.

b) $\mathbb{C}$ läßt sich (im körpertheoretischen Sinne) nicht anordnen.

c) Jedes Polynom aus $\mathbb{C}[X]$ vom Grad $n > 0$ hat mindestens eine Nullstelle in $\mathbb{C}$ (Fundamentalsatz der Algebra) und zerfällt daher in ein Produkt von n Linearfaktoren. $\mathbb{C}$ ist also **algebraisch abgeschlossen**.

Anmerkung: Die Abbildung „$\overline{}$": $\mathbb{C} \to \mathbb{C}$ mit $z \mapsto \overline{z}$ (s.o.) ist ein (involutorischer) Körperautomorphismus.

LITERATURAUSWAHL zu Kap 4:

HEUSER, H.:Lehrbuch der Analysis, Stuttgart, Teil I 1980, Teil II 1981

LIEDL, R. & KUHNERT: Analysis in einer Variablen, Mannheim 1992

OBERSCHELP, A.: Aufbau des Zahlensystems, Göttingen 1968, hier: Kap.IV

RAUTENBERG, W. Elementare Grundlagen der Analysis, Mannheim 1993

REINHARDT, F. & H. SOEDER, DTV-Atlas zur Mathematik Bd. 2, München 1977

des weiteren: BARNER, M. & F. FLOHR: Analysis I,II, Berlin etc. , 1974, 1983; BLATTER, Chr.: Analysis I-III, Berlin etc. 1974, 79^2, 81^2; FISCHER, W., G. GAMST & K. HORNEFFER: Skript z. Analysis 1,2, Univ. Bremen, 1979^2, 85^2; FORSTER, O.: Analysis I-III, Braunschweig, 1980^3, 84^5, 84^3; GELBAUM, B.R. & J. M. H. OLMSTED: Counterexamples in Analysis, San Franzisco etc. 1964; GRAUERT, H. & I. LIEB: Diff. u. Int.R. 1, 3, Berlin etc. 1967, 77^2; GRAUERT, H. & FISCHER, D. u. I.R. 2, Berlin etc. 1978^3; HEWETT, E. & K. STROMBERG: Real and abstr. Analysis, Berlin 1965; KÖNIG, H.: Analysis I,II, Basel 1984; KOEPF, W. ,A. BEN-ISRAEL & B. GILBERT: Mathematik mit Derive, Braunschweig etc. 1993; LANG, S.: Analysis (dt.), Amsterdam 1977; LÜNEBURG, H.: Vorl.über Analysis, Zürich 1981; RUDIN, W.: Principles of Math. Anal. , Tokyo etc. , 1964^2; SIMMONS, G.F.: Introduction to Topology and modern Analysis, New York etc. 1963; SPIEGEL, M.R.: Theory and Problems of Advanced Calculus, Schaum's Outline, New York etc. 1963; SPIVAK, M.: Calculus, London 1967; WALTER, W.: Analysis I,II, Berlin etc. 1990^2, 90; WILLE, F.: Analysis, Stuttgart 1976; TUTSCKE, W.: Grundlagen der reellen Analysis I, II, Braunschweig 1971, 72.

5 Elementare Wahrscheinlichkeitstheorie

5.1 Diskrete Wahrscheinlichkeitsräume

(i) Was versteht man unter einem **endlichen Wahrscheinlichkeitsraum**?

(ii) Geben Sie Beispiele solcher Räume an, dabei auch Modelle für Laplace-Experimente

(i) *Definition:* Sei $\Omega \neq \emptyset$ endliche Menge und[1] $P : \mathfrak{P}(\Omega) \to I\!R$ Abbildung. Dann heißt (Ω, P) *(endlicher) Wahrscheinlichkeitsraum* , wenn gilt
(1) $P(\Omega) = 1$
(2) $P(A) \geq 0$ für alle $A \in \mathfrak{P}(\Omega)$
(3) $P(A \dot{\cup} B) = P(A) + P(B)$ für alle $A, B \in \mathfrak{P}(\Omega)$ mit $A \cap B = \emptyset$.
Die Elemente von Ω heißen *Elementarereignisse*, die Teilmengen von Ω *Ereignisse*, die Funktion P *Wahrscheinlichkeit*(sfunktion) oder *Wahrscheinlichkeitsmaß* ; (vgl. auch Tabelle 5.1.)

Anmerkung: Bei der wahrscheinlichkeitstheoretischen Auswertung eines Experiments kommt es darauf an, als Modell einen passenden Wahrscheinlichkeitsraum zu finden; die Elementarereignisse entsprechen dann den nicht mehr weiter aufzugliedernden möglichen Ausgängen eines Versuchs, die Ereignisse Kombinationen solcher Ausgänge, die Wahrscheinlichkeiten den "idealen relativen Häufigkeiten" dieser Ausgänge (s. u.). Das Ereignis $A \cup B$ steht für das Eintreten von "A oder B", der Schnitt $A \cap B$ für das Ereignis "A und B" und das Komplement $\mathcal{C}_\Omega(A) = \{\omega \in \Omega | \omega \notin A\}$ für das Ereignis, daß A nicht eintritt.

(ii) *Beispiele:*

a) Würfeln mit einem "idealen" Würfel
Man wählt $\Omega = \{1,2,3,4,5,6\}$ (Augenzahlen) und $P(\omega_i) = \frac{1}{6}$ für $\omega_i \in \Omega$. Das Ereignis "gerade Augenzahl" ist $A = \{2,4,6\}$, und es gilt $P(A) = P(2) + P(4) + P(6) = \frac{1}{2}$.

Verallgemeinerung: a) ist Spezialfall eines Laplace-Raumes:

[1] $\mathfrak{P}(\Omega)$ bezeichnet die Potenzmenge, also die Menge aller Teilmengen von Ω.

b) **Laplace'scher Wahrscheinlichkeitsraum**
Diese Wahrscheinlichkeitsräume dienen als Modell für Versuche, deren mögliche Ausgänge alle gleichwahrscheinlich sind (Symmetrie-Forderung). Für sie gilt:

$$P(\omega_1) = P(\omega_2) \text{ für alle } \omega_1, \omega_2 \in \Omega \quad \text{(Gleichverteilung).}$$

Folgerung: Aus $P(A) = \sum_{\omega \in A} P(\omega) = \sum_{\omega \in A} \frac{1}{|\Omega|}$ ergibt sich

$$P(A) = \frac{|A|}{|\Omega|}.$$

Merkregel: Anzahl der günstigen durch Anzahl der möglichen Fälle.

c) **Urnenexperimente** (ebenfalls Modelle):

α) *Entnahme einer Stichprobe vom Umfang* n aus $\mathbb{N}_N := \{1, \ldots, N\}$ *mit Zurücklegen unter Beachtung der Reihenfolge*
(bzw. Verteilung von n unterscheidbaren Kugeln auf N Urnen mit Mehrfachbesetzung):
$\Omega = \{ (a_1, \ldots, a_n) \mid a_i \in \{1, \ldots, N\}\} = (\mathbb{N}_N)^n$
Hierbei ist $P(\omega) = 1 / N^n$ für $\omega \in \Omega$.

β) Entnahme einer Stichprobe vom Umfang n aus $\mathbb{N}_N$ *ohne Zurücklegen mit Beachtung der Reihenfolge* (n-Tupel ohne Wiederholung) $P(\omega) = 1/\frac{N!}{(N-n)!}$

γ) Entnahme einer Stichprobe vom Umfang n aus $\mathbb{N}_N$ *ohne Zurücklegen ohne Beachtung der Reihenfolge* (mit $n \leq N$)
(bzw. Verteilung von n nicht-unterscheidbaren Kugeln auf N Urnen ohne Mehrfachbesetzung):
$\Omega = \{\{a_1, \ldots, a_n\} \mid a_i \in \{1, \ldots, N\}, \ a_i \neq a_j \text{ für } i \neq j\} =: \binom{\mathbb{N}_N}{n}$
Es gilt : $P(\omega) = 1 / \binom{N}{n}$ für $\omega \in \Omega$.
(Hierbei bezeichnet $\binom{N}{n}$ den Binomialkoeffizenten $\frac{N!}{n!(N-n)!}$.)

δ) Spezialfall *Lotto*: Es werden $n = 6$ aus $N = 49$ Kugeln ohne Rücklegen und ohne Beachtung der Reihenfolge gezogen. Die Wahrscheinlichkeit für "6 Richtige" (ω gezogen $= \omega$ getippt) ist:

$$P(\omega) = 1/\binom{49}{6} = 1 : 13.983.816$$

ε) In einer Urne seien S schwarze und $W = N - S$ weiße Kugeln. Es werden n Kugeln ohne Rücklegen gezogen.
Die Wahrscheinlichkeit, daß genau s schwarze und $w = n - s$ weiße Kugeln gezogen werden, ist (bei diesem Laplace-Experiment)
$\binom{S}{s} \cdot \binom{W}{w} / \binom{S+W}{s+w}$. (→ *Hypergeometrische Verteilung*)

Bestimmen Sie (unmittelbar aus den Axiomen) folgende Wahrscheinlichkeiten in einem endlichen Wahrscheinlichkeitsraum:

(i) $P(A)$ unter Verwendung der Wahrscheinlichkeiten der Elementarereignisse,

(ii) $P(\mathcal{C}_\Omega A)$ aus $P(A)$ und

(iii) $P(A \cup B)$ aus $P(A), P(B)$ und $P(A \cap B)$!

(i) Durch Induktion folgt aus Axiom (3) und (ii) bzw. (i):

$$P(A) = \sum_{\omega \in A} P(\omega) \quad \text{und} \quad P(\emptyset) = 0$$

Anmerkung: Umgekehrt wird bei gegebenen $P(\omega_i) \geq 0$ mit $\sum P(\omega_i) = 1$ durch diese Formel ein Wahrscheinlichkeitsmaß definiert.

(ii) Aus $1 = P(\Omega) = P(A \dot{\cup} \mathcal{C}_\Omega(A)) = P(A) + P(\mathcal{C}_\Omega(A))$ ergibt sich

$$P(\mathcal{C}_\Omega A) = 1 - P(A).$$

(iii) Aus $A \cup B = (A \setminus (A \cap B)) \dot{\cup} (B \setminus (A \cap B)) \dot{\cup} (A \cap B)$ und (ii) erhält man

$$P(A \cup B) = P(A) + P(B) - P(A \cap B).$$

Wie läßt sich der Begriff des endlichen Wahrscheinlichkeitsraums zu dem des **diskreten Wahrscheinlichkeitsraums** erweitern?

In der Definition des endlichen Wahrscheinlichkeitsraums wird "Ω endlich" ersetzt durch "Ω endlich oder abzählbar unendlich" und Axiom (3) durch das folgende Axiom (sogenannte σ-Additivität)

(3') $P(\bigcup_{i=0}^{\infty} A_i) = \sum_{i=0}^{\infty} P(A_i)$ für jede Folge $(A_i)_{i \in \mathbb{N}}$ disjunkter Ereignisse $A_i \subseteq \Omega$.
Aus diesem folgt die (einfache) Additivität unmittelbar.

Anmerkung: Ist $\Omega = \{\omega_i \mid i \in \mathbb{N}\}$, und (Ω, P) diskreter Wahrscheinlichkeitsraum, so muß gelten: $\sum_{k=0}^{\infty} P(\omega_i)$ konvergiert gegen 1. Ist umgekehrt $\sum_{k=0}^{\infty} p_k = 1$ und $(p_k)_{k \in \mathbb{N}}$ eine Folge nicht-negativer Zahlen, dann ist durch $P(A) := \sum_{\omega_k \in A} p_k$ ein diskreter Wahrscheinlichkeitsraum definiert (s. Bsp. Rényi, 1970, Example 2.3.1).

Definieren Sie den Begriff der **bedingten Wahrscheinlichkeit** von B bei gegebenem A (mit $P(A) \neq 0$). Interpretieren Sie sie als Wahrscheinlichkeitsfunktion.

Sei (Ω, P) diskreter Wahrscheinlichkeits-Raum. $P(B \mid A) := P(A \cap B)/P(A)$ heißt *bedingte Wahrscheinlichkeit* von B nach Eintritt von A.

Die Funktion P_A mit $P_A(B) := P(B \mid A)$ ist ebenfalls Wahrscheinlichkeitsfunktion auf Ω (Beweis?). Bei dieser werden alle Wahrscheinlichkeiten von Teilmengen von A gerade derart proportional erhöht, daß $P_A(A) = 1$ ist. Die bedingte Wahrscheinlichkeit von B hängt dann nur von $A \cap B$ ab (s. Bild 5.1).

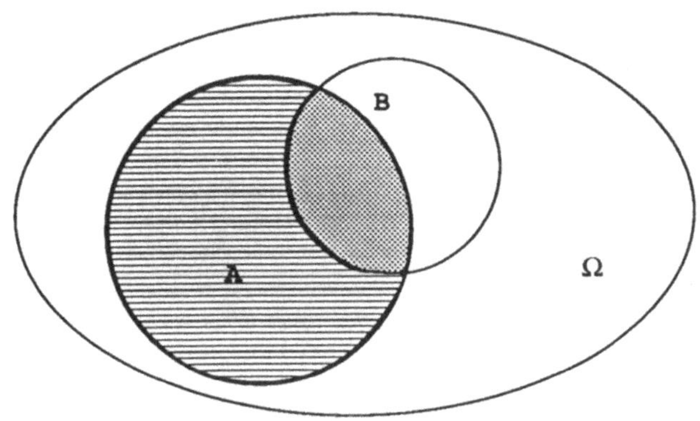

Bild 5.1 $P(B|A) = \frac{P(A \cap B)}{P(A)}$

Beispiel: Würfeln mit einem idealen Würfel und $A = \{2,4,6\}$ (gerade Augenzahl)
$P(\{i\} \mid A) = \frac{1}{6}/\frac{1}{2} = \frac{1}{3}$ für $i \in A$ und $P(\{i\} \mid A) = 0$ für $i \notin A$.

Wie lauten die Formel von der totalen Wahrscheinlichkeit und die Regel von Bayes ?

Sei (Ω, P) diskreter Wahrscheinlichkeitsraum; seien ferner $A_1, A_2, \ldots$ disjunkte Ereignisse mit $\dot{\bigcup} A_i = \Omega$.
Die *Formel von der totalen Wahrscheinlichkeit* lautet:

$$P(B) = \sum_k P(A_k) \cdot P(B \mid A_k) \qquad \text{für } B \subseteq \Omega\,.$$

Regel von Bayes:

$$\text{Mit } P(B) > 0 \text{ gilt } P(A_i \mid B) = \frac{P(A_i) \cdot P(B|A_i)}{\sum_k P(A_k) P(B|A_k)}\,.$$

Beweise ....
Anmerkung zur Regel von Bayes: Eigentlich zielt man mit der Bayesschen Regel auf eine “zweidimensionale Verteilung” ab. Früher interpretierte man A_k als “vergangene” Ereignisse und versuchte, so aus den ”a priori” Wahrscheinlichkeiten $P(A_k)$ und den bedingten Wahrscheinlichkeiten $P(B|A_k)$ die ”a posteriori”

Tabelle 5.1 Zur Sprache der Wahrscheinlichkeitstheorie

versuchsorientierte Sprache	mengen- bzw. maßtheoretische Sprache
(Einzel-) Ausgang eines Zufallsexperiments (Versuchs)	Elementarereignis $\omega \in \Omega$
Menge aller (Einzel-) Ausgänge	Ereignisraum Ω
Ereignis, (zusammengesetzter) Ausgang	$A \subseteq \Omega$
„beobachtbares" Ereignis	Element der Ereignisalgebra, meßbare Menge (s.u.) $A \in \mathcal{A} \subseteq \mathfrak{P}(\Omega)$
sicheres Ereignis	Ω
unmögliches Ereignis	$\emptyset$
Nichteintreten des Ereignisses A	$\mathcal{C}_\Omega A$
gemeinsames Vorkommen der Ereignisse A, B	$A \cap B$, $A \cdot B$
Vorkommen eines der Ereignisse A, B	$A \cup B$, $A + B$
Ereignis A impliziert Ereignis B	$A \subseteq B$
A und B schließen sich einander aus	$A \cap B = \emptyset$
Zufallsvariable	meßbare Funktion

Wahrscheinlichkeiten $P(A_i|B)$ zu bestimmen; vgl. U. Krengel 1988. Zur Vermeidung der Formel im Unterricht siehe auch die Vorschläge in Pfanzagl 1991[2], p. 222 f..

> Behandeln Sie exemplarisch am Beispiel des dreimaligen Münzwurfs die Darstellung eines mehrstufigen Experiments mit Hilfe eines **Ereignisbaumes** bzw. **Wahrscheinlichkeitsbaumes**. Wie lauten die "Pfadregeln" zur Bestimmung der Wahrscheinlichkeiten eines Ausgangs?

a) Die Ausgänge eines k-fachen Münzwurfs sind beschreibbar durch die Elemente von $\{W, Z\}^k$ mit $W :=$ Wappen und $Z :=$ Zahl. Für $k = 0, 1, 2, 3$ erhält man den *Ereignisbaum* von Bild 5.2 (mit der Schreibeise $X_1X_2X_3 := (X_1, X_2, X_3)$).

Allgemein wird bei einem n-stufigen Experiment, beginnend mit $\emptyset$, auf der k-ten Stufe jeder bis dahin mögliche Ausgang $(x_1 \ldots, x_k)$ des Experiments als Knoten eines Baumes eingezeichnet und (für $k < n$) mit den Ausgängen

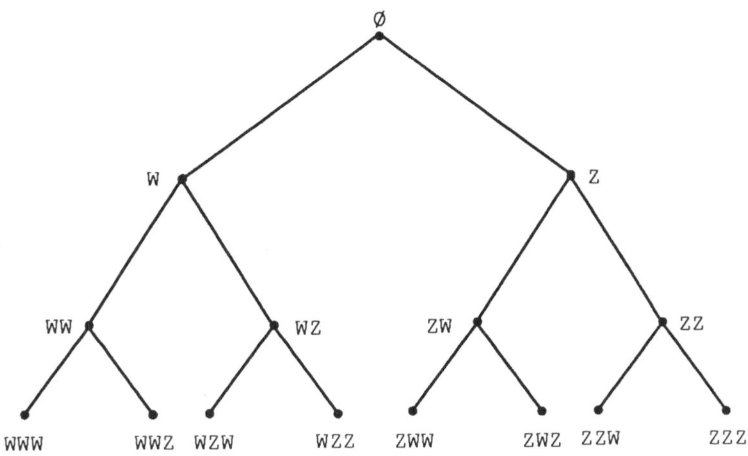

Bild 5.2 Ereignisbaum beim Experiment "Dreifacher Münzwurf"

$(x_1, \ldots, x_k, y)$ der $(k+1)$-ten Stufe durch einen Ast verbunden (s. Bild 5.3 a).

Anmerkung: $(x_1, \ldots, x_k)$ ist auf der k-ten Stufe Bedingung für das Eintreten von $(x_1, \ldots, x_k, y)$ auf der folgenden Stufe. Ist $\{a_1, \ldots, a_m\}$ die Menge der möglichen Ausgänge des Einzelversuchs, so kommt für y jedes a_i in Frage. Unmögliche Ausgänge brauchen nicht eingezeichnet zu werden.

b) Durch Markierung der bedingten Wahrscheinlichkeiten an den Ästen gemäß Bild 5.3 b wird ein Ereignisbaum zum *Wahrscheinlichkeitsbaum*. Der Wahrscheinlichkeitsbaum zum 3-fachen Münzwurf ist in Bild 5.4 dargestellt.

c) *Pfadregel* 1

Die Wahrscheinlichkeit eines Ausgangs (Elementarereignisses) eines mehrstufigen Zufallsexperiments ist das Produkt aller Wahrscheinlichkeiten der Äste desjenigen Pfades, der zu diesem Ausgang führt. Beweisskizze: Wiederholte Anwendung der Formel $P(A \cap B) = P(A) \cdot P(B|A)$.

Pfadregel 2

Die Wahrscheinlichkeit eines Ereignisses E ist die Summe der Wahrscheinlichkeiten aller für E günstigen Ausgänge, also aller relevanten Blätter. Beweisskizze: $P(E) = \sum\limits_{\omega \subset E} P(\omega)$.

Literatur: Fillbrunn, G. & P. Pahl 1984

d) *Weiteres Beispiel:* Die Wahrscheinlichkeit des Ziehens mindestens einer weißen Kugel bei zweimaligem Ziehen ohne Zurücklegen aus einer Urne mit 3 weißen und 6 schwarzen Kugeln ist $\frac{3}{9} \cdot \frac{2}{8} + \frac{3}{9} \cdot \frac{6}{8} + \frac{6}{9} \cdot \frac{3}{8} = \frac{7}{12} = 1 - P(SS)$ (s. Bild 5.5).

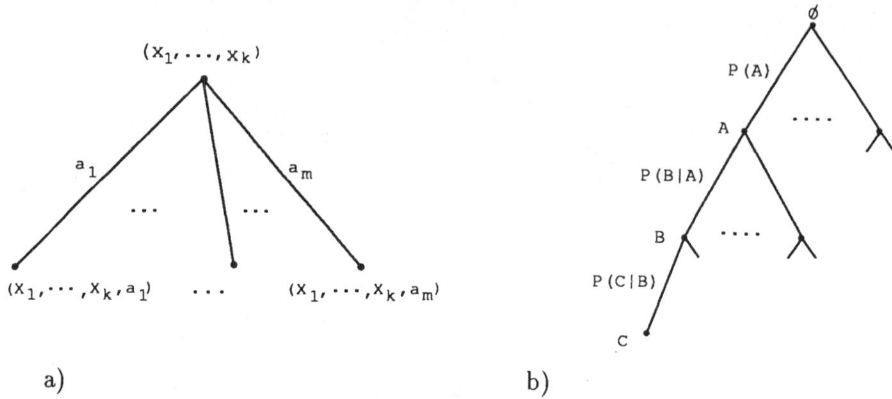

Bild 5.3 a) Verzweigung im Ereignisbaum
b) Markierung der (bedingten) Wahrscheinlichkeiten am Wahrscheinlichkeitsbaum

> 1. Was versteht man unter der **(stochastischen) Unabhängigkeit** zweier Ereignisse A und B eines Wahrscheinlichkeitsraumes bzw. einer Familie von Ereignissen, was unter der (stochastischen) Unabhängigkeit von Zufallsvariablen?
>
> 2. Definieren Sie den **Produktraum** von endlichen Wahrscheinlichkeitsräumen, und erläutern Sie kurz, für welche Zufallsexperimente er Modell sein kann.

1a) Zwei Ereignisse A und B eines Wahrscheinlichkeitsraumes heißen *(stochastisch) unabhängig*, falls gilt $P(A \cap B) = P(A) \cdot P(B)$.

Anmerkungen:

(i) Ist $P(A) \neq 0$, so sind A und B genau dann stochastisch unabhängig, wenn $P(B|A) = P(B)$ gilt; (Folgerung aus der Definition von $P(B|A)$).

(ii) Damit verträgt sich die Definition mit der intuitiven Vorstellung von Unabhängigkeit. Insbesondere bei mehrstufigen Experimenten geht man davon aus, daß unabhängige Wiederholungen von Teilexperimenten (z.B. Ziehen mit Zurücklegen) zu unabhängigen Ereignissen führen (s.u.).

(iii) Stochastische Abhängigkeit ist nicht mit kausaler Abhängigkeit zu verwechseln!

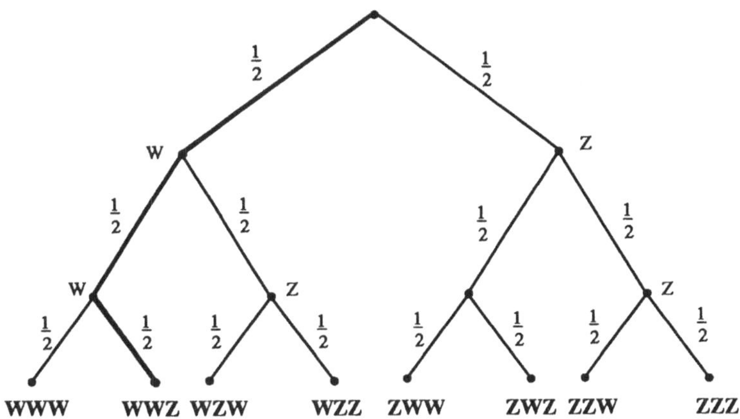

Bild 5.4 Wahrscheinlichkeitsbaum zum dreifachen Münzwurf (fett markiert ist der Pfad zum Ereignis WWZ mit $P(WWZ) = \frac{1}{2} \cdot \frac{1}{2} \cdot \frac{1}{2}$)

1b) Bei der Ausdehnung der Definition auf mehrere Ereignisse reicht es nicht, die paarweise stochastische Unabhängigkeit zu verlangen; vielmehr heißt eine Familie $(A_i)_{i\in\Im}$ von Ereignissen *stochastisch unabhängig*, falls $P(A_{i_1} \cap \ldots \cap A_{i_k}) = P(A_{i_1}) \cdot \ldots \cdot P(A_{i_k})$ für jede endliche Teilmenge $\{i_1, \ldots, i_k\}$ von $\Im$ gilt.

Anmerkung:
Bei der Definition der Unabhängigkeit von mehrstufigen Versuchen fordert man $P(A_1 \times \ldots \times A_n) = P(\bigcap_j \Omega_1 \times \ldots \times A_j \times \ldots \times \Omega_n) = \prod_{j=1}^{n} P(A_j)$, also die Unabhängigkeit der Ereignisse jeden Teilversuchs (s. auch 2.).

c) Die Zufallsvariablen $X_1, X_2, \ldots, X_m$ (s. §5.2) über einen (diskreten) Wahrscheinlichkeitsraum heißen (stochastisch) unabhängig, wenn für alle möglichen $A_1, A_2, \ldots, A_m$ gilt

$$P(X_1 \in A_1 \wedge \ldots \wedge X_m \in A_m) = \prod_{i=1}^{m} P(X_i \in A_i)\,.$$

Anmerkung: (i) Manchmal beschränkt man sich bei dieser Definition auf *einelementige* Ereignisse $A_i = \{X_i\}$.

(ii) Die Unabhängigkeit von $X_1, \ldots, X_m$ ist äquivalent zur Unabhängigkeit der Ereignisse $X_i^{-1}(A_i)$, denn umgeformt lautet die obige Gleichung

$$P(X_1^{-1}(A_1) \cap \ldots \cap X_m^{-1}(A_m)) = \prod_{i=1}^{m} P(X_i^{-1}(A_i))$$

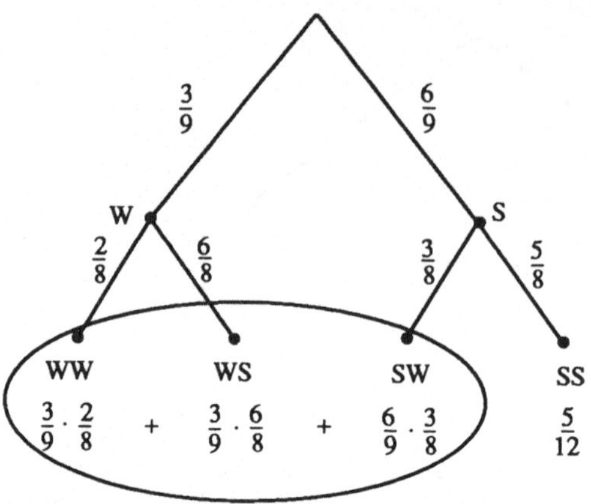

Bild 5.5
Anwendung der Pfadregeln auf ein Beispiel

für alle möglichen A_i (insbesondere für $A_{i_1}, \ldots, A_{i_k}$ und $A_j = X_j(\Omega)$ für die übrigen j).

2a) Sind $(\Omega_1, P_1), \ldots, (\Omega_n, P_n)$ endliche Wahrscheinlichkeitsräume, dann läßt sich auf dem kartesischen Produkt $\Omega = \Omega_1 \times \ldots \times \Omega_n$ (aller n-Tupel $(\omega_1, \ldots, \omega_n)$ mit $\omega_i \in \Omega_i$) wie folgt ein Wahrscheinlichkeitsmaß definieren

$$P((\omega_1, \ldots, \omega_n)) := \prod_{i=1}^{n} P_i(\omega_i).$$

Beweisskizze : Es gilt nämlich u.a.

$$\begin{aligned} P(\Omega_1 \times \ldots \times \Omega_n) &= \sum_{(\omega_1,\ldots,\omega_n)\in\Omega} P(\omega_1, \ldots, \omega_n) \\ &= \sum_{(\omega_1,\ldots,\omega_{n-1})\in\Omega_1\times\ldots\times\Omega_{n-1}} \sum_{\omega_n\in\Omega_n} \Big(\prod_{i=1}^{n-1} P_i(\omega_i)\Big)P_n(\omega_n) \\ &= P(\Omega_1 \times \ldots \times \Omega_{n-1}) \cdot 1 , \end{aligned}$$

woraus durch vollständige Induktion $P(\Omega) = 1$ folgt.

Definition:
P heißt das *Produktmaß* und $(\Omega_1 \times \ldots \times \Omega_n, P)$ der *Produktraum* der (Ω_i, P_i).

Anmerkungen:

(i) Eine Verallgemeinerung auf diskrete Räume ist analog möglich; für beliebige Räume ist zuvor eine geeignete Ereignisalgebra zu definieren (s.u.).

(ii) Ist P das Produktmaß auf $\Omega_1 \times \ldots \times \Omega_n$, so gilt

$$P_i(\omega_i) = P(\Omega_1 \times \ldots \times \{\omega_i\} \times \ldots \times \Omega_n);$$

die P_i sind also die sogenannten *Randverteilungen* von P.

2b) Der Produktraum von $(\Omega_1, P_1) \ldots, (\Omega_n, P_n)$ dient als Modell für die ***unabhängige*** Hintereinanderausführung von Zufallsexperimenten, deren i-ter Teilversuch durch das Modell (Ω_i, P_i) beschrieben werden kann.

Denn wie gesehen, ist die i-te Randverteilung gleich P_i; ferner ist auch in diesem Modell der Ausgang A_i des i-ten Versuchs unabhängig von den anderen Versuchen:

$$\begin{aligned} P(A_1 \times \ldots \times A_n) &= P(\dot{\bigcup_{\substack{\omega_i \in A_i \\ i=1,\ldots n}}} \{(\omega_1, \ldots, \omega_n)\}) = \sum_{\substack{\omega_i \in A_i \\ i=1,\ldots n}} P_1(\omega_1) \ldots P_n(\omega_n) \\ &= \prod_{i=1}^{n} \sum_{\omega_i \in A_i} P_i(\omega_i) = \prod_{i=1}^{n} P_i(A_i) \\ &= \prod_{i=1}^{n} P(\Omega_1 \times \ldots \times A_i \times \ldots \times \Omega_n). \end{aligned}$$

Sind die Räume (Ω_i, P_i) alle gleich, so ist $({\Omega_1}^n, P)$ auch Modell für das "Ziehen mit Zurücklegen".

> Was ist eine **Bernoulli-Kette**, welches Modell ist für eine solche üblich und wie ist die Anzahl der Treffer (Erfolge) dabei verteilt?
> Wenden Sie die Ergebnisse auf das Galtonbrett an!

1. Eine *Bernoulli-Kette* der Länge n ist ein mehrstufiges Zufallsexperiment, das aus der n-fachen unabhängigen Wiederholung eines Teilexperiments mit zwei möglichen Ausgängen "Erfolg – Mißerfolg" (Bernoulli-Experiment) besteht.

2. Jedes Teilexperiment wird beschrieben durch $\Omega_i = \{0, 1\}$ und $P_i(1) = p$ (Treffer- oder Erfolgswahrscheinlichkeit), also $P_i(0) = 1 - p =: q$, das Gesamtexperiment durch den Produktraum (Ω_1^n, P)

   Beispiele:

   - n-facher Münzwurf ($1 \hat{=}$ Wappen, $0 \hat{=}$ Zahl), $p = q = \frac{1}{2}$
   - n-faches Würfeln mit einem idealen Würfel und $1 \hat{=} \{6\}$ $0 \hat{=} \{1, 2, 3, 4, 5\}$ $p = \frac{1}{6}$ und $q = \frac{5}{6}$.
   - Galtonbrett s.u.

3. Ein Elementarereignis $(\omega_1, \ldots, \omega_n)$ mit Einsen an genau k festen Stellen hat die Wahrscheinlichkeit $p^k q^{n-k}$. Damit erhält man für die Zufallsvariable X, die diese Anzahl der Erfolge angibt[2], $P(X = k) = \binom{n}{k} p^k q^{n-k} =: B_{n,p}(k)$.

   Eine solche Verteilung heißt eine **Binomialverteilung**.

   ** *Anmerkung:*

[2] $\binom{n}{k} = \frac{n!}{k!\,(n-k)!}$

Sind $X_1, \ldots, X_n$ stochastisch unabhängige Zufallsvariable und die X_i nach P_i verteilt, so heißt die Verteilung von $S = \sum_{i=1}^{n} X_i$ das **Faltungsprodukt** von $P_1, \ldots, P_n$, in Zeichen $P_1 * \ldots * P_n$. Sie ist die von dem Produktmaß und der Abbildung $(x_1, \ldots, x_n) \mapsto \sum_{i=1}^{n} x_i$ induzierte Verteilung.

Es läßt sich nun zeigen, daß $B_{n,p} * B_{m,p} = B_{n+m,p}$ gilt, insbesondere also $B_{n,p} = B_{1,p} * \ldots * B_{1,p}$ mit n Faktoren (Reproduktivität der Binomial-Verteilung).

4. Beim **Galtonbrett**, einem didaktischen Veranschaulichungsmaterial, sind in mehreren Zeilen Hindernisse (Nägel) so angebracht, daß im Idealfall eine fallende Kugel jeweils mitten auf ein solches trifft und mit der gleichen Wahrscheinlichkeit nach rechts oder links an dem Hindernis zur nächsten Zeile vorbeiläuft (s. Bild 5.6). In jeder Zeile wird also das Bernoulli-Experiment "Fallen nach links oder Fallen nach rechts" unabhängig von den vorigen Zeilen ausgeführt. Es handelt sich also um eine Bernoulli-Kette mit $p = \frac{1}{2} = q$ der Länge n (bei n Nagelreihen). Zum Fach Nr. k gelangt also eine Kugel mit Wahrscheinlichkeit $B_{n,\frac{1}{2}}(k) = \binom{n}{k}(\frac{1}{2})^n$. Hierbei ist $\binom{n}{k}$ die Zahl der unterschiedlichen Wege zum Fach k und 2^n die Anzahl aller möglichen Wege.

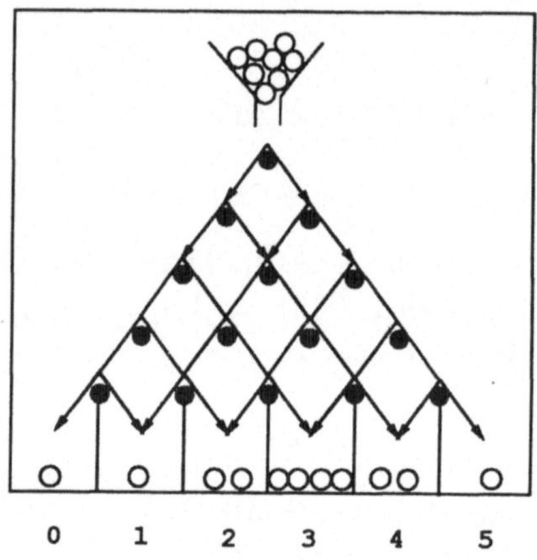

Bild 5.6
Galtonbrett (schematisch)

5.2 Zufallsvariable

Was versteht man unter einer Zufallsvariablen eines diskreten Wahrscheinlichkeitsraums, was unter ihrer (Wahrscheinlichkeits-) Verteilung ? Behandeln Sie als Beispiel die Binomialverteilung.

(i) *Definition :*
Sei (Ω, P) diskreter Wahrscheinlichkeitsraum, $\mathfrak{X}$ nicht-leere Menge (meist

$\mathfrak{X} \subseteq \mathbb{R}$). Dann heißt jede Funktion $X : \Omega \to \mathfrak{X}$ eine ($\mathfrak{X}$-wertige) *Zufallsvariable* oder *Zufallsgröße*.

(ii) Definiert man $P_X(x) := P(X^{-1}(\{x\}))$ für $x \in$ Bild X, wobei $X^{-1}(\{x\})$ das volle Urbild von $\{x\}$ unter X bezeichnet, so ist P_X Wahrscheinlichkeitsfunktion auf Bild X. Da für die $x \in \mathfrak{X}$ mit $x \notin$ Bild X die (analog definierte) Wahrscheinlichkeit $P_X(x)$ gleich 0 ist, kann man P_X auch als Wahrscheinlichkeitsfunktion auf der (eventuell überabzählbaren) Menge $\mathfrak{X}$ auffassen, indem man definiert:

$$P_X(A) = P(X^{-1}(A)) \quad \text{für } A \subseteq \mathfrak{X}.$$

P_X heißt *Wahrscheinlichkeitsverteilung* von X. Üblicherweise schreibt man $P(X \in A)$ statt $P_X(A)$ und $P(X = x)$ für $P_X(\{x\})$ (s. Bild 5.7).

Die Funktion F mit $F(x) := P(X \leq x) = P_X(\{y \mid y \leq x\})$ heißt *Verteilungsfunktion* von X.

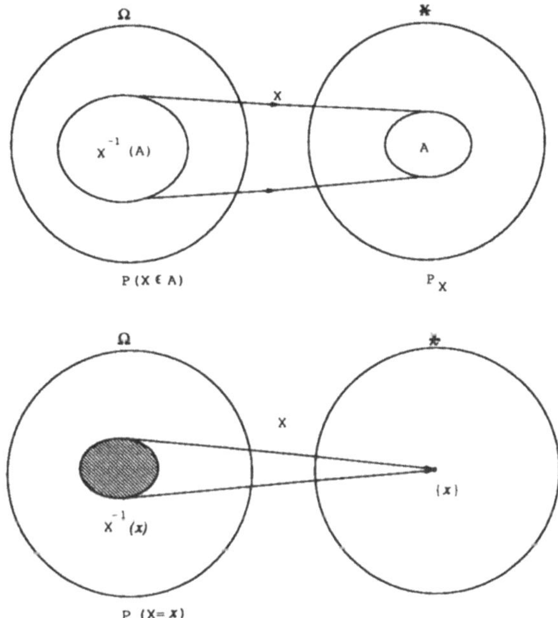

Bild 5.7
Zufallsvariable

(iii) *Beispiel:* **Binomialverteilung**

Wie schon in §5.1 behandelt, heißt eine Zufallsvariable $X : \Omega \to \{0, \ldots, n\}$ *binomialverteilt*, wenn gilt

$$P(X = k) = \binom{n}{k} p^k (1-p)^{n-k} = B_{p,n}(k)\,.$$

Beispiele von Graphen spezieller Binomialverteilungen sind in Bild 5.8 und ein Graph einer Verteilungsfunktion in 5.9 angegeben.

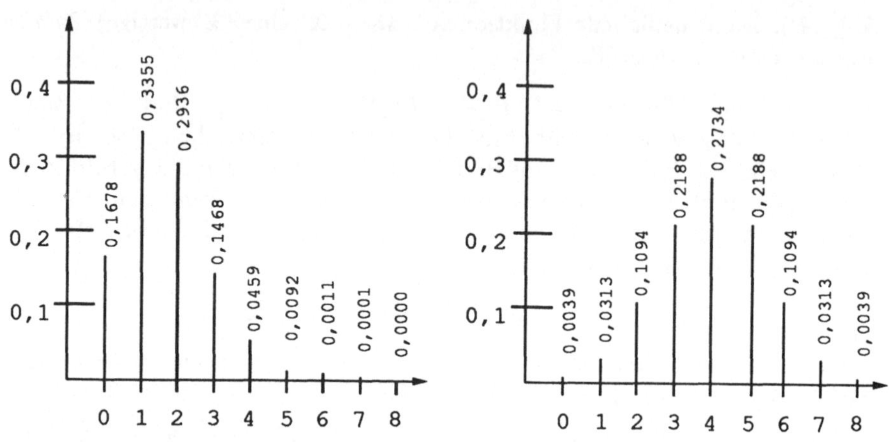

Bild 5.8 Binomialverteilungen a) $B_{8;\,0,2}$ b) $B_{8;\,0,5}$ (Zahlen nach Fillbrunn & Pahl)

Anmerkungen:

1. Bezeichnet X_i den Ausgang des i-ten Bernoulliexperiments einer Bernoullikette (s. § 5.1), so ist $S = \sum_{i=1}^{n} X_i$ binomialverteilt (s.o.).
2. Zur Approximation der Binomialverteilung durch Normal- bzw. Poissonverteilung siehe §5.4.

---

1. Definieren Sie **Erwartungswert**, **Varianz** und **Standardabweichung** einer reellwertigen Zufallsvariablen X eines endlichen (bzw. diskreten) Wahrscheinlichkeitsraums
2. Welche Rechenregeln gelten für Erwartungswerte Zufallsvariablen? Ist der Erwartungswert linear, ist er multiplikativ? Wie lautet der "Verschiebungssatz" für die Varianz?
3. Bestimmen Sie Erwartungswert und Varianz einer binomialverteilten Zufallsvariablen.

1a) Sei X eine Zufallsvariable, die die reellen Werte $x_1, \ldots, x_n$ (bzw. x_i mit i aus $\mathbb{N}^*$) annehmen kann. Dann ist der *Erwartungsswert* von X definiert als

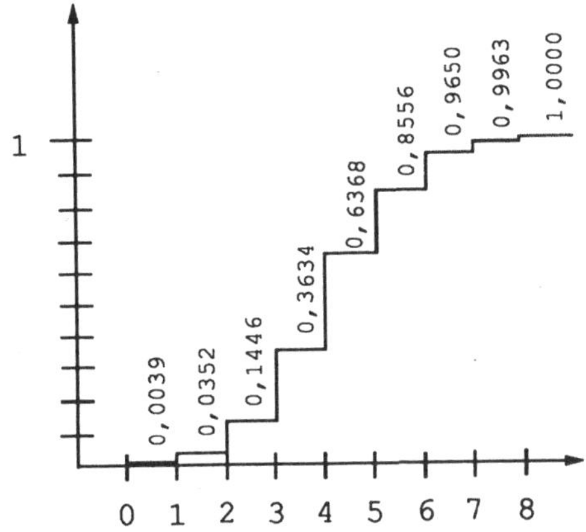

Bild 5.9
Verteilungsfunktion der Binomialverteilung $B_{8;0,5}$

$$E(X) := \sum_{i=1}^{n} x_i \, P(X = x_i) \quad \text{(im endlichen Fall)}$$

$$E(X) := \sum_{i=1}^{\infty} x_i \, P(X = x_i)\,, \quad \text{falls die Reihe absolut konvergiert (diskreter Fall).}$$

Anmerkungen:

1. Achtung, $E(X)$ muß nicht in der Nähe von Werten mit hoher Wahrscheinlichkeit liegen. Im diskreten Fall braucht $E(X)$ nicht zu existieren.
2. Wegen der absoluten Konvergenz kann folgendermaßen umgeformt werden:
$$E(X) = \sum_i x_i P(X = x_i) = \sum_i x_i \sum_{\substack{\omega \in \Omega \\ X(\omega) = x_i}} P(\omega) = \sum_{\omega \in \Omega} X(\omega) P(\omega)\,.$$

b) Ist X eine Zufallsvariable mit Erwartungswert $E(X)$, so heißt im Falle der Existenz
$$\text{Var}\,(X) := E([X - E(X)]^2)$$
die *Varianz* (mittlere quadratische Abweichung vom Erwartungswert) von X und
$$\sigma(X) := \sqrt{\text{Var}\, X}$$
die *Standardabweichung*. Beide Zahlen quantifizieren die Streuung um den Erwartungswert. Weitere Parameter der Verteilung sind die *Momente* bzw. *zentralen Momente* $E(X^n)$, $E([X - E(X)]^n)$.

2a) Sind X und Y reelle Zufallsvariablen, deren Erwartungswerte existieren, so gilt mit $a, b \in \mathbb{R}$:

(i) $E(aX + bY) = aE(X) + bE(Y)$ *Linearität*

(ii) $E(X+b) = E(X) + b$ *Translationsverhalten*

(iii) *Sind X und Y unabhängig, so folgt* $E(X \cdot Y) = E(X) \cdot E(Y)$ (im Falle der Existenz der Erwartungswerte). *Die Umkehrung gilt i. a. nicht.*

Beweisskizzen:

(i) $E(aX+Y) = \sum_i [aX(\omega_i) + Y(\omega_i)]\, P(\omega_i)$
$= a \sum X(\omega_i) P(\omega_i) + \sum Y(\omega_i) P(\omega_i)$

(ii) folgt aus (i) mit Y als einer konstanten Zufallsvariablen: $Y(\omega_i) = b$

(iii) $E(X \cdot Y) = \sum_k z_k\, P(X \cdot Y = z_k) = \sum_k \sum_{x_i y_j = z_k} x_i y_j\, P(X = x_i \wedge Y = y_j)$
$= \sum_{i,j} x_i y_j\, P(x_i) \cdot P(y_j) = \sum x_i P(x_i) \cdot \sum P(y_j) = E(X) \cdot E(Y)$

wegen der stochastischen Unabhängigkeit und wegen der absoluten Konvergenz der Reihen. Für die Unrichtigkeit der Umkehrung entnehmen wir dem DIFF Studienbrief MS3 folgendes *Beispiel*: X nehme die Werte $-1, 0, 1$ jeweils mit Wahrscheinlichkeit $\frac{1}{3}$ an; Y sei X^2. Dann gilt $E(X) = 0 = E(X^3) = E(X \cdot Y)$, also $E(XY) = E(X) \cdot E(Y)$; aber X und Y sind nicht unabhängig; z.B. gilt

$$P(X=1) \cdot P(Y=1) = \tfrac{1}{3} \cdot \tfrac{2}{3} \neq \tfrac{1}{3} = P(X = 1 \wedge Y = 1).$$

2b) Existiert auch die Varianz Var(X) bzw. Var(Y), so gilt

(iv) $\text{Var}(aX+b) = a^2 \text{Var}\,(X)$ und damit $\sigma(aX) = |a|\, \sigma(X)$, ferner

(v) der **Verschiebungssatz** $\text{Var}(X) = E(X^2) - (E(X))^2$ sowie

(vi) ** $\text{Var}(X+Y) = \text{Var}\,(X) + \text{Var}\,(Y) + 2\,\text{Cov}(X,Y)$ mit der *Kovarianz* $\text{Cov}(X,Y) := E(XY) - E(X) \cdot (Y) = E([X - E(X)] \cdot [Y - E(Y)])$.

Beweisskizzen:

(iv) ergibt sich aus der Definition und den Formeln (i) und (ii) durch Nachrechnen;

(v) folgt ebenfalls aus der Definition und der Linearität von E:
$E([X - E(X)])^2) = E(X^2 - 2E(X) \cdot X + E(X)^2)$
$= E(X^2) - 2E(X)^2 + E(X)^2$.

(vi) $\text{Var}(X+Y) \overset{(iv)}{=} E((X+Y)^2) - E(X+Y)^2$
$= E(X^2) + 2E(X \cdot Y) + E(Y^2) - (E(X) + E(Y))^2$
$= [E(X^2) - E(X)^2] + [E(Y^2) - E(Y)^2] + 2[E(XY) - E(X) \cdot E(Y)]$.

Anmerkungen: (α) Mit (vi) folgt auch (im Fall der Existenz der Varianzen)

$$E(X \cdot Y) = E(X) \cdot E(Y) \iff \text{Cov}\,(X,Y) = 0 \iff \text{Var}\,(X+Y) = \text{Var}\,(X) + \text{Var}\,(Y)\,.$$

(β) Unabhängige Zufallsvariablen, deren Varianzen existieren, sind unkorreliert. Für solche Variable gilt also Var $(X+Y)$ =Var(X)+ Var (Y).

(γ) $\rho(X,Y) := \frac{\text{Cov}\,(X,Y)}{\sqrt{\text{Var}\,X}\cdot\sqrt{\text{Var}\,Y}}$ heißt *Korrelationskoeffizient* von X und Y.

3) *Beispiel* **Binomialverteilung :** *Ist X eine $B_{n,p}$ - verteilte Zufallsvariable, so gilt $E(X) = n \cdot p$ und $\sigma(X) = \sqrt{n\,p\,q}$.*

Beweis:

$$\begin{aligned} E(X) &= \sum_{i=0}^{n} i \cdot \tbinom{n}{i}\, p^i\, q^{n-i} = p \sum_{i=1}^{n} i \cdot \tfrac{n}{i} \tbinom{n-1}{i-1} p^{i-1} q^{n-i} \\ &= n\,p \sum_{i=0}^{n-1} \tbinom{n-1}{i} p^i q^{n-1-i} = n\,p \\ \sigma(X)^2 &= \text{Var}\,(X) = E(X^2) - E(X)^2 = \sum_{i=0}^{n} i^2 \tbinom{n}{i} p^i q^{n-i} - (n\,p)^2 \\ &\underset{s.o.}{=} n\,p \sum_{i=0}^{n-1} (i+1) \tbinom{n-1}{i} p^i q^{n-1-i} - n^2 p^2 \\ &= n\,p \cdot [E(B_{n-1,p}) + 1] - n^2 p^2 \\ &= n\,p((n-1)p + 1) - n^2 p^2 = n\,p\,(1-p). \end{aligned}$$

□

5.3 Wahrscheinlichkeitsmaße mit Dichten

Was versteht man unter einer **σ-Algebra**, was unter einem (nicht notwendig diskreten) Wahrscheinlichkeitsraum? Begründen Sie, warum man das W-Maß nun auf einer σ-Algebra definiert.

1. *Definitionen*

a) Eine Teilmenge $\mathcal{A}$ der Potenzmenge $\mathfrak{P}(\Omega)$ von $\Omega \neq \emptyset$ heißt *σ-Algebra* über Ω und $(\Omega, \mathcal{A})$ *meßbarer Raum*, falls gilt

(i) $\Omega \in \mathcal{A}$ (ii) $A \in \mathcal{A} \Longrightarrow C_\Omega A \in \mathcal{A}$ und

(iii) $A_1, A_2, \ldots \in \mathcal{A} \Longrightarrow \bigcup_{i=1}^{\infty} A_i \in \mathcal{A}$.

Beispiele (a) $\mathfrak{P}(\Omega)$ (b) $\{\emptyset, \Omega\}$ (c) Ist $\mathcal{S}$ ein Mengensystem über Ω, also $\emptyset \neq \mathcal{S} \subseteq \mathfrak{P}(\Omega)$, dann gibt es eine kleinste $\mathcal{S}$ umfassende σ-Algebra $\mathcal{A}$, nämlich den Durchschnitt aller $\mathcal{S}$ enthaltenden σ-Algebren von Ω, und $\mathcal{A}$ heißt die von $\mathcal{S}$ *erzeugte σ-Algebra*.

Speziell: Die von dem System $\mathcal{S} = \{(x, +\infty) | x \in I\!R\}$ erzeugte σ-Algebra $\mathcal{B}$ heißt **Borelalgebra** (des $I\!R^1$), ihre Elemente heißen Borel-Mengen. $\mathcal{B}$ ist auch erzeugt von allen offenen bzw. von allen abgeschlossenen Mengen. Ein anderes Erzeugendensystem von $\mathcal{B}$ ist die Menge aller Intervalle, die links offen und rechts abgeschlossen sind.

b) *Definition*

Jede Abbildung $P : \mathcal{A} \to \mathbb{R}$ (nicht mehr unbedingt von $\mathfrak{P}(\Omega)$ in $\mathbb{R}$) mit (1) $P(A) \geq 0$ für alle $A \in \mathcal{A}$ (2) $P(\Omega) = 1$ (3) σ-Additivität (s. §5.1) heißt **Wahrscheinlichkeitsmaß** (W-Maß). In diesem Fall wird $(\Omega, \mathcal{A}, P)$ (Kolmogorov'scher) Wahrscheinlichkeitsraum genannt.

2. *Begründung:*
Im endlichen oder diskreten Fall haben wir stets $\mathcal{A} = \mathfrak{P}(\Omega)$ gewählt. Ist Ω jedoch überabzählbar, so kann man nicht voraussetzen, daß Wahrscheinlichkeiten für alle Teilmengen von Ω definiert sind; z.B. läßt sich (unter Verwendung der Kontinuumshypothese) zeigen, daß für die Potenzmenge des Einheitsintervalls kein W-Maß existiert, das jeder einelementigen Menge das Maß 0 zuordnet. Daher beschränkt man sich hier auf σ–Algebren.

Was ist ein Wahrscheinlichkeitsmaß mit **Dichte**? Behandeln Sie einige wichtige Beispiele!

1.) Sei $\Omega = \mathbb{R}$ und $\mathcal{A} = \mathcal{B}$, die Borelalgebra des $\mathbb{R}^1$, ferner f eine nichtnegative uneigentlich R-integrierbare Funktion mit $\int\limits_{-\infty}^{\infty} f(t)dt = 1$. Dann existiert genau ein W-Maß P auf $\mathcal{B}$ mit $P([x,y]) = P((x,y)) = \int\limits_{x}^{y} f(t)dt = F(y) - F(x)$ für alle $x \leq y$. Hierbei ist F mit $F(x) = \int\limits_{-\infty}^{x} f(t)dt$ die zugehörige *Verteilungsfunktion*. P heißt *stetiges W-Maß* mit *Dichte(funktion)* f.

2.) *Beispiel:* **Gleichverteilung** auf $[a,b]$ (*Rechteckverteilung*). Hierbei ist $f = \frac{1}{b-a} 1_{[a,b]}$ (mit charakteristischer Funktion $1_{[a,b]}$ auf dem Intervall $[a,b]$) (s. Bild 5.10). Für die Verteilungsfunktion gilt $F(x) = \begin{cases} 1 & \text{für } x \geq b \\ \frac{x-a}{b-a} & \text{für } x \in [a,b] \\ 0 & \text{für } x \leq a \end{cases}$

3.) *Beispiel:* **Normalverteilung**

Ist $f = \varphi_{\mu,\sigma^2}$ mit $\varphi_{\mu,\sigma^2}(x) = \frac{1}{\sqrt{2\pi}\sigma} e^{-\frac{1}{2}(\frac{x-\mu}{\sigma})^2}$, so spricht man von der *Normalverteilung* N_{μ,σ^2} mit Parametern μ und σ^2, im Fall $\mu = 0$ und $\sigma^2 = 1$ von der *Standard-Normalverteilung*.

Die Verteilungsfunktion ist Φ_{μ,σ^2} mit

$$\Phi_{\mu,\sigma^2}(x) = \frac{1}{\sqrt{2\pi}\sigma} \int\limits_{-\infty}^{x} e^{-\frac{1}{2}(\frac{t-\mu}{\sigma})^2} dt = \Phi_{0,1}(\frac{x-\mu}{\sigma}).$$

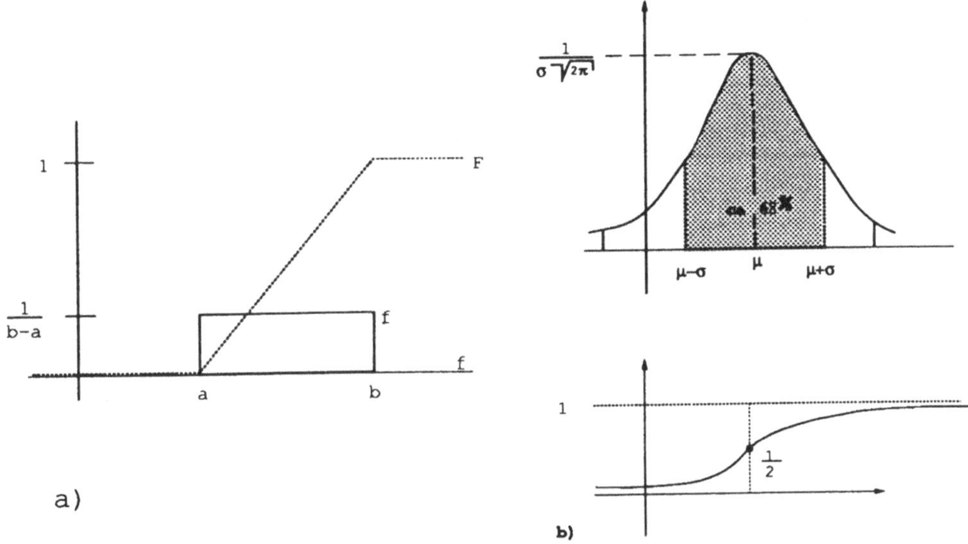

Bild 5.10 Dichte- und Verteilungsfunktion
a)bei der Gleichverteilung b) der Normalverteilung

$\Phi = \Phi_{0,1}$ ist nicht geschlossen darstellbar, aber tabelliert. Es gilt u.a. :
$P([\mu-\sigma,\mu+\sigma]) \approx 0,6827$ und $P(\mu-2\sigma,\mu+2\sigma) \approx 0,9545$.

Anmerkung: i) Es gilt $E(N_{\mu,\sigma^2}) = \mu$ und $\mathrm{Var}(N_{\mu,\sigma^2}) = \sigma^2$.
ii) $N_{\mu_1,\sigma_1^2} * N_{\mu_2,\sigma_2^2} = N_{\mu_1+\mu_2,\sigma_1^2+\sigma_2^2}$ (s. z.B. Pfanzagl 4.6.12).

Bezüglich t-Verteilungen, χ^2-Verteilungen und mehrdimensionalen Verteilungen sei auf die Literaturliste diese Kapitels verwiesen.

Verallgemeinern Sie den Begriff **Zufallsvariable** auf beliebige Wahrscheinlichkeitsräume! Definieren Sie Erwartungswert und Varianz einer stetig verteilten Zufallsvariablen. Berechnen Sie Erwartungswert und Varianz einer gleichverteilten Zufallsgröße!

1. Sei $(\Omega, \mathcal{A}, P)$ ein Wahrscheinlichkeitsraum und $(\Omega', \mathcal{A}')$ ein meßbarer Raum. Dann heißt $X : \Omega \rightarrow \Omega'$ *Zufallsvariable* (Zufallsgröße oder meßbare Abbildung), falls gilt $(*)$: $\forall A' \in \mathcal{A}' : X^{-1}(A') \in \mathcal{A}$.

   P_X mit $P_X(A') := P(X \in A')$ ist ein W-Maß auf $\mathcal{A}'$ (s. Bild 5.7).

   Anmerkung:

   Ist Ω abzählbar und $\mathcal{A} = \mathfrak{P}(\Omega)$, so ist $(*)$ trivialerweise erfüllt.

2. Ist $(\Omega', \mathcal{A}') = (\mathbb{R}, \mathcal{B})$ die Borelalgebra, so nennen wir X eine *stetig verteilte Zufallsvariable*, falls P_X stetiges W-Maß mit Dichte f ist. Es gilt dann also $P(X \in [a,b]) = \int_a^b f(t)dt$. Für solche Größen definieren wir *Erwartungswert* und *Varianz* durch $E(X) = \int_{-\infty}^{\infty} tf(t)dt$, falls $\int_{-\infty}^{\infty} |t|f(t)dt$ existiert, und $\mathrm{Var}(X) = \int_{-\infty}^{\infty} (t-E(X))^2 f(t)dt = E([X-E(X)]^2) = \sigma^2(X)$ (falls $E(X)$ und $E(X^2)$ existieren). Wie in §5.2 folgt aus der Linearität von E die Gleichung
$$\mathrm{Var}(X) = E(X^2) - E(X)^2.$$

3. *Beispiel:* Erwartungswert und Varianz der **Gleichverteilung**
$$E(X) = \int_{-\infty}^{\infty} t \cdot \tfrac{1}{b-a} 1_{[a,b]}(t)dt = \tfrac{1}{b-a} \int_a^b t\,dt = \tfrac{1}{2} \tfrac{b^2-a^2}{b-a} = \tfrac{a+b}{2},$$
$$\mathrm{Var}(X) = \tfrac{1}{b-a} \int_a^b t^2 dt - (\tfrac{b+a}{2})^2 = \tfrac{1}{3} \tfrac{b^3-a^3}{b-a} - (\tfrac{b+a}{2})^2$$
$$= \tfrac{1}{3}(a^2+ab+b^2) - \tfrac{1}{4}(b+a)^2 = \tfrac{(b-a)^2}{12}.$$

4. *Anmerkung:* Sind $X_1, \ldots, X_n$ unabhängige Zufallsvariablen mit Verteilungsfunktionen $F_1, \ldots, F_n$, so gilt für die gemeinsame Verteilungsfunktion:
$$F(x_1, \ldots, x_n) = F_1(x_1) \ldots F_n(x_n).$$

** Definieren Sie den **Produktraum** abzählbar vieler Wahrscheinlichkeitsräume!

Seien $\mathcal{W}_i = (\Omega_i, \mathcal{A}_i, P_i)$ Wahrscheinlichkeitsräume ($i \in \mathbb{N}$). Auf $\Omega = \times_{i \in \mathbb{N}} \Omega_i$ wird eine σ-Algebra $\mathcal{A} = \times_{i \in \mathbb{N}} \mathcal{A}_i$ von allen Mengen Form $A = A_0 \times \ldots \times A_n \times \times_{i=n+1}^{\infty} \Omega_i$ mit $A_i \in \mathcal{A}_i$ für $i = 0, \ldots, n$ und $n \in \mathbb{N}$ (Zylinder-Mengen) erzeugt. Man kann in der Maßtheorie zeigen, daß es dann genau ein W-Maß P auf $\mathcal{A}$ mit $P(A) = \prod_{i=0}^{n} P_i(A_i)$ gibt; Bezeichnung $P := \times_{i \in \mathbb{N}} P_i$. Der Raum $\mathcal{W} = (\Omega, \mathcal{A}, P)$ heißt *Produktraum* der $\mathcal{W}_i$.

Anmerkung: Diese Definition erweitert den in §5.1 eingeführten Begriff des Produktraums nicht nur auf beliebige W-Räume als Faktoren, sondern auch auf abzählbar viele Faktoren. Insbesondere bei der Betrachtung von (in der Theorie unbeschränkt langen) Folgen von Wiederholungen eines Teilexperiments hat man damit in $\mathcal{W}$ ein einziges Modell statt einer Folge von Modellen $((\Omega^n, P^n))_{n \in \mathbb{N}}$.

5.4 Approximation der Binomialverteilung

Beschreiben Sie die *Approximation "der" Binomialverteilung* durch die *Normalverteilung*.

Sei $X_1, \cdots, X_n$ eine Folge von n unabhängigen Zufallsvariablen mit $P(X_i = 1) = p$ und $P(X_i = 0) = 1 - p$. Dann ist $S_n := X_1 + \cdots + X_n$ binomialverteilt (nach $B_{n,p}$) mit

$$E(S_n) = np \quad \text{und} \quad \sigma_n := \sqrt{\sigma^2(S_n)} = \sqrt{n \cdot pq} \quad \text{(s. §5.2).}$$

Nach Standardisierung erhält man $S_n^* := \quad (S_n - E(S_n)) \,/\, \sigma_n$ mit Erwartungswert 0 und Varianz 1.

Für diese Zufallsvariablen gilt der **Satz von Moivre-Laplace**:

$$(\Diamond) \qquad \forall a, b \in I\!R,\, a \leq b \,:\, \lim_{n \to \infty} P^n(a \leq S_n^* \leq b) = \Phi(b) - \Phi(a)\ .$$

Mit $a = (\alpha - np)/\sigma_n$ und $b = (\beta - np)/\sigma_n$ hat man daher für großes n auch

$$P^n(\alpha \leq S_n \leq \beta) \approx \Phi(b) - \Phi(a)$$

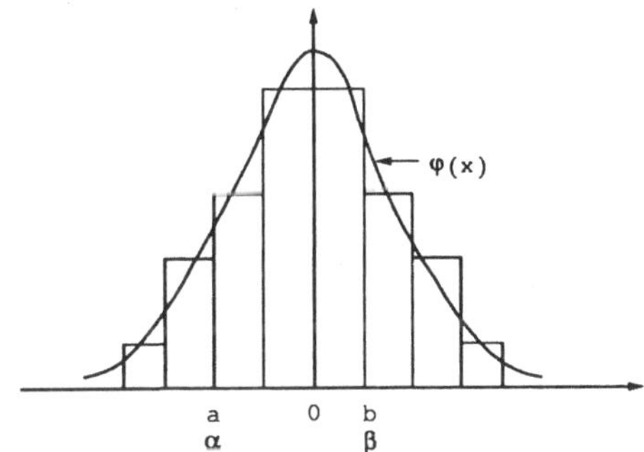

Bild 5.11 Approximation der Binomialverteilung durch die Normalverteilung (schematisch)

Anmerkungen:

1.) Die Aussage $(\Diamond)$ gilt auch, wenn man irgendeine Folge S_n von binomialverteilten Zufallsvariablen mit festem p und $0 < p < 1$ betrachtet.

2.) Der erwähnte Satz ist ein Spezialfall des **Zentralen Grenzwertsatzes**:

Ist $X_1, X_2, \ldots$ eine Folge beliebiger unabhängiger Zufallsvariablen, die alle die gleiche Verteilung (mit Erwartungswert μ und positiver endlicher Varianz σ^2) besitzen. Dann gilt mit $S_n := \sum_{i=1}^{n} X_i$ und $S_n^* := (S_n - n\mu) \,/\, \sqrt{n}\sigma$:

$$\lim_{n\to\infty} P(S_n^* < x) = \Phi(x) \quad \text{für alle } x \in \mathbb{R},$$

d.h. S_n ist für große n annähernd normalverteilt. In einer weiteren Version dieses Satzes kann auf die Bedingung verzichtet werden, daß alle X_i die gleiche Verteilung haben. S_n ist dann anders zu normieren. Außerdem muß durch die Voraussetzung an die Momente sichergestellt werden, daß nicht einzelne der X_i zu stark streuen; (s. z.B. DIFF Studienbriefe: Mathematik SR 3 p. 14).

Was versteht man unter einer **Poisson-Verteilung**, und wie läßt sich mit ihrer Hilfe "die" *Binomialverteilung approximieren*?

Definition:
Sei X eine Zufallsvariable, die die Werte $k \in \mathbb{N}$ mit Wahrscheinlichkeiten

$$P(X = k) = \frac{\lambda^k}{k\,!} e^{-\lambda}$$

annimmt (mit $\lambda > 0$ fest). Dann heißt X *Poisson-verteilt* mit Parameter λ. Erwartungswert und Varianz von X sind dann gleich λ .

Approximation der Binomialverteilung: Die Binomialverteilung $B_{n\,p}$ kann für sehr kleine p und große n durch die Poissonverteilung mit Parameter $\lambda = n \cdot p$ angenähert werden; unter diesen Voraussetzungen gilt:

$$\binom{n}{k} p^k (1-p)^{n-k} \approx \frac{\lambda^k}{k\,!} e^{-\lambda} \quad \text{für } k \in \mathbb{N}.$$

Beweisskizze: Die Folge $(p_n)_{n\in\mathbb{N}^*}$ mit $p_n = \frac{\lambda}{n}$ konvergiert gegen 0. Daher strebt $\binom{n}{k} p_n^k (1-p_n)^{n-k} \cdot k\,! \,/\, \lambda^k = \frac{n\cdot(n-1)\cdots(n-k+1)}{k\,!} \cdot \frac{k\,!}{\lambda^k} \cdot \frac{\lambda^{\,k}}{n^k} \cdot \frac{1}{(1-p_n)^k} \cdot (1-\frac{\lambda}{n})^n$

für n gegen unendlich gegen $e^{-\lambda}$. □

(Zahlenbeispiele findet man u. a. in DIFF Studienbriefe SR3, p. 118 f).

5.5 Gesetze der großen Zahlen

Wie lautet die **Ungleichung von Tschebyscheff** (Čebyšev) ?

Sei X reellwertige (diskrete oder stetige) Zufallsvariable mit endlicher Varianz. Dann gilt für jedes $\varepsilon > 0$ die *Tschebyscheff'sche Ungleichung*

$$P\left(\mid X - E(X) \mid \geq \varepsilon\right) \leq \frac{\text{Var}\,(X)}{\varepsilon^2}.$$

Beweisskizze: Für diskrete Zufallsvariable X gilt mit $A := \{a \in \mathbb{R} \mid \frac{|a-E(X)|}{\varepsilon} \geq 1\}$ die Ungleichung

$$P(A) = \sum_{a\in A} 1 \cdot P(a) \underset{P\geq 0}{\leq} \sum_{a\in A} \frac{(a-E(X))^2}{\varepsilon^2} \cdot P(a) \leq \frac{1}{\varepsilon^2} \sum_{x\in\mathbb{R}} (x-E(X))^2 P(x) = \frac{\text{Var}\,(X)}{\varepsilon^2}.$$

Der Beweis für stetige Zufallsvariable verläuft ähnlich, s. z.B. Pfanzagl 1991. □

Formulieren Sie das **schwache Gesetz der großen Zahlen**, und leiten Sie es aus der Ungleichung von Tschebyscheff ab ! Erläutern Sie die Bedeutung für das Verständnis der Wahrscheinlichkeit als ideale relative Häufigkeit.

a) Eine Formulierung des *schwachen Gesetzes der großen Zahlen* lautet:
Ist $(X_i)_{i\in\mathbb{N}^*}$ eine Folge unabhängiger Zufallsvariablen auf $(\Omega, \mathcal{A}, P)$ mit gleichem Erwartungswert M und gleicher endlicher Varianz σ, dann gilt für jedes $\varepsilon > 0$

$$P\left(\mid \frac{1}{n}\sum_{i=1}^{n} X_i - M \mid < \varepsilon\right) \to 1 \quad \text{für} \quad n \to \infty,$$

d. h. $\frac{1}{n}\sum\limits_{i=1}^{n} X_i$ konvergiert stochachstisch gegen M.
Beweisskizze:

Für $\overline{X} := \frac{1}{n}(X_1 + \ldots + X_n)$ gelten wegen der Linearität des Erwartungswerts $E(\overline{X}) = \frac{1}{n}\sum\limits_{i=1}^{n} E(X_i) = M$ und wegen der Unabhängigkeit von X_i und X_j auch

$$\begin{aligned}
\text{Var}\,(\overline{X}) &= E(\overline{X}^2) - M^2 = E(\tfrac{1}{n^2}\sum_{i,j-1}^{n} X_i X_j) - M^2 \\
&= \tfrac{1}{n^2}\left[\sum_{i=1}^{n} E(X_i^2) + \sum_{i\neq j} E(X_i X_j)\right] - M^3 \\
&= \tfrac{1}{n^2}\sum E(X_i^2) + \tfrac{1}{n^2}\sum_{i\neq j} E(X_i)E(X_j) - M^2 \\
&= \tfrac{1}{n^2}\sum E(X_i^2) + \tfrac{n^2-n-n^2}{n^2} M^2 = \tfrac{1}{n^2}\sum\left[E(X_i^2) - M^2\right] = \tfrac{n\sigma^2}{n^2} = \tfrac{\sigma^2}{n},
\end{aligned}$$

nach der Tschebyscheff'schen Ungleichung folglich $P\left(\mid \overline{X} - M \mid \geq \varepsilon\right) \leq \frac{\sigma^2}{n\varepsilon^2}$.

Für $n \to \infty$ streben die oberen Schranken von $P\left(\mid \overline{X} - M \mid \geq \varepsilon\right)$ gegen 0. □

b) *Zur Bedeutung:* Interpretiert man X_i als die i-te unabhängige Ausführung eines Alternativexperiments mit Erfolgswahrscheinlichkeit p (für $i = 1, 2, \ldots$) und

$(\Omega, \mathcal{A}, P)$ als den zugehörigen Produktraum, so gibt $\overline{X}$ die *relative Häufigkeit* des Erfolges bei n Versuchen an; außerdem ist hierbei $M = p$. Das Gesetz der großen Zahlen rechtfertigt damit innerhalb der Theorie, daß die relative Häufigkeit als *Näherung für die Wahrscheinlichkeit eines Ereignisses* genommen wird bzw. die Wahrscheinlichkeit als ideale relative Häufigkeit gilt. Allgemeiner wird der Erwartungswert so als ideales arithmetisches Mittel motiviert.

Anmerkungen:

1.) Eine andere Formulierung des schwachen Gesetzes der großen Zahlen geht von einem Wahrscheinlichkeitsmaß auf der Borel-Mengenalgebra des $\mathbb{R}^1$ (s. o.) aus, das Erwartungswert $E(P)$ und endliche Varianz hat.
Mit dem Produktmaß P^n gilt dann für jedes $c > 0$ (s. Pfanzagl 7.2.1):

$$\lim_{n\to\infty} P^n\{(x_1,\ldots,x_n) \in \mathbb{R}^n \mid \; \left| \frac{1}{n}\sum_{i=1}^{n} x_i - E(P) \right| \geq c\} = 0 .$$

2.) Die im schwachen Gesetz der großen Zahlen vorkommende *stochastische Konvergenz* einer Folge von Zufallsvariablen $Y_n \to Y$, definiert durch $P(|\, Y_n - Y \,| \geq \varepsilon) \to 0$, besagt nur, daß Y_n für großes n nahe bei Y liegt, aber $Y_n(\omega) \to Y(\omega)$ braucht für kein einziges Elementarereignis ω zu gelten.

Was versteht man unter fast-sicherer Konvergenz einer Folge von Zufallsvariablen?

Definition: Eine Folge (Y_n) von Zufallsvariablen auf $(\Omega, \mathcal{A}, P)$ konvergiert fast sicher gegen die Zufallsvariable Y, falls gilt:

$$P\left(\{\omega \in \Omega \mid \lim_{n\to\infty} Y_n(\omega) = Y(\omega)\}\right) = 1.$$

Anmerkung: Aus der fast-sicheren Konvergenz folgt die stochastische.

Wie unterscheidet sich das **starke Gesetz der großen Zahlen** vom entsprechenden schwachen Gesetz ? (Ohne Beweis)

Der wesentliche Unterschied ist, daß beim starken Gesetz die fast-sichere Konvergenz behauptet wird. Eine weitere mögliche Verstärkung ist die folgende Version (**Satz von Rajchman, vgl. Krengel 1988):
Sei $(X_i)_{i\in\mathbb{N}^*}$ eine Folge reellwertiger unkorrelierter[3] Zufallsvariablen auf $(\Omega, \mathcal{A}, P)$ mit $\mathrm{Var}\,(X_i) \leq N < \infty$ für alle i . Dann konvergiert $S_n := \frac{1}{n}\sum_{i=1}^{n}\left(X_i - E(X_i)\right)$ fast sicher gegen 0.

[3] d. h. Zufallsvariablen mit $E\left((X_i - E(X_i)) \cdot (X_j - E(X_j))\right) = 0$ für $i \neq j$ (vgl. §5.2). (Unabhängige Zufallsvariablen sind auch unkorreliert.)

Literaturauswahl zu Kapitel 5 :

BEHRENDS, E.: Überall Zufall. Einführung in die W.-Rechnung, erscheint vorauss. Mannheim 1994.

DIFF-Studienbriefe Grundkurs Mathematik V,2 , Tübingen 1976 sowie MS 1 - MS 4, SR 1 - SR 4, AS 1 - AS 3, Tübingen 1983 etc..

FILLBRUNN, G. & P. PAHL: Kurze Einführung in die Stochastik, Staatl. Sem. für Schulpädagogik, Heidelberg 1984 sowie Stochastik i.d. Schule Bd.I-III, 1985.

KRENGEL, U.: Einführung in die Wahrscheinlichkeitstheorie und Statistik, Braunschweig 1988.

KREYSZIG, E.: Statistische Methoden und ihre Anwendungen, Göttingen 1968.

PFANZAGL, J.: Elementare W.-Rechnung, Berlin etc. 1991[2]

SCHEID, H.: Wahrscheinlichkeitsrechnung, Mannheim etc. 1992.

desweiteren: BOSCH, K.:Elem. Einf. i.d. W.-Rechn., Braunschweig 1986[5]. EGGS, H.:Stochastik I-III, Frankfurt 1984/85. ENGEL, A.: W.-Rechn. und Statistik, Bd.1-2, Stuttgart, 1973/76. FEUERPFEIL, J. , F. HEIGL & H. WIEDLING: Prakt. Stochastik, München 1983. HENGST, M. Einf. i.d. Math. Statistik u. ihre Anwendung, Mannheim 1967. GRIMMETT & WELSH: Probability, an Introd. Oxford 1986. INEICHEN, R.: Einf. i.d. elt. Statistik u. W.-Rechn., Luzern etc.1977[5]. LIPSCHUTZ, S.: Probability, Schaum's Outline, New York etc. 1965, 1974. MESCHKOWSKI, H.: W.-Rechn. ,Mannheim, 1968. RATCLIFF, J.F.: Elts. of Math. Statistics, London 1962. REINHARDT, F. & H. SOEDER: DTV - Atlas zur Math. Bd. 2, München 1974. RÉNYI, A.: Foundations of Probability, San Franzisco 1970. SCHEID,H.: Stochastik i.d. Kollegstufe, Zürich 1986. STRICK, H.K.: Einf. i.d. beurteilende Statistik, Hannover 1980. WALSER, W.: W.-Rechnung, Stuttgart 1975.

6 Anfänge der Algebra

6.1 Algebraische Strukturen

Geben Sie eine Definition und Beispiele an für folgende Begriffe: 1.) Gruppe 2.) Ring 3.) Körper 4.) Algebra.

1. *Definition: Gruppe*

$(G,*)$ **Gruppe** mit neutralem Element e	$(G,*)$ Halbgruppe	G Menge, $G \neq \emptyset$
		$*: G \times G \to G$ $(a,b) \mapsto a*b$ (innere Verknüpfung)
		Assoziativgesetz $\forall a,b,c \in G:$ $a*(b*c) = (a*b)*c$
	$e \in G$ neutrales Element	$\forall a \in G: a*e = a = e*a$
	Existenz der Inversen	$\forall a \in G\ \exists b \in G:$ $b*a = e = a*b$

Beispiel einer Halbgruppe, die keine Gruppe ist: $(\mathbb{N},+)$
Beispiele von Gruppen:
- additive Gruppen von Ringen, Körpern, Vektorräumen
- $(\mathcal{S}_M, \circ)$ Gruppe aller bijektiven Abbildungen von M auf sich mit der Hintereinanderausführung $\circ$ als Verknüpfung, speziell $\mathcal{S}_n := (\mathcal{S}_{\{1,\ldots,n\}}, \circ)$
- Gruppe D_m der Deckabbildungen eines regelmäßigen m-Ecks in der reellen euklidischen Ebene.

2. *Definition: Ring*

$(R,+,\cdot)$ **Ring**	R Menge, "+" $R \times R \to R$, "·" : $R \times R \to R$
	$(R,+)$ kommutative Gruppe, d.h. Gruppe mit $\forall a,b \in R: \quad a+b = b+a$
	$(R, \cdot)$ Halbgruppe
	Distributivgesetze: $\forall a,b,c \in R: (a+b)\cdot c = a\cdot c + b\cdot c$ und $a\cdot(b+c) = a\cdot b + a\cdot c$

Beispiele von Ringen: $(\mathbb{Z},+,\cdot)$ Ring der ganzen Zahlen; Körper (s.u.);
$(K[X],+,\cdot)$ Ring der Polynome über dem Körper K
$(End_K V,+,\circ)$ Endomorphismenring eines VR's
$\mathbb{Z}/m\mathbb{Z} =: \mathbb{Z}_m$ (s.Faktorstrukturen)
Anmerkung: Die Elemente eines Ringes mit 1, die eine multiplikative Inverse besitzen, sogenannte *Einheiten*, bilden eine Gruppe (bzgl. der induzierten Multiplikation)

3. *Definition: Körper*

$(K,+,\cdot)$ **Körper**	$(K,+,\cdot)$ Schiefkörper	K Menge, $+$, $\cdot$ innere Verknüpfungen
		$(K,+)$ kommutative Gruppe
		$(K\setminus\{0\},\cdot)$ Gruppe[1]
		Distributivgesetze (wie bei Ringen)
	$(K\setminus\{0\},\cdot)$ kommutativ	

Beispiele: $(\mathbb{Q},+,\cdot),(\mathbb{R},+,\cdot),(\mathbb{C},+,\cdot), GF(p) := (\mathbb{Z}/p\mathbb{Z},+,\cdot)$ für p Primzahl, $K[X]/(P)$ für irreduzibles Polynom $P \in K[X]$ vom Grad n über dem Körper $K = GF(p)$.

Anmerkung : Man kann zeigen, daß zu jedem $n \in \mathbb{N}^*$ ein solches irreduzibles Polynom über $GF(p)$ und damit ein Körper mit p^n Elementen existiert, und daß je zwei Körper mit p^n Elementen zueinander isomorph sind; Bezeichnung für einen solchen Körper: *Galoisfeld* p^n , kurz $GF(p^n)$ (existiert genau für Primzahlpotenzen p^n); vgl. 6.5.

4. *Definition:* **Algebra**
$((V,+,\underset{K}{\bullet},\cdot)$ heißt *K-Algebra*, wenn $(V,+,\underset{K}{\bullet})$ ein K-Vektorraum und $(V,+,\cdot)$ ein Ring ist und folgende Verträglichkeitsbedingungen gelten:
$$\forall a,b \in V\ \forall\lambda \in K : \lambda(a\cdot b) = (\lambda a)\cdot b = a\cdot(\lambda b)$$
Beispiele: $(End_K V,+,\underset{K}{\bullet},\circ)$, $K^{(n,n)}$, $K[X]$, $\mathbb{R}$ (z.B. als $\mathbb{Q}$ - Algebra).

Beschreiben Sie die Bildung von **Faktorstrukturen** bei Gruppen, kommutativen Ringen bzw. Vektorräumen!

Siehe Tabelle 6.1

ad 1 : Anmerkung
Die Faktorisierung nach einer beliebigen Untergruppe führt nicht immer zu einer Gruppe; denn aus $gU \cdot hU = ghU$ (für alle $g,h \in U$) folgt die Normalteilereigenschaft von U, nämlich $Uh = hU$ für alle $h \in G$. Für abelsche Gruppen ist jede Untergruppe auch Normalteiler.

[1] Die Multiplikation " $\cdot$ " sei hierbei auf $K\setminus\{0\}$ beschränkt.

Tabelle 6.1 **Faktorstrukturen**

Struktur S	Faktor U	Faktorstruktur S/U (Quotientenstruktur)
1. Gruppe G	Normalteiler $N \trianglelefteq G$ (Untergruppe mit $gN = Ng$ für alle $g \in G$)	Faktorgruppe G/N Elemente: $\bar{g} = gN = Ng$ mit $g \in G$ (Nebenklassen von N) Operation: $\bar{g} \cdot \bar{h} = \overline{g \cdot h}$
2. kommutativer Ring R	Ideal $\Im \leq R$, d.h. Untergruppe von $(R,+)$ mit $\Im R = R\Im \subseteq \Im$	Faktorring $R/\Im$ Elemente: $\bar{r} = r + \Im$ Operation: $\bar{r} + \bar{h} = \overline{r+h}$ $\bar{r} \cdot \bar{h} = \overline{r \cdot h}$
3. Vektorraum V	Unterraum $U \leq V$ (d.h. $U + U \subseteq U$, $UK \subseteq U$)	Faktorraum V/U Elemente: $\bar{v} = v + U$ Operation: $\bar{v} + \bar{w} = \overline{v+w}$ $\lambda\bar{v} = \overline{\lambda v}$

Beispiele:

(i) $\mathbb{Z}/m\mathbb{Z}$ ergibt sich mit $G = (\mathbb{Z}, +)$ und $N = m\mathbb{Z}$ (für $m \in \mathbb{N}^*$)
Elemente von $\mathbb{Z}/m\mathbb{Z}$ sind die Zahlenmengen $\bar{r} = \{r + mz | z \in \mathbb{Z}\}$ mit Rest r (für $r < m$), also die Restklassen $\bar{0}, \bar{1}, \bar{2}, \ldots, \overline{m-1}$. Statt $s \in \bar{r}$ schreibt man auch $s \equiv r \pmod{m}$. Bei festem Modul m ist „$\equiv$" eine Äquivalenzrelation.

(ii) $G = (GL(n,K), \circ)$ Gruppe der $n \times n$-Matrizen über K
$N = SL(n,K)$ Normalteiler der Elemente von G mit Determinante 1.
siehe 1.9.

ad 2 : Beispiele:

(i) $\mathbb{Z}_m = (\mathbb{Z}/m\mathbb{Z}, +, \cdot)$ ergibt sich mit $R = (\mathbb{Z}, +, \cdot)$ und $\Im = m\mathbb{Z}$
Elemente und Addition wie unter (1i) ;
Multiplikation siehe Tabelle 6.1 (bzw. in Kongruenzschreibweise

$r_1 \equiv r \pmod{m} \wedge s_1 \equiv s \pmod{m} \Longrightarrow r_1 \cdot s_1 \equiv r \cdot s \pmod{m}$).

(ii) $R = (K[X], +, \cdot)$ und $\Im = P \cdot K[X] =: (P)$ mit Polynom $P \in K[X]$ führen zu $K[X]/(P)$; Elemente: $\overline{Q} = Q + P \cdot K[X]$
speziell $\mathbb{R}[X]/(X^2 + 1) \cong \mathbb{C}$ (siehe Tabelle 6.2); vgl auch 6.3.

(iii) $\mathcal{C}/\mathcal{N} \cong \mathbb{R}$ s. Tabelle 6.2.

ad 3 : siehe 1.4.

Wie lautet der Homomorphiesatz für Gruppen, kommutative Ringe bzw. Vektorräume?

Sei $h : S_1 \longrightarrow S_2$ ein Homomorphismus, d.h. eine Abbildung mit

$-S_1, S_2$ Gruppen und	$h(g_1g_2) = h(g_1) \cdot h(g_2)$	(im Gruppenfall)
$-S_1, S_2$ kommutative Ringe,	$h(r+s) = h(r) + h(s)$	und
	$h(r \cdot s) = h(r) \cdot h(s)$	(im Ringfall) bzw.
$-S_1, S_2$ Vektorräume,	$h(v+w) = h(v) + h(w)$	(im Vektorraumfall)
	$h(\lambda v) = \lambda h(v)$	(vgl. auch 1.4).

Dann besagt der Homomorphiesatz: $h(S_1) \cong S_1/\operatorname{Kern}(h)$ (s. Bild 1.6 in §1.4), d.h. bis auf Isomorphie sind zu einer Struktur alle homomorphen Bilder durch die Faktorstrukturen bestimmt. Die Elemente von $S_1/\operatorname{Kern}(h)$ sind gerade die vollen Urbilder der Elemente von $h(S_1)$ unter h.
Beweisidee:
Man definiert $i : S_1/\operatorname{Kern}(h) \to h(S_1)$ durch $s + \operatorname{Kern}(h) \mapsto h(s)$ und zeigt, daß i bijektiv und mit den Operationen verträglich ist. □
Anmerkung: Kern(h) ist im Gruppenfall Normalteiler, im Ringfall Ideal, im Vektorraumfall Unterraum.
Anwendungsbeispiel: sgn : $\mathcal{S}_n \to \{-1,+1\}$ mit $g \mapsto (-1)^m$ für $g = \prod_{i=1}^{m} \tau_i$ mit Transpositionen τ_i (vgl.1.9) ist ein Gruppenhomomorphismus mit Kern(sign) $= \mathcal{A}_n$ und $\mathcal{S}_n/\mathcal{A}_n \cong (\{-1,1\},\cdot)$.

6.2 Zum Aufbau des Zahlensystems

Was versteht man unter einer **Peano-Struktur** $\mathbb{N}$? Geben Sie die Peano-Axiome an, definieren Sie Addition, Multiplikation und Ordnungsrelation auf $\mathbb{N}$ (ohne Beweis, aber mit Angabe der Eigenschaften) ! Gehen Sie auf Existenz und Eindeutigkeit ein!

Vorbemerkung: Ziel ist die axiomatische Einführung der **natürlichen Zahlen**.

1.) *Definition* Peanostruktur
Sei $\mathbb{N}$ nicht-leere Menge, $0 \in \mathbb{N}$ ausgezeichnetes Element ("Null") und $\nu : \mathbb{N} \to \mathbb{N}$ (Nachfolgerfunktion); dann heißt $(\mathbb{N}, 0, \nu)$ eine Peano-Struktur, falls gilt
(P1) $\nu(n) \neq 0$ für alle $n \in \mathbb{N}$
(P2) ν ist injektiv
(P3) $[0 \in T \subseteq \mathbb{N} \wedge \forall x : (x \in T \Rightarrow \nu(x) \in T)] \Rightarrow T = \mathbb{N}$
(d.h. die kleinste ν-abgeschlossene und 0 enthaltende Teilmenge ist schon ganz $\mathbb{N}$).

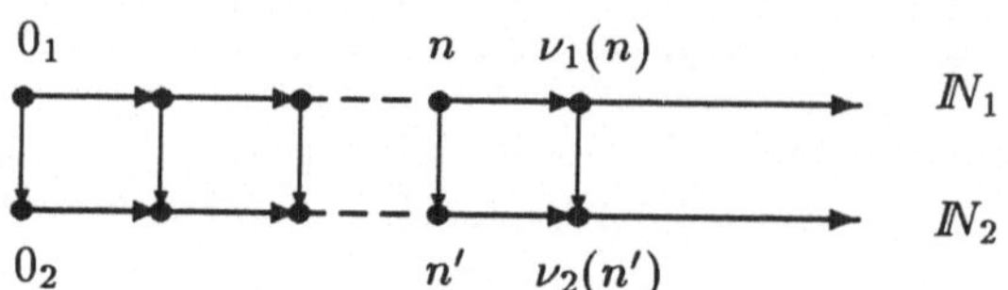

Bild 6.1
Isomorphie zweier Peanostrukturen

Anmerkung: Auf (P3) beruht das Beweisprinzip der *vollständigen Induktion.*
Definition Addition, Multiplikation, Ordnungsrelation:

(1) $k + 0 := k$ und $k + \nu(l) =: \nu(k + l)$ (rekursive Definition; s.u.)

(2) $k \cdot 0 := 0$ und $k \cdot \nu(l) = k \cdot l + k$ "

(3) $k \leq \lambda :\Longleftrightarrow \exists j \in \mathbb{N} : k + j = l.$

Anmerkung: Durch die Funktionalgleichungen (1) ist genau eine Operation + definiert; durch die Gleichungen (2) genau eine Multiplikation. Diese Tatsachen sind Spezialfälle von folgendem
Rekursionssatz (Dedekind)
Sei A eine Menge, $a_0 \in A$, $g : A \to A$. Dann existiert genau eine Funktion $f : \mathbb{N} \to A$ mit $f(0) = a_0$ und $f(\nu(l)) = g(f(l))$ für alle $l \in \mathbb{N}$.

2. *Monomorphie:*
Man kann zeigen: *Je zwei Peanostrukturen sind isomorph* (d.h. es existiert eine mit den Nachfolgerfunktionen verträgliche Bijektion, die Null auf Null abbildet.) *Beweisidee:* s. Bild 6.1

Aufgrund der Eindeutigkeit heißt nennen wir eine gegebene Menge $\mathbb{N}$ mit (P1) -(P3) *die Menge der natürlichen Zahlen.* Die Existenz eines Modells sei angedeutet durch: $0 := \emptyset$ und $\gamma(l) = l \cup \{l\}$, also

$$0 = \emptyset,\ 1 = \{\emptyset\},\ 2 = 1 \cup \{1\} = \{\emptyset, \{\emptyset\}\}, \ldots$$

3. *Eigenschaften*
(i) $(\mathbb{N}, +)$ ist eine kommutative reguläre Halbgruppe mit 0 als neutralem Element; "*regulär*" bedeutet hierbei die Gültigkeit der Kürzungsregel
$$a + c = b + x \Rightarrow c = b.$$
(ii) $(\mathbb{N}\backslash\{0\}, \cdot)$ ist eine kommutative reguläre Halbgruppe mit 1 als neutralem Element.
(iii) $(\mathbb{N}, \leq)$ ist eine *Wohlordnung*, d.h. eine total geordnete Menge, in der jede nicht-leere Teilmenge ein kleinstes Element besitzt.

Beschreiben Sie kurz die Zahlbereichserweiterungen von $\mathbb{N}$ über $\mathbb{Z}$, $\mathbb{Q}$ und $\mathbb{R}$ zu $\mathbb{C}$ (ohne Beweise) !

Tabelle 6.2 Zahlbereichserweiterungen

	$\mathbb{N} \rightsquigarrow \mathbb{Z}$	$\mathbb{Z} \rightsquigarrow \mathbb{Q}$	$\mathbb{Q} \rightsquigarrow \mathbb{R}$
Eigenschaften der Ausgangs-struktur	$(\mathbb{N}, +)$ reguläre Halbgruppe	$(\mathbb{Z}, +, \cdot)$ Integritätsbereich (nullteilerfreier kommutativer Ring mit $1 \neq 0$)	$(\mathbb{Q}, +, \cdot, \leq)$ archimedisch geordneter Körper
Grund für die Erweiterung	die additiven Inversen fehlen	die multiplikativen Inversen fehlen	keine Ordnungs-Vollständigkeit, keine CF-Vollständigkeit
neue Menge	$\mathbb{N} \times \mathbb{N} \ / \sim$	$\mathbb{Z} \times (\mathbb{Z} \setminus \{0\}) \ / \sim$	$\mathcal{C}/\mathcal{N}$ mit Ring $\mathcal{C}$ der Cauchy- Folgen reeller Zahlen und $\mathcal{N}$ Ideal der Null-Folgen
Äquivalenzen	$(a,b) \sim (c,d) :\Longleftrightarrow a+d=b+c$	$(a,b) \sim (c,d) :\Longleftrightarrow ad = bc$	$(x_n) \sim (y_n) :\Longleftrightarrow (x_n - y_n) \in \mathcal{N}$
Operationen auf Klassen	$\overline{(a,b)} + \overline{(c,d)} = \overline{(a+c, b+d)}$	$\overline{(a,b)} \cdot \overline{(c,d)} = \overline{(ac, bd)}$ $\overline{(a,b)} + \overline{(c,d)} = \overline{(ad+bc, bd)}$	$\overline{(x_n)} \overset{+}{\bullet} \overline{(y_n)} = \overline{(x_n \overset{+}{\bullet} y_n)}$
Ergebnis	$(\mathbb{Z}, +)$ Differenzengruppe	$(\mathbb{Q}, +, \cdot)$ Quotientenkörper	$(\mathbb{R}, +, \cdot)$ Faktorring modulo maximalem Ideal (CF-Abschluß)
Verallgemeinerungen	Einbettung einer regulären Halbgruppe in die Quotientengruppe	Einbettung eines Integritätsbereiches in seinen Quotientenkörper	Einbettung eines geordneten Körpers in CF-vollständigen Körper

Literatur: Oberschelp, Hewitt/Stromberg, DIFF II,1-4

Fortsetzung von Tabelle 6.2

$\mathbb{R} \rightsquigarrow \mathbb{C}$	$\mathbb{Q} \rightsquigarrow \mathbb{Q}(\sqrt[3]{2})$	$Q \rightsquigarrow \mathbb{Q}(\pi)$
$\mathbb{R}$ Körper (vollständig angeordnet bzw. archimedisch geordnet und CF-vollständig)	$\mathbb{Q}$ Körper	$\mathbb{Q}$ Körper
Algebraische Gleichungen zum Teil nicht lösbar, z.B. $X^2 + 1 = 0$	Gleichung $X^3 - 2 = 0$ hat keine Lösung	$\pi \notin \mathbb{Q}$
$\mathbb{R}[X] / (X_2 + 1)$ *)	$\mathbb{Q}[X] / (X^3 - 2)$	Quotientenkörper von $\mathbb{Q}[X]$ mit π substituiert für X (unendlich–dimensionale Erweiterung)
$P \equiv Q$ $:\Longleftrightarrow$ $X^2 + 1$ teilt $P - Q$	Elemente von der Form $a + b\sqrt[3]{2} + c\sqrt[3]{4}$ mit $\sqrt[3]{2} = \overline{X}$	
repräsentantenweise	repräsentantenweise	
Erweiterungskörper hier sogar (algebraisch) abgeschlossen.	Erweiterungskörper, in dem die Gleichung $y^3 - \overline{2} = \overline{0}$ eine Lösung hat	
einfache algebraische Erweiterung eines Körpers	einfache algebraische Erweiterung eines Körpers	einfache transzendente Körpererweiterung

*) alternativ mit $\mathbb{R}^2$, s. Kap. 4.

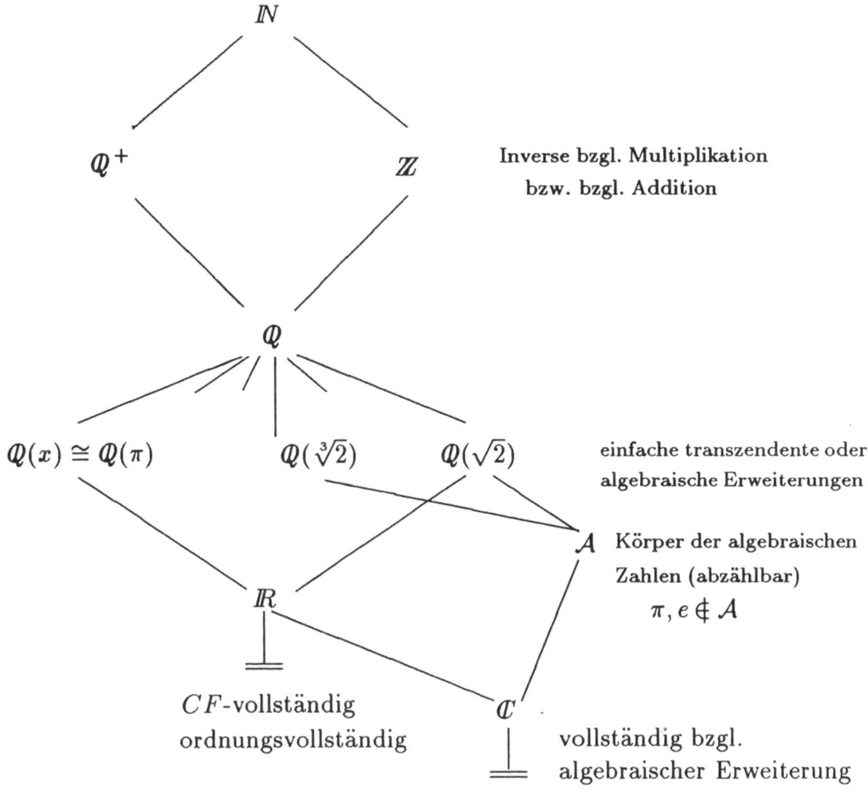

Bild 6.2 Diagramm einiger üblicher Zahlbereichserweiterungen

Siehe Tabelle 6.2, vgl. auch Bild 6.2.
Anmerkungen zu Tabelle 6.2 :

(i) $\mathbb{N} \rightsquigarrow \mathbb{Z}$

Mit $\mathbb{N} \times \mathbb{N}/\sim$ wird die Menge der Äquivalenzklassen bzgl. der Relation $\sim$ bezeichnet; jede Klasse $\overline{(a,b)}$ steht dabei stellvertretend für die evtl. negative und damit in $\mathbb{N}$ nicht vorhandene Differenz $a - b$;

Beispiel: $\overline{(0,2)} = \overline{(1,3)} = \overline{(2,4)} = \ldots = -\overline{(2,0)} \triangleq -2$

Zunächst ist $\mathbb{N}$ in $\mathbb{Z}$ nur durch ein isomorphes Bild vorhanden (statt n die Klasse $\overline{(n,0)}$). Man hat dann zwei Möglichkeiten:
1. das *Ersetzungsverfahren*: Man ersetzt $\overline{(n,0)}$ durch n für alle $n \in \mathbb{N}$.
2. die *isomorphe Einbettung* (auch "Wegwerfmethode"): Statt des ursprünglichen Modells $\mathbb{N}$ der natürlichen Zahlen geht man über zu dem isomorphen Modell auf der Menge $\{\overline{(n,0)} \mid n \in \mathbb{N}\}$.

Schließlich sind noch die Multiplikation und Ordnungsrelation von $\mathbb{N}$ auf $\mathbb{Z}$ auszudehnen. Ergebnis ist der geordnete Integritätsbereich $(\mathbb{Z}, +, \cdot, \leq)$.

(ii) $\mathbb{Z} \rightsquigarrow \mathbb{Q}$
Dieser Spezialfall der Einbettung eines Integritätsbereiches in den (bis auf Isomorphie) eindeutigen Quotientenkörper führt zum (archimedisch geordneten) Körper der rationalen Zahlen. Das Paar (a, b) entspricht dabei dem Bruch $\frac{a}{b}$ (als Schreibfigur), die Klasse $\overline{(a, b)}$ dem Wert des Bruchs $\frac{a}{b}$ (als Zahl).

(iii) $\mathbb{Q} \rightsquigarrow \mathbb{R}$ (1. Möglichkeit)
Der Körper $(\mathbb{Q}, +, \cdot, \leq)$ ist nicht ordnungsvollständig: Zum Beispiel ist die Menge $\{x \in \mathbb{Q} \mid x^2 < 2\}$ nicht leer, nach oben beschränkt, besitzt aber kein Supremum.

Mittels der Dedekindschen Schnitte (vgl. §4.8) kann $(\mathbb{Q}, \leq)$ in eine ordnungsvollständige Ordnung $(\mathbb{R}, \leq)$ eingebettet werden.

(iv) $\mathbb{Q} \rightsquigarrow \mathbb{R}$ (2. Möglichkeit)
Der geordnete Körper $(\mathbb{Q}, +, \cdot, \leq)$ ist nicht CF-vollständig. Der Ring der Cauchyfolgen, faktorisiert (vgl. §6.1) nach dem (maximalen) Ideal der Nullfolgen, führt zu einem vollständig geordneten Körper, bis auf Isomorphie existiert genau ein solcher Körper; (s. ebenfalls §4.8).

(v) $\mathbb{R} \rightsquigarrow \mathbb{C}$ (s. §4.8).

Anmerkungen
Ein alternativer Weg von $\mathbb{N}$ zu $\mathbb{Q}$ führt über die Einbettung von $(\mathbb{N} \setminus \{0\}, \cdot)$ in die Quotientengruppe $(\mathbb{Q}^+, \cdot)$ der positiven rationalen Zahlen.
Eine andere Möglichkeit, von $\mathbb{Z}$ zu $\mathbb{R}$ zu gelangen, führt über den Bereich $\mathbb{D}$ der endlichen Dezimalbrüche. (Zu Dezimalbrüchen s. §4.8.)

6.3 Endliche Körpererweiterungen

1. Was versteht man unter einer **Körpererweiterung**, was unter einer Adjunktion einer Teilmenge?
2. Wie lautet die Gradformel für Körpererweiterungen?

1. *Definitionen*

a) Der Körper k heißt *Teilkörper* der Körpers K, falls $k \subseteq K$ gilt und die Addition und Multiplikation von k die Einschränkungen der betreffenden Verknüpfungen von K sind. K heißt nun *Körpererweiterung* von k, wenn k Teilkörper von K ist, in Zeichen $K : k$. Es kann dann K auch als Vektorraum über k aufgefaßt werden (– Nachprüfen der VR-Gesetze!); dessen Dimension heißt *Grad* der Körpererweiterung; Bezeichnung: $[K : k]$

b) Ist K ein gegebener Erweiterungskörper von k, so bezeichnet $k[A]$ den Durchschnitt aller Teilringe von K, die k und A enthalten (den kleinsten k und A enthaltenden Teilring von K), und $k(A)$ den Durchschnitt aller Teilkörper von K, die k und A enthalten (den kleinsten k und A enthaltenden Teilkörper). Man spricht von *Ring- bzw. Körperadjunktion* von A. Ist $A = \{x\}$, so schreibt man $K = k(x)$ für die Körperadjunktion von $\{x\}$ und spricht von einer *einfachen Körpererweiterung*; x heißt dann ein *primitives Element* von $K : k$.

Beispiele: a) $\mathbb{C} = \mathbb{R}(\mathrm{i})$ ist einfache Körpererweiterung von $\mathbb{R}$ vom Grad 2 .

b) $\mathbb{Q}(\sqrt{2}) = \{a + b\sqrt{2} \mid a, b \in \mathbb{Q}\}$ (Grad 2 über $\mathbb{Q}$)

c) $\mathbb{Q}(\sqrt[3]{2}) = \{a + b\sqrt[3]{2} + c(\sqrt[3]{2})^2 \mid a, b, c \in \mathbb{Q}\}$ (Grad 3 über $\mathbb{Q}$).

Anmerkung : Der Durchschnitt aller Teilkörper von K heißt *Primkörper* $P(K)$ von K. Ist char $K = p \neq 0$ (also $\sum_1^p 1 = 0$ und p minimal), so ist p Primzahl und $P(K) \cong \mathbb{Z}_p = GF(p)$, andernfalls char $K = 0$ und $P(K) \cong \mathbb{Q}$.
Jeder Körper ist also entweder Erweiterung von $\mathbb{Q}$ oder von $\mathbb{Z}_p$ für geeignetes p.

2. **Gradformel**

Sind $K : L$ und $L : k$ Körpererweiterungen und ist $K : k$ endlich, so gilt

$$[K : k] = [K : L] \cdot [L : k]$$

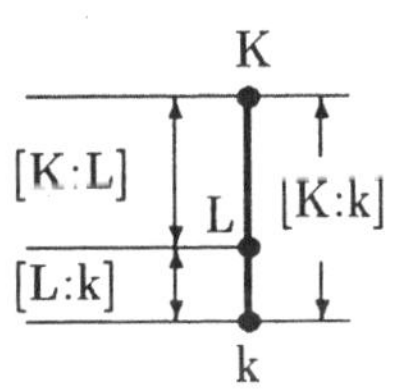

Diagramm zum Gradsatz

Beweisidee:

a) $[K : L]$ und $[L : k]$ sind endlich, da jedes Erzeugendensystem von K über k auch eines von K über L ist bzw. jeder Unterraum eines endlich-dimensionalen Raumes endlich-dimensional ist.

b) Für Basen $\{b_1, \ldots, b_n\}$ des VR's K über L und $\{c_1, \ldots, c_m\}$ von L über k zeigt man: $\{b_i c_j \mid i = 1, \ldots, n, j = 1, \ldots, m\}$ ist Basis von K als VR über k.

Anwendungsbeispiel: Konstruktionen mit Zirkel und Lineal, s. 6.4.

Welche wichtigen Typen einfacher Körpererweiterungen kennen Sie?

Sei $K : k$ einfach, also $K = k(a)$ mit $a \in K$. Dann unterscheidet man:

1. a ist *transzendent* über K.

2. a ist *algebraisch* über K.

Dazu betrachtet man den surjektiven Homomorphismus (*Substitutions-Abbildung*) $\tau : k[X] \to k[a]$ mit $P(X) \mapsto P(a)$. Nach dem Homomorphiesatz für Ringe folgt mit $\Im_a = \text{Kern}\ \tau = \{P(X) \in k[X] | P(a) = 0\}$ die Aussage $k[X]/\Im_a \cong k[a]$.
1. Fall: $\Im_a = 0$. Dann ist τ injektiv, $k[a] \cong k[X]$ und damit (durch kanonische Fortsetzung) $k(a)$ isomorph zum Quotientenkörper $k(X)$ von $k[X]$. In diesem Fall heißt a **transzendent** und K transzendente Erweiterung von k; ferner ist $\{a^i | i \in \mathbb{N}\}$ linear unabhängig über k, also $[K : k] \geq \aleph_0$. *Beispiele:* π und e sind transzendent über $\mathbb{Q}$.
2. Fall: $\Im_a \neq 0$. In diesem Fall heißt a **algebraisch** über K und K algebraische Erweiterung von k. Es ist $\Im_a$ Ideal des Hauptidealrings $k[X]$ und damit von einem Polynom $m(X)$ erzeugt, das o.B.d.A. als normiert gewählt werden kann. $m(X)$ ist ein Polynom minimalen positiven Grades in $\Im_a$ (s. 6.7); es ist irreduzibel (aus $m(X) = g(X) \cdot h(X)$ folgt $g(a) = 0$ oder $h(a) = 0$ im Widerspruch zur Minimalität von m). Das Polynom $m(X)$ heißt *Minimalpolynom* von a. Es gilt:

$$k(a) = k[a] \cong k[X]\ /m(X) \cdot k[X] \quad \text{und} \quad [k(a) : k] = \text{grad}\, m(X).$$

Beweisskizze: $\Im_a$ ist maximal, da $m(X)$ als irreduzibles Polynom ein Primideal erzeugt und jedes Primideal $\Im \neq \{0\}$ eines Hauptidealrings maximal ist; jeder Faktorring nach einem maximalen Ideal, hier also $k[a] \cong k[X]\ /m(X)k[X]$, ist ein Körper. Es folgt $k[a] = k(a)$. Die Menge $B = \{1, a, a^2, \ldots, a^{n-1}\}$ ist für $n = \text{grad}\, m(X)$ linear unabhängig über k; denn $\sum_{i=0}^{n-1} l_i a^i = 0$ mit $l_j \neq 0$ für ein j lieferte ein annulierendes Polynom kleineren Grads als $m(X)$; auch wird $k[a]$ durch B erzeugt, da a^n sich mittels $m(a) = 0$ als Linearkombination von B darstellen läßt. □

Anmerkung: Die Struktur von $k(a)$ ist schon durch die Angabe des Minimalpolynoms festgelegt. Tatsächlich gilt: Sind a und b algebraisch über k und besitzen dasselbe Minimalpolynom, so folgt $k(a) \cong k(b)$. Umgekehrt liefert ein irreduzibles Polynom $f(X)$ über k einen Körper $K = k[X]/f(X)k[X]$, der nach isomorpher Einbettung von k algebraischer Erweiterungskörper von k ist.

Beispiele: 1.) $\mathbb{C} \cong \mathbb{R}[X]/(X^2+1)\mathbb{R}$; denn i hat über $\mathbb{R}$ das Minimalpolynom X^2+1. 2.) Das Minimalpolynom von $\sqrt[3]{2}$ über $\mathbb{Q}$ ist $m_1(X) = X^3 - 2$. Weitere Nullstellen von $m_1(X)$ sind $\sqrt[3]{2}\xi$ und $\sqrt[3]{2}\xi^2$ mit dritter Einheitswurzel ξ (s. Bild 6.3), z.B. $\xi = \cos\frac{2\pi}{3} + i\sin\frac{2\pi}{3} = -\frac{1}{2} + i\frac{1}{2}\sqrt{3}$. Die Körper $\mathbb{Q}(\sqrt[3]{2})$, $\mathbb{Q}(\sqrt[3]{2}\xi)$ und $\mathbb{Q}(\sqrt[3]{2}\xi^2)$ sind zueinander isomorph, als Unterkörper von $\mathbb{C}$ jedoch verschieden; (s. auch Tabelle 6.2 und Bild 6.2)
Weitere Anmerkungen :

a) Unter einer *algebraischen Zahl* a versteht man eine Zahl $a \in \mathbb{C}$, die algebraisch über $\mathbb{Q}$ ist (analog für transzendente Zahlen). Die *Menge $\mathcal{A}$ aller algebraischen Zahlen* bildet einen Körper. Dieser ist abzählbar (da $\mathbb{Q}[X]$ abzählbar ist und jedes Polynom vom Grad m höchstens m Nullstellen besitzt). So folgt auch sofort die Existenz transzendenter reeller Zahlen.

b) Jede endliche Erweiterung eines Körpers ist algebraisch. Umgekehrt ist für ein irreduzibles Polynom $m(X) \in k(X)$ die Menge $\{\overline{1}, \overline{X}, \overline{X^2}, \ldots, \overline{X}^{(\text{grad } m)-1}\}$ eine Basis von $K = k[X]/(m(X))$ und damit $K : k$ eine endliche einfache Erweiterung.

Die Gleichung $Y^2 - 2 = 0$ hat in $\mathbb{Q}$ keine Lösung. Wie läßt sich $\mathbb{Q}$ so zu einem minimalen Körper K erweitern, daß nun eine Lösung existiert? (Unterscheiden Sie, ob $\sqrt{2} \in \mathbb{R}$ benutzt werden darf oder nicht. Geben Sie im letzten Fall die Lösung konkret an!)

1. Wird $\sqrt{2} \in \mathbb{R}$ als gegeben vorausgesetzt, so betrachtet man $\mathbb{Q}(\sqrt{2}) = \{a + b\sqrt{2} | a, b \in \mathbb{Q}\}$ und hat $\{\sqrt{2}, -\sqrt{2}\}$ als Lösungsmenge von $Y^2 - 2 = 0$.

2. Andernfalls bildet man $\mathbb{Q}[X]/(X^2 - 2)$ und bettet darin $\mathbb{Q}$ mittels $q \mapsto \overline{q}$ mit $\overline{q} = q + (X^2 - 2)\mathbb{Q}[X]$ ein. Lösungen von $Y^2 - \overline{2} = \overline{0}$ sind nun $Y_1 = \overline{X}$ und $Y_2 = -\overline{X}$, also die Nebenklassen $\pm X + (X^2 - 2)\mathbb{Q}[X]$. (Beweis durch Nachrechnen!)

** Was versteht man unter dem **Zerfällungskörper** eines Polynoms?

1. *Definition*
Ein Erweiterungskörper L von k heißt Zerfällungskörper des Polynoms $f(X)$ aus $k[X]$, wenn $f(X)$ in L in Linearfaktoren zerfällt und L minimal ist mit dieser Eigenschaft.

2. *Eigenschaften*
L ist Zerfällungskörper von f genau dann, wenn es Elemente $\alpha_1, \ldots, \alpha_n \in L$ gibt mit $f(X) = c(X - \alpha_1) \ldots (X - \alpha_n)$ und $L = K(\alpha_1, \ldots, \alpha_n)$.
Zu einem nicht-konstanten Polynom $f \in k[X]$ gibt es mindestens einen Zerfällungskörper, und je zwei solcher Zerfällungskörper sind isomorph.
Beweisidee zur Existenz: Konstruktion einer Nullstelle α_1 zu einem irreduziblen Faktor $g(X)$ von $f(X)$ durch Übergang zu einem geeigneten Oberkörper von k und vollständige Induktion.

Beispiel: 1.) Wegen $X^3 - 2 = (X - \sqrt[3]{2})\,(X + \frac{1}{2}\sqrt[3]{2} + \frac{1}{2}\sqrt[3]{2}\sqrt{-3})\,(X + \frac{1}{2}\sqrt[3]{2} - \frac{1}{2}\sqrt[3]{2}\sqrt{-3})$ ist $\mathbb{Q}(\sqrt[3]{2}, \sqrt{-3})$ Zerfällungskörper von $X^3 - 2$ über $\mathbb{Q}$.
2.) Ein Zerfällungskörper von $X^n - 1$ über k wird n-ter **Kreisteilungskörper** genannt; jede Wurzel von $X^n - 1 = 0$ heißt n-te **Einheitswurzel**. Im Fall $k = \mathbb{C}$ wird der Einheitskreis in n Stücke gleicher Bogenlänge geteilt (s. Bild 6.3).

Wann heißt ein Körper **algebraisch abgeschlossen**? Geben Sie Beispiele von algebraischen Abschlüssen an (ohne Beweis) !

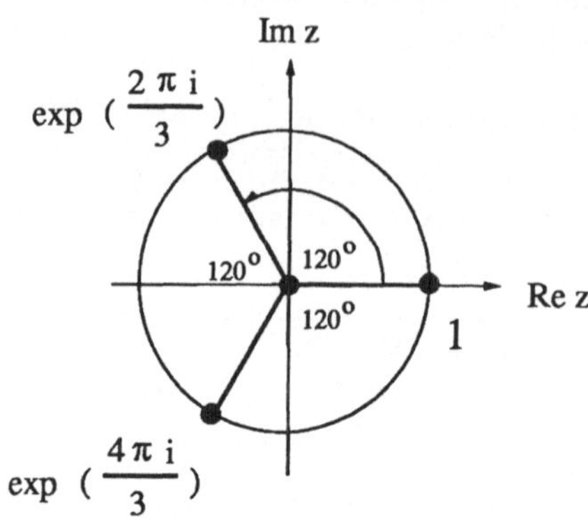

Bild 6.3
Dritte Einheitswurzeln über $\mathbb{C}$

1. *Definition:*
Ein Körper K heißt *algebraisch abgeschlossen*, wenn er keine echte algebraische Erweiterung besitzt; dies bedeutet, daß jedes nicht konstante Polynom über K zerfällt. Eine Erweiterung K von k heißt *algebraischer Abschluß* von k, falls K ein minimaler algebraisch abgeschlossener Oberkörper von k ist.

2. *Beispiele:*
a) $\mathbb{C}$ ist algebraischer Abschluß von $\mathbb{R}$ (**Fundamentalsatz der Algebra**).
b) $\mathcal{A}$ ist ein algebraischer Abschluß von $\mathbb{Q}$.

6.4 Konstruierbarkeit mit Zirkel und Lineal

Wann heißt ein Punkt, wann eine reelle Zahl mit Zirkel und Lineal konstruierbar? Nennen Sie einige erlaubte Konstruktionen!

(a) Bei vorgegebener Einheitsstrecke der reellen euklidischen Ebene (zum Beispiel $\overline{(0,0)(1,0)}$) beschränkt man sich (gemäß den "*Spielregeln*") auf die Konstruktion von

- Verbindungsgeraden
- Kreisen, deren Radius von bereits konstruierten Strecken abgegriffen wird
- Schnitte von Geraden bzw. Kreisen mit Geraden und Kreisen.

Daraus ergibt sich u.a. auch die Möglichkeit des Errichtens von Senkrechten, des Halbierens von Strecken und des Ziehens von Parallelen (s. Bilder 3.15 - 3.17 und 3.35).
Jeder so konstruierte Punkt heißt mit Zirkel und Lineal konstruierbar.

(b) $a \in \mathbb{R}$ heißt ***konstruierbar***, falls der Punkt $(a, 0)$ in endlich vielen Schnitten konstruierbar ist. Sei $K := \{a \in \mathbb{R} | a \text{ konstruierbar}\}$. Mit $a, b \in K$ ist (a, b) konstruierbar und umgekehrt. Zu $a, b \in K$ lassen sich konstruieren: $-a$, $a + b$, $a \cdot b$ und (für $a > 0$) $\frac{b}{a}$ sowie $\sqrt{a}$ (s. Bild 6.4).

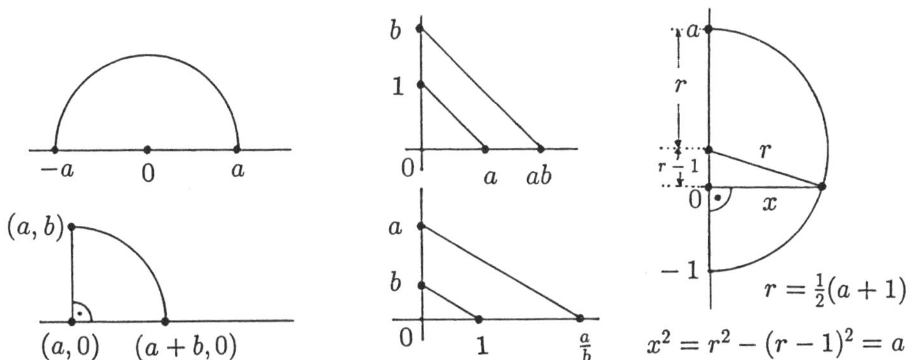

Bild 6.4 Zur Konstruktion mit Zirkel und Lineal aus a, b
(i) $-a$ (ii) $a + b$ (iii) $a \cdot b$ (iv) b/a (v) $\sqrt{a}$ für $a > 0$

K ist damit Teilkörper von $\mathbb{R}$; wie jeder solcher enthält K den Primkörper $\mathbb{Q}$ von $\mathbb{R}$, also $\mathbb{Q} \subseteq K \subseteq \mathbb{R}$.

Geben Sie notwendige Bedingungen für die Konstruierbarkeit von $a \in \mathbb{R}$ an!

Es gilt: $a \in \mathbb{R}$ ist genau dann konstruierbar, wenn es einen endlichen Körperturm $\mathbb{Q} = L_0 \subseteq L_1 \subseteq \ldots \subseteq L_n \subset \mathbb{R}$ gibt mit $a \in L_n$ und $[L_{i+1} : L_i] \leq 2$.

Beweisidee:
Ist a konstruierbar, so ist der Punkt $(a, 0)$ durch endlich viele Schnitte von (Verbindungs-) Geraden und Kreisen konstruierbar. Beim Schnitt zweier Geraden bleibt der Bereich des durch die bisher konstruierten Zahlen erzeugten Körpers L_i gleich, beim Schnitt eines Kreises mit einer Gerade oder zweier Kreise genügen die Schnittpunkte einer Gleichung zweiten Grades über L_i. Umgekehrt sahen wir bereits, daß zu $b \in L_i$ auch $\sqrt{b}$ und damit die Lösungen quadratischer Gleichungen über L_i konstruierbar sind.

Korollare:

1. Ist $a \in \mathbb{R}$ konstruierbar, so existiert ein Teilkörper L von $\mathbb{R}$ mit $a \in L$ und $[L : \mathbb{Q}] = 2^k$; (mehrfache Anwendung des Gradsatzes).

2. Ist a transzendent oder algebraisch von einem Grad, der keine 2-er Potenz ist, so ist a nicht konstruierbar.

Behandeln Sie als Anwendung das Delische Problem der Würfel-Verdopplung, die Quadratur des Kreises und die Winkeldreiteilung!

1. **Delisches Problem**
   Die Verdopplung des Inhalts des Einheitswürfels erfordert die Konstruktion von $a \in \mathbb{R}$ mit $a^3 = 2$. Als Wurzel des irreduziblen Polynoms $X^3 - 2 \in \mathbb{Q}[X]$ hat a ein Minimalpolynom vom Grad 3 und ist daher nicht (mit Zirkel und Lineal!) konstruierbar.

2. **Quadratur des Kreises**
   Gesucht ist eine Lösung x der Gleichung $\pi \cdot 1^2 = x^2$ (d.h. die Maßzahl der Seitenlänge eines Quadrats mit dem Inhalt π des Einheitskreises). Als transzendente Zahl ist $x = \sqrt{\pi}$ nicht konstruierbar.

3. **Winkeldreiteilung (Trisektion)**
   Es gibt Winkel, die in 3 gleichgroße Winkel teilbar sind, z.B. die von 180° und die von 135° (60° durch gleichseitige, 45° durch rechtwinklige gleichschenklige Dreiecke).

   Behauptung Ein Dreieck mit Winkel $\alpha = 20°$ ist nicht konstruierbar und damit ein Winkel von 60° nicht dreiteilbar.

   Beweisskizze: Durch Betrachtung des Realteils von $\cos 3\alpha + i \sin 3\alpha = e^{3i\alpha} = (\cos\alpha + i\sin\alpha)^3$ erhält man mit $\sin^2\alpha + \cos^2\alpha = 1$ die Formel $\cos 3\alpha = 4\cos^3\alpha - 3\cos\alpha$ und daraus für $a = \cos 20°$ die Gleichung $\frac{1}{2} = 4a^3 - 3a$. Das Polynom $h(X) = 8X^3 - 6X - 1$ ist (wie $h(\frac{X+1}{2}) = X^3 + 3X^2 - 3$ nach dem Eisenstein'schen Kriterium, s. Literatur) irreduzibel. Daher sind a und folglich α (siehe die Definition von cos im Einheitskreis) nicht konstruierbar.

Anmerkung:
Eine Verallgemeinerung befaßt sich mit der Konstruktion "des" **regelmäßigen n-Ecks** (und damit von $\frac{2\pi}{n}$ bzw. einer n-ten primitiven Einheitswurzel ξ). Es gilt der folgende Satz (GAUSS): Genau dann ist das regelmäßige n-Eck mit Zirkel und Lineal kontruierbar, wenn $n = 2^m p_1 \ldots p_r$ ist mit verschiedenen (Fermatschen) Primzahlen $p_i = 2^{s_i} + 1$ mit $s_i = 2^{k_i}$.
*Beweisidee**:* Ist ξ konstruierbar, so ist Grad $\mathbb{Q}(\xi)$ = Grad $\Phi_n = \varphi(n)$ eine 2-er Potenz (mit n-tem Kreisteilungspolynom Φ_n). Die Umkehrung folgt aus der Galoistheorie: Ist der Erweiterungsgrad eine 2-Potenz, so ist die Galoisgruppe G eine 2-Gruppe; es gibt dann eine Kette $1 \trianglelefteq_2 U_1 \trianglelefteq_2 \ldots \trianglelefteq_2 G$ von Untergruppe U_i von G; diese entspricht einem konstruierbaren Körperturm.
Beispiele: Die n-Ecke mit $n \in \{3, 4, 5, 6, 8, 10, 12, 15, 16, 17, \ldots\}$ sind konstruierbar, die mit $n \in \{7, 9, 11, 13, 14, \ldots\}$ sind nicht konstruierbar.

Literatur: Meyberg: Algebra II p. 24ff; Reiffen/Scheja/Vetter: Algebra p. 247ff; Körner: Algebra p. 222ff.

6.5 **Endliche Körper

Welche Ordnung (Elementeanzahl) können endliche Körper (Galoisfelder) haben?

1.) Ist K endlicher Körper, so gilt $|K| = p^m$ für geeignete Primzahl p und $m \in \mathbb{N}^*$.
Beweisidee: Man betrachtet K als VR über seinem Primkörper.
Beweisskizze: Die Charakteristik von K (Char K, die additive Ordnung von 1 und damit jeden Elements $\neq 0$) ist eine Primzahl p. Der Primkörper (kleinster Teilkörper) von K ist daher isomorph zu $\mathbb{Z}_p$; über ihm ist K ein Vektorraum notwendigerweise endlicher Dimension m; daher ist $|K| = p^m$.

2.) Ist umgekehrt $q = p^m$ Primzahlpotenz, so betrachtet man den Zerfällungskörper L von $X^q - X$ über $\mathbb{Z}_p$ und die Menge K aller Nullstellen dieses Polynoms; K ist Unterkörper von L; damit gilt $K = L$. Da in $\mathbb{Z}_p$ die Ableitung von $X^q - X$ gleich -1 ist, hat $X^q - X$ nur einfache Nullstellen. Folglich ist $|K| = q$, und es existiert ein Körper der Ordnung q.(Jeder solche Körper wird mit $GF(q)$, Galoisfeld q, bezeichnet.)

Beispiel der Konstruktion von GF(4), eines Körpers mit 4 Elementen, durch algebraische Körpererweiterung: $X^2 + X + 1$ ist irreduzibles Polynom über $\mathbb{Z}_2$; mit einer Wurzel $\alpha = \overline{X}$ von $\mathbb{Z}_2/(X^2 + X + 1)$ erhält man den Körper $\{0, 1, \alpha, \alpha^2\}$ mit $\alpha^2 = \alpha + 1$. *Anmerkung:* Es gilt $X^4 - X = X(X-1)(X^2 + X + 1)$.

Zeigen Sie, daß es bis auf Isomorphie zu jeder Primzahlpotenz $q = p^m$ genau einen Körper dieser Ordnung gibt.

Die Existenz eines Körpers K mit $|K| = p^m$ wurde oben gezeigt. Nach dem Satz von Lagrange (s. 6.8) folgt aus $|K \setminus \{0\}| = q - 1$ sofort $a^{q-1} = 1$ für alle $a \in K \setminus \{0\}$. Aus Anzahlgründen ist also K Zerfällungskörper von $X^q - X$ über dem Primkörper. Sind nun K_1 und K_2 Körper der Ordnung q, so sind die Primkörper P_i von K_i ($i = 1, 2$) isomorph zu $\mathbb{Z}_p$. Als Zerfällungskörper von $X^q - X$ über P_i sind dann auch die Körper K_i isomorph. □

Anmerkung:
Im Spezialfall $GF(p)$ folgt $a^{p-1} = 1$ für alle $a \in GF(p)$. (**Satz von Fermat**). Allgemeiner besagt der **Satz von Euler** :
Es ist $a^{\varphi(m)} \equiv 1 \pmod{m}$ für alle $m \in \mathbb{N}^*$ und $a \in \mathbb{Z}$ mit $ggT(a, m) = 1$ (mit der Eulerschen φ-Funktion: $\varphi(m)$ ist die Anzahl der zu m teilerfremden Zahlen zwischen 1 und m).

Beschreiben Sie die additive und die multiplikative Struktur von $K = GF(p^m)$!

(a) $(K,+)$ ist elementarabelsche Gruppe,d.h. abelsche Gruppe, deren Elemente ungleich 0 alle Ordnung p haben; also $(K,+) \cong \mathbb{Z}_p \times \ldots \times \mathbb{Z}_p$.
Beweisskizze: $p \cdot a = (1 + \ldots + 1)a = 0a = 0$ für $p = \text{Char}(K)$. □

(b) $K^* = (K \setminus \{0\}, \cdot)$ ist eine zyklische Gruppe.
Beweisidee: K^* als direktes Produkt zyklischer Sylowuntergruppen.
Beweisskizze:
Als abelsche Grupe ist K^* direktes Produkt von Sylowgruppen; es reicht zu zeigen, daß diese zyklisch sind. (Man betrachte dann das Produkt der Erzeugenden teilerfremder Ordnung!) Sei also U r-Sylowgruppe von K^*; sei $a \in U$ ein Element maximaler Ordnung $t = r^s$ in U. Dann gilt $u^t = 1$ für alle $u \in U$; alle Elemente von U sind damit Nullstellen von $X^t - 1$; dieses hat aber höchstens t Nullstellen, unter diesen $a^0, a^1, \ldots, a^{t-1}$. Es folgt $U = \langle a \rangle$.□

Anmerkung:

1.) K^* ist die Gruppe der $(q-1)$-ten Einheitswurzeln über K. (Daraus ergibt sich ein weiterer Beweis dafür, daß K^* zyklisch ist.)

2.) Die Existenz eines erzeugenden Elements zeigt, daß $GF(p^m)$ einfache algebraische Erweiterung von $GF(p)$ ist.

3.) Es gilt der Satz von *Wedderburn:* Jeder endliche Schiefkörper ist ein Galoisfeld, also mit kommutativer multiplikativer Gruppe.

Wir gehen nun auf den Begriff der "Teilbarkeit" ein, zunächst elementarmathematisch, in 6.7 dann für euklidische und andere Ringe.

6.6 Teilbarkeit in $\mathbb{N}$

Wie ist die Teiler-Relation in $\mathbb{N}$ definiert, wie der größte gemeinsame Teiler und das kleinste gemeinsame Vielfache zweier Zahlen?

1.) Auf $\mathbb{N}$ definiert man eine Relation " | " (ist Teiler von) durch
$$a \,|\, b \iff \exists c \in \mathbb{N} : b = a \cdot c \qquad (\iff b\mathbb{Z} \subseteq a\mathbb{Z}).$$
Diese Relation ist eine (teilweise) Ordnungsrelation mit größtem Element 0 und kleinstem Element 1.

2.) Mit T_a bezeichnen wir die Menge aller Teiler von a. Die größte Zahl[2] in $T_a \cap T_b$ heißt größter gemeinsamer Teiler $ggT(a,b)$ von a und b (a, b nicht beide Null). Mit dem euklidischen Algorithmus (s. 6.7) zeigt man

[2] In $\mathbb{Z}$ (und in anderen Ringen) wählt man als ggT diejenigen Teiler, die bzgl. der Relation „ist Teiler von " die größten sind; so ist dort auch $-ggT(a,b)$ ein größter gemeinsamer Teiler.

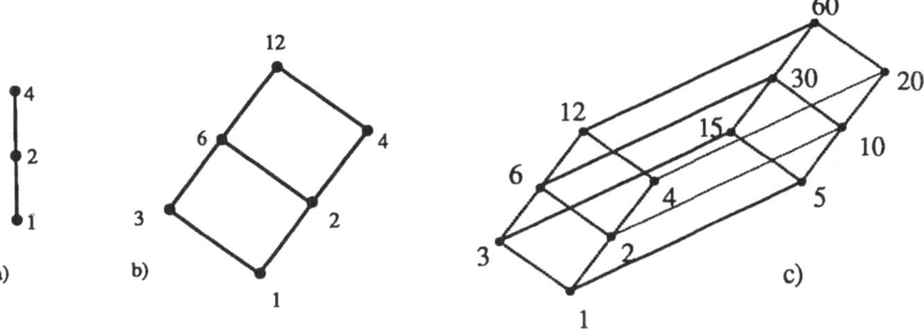

Bild 6.5 Hasse-Diagramme von T_{2^2}, $T_{2^2\cdot 3}$ und $T_{2^2\cdot 3\cdot 5}$

$$T_a \cap T_b = T_{ggT(a,b)} \,.$$

Konkret berechnet man $ggT(a,b)$ mittels Primfaktorzerlegung von $a = \prod p_i^{\alpha_i}$ und $b = \prod p_i^{\beta_i}$ als $\prod p_i^{\gamma_i}$ mit $\gamma(i) = \min\{\alpha(i), \beta(i)\}$ oder ebenfalls mit dem euklidischen Algorithmus (s.u.).

3. Die Menge $a \cdot \mathbb{N}^*$ heißt Vielfachmenge V_a von a. Die kleinste Zahl in $V_a \cap V_b$ heißt kleinstes gemeinsames Vielfaches $kgV(a,b)$. Es gilt :

$$V_a \cap V_b = V_{kgV(a,b)} \quad \text{sowie} \quad kgV(a,b) = \frac{a \cdot b}{ggT(a,b)} \,.$$

Beispiel: Im Hasse-Diagramm für T_{60} von Bild 6.5 ist $ggT(10,12) = 2$ hervorgehoben.

Beschreiben Sie kurz die Struktur von $(\mathbb{N}, |)$!

Die geordnete Menge $(\mathbb{N}\,,\,|)$ hat die Eigenschaft, daß je 2 Elemente eine obere und untere Grenze besitzen: $a \wedge b := \inf(a,b) = ggT(a,b)$ und $a \vee b := \sup(a,b) = kgV(a,b)$, ist also ein **Verband**. Dieser ist distributiv ($a \wedge (b \vee c) = (a \wedge b) \vee (a \wedge c)$ und $a \vee (b \wedge c) = (a \vee b) \wedge (a \vee c)$), vollständig (*jede* Teilmenge des Verbandes besitzt ein Supremum und Infimum), aber nicht komplementär (zu 2 existiert kein y mit $ggT(2,y) = 1 \;\wedge\; kgV(2,y) = 0$).

Begründen Sie die Richtigkeit der Dreier-, Neuner- und Elferprobe!

Sei $m = a_n \ldots a_0 = \sum_{i=0}^{n} a_i 10^i$ die Dezimaldarstellung von m. Dann gilt $m = \sum_{i=0}^{n} a_i 10^i \equiv \sum a_i \cdot 1^i \equiv \sum_{i=0}^{n} a_i \pmod 9$ bzw. $\pmod 3$ und $\sum_{i=0}^{n} a_i 10^i \equiv \sum_{i=0}^{n} a_i (-1)^i \pmod{11}$. Eine natürliche Zahl m ist daher durch 3 bzw. 9 teilbar, wenn es die

Quersumme von m ist; m ist durch 11 teilbar, wenn es die alternierende Quersumme ist.
Zu weiteren Eigenschaften von $\mathbb{N}$ siehe §6.2 und (als Teilmenge von $\mathbb{Z}$) §6.7.

6.7 Euklidische Ringe, Hauptidealringe, ZPE-Ringe

Was versteht man unter einem **euklidischen Ring**? Geben Sie Beispiele an!

1. *Definition:* Unter einem euklidischen Ring R versteht man einen Integritätsbereich (nullteilerfreier kommutativer Ring mit $1 \neq 0$, auch Integritätsring genannt) zusammen mit einer Abbildung $g : R \setminus \{0\} \to \mathbb{N}$ derart, daß für alle $a, b \in R$, $b \neq 0$ gilt:

$$(*) \quad \exists\, q, r \in R: \quad a = qb + r \quad \text{mit } r = 0 \text{ oder } g(r) < g(b).$$

Dabei heißt g Grad-Funktion (grad) und $(*)$ die Möglichkeit der "Division mit Rest".
2. *Beispiele*

a) $R = \mathbb{R}[X]$, $g(P(X)) = \text{Grad}P(X)$.
Seien $a = X^4 - 1$ und $b = X^3 - X^2 + X + 1$; aus

$$\begin{array}{rrrrrl}
(X^4 & & & & -1) & :(X^3 - X^2 + X + 1) = X + 1 \\
X^4 & -X^3 & +X^2 & +X & & \\
\hline
 & X^3 & -X^2 & -X & -1 & \\
 & X^3 & -X^2 & +X & +1 & \\
\hline
 & & & -2X & -2 &
\end{array}$$

folgt $(X^4 - 1) = (X + 1)(X^3 - X^2 + X + 1) + \underbrace{(-2X - 2)}_{r}$

b) $R = \mathbb{Z}$, $g(x) = |x|$

c) $R = \mathbb{Z}[i] = \{a + bi \in \mathbb{C} \mid a, b \in \mathbb{Z}\}$ (Ring der ganzen Gaußschen Zahlen) $g(a+bi) := N(a+bi) := a^2+b^2$ (Norm); es gilt $N(x \cdot y) = N(x) \cdot N(y)$.

d) $R = \mathbb{Z}[\sqrt{2}]$ und $g(a + b\sqrt{2}) := N(a + b\sqrt{2}) := |a^2 - 2b^2|$ (ebenfalls Norm genannt.)

Anmerkung:
Euklidische Ringe sind unter anderem deswegen von Bedeutung, weil es in ihnen eindeutige Primfaktorenzerlegung gibt und die Idealstruktur bekannt ist (s.u.), aber insbesondere wegen des Euklidischen Agorithmus, mit dem z.B. größte gemeinsame Teiler bestimmt werden können.

Erläutern Sie die Bestimmung eines ggT mittels **Euklidischem Algorithmus!** Berechnen Sie $ggT(X^4-1, X^3-X^2+X+1)$ in $\mathbb{R}[X]$ mit Hilfe des Euklidischen Algorithmus. Gibt es im vorliegenden Fall ein schnelleres Verfahren?

1. Seien R euklidischer Ring, $a_1, a_2 \in R \setminus \{0\}$ und $\text{grad}(a_1) > \text{grad}(a_2)$; dann besteht der Euklidische Algorithmus aus der fortgesetzten Division mit Rest der folgenden Form:

$$\begin{aligned} a_1 &= q_1 a_2 + a_3 \\ a_2 &= q_2 a_3 + a_4 \qquad\qquad \text{mit grad}\, a_i > \text{grad}\, a_{i+1} \\ &\vdots \\ a_{m-1} &= q_{m-1}\, a_m + a_{m+1} \\ a_m &= q_m\, a_{m+1} \end{aligned}$$

Da $\text{grad}\, a_i (i = 1, 2, \ldots)$ eine streng monoton fallende Folge in $\mathbb{N}$ bilden, muß diese bei 0 abbrechen; im vorliegenden Fall ist $a_{m+2} = 0$. Es gilt nun: a_{m+1} ist in $ggT(a_1, a_2)$; denn jeder Teiler von a_1 und a_2 teilt $a_3, a_4, \ldots, a_{m+1}$; Betrachtung der Gleichungen von unten nach oben zeigt umgekehrt: a_{m+1} teilt $a_m, a_{m-1}, \ldots, a_3, a_2, a_1$.

Anmerkung:
Diese Überlegung zeigt die Existenz mindestens eines größten gemeinsamen Teilers, also eines gemeinsamen Teilers, der von allen anderen gemeinsamen Teilern geteilt wird; dieser ist nur "bis auf Assoziierte" (d.h. bis auf das Produkt mit Einheiten, also invertierbaren Elementen) eindeutig bestimmt:

$$c \mid d \,\wedge\, d \mid c \;\Rightarrow\; d = q_1 c \,\wedge\, c = q_2 d \;\Rightarrow\; d(1 - q_1 q_2) = 0 \;\Rightarrow\; q_1 \cdot q_2 = 1\,.$$

Die größten gemeinsamen Teiler von a, b bilden also eine Menge $ggT(a, b)$. In $\mathbb{Z}$ gilt z.B. $ggT(4, 6) = \{2, (-1) \cdot 2\}$.

2. a) Wie oben gesehen, gilt in $\mathbb{R}[X]$:
$\underbrace{X^4 - 1}_{a_1} = \underbrace{(X+1)}_{q_1} \underbrace{(X^3 - X^2 + X + 1)}_{a_2} + \underbrace{(-2X - 2)}_{a_3}$. Aus

$$\begin{array}{llll} (X^3 & -X^2+ & X & +1) \quad : (-2X-2) = -\frac{1}{2}X^2 + X - \frac{3}{2} = q^2 \\ X^3 & +X^2 & & \\ \hline & -2X^2+ & X & +1 \\ & -2X^2- & 2X & \\ \hline & & 3X & +1 \\ & & 3X & +3 \\ \hline & & & -2 \end{array}$$

ergibt sich
$$\begin{array}{lcll} X^3 - X^2 + X + 1 & = & q_2 \cdot (-2X - 2) - 2 & \text{und} \\ -2X - 2 & = & (X+1)(-2)\quad , & \text{also} \end{array}$$
$ggT(a_1, a_2) = 1 \cdot (\mathbb{R} \setminus \{0\})$.

b) Alternativ schließt man wie folgt auf die Teilerfremdheit von a_1 und a_2: Es ist $X^4 - 1 = (X^2+1)(X+1)(X-1)$ in $\mathbb{R}[X]$ eine Zerlegung von a_1 in irreduzible Faktoren. Andererseits wird $a_2 = X^3 - X^2 + X + 1$ nicht durch $X-1, X+1$ oder X^2+1 geteilt, da (in $\mathbb{C}[X]$) $1, -1, i, -i$ keine Nullstellen von a_2 sind. *Anmerkung:* Bei diesem Schluß wird die Eindeutigkeit der Primfaktorzerlegung verwendet.

> Was ist ein **Hauptidealring**, was ein **ZPE-Ring** (faktorieller Ring)? Geben Sie Beispiele für Ringe an, die diese Eigenschaft haben, und auch für solche, die sie nicht haben!
> Welcher Zusammenhang besteht zwischen euklidischen, Hauptideal- und faktoriellen Ringen?

1. Ein *Hauptidealring* R ist ein Integritätsring, dessen Ideale sämtlich Hauptideale sind, also von der Gestalt $\mathfrak{I} = (m) := mR$ mit $m \in R$.

   Beispiele:

   (a) *Jeder euklidische Ring ist auch Hauptidealring.*

   Beweisidee: Division mit Rest durch ein Ideal-Element minimalen nichtnegativen Grades.

   Beweisskizze: Sei $\mathfrak{I}$ Ideal, $\mathfrak{I} \neq \{0\}$ und $m \in \mathfrak{I} \setminus \{0\}$ mit $\operatorname{grad} m$ minimal in $\mathfrak{I} \setminus \{0\}$. Für $b \in \mathfrak{I}$ gilt $b = qm + r$ mit $\operatorname{grad} r < \operatorname{grad} m$. Da $r = b - qm \in \mathfrak{I}$ ist, folgt aus der Minimalität von $\operatorname{grad} m$ sofort $r = 0$, also $b \in (m)$. □

   Anwendungsbeispiel: Existenz des Minimalpolynoms einer quadratischen Matrix A (bzw. eines VR-Endomorphismus) als erzeugendes Element des Ideals aller A annulierenden Polynome aus $K[X]$, s. Kap.1.

   (b)** Beispiel eines Ringes, der Hauptidealring ist, aber kein euklidischer Ring: $R_{19} = \{a + \frac{b}{2}(1+\sqrt{-19}) \mid a, b \in \mathbb{Z}\}$ (lt. KÖRNER s. z.B. HASSE: Zahlentheorie).

2. Ein Integritätsring R heißt *ZPE-Ring* ("Zerlegung in Primfaktoren ist eindeutig") oder *faktorieller Ring*, falls eine (und damit alle) der folgenden äquivalenten Bedingungen gilt: (Zur Definition von "Primelement" s.u.).

   (i) Jede Nicht-Einheit aus $R \setminus \{0\}$ ist Produkt[3] unzerlegbarer Elemente, die bis auf Einheiten (Assoziierte) und die Reihenfolge eindeutig bestimmt sind.

   (ii) Jede Nicht-Einheit aus $R \setminus \{0\}$ ist Produkt von Primelementen.

   (iii) Jede Nicht-Einheit aus $R \setminus \{0\}$ ist Produkt von unzerlegbaren Elementen und jedes unzerlegbare Element ist Primelement.

   Beweis ...

[3] Hier sind auch "Produkte" mit nur einem Faktor zugelassen.

Beispiele:

(a) *Jeder Hauptidealring ist ZPE-Ring.*

Beweisskizze:

1. Aus der Annahme der Existenz eines Elements a_1, das kein Produkt von unzerlegbaren Elementen, insbesondere selbst nicht unzerlegbar ist, erhält man eine nicht-triviale Zerlegung $a_1 = a_2 b_2$, wobei o.B.d.A. a_2 zu a_1 nicht assoziiert[4] und kein Produkt unzerlegbarer Elemente ist. Durch Induktion konstruiert man so eine unendliche Folge von Elementen (a_i) mit a_{i+1} teilt a_i echt. Das von $\{a_i \mid i \in \mathbb{N}\}$ erzeugte Ideal $\mathfrak{I}$ wird von einem b erzeugt, das andererseits als endliche Summe $b = g_1 a_1 + \ldots + g_j a_j$ dargestellt werden kann. Aus $a_j \mid a_{j-1}$ usw. folgt $a_j \mid b$ und daraus $a_j | a_{j+1}$; es existieren also $s, t \in \mathbb{N}$ mit $a_{j+1} = s a_j = s(t a_{j+1})$; es sind also s und t Einheiten, ein Widerspruch zur Konstruktion.
2. Ist p unzerlegbar und gilt $p|ab$, $p \nmid a$, so ist $ggT(a,p) = 1$. Daraus folgt $1 = g_1 p + g_2 a$ (Satz von Bézout, s.u.) und damit $p \mid (b g_1 p + g_2 ab)$, also $p \mid b$. □

Anmerkung: Es gilt der *Satz von Bézout*: In einem Hauptidealring gibt es zu den Elementen $a_1, \ldots, a_n \in R$ stets einen ggT d, und dieser läßt sich als $d = r_1 a_1 + \ldots + r_n a_n$ mit $r_i \in R$ darstellen.

(b) Beispiel eines Ringes, der kein ZPE-Ring ist: $R_5 = \{a + b\sqrt{-5} \mid a, b \in \mathbb{Z}\} = \mathbb{Z}[\sqrt{-5}]$.

Beweiskizze:

Es gilt $(1 + i\sqrt{5})(1 - i\sqrt{5}) = 2 \cdot 3$, aber $2, 3, 1 + i\sqrt{5}, 1 - i\sqrt{5}$ sind unzerlegbar, letzteres sieht man mittels der Norm $N(a + bi\sqrt{5}) = a^2 + 5b^2$: Es ist $N(1 \pm i\sqrt{5}) = 6$, $N(2) = 4$ und $N(3) = 9$. Wegen der Multiplikativität von N müßte ein Teiler $z \in R_5$ die Norm 2 oder 3 haben; aber $2, 3$ sind keine Elemente der Menge $\{a^2 + 5b^2 | a, b \in \mathbb{Z}\}$. □
Insbesondere ist 2 unzerlegbar, aber wegen $2|(1 + i\sqrt{5})(1 - i\sqrt{5})$ und $2 \nmid (1 \pm i\sqrt{5})$ kein Primelement.

Jedes Element von R_5 ist aber Produkt unzerlegbarer Elemente. Beweis?

(c) Beispiel eines Ringes, der ZPE-Ring ist, aber kein Hauptidealring: $\mathbb{R}[X, Y]$.
Beweisidee: X und Y sind teilerfremd, aber es gibt kein Paar $f, g \in \mathbb{R}[X, Y)]$ mit $1 = x f + y g$ (vgl. dazu den Satz von Bézout, s.o.).

Zusammenfassung:

***R* euklidischer Ring $\Longrightarrow$ *R* Hauptidealring $\Longrightarrow$ *R* ZPE-Ring.**
Die Implikationen in umgekehrter Richtung sind im allgemeinen falsch (s.o.).

---

[4] Ringelemente a und b heißen assoziiert, wenn es ein e gibt mit $a = b \cdot e$ und e eine Einheit des Ringes ist, also eine Inverse im Ring besitzt.

Wie hängen die Begriffe "**unzerlegbares Element**" und "**Primelement**" in Integritätsringen zusammen ? (Ohne Beweise).

1. Definitionen
Ein Element $u \neq 0$ eines Integritätsrings heißt

a) *unzerlegbar* (*irreduzibel*), falls gilt: $u = ab \Rightarrow$ (a oder b sind Einheiten)

b) *Primelement*, wenn gilt: u ist keine Einheit und $(u|ab \Rightarrow u|a \vee u|b)$

Beispiele: In $\mathbb{Z}$ sind die Primelemente von der Form $\pm p$, p Primzahl.

2. Eigenschaften

(i) Ein unzerlegbares Element erzeugt ein maximales Hauptideal[5], ein Primelement ein *Primideal* (d.h. ein Ideal mit $a \cdot b \in \Im \Rightarrow a \in \Im \vee b \in \Im$). Genau dann ist $\Im$ Primideal in R, wenn $R/\Im$ Integritätsring ist. **Achtung:** Aus dem Satz "Genau dann ist $\Im$ maximales Ideal, wenn $R/\Im$ Körper ist." kann man für unzerlegbare Elemenete nur in einem Hauptidealring auf die Körperstruktur des Faktorringes schließen, da ein maximales Hauptideal i.a. nicht unbedingt maximales Ideal ist.

(ii) Ist u Primelement, so ist es unzerlegbar. (Beweis?)

In einem ZPE-Ring gilt auch die Umkehrung. Beweis (mit Definition (i) für ZPE-Ringe): Gilt $u \mid (a \cdot b)$ und ist u unzerlegbar, so folgt aus $u \cdot q = a \cdot b$, daß das unzerlegbare Element u unter den unzerlegbaren Faktoren von a oder b vorkommt.

6.8 Anfänge der Gruppentheorie

Wie lautet der **Satz von Lagrange** ?

Satz von Lagrange:
Ist U Untergruppe der endlichen Gruppe G, so gilt

$$|G| = |U| \cdot |G : U| .$$

Insbesondere sind $|U|$ und $|G : U|$ (die Anzahl der verschiedenen Rechts- bzw. Links-Nebenklassen) Teiler von $|G|$.
Beweisidee: $\{Ux | x \in G\}$ liefert eine Partition von G in Rechtsnebenklassen.
Bedeutung: Bei gegebenem G sind nur gewisse Zahlen als Ordnungen von Untergruppen bzw. als Faktorgruppen möglich.

[5] maximal bezieht sich hier auf **Haupt**-Ideale.

Was versteht man unter einer p–Sylowgruppe einer Gruppe, und was besagen die Sätze von Sylow (ohne Beweis)?

1. *Definition*

   Eine p**-Sylowgruppe** S einer Gruppe G ist eine maximale p-Untergruppe von G (für p prim).

2. *Sylowsätze:*

   Ist G endliche Gruppe und p^t die höchste p-Potenz, die $|G|$ teilt, und $t \geq 1$. Dann gilt

   (a) Die p-Sylowgruppen von G sind genau die Untergruppen der Ordnung p^t von G. Jede p–Untergruppe von G ist in einer p–Sylowgruppe von G enthalten.

   (b) Die p-Sylowgruppen sind zueinander konjugiert, d.h. für Sylowgruppen S_1 und S_2 existiert ein $g \in G$ mit ${S_1}^g := g^{-1}S_1g = S_2$. Insbesondere ist die Anzahl der p-Sylowgruppen von G gleich dem Index des Normalisators $|G : N_G(S)|$.

   (c) Die Anzahl der p-Sylowgruppen von G ist kongruent 1 modulo p.

Beschreiben Sie alle zyklischen und alle endlichen abelschen Gruppen!

1. *Zyklische Gruppen*
   Eine *zyklische Gruppe* $C = \langle c \rangle$ wird definitionsgemäß von einem Element c erzeugt. $(\mathbb{Z}, +)$ ist Beispiel einer solchen Gruppe (erzeugt von 1). Jede Untergruppe einer zyklischen Gruppe ist wieder zyklisch, so die zu $\mathbb{Z}$ isomorphen Untergruppen $(n\mathbb{Z}, +)$ von $\mathbb{Z}$. Weitere zyklische Gruppen sind $\mathbb{Z}_n = (\mathbb{Z}/n\mathbb{Z}, +)$, $n = 1, 2, \ldots$, die neben $(\mathbb{Z}, +)$ bis auf Isomorphie die einzigene zyklischen Gruppen sind; das zeigt der Homomorphiesatz zusammen mit dem surjektiven Homomorphismus

   $$\varphi : \mathbb{Z} \to C \text{ mit } i \to c^i ,$$

   von $(\mathbb{Z}, +)$ auf die zyklische Gruppe $(C, \cdot)$; es gilt nämlich $C \cong \mathbb{Z}/\text{Kern}\varphi$ mit Kern $\varphi = n\mathbb{Z}$ für das kleinste $n \in \mathbb{N} \setminus \{0\}$ mit $c^n = 1$ bzw., wenn kein solches n existiert, mit $n = 0$.

2. *Abelsche Gruppen (kommutative Gruppen)*: Ist A endliche abelsche Gruppe, so ist A direktes Produkt[6] ihrer p-Sylowgruppen. Jede endliche abelsche p-Gruppe ist direktes Produkt von zyklischen Gruppen, die bis auf die Reihenfolge eindeutig bestimmt sind. *Anmerkung:* Für beliebige endlich erzeugte abelsche Gruppen gilt die folgende Verallgemeinerung: **Fundamentalsatz für endlich erzeugte abelsche Gruppen:**

[6] Das direkte Produkt $G_1 \times \ldots \times G_n$ von Gruppen G_i ist definiert als die Gruppe auf der Menge $G_1 \times \ldots \times G_n$ mit der Operation $(g_1, g_2, \ldots, g_n)(h_1, h_2, \ldots, h_n) := (g_1h_1, g_2h_2, \ldots, g_nh_n)$. Sind die G_i Normalteiler einer Gruppe G mit $\prod G_i = G$ und $G_j \cap \prod_{i \neq j} G_i = 1 (j = 1, \ldots, n)$, so liefert $G_1 \times \ldots \times G_n \longrightarrow G$ mit $(g_1, \ldots, g_n) \mapsto \prod g_i$ einen Isomorphismus. Auch G heißt direktes Produkt der G_i.

Eine abelsche Gruppe G ist genau dann endlich erzeugt, wenn es Primzahlpotenzen $q_1, \ldots, q_m (m \geq 0)$ und eine Zahl $r \in \mathbb{N}$ gibt mit $G \cong \mathbb{Z}_{q_1} \times \ldots \times \mathbb{Z}_{q_m} \times \underbrace{(\mathbb{Z} \times \ldots \times \mathbb{Z})}_{r \text{ mal}}$. Die Zahlen $q_1, \ldots, q_m, r$ sind eindeutig bestimmt. Beweis...

Beispiel: Bis auf Isomorphie gibt es folgende 4 abelsche Gruppen der Ordnung $100 = 2^2 \cdot 5^2$ $\mathbb{Z}_2 \times \mathbb{Z}_2 \times \mathbb{Z}_5 \times \mathbb{Z}_5$, $\mathbb{Z}_2 \times \mathbb{Z}_2 \times \mathbb{Z}_{25}$, $\mathbb{Z}_4 \times \mathbb{Z}_5 \times \mathbb{Z}_5$ und $\mathbb{Z}_4 \times \mathbb{Z}_{25}$.

Weitere Themen: ⟶ nilpotente Gruppen ⟶ auflösbare Gruppen ⟶ Permutationsgruppen ⟶ Einheitengruppe ⟶ Kreisteilungskörper ⟶ Chinesischer Restsatz (z.B. KÖRNER, p 13, LORENZ p. 52) ⟶ Galoistheorie (z.B. LORENZ §8, KÖRNER §5, REIFFEN et alii §20, MEYBERG 2 §7)

Literaturhinweise zu Kap. 6 :

KÖRNER, O.: Algebra. Wiesbaden 1990².

MEYBERG, K.: Algebra I, II. München, Wien 1975, 1976.

REIFFEN, H.-J., G.Scheja & U.Vetter: Algebra. Mannheim etc. 1969

OBERSCHELP, A.: Aufbau des Zahlensystems, Göttingen 1968.

desweiteren: COHN, P.M.: Algebra, Chichester etc. 1989²; DENECKE,K. & K.TODOROV: Algebraische Grundlagen der Arithmetik, Berlin 1994; DIFF Studienbriefe Grundkurs Math. II 1- II 4, Tübingen 1972, '73, '76; FISCHER, G. & R.SACHER: Einführung in die Algebra, Stuttgart 1978; HEWITT,E. & K.STROMBERG: Real and abstract Analysis, Kap. I 5, Berlin etc. 1964; LANG,S.: Algebr. Strukturen, Göttingen 1979; LORENZ,F.: Einführung in die Algebra I, Zürich 1987; LÜNEBURG, H.: Einführung in die Algebra, Berlin etc. 1973; LÜNEBURG,H.: Kleine Fibel der Arithmetik, Zürich 1987; NORMAN,C.W.: Undergraduate Algebra, Oxford 1986; PICKERT,G.: Einführung in die höhere Algebra, Göttingen 1951; REINHARDT, F. & H. Soeder: DTV - Atlas zur Math. Bd. 2, München 1977; SCHEID,H.: Elemente der Arithmetik und Algebra, Mannheim 1991; SCHEJA,G. & U.STORCH: Lehrbuch der Algebra I-III, Stuttgart 1980,94², '88, '81; SIMM,G. & H.GONSKA: Algebraische Strukturen, Stuttgart 1980; VAN der WAERDEN, B.L.: Algebra I, II, Berlin etc. 1936, 1967.

Index

abelsche Gruppe, 233
Ableitung, 153, 160
  als lineare Abbildung, 14
  partielle A., 161
  totale A., 160
Absolutbetrag, 180
absolute Geometrie, 88
Abstand, 35, 126
  Punkt - Gerade, 63
abstandstreu, 40, 67
Achse, 111
Adjunktion, 218
ähnliche Figuren, 66
Ähnlichkeitsabbildung, 65, 67, 118
Ähnlichkeitssätze, 99
äquiforme Abbildung, 65
affin-lineare Abbildung, 64, 161
affine Abbildung, 64
affine Geometrie, 74
  eines VR's, 55
affiner Punktraum, 56
  affiner Raum, 55, 72
  affiner Unterraum, 48, 55, 57, 58
Affinität, 67, 110, 118
Affinitätsachse, 65
AG(V), 55
Algebra, 2, 211
algebraisch, 220
  algebraisch abgeschlossen, 221
alternierend, 48
Anordnung, 72
Anschauungsraum, Modell, 56
Approximation, 40, 133, 144, 151, 152, 154, 155, 161
  affin-lineare A., 152
Approximationssatz von Weierstraß, 133
arithmetisches Mittel, 123
assoziiert, 229
Aufpunkt, 61
Ausgänge eines Versuchs, 186
Austauschsatz, 9, 10
Auswahlaxiom, 10
Automorphismus, 14

Bézout, Satz von B., 231
Banachraum, 143
Banachscher Fixpunktsatz, 129
Basis, 7, 8
  von $\mathcal{P}(\mathbb{R})$, Beispiel, 11
  von $K^{(I)}$, Beispiel, 11
  duale Basis, 45
  geordnete Basis, 8
  kanonische Basis, 8
Basisexistenzsatz, 9, 10
Bayes, Regel von B., 189
Bernoulli-Kette, 195
Bernoullische Ungleichung, 123
Bestapproximation, 39
Betrag, 136, 180
Bewegung, 66, 108, 109, 118
  ebene B., 108, 114, 118
  gleichsinnige B., 114
Bidualraum, 45
Bild einer linearen Abbildung, 17
Bilinearform, 33
Binomialkoeffizenten , 187
Binomialverteilung, 195–197, 201, 205
  Approximation der B., 205, 206
Bisektion, 126
Bolzano, Nullstellensatz v. B., 141
Bolzano–Weierstraß, Satz von, 125, 126, 137
Bolzano-Weierstraß-Eigenschaft, 137
Borelalgebra, 201
Browerscher Fixpunktsatz, 142
BWE, 137

Cantorsches Diagonalverfahren, 183
Cauchy-Folge, 120, 122, 128, 143
Cauchy-Konvergenz-Kriterium , 131
Cauchy-Riemannsche Differentialgleichungen, 167
Cauchy-Schwarzsche Ungleichung, 35, 127
Caylay-Hamilton, Satz v. H.C., 29
Čebyšev -Ungleichung, 206
CF-Abschluß, 218

CF-vollständig, 128
charakteristischer Vektor, 14
charakteristisches Polynom, 18, 26, 52
cos-Funktion, 150
Cosinussatz, 35, 103

Deckabbildung, 115
Dehnung, 78, 79
Delisches Problem, 224
Desargues, affiner Satz von D., 77
Determinante, 18, 48, 50, 53
  eines Endomorphismus, 53
  Berechnung der D., 51
Determinantenform, s. Volumen
Dezimalbruch, 146, 148, 183
  Dezimalbruchentwicklung, 182
diagonalähnlich, 31
diagonalisierbar, 31
Diagonalmatrix, 30
Dichte eines W.-Maßes, 202
Diedergruppe, 67
Differentation, 153, 160
  D. der inversen Funktion, 167
  D. einer implizit definierten Funktion, 167
Differentialquotient, 153
Differentiationsregeln, 157
Differenzenquotient, 153
differenzierbar, 153, 160
  stetig differenzierbar, 167
Differenzierbarkeit, 153, 160
  einer Abbildung, 160
  Beispiele, 155
Dimension eines VR's, 11
  einer Summe von VR'en, 24
  eines Faktorraums, 23
  eines Orthogonalraumes, 36
  von K^I, 11
Dirichletfunktion, 135
Drachenviereck, 100
Drehspiegelung, 43, 67
Drehung, 16, 27, 28, 43, 67, 111, 113
Dreiecksungleichung, 126, 143
  für Integrale, 172
Dreierprobe, 227

duale Basis, 16
Dualität, 45
Dualitätsprinzip, 45
Dualraum, 4, 16, 43

Ebene, 24, 56, 72
  affine E., 79
  elliptische E., 88
  euklidische E., 56, 59, 90
  hyperbolische E., 89
EG(V), 56
Eigenbasis, 31
Eigenraum, 25
  Struktur des Eigenraums, 27
eigentliche Bewegung, 42, 67
Eigenvektor, 25
Eigenwert, 17, 25
  Existenz, 138
einfache Körpererweiterung, 219
Einheit, 211
Einheitswurzel, 221
elementare Umformungen, 20, 51
Elementarereignisse, 186
Elferprobe, 227
elliptische Ebene, 60
endlich erzeugter Vektorraum, 7
Endomorphismus, 14, 53
Ereignisse, 186
ergänzungsgleich, 96
Erwartungswert, 44, 198, 204, 208
  von $\frac{1}{n}\sum_{i=1}^{n} X_i$, 207
erweiterte Zahlengerade, 128
Erzeugendensystem, 7
euklidisch,
  euklidische Ebene, 3, 56, 59, 90
  euklidische Geometrie, 56
  euklidische Metrik, 127
  euklidischer Abstand, 35
  euklidischer Algorithmus, 229
  euklidischer Raum, 56, 66, 86
  euklidischer Ring, 228
  euklidischer Vektorraum, 34, 40
Euler, Satz von E., 102, 225
Eulersche φ -Funktion, 225

Exponentialfunktion, 134, 149
Extremum, lokales, 138, 158, 164
Satz vom lokalen E., 139

Faktorgruppe, 211
faktorieller Ring, 230
Faktorraum, 22, 212
Faktorring, 212
Faktorstruktur, 211
Faltung, 145, 196
fast–sichere Konvergenz, 208
Fermat, Satz von F., 225
Feuerbachkreis, 102
Fixpunktgerade, 65
Flächenbestimmung, 48
Fluchtgerade, 76
Folge, 119, 124, 127, 137
geometrische F., 119, 122
Folgenraum, 127
Folgenstetigkeit, 135
Fortsetzungssatz, 15
Fourierkoeffizient, 40
Fourierreihe, 40, 133
freie Beweglichkeit, 110
Fundamentalmatrix, 34, 37
Fundamentalsatz der Algebra, 184, 222
Fundamentalsatz für abelsche Gruppen, 233
Funktional, lineares, 43
Funktionaldeterminante, 53
Funktionalmatrix, 165

Galoisfeld, 211, 225
Galtonbrett, 196
ganze Zahl, 218
Gaußsche Elimination, 20, 21
Gaußsche Zahlenebene, 183
gebrochen rationale Funktion, 134
gegensinnige Bewegung, 42
Geometrie,
Abbildungsgeometrie, 110
absolute G., 88
affine G., 55, 72
euklidische G., 56, 88
hyperbolische G., 88
metrische G., 88
nichteuklidische G., 88
projektive G., 45, 60, 75
synthetische G., 72
geometrische Folge, 122
geometrisches Mittel, 123
geordneter affiner Raum, 81
geordneter Schiefkörper, 86
Gerade, 24, 56, 72
Geradengleichung, 61
Gesetz der großen Zahlen,
schwaches Gesetz, 207
starkes Gesetz, 208
GF(q), 211, 225
ggT, 226, 228
gleichmäßig konvergent, 128, 130, 132, 134, 150
gleichorientiert, 114
gleichsinnig kongruent, 114
gleichsinnige Bewegung, 42, 67, 114
gleichsinnige Kongruenzabbildung, s. gleichsinnige Bewegung
Gleichverteilung, 187, 202, 204
Gleitspiegelung, 67, 113
gliedweise Differentiation, 132, 151
gliedweise Integration, 151
Grad des char. Polynoms, 26
Grad einer Körpererweiterung, 12, 219
Gradformel, 218
Gradient, 162, 163
Grenzwert, 120, 122
bei einer Funktion, 135
Gruppe, 210, 232

Häufungspunkt, 137
Häufungswert, 121, 137
Höhensatz, 107
Hülle, lineare H., 7
Halbebene, 83
Halbgerade, 83
Halbraum, 83
Hamilton-Caylay, Satz von H.C., 29
Hasse-Diagramme von Kern und Bild, 17

von Teilermengen, 227
Hauptachsentransformation, 68, 69
Hauptidealring, 230
Hauptvektor, 32
Heine-Borel-Lebesgues, Satz von, 137
Heron, Verfahren von H., 122
Hessesche Normalform der Hyperebenengleichung, 57, 62, 63
Hilbertraum, 143
Hilbertscher Folgenraum, 4, 34
$\mathrm{Hom}_K(V, W)$, 4
Homogenität, 143
Homomorphiesatz, 23, 213
Homomorphismus, 14
Hyperebene, 57
Hypergeometrische Verteilung, 187

Ideal, 213
induktiv geordnet, 9
Integral, 52, 169, 170, 177
  als Funktion der oberen Grenze, 134, 172
  unbestimmtes I., 174
integrierbar, 170, 177
Interpolation, 52
Intervall, 83
  Intervallschachtelung, 125
Invarianten stetiger Abbildungen, 137
Involution, 30
Inzidenz, 55, 72
irreduzibel, 232
Isometrie, 18, 40
Isomorphiesatz für VR'e, 24
Isomorphismus, 14, 18, 53

Jacobi-Matrix, 165

Körpererweiterung, 218
  als VR, 4
Körper, 211, 225
kanonische Basis, 8
Kathetensatz, 107
Kern f, 17
  Dimension des Kerns, 23
kollinear, 73
Kollineation, 65, 110, 118
kommutative Gruppe, 210, 233
kompakt, 137
Kompaktheitstreue, 138, 139
komplanar, 73
Komplement eines UR's, 10
komplexe Zahlen, 183
Komponentenfunktionen, 161
kongruent, s. Kongruenz, 114
Kongruenz, 72, 87, 114, 212
Kongruenzabbildung, s. Bewegung
Kongruenzaxiome, 87
Kongruenzsätze, 99
konjugiert komplexe Zahl, 65, 184
Konstruktion mit Zirkel und Lineal, 222
konvergente Teilfolge, 137
Konvergenz, 120, 122, 127–130
  einer Reihe, 145, 147
  fast sichere Konvergenz, 208
  gleichmäßige K., 130
  punktweise K., 130
  stochastische K., 208
Konvergenzkriterien, 120, 147
Konvergenzprinzipien, 121
Konvergenzradius, 150
Koordinaten, 8
Koordinatenvektor, 7
Korrelationskoeffizient, 201
Kovarianz, 200
Kreisfläche, 96
Kreiskegel, 68
Kreisteilungskörper, 221
Kurve, 159

L-stetig, 135
längentreue Abbildung, 18, 40, 66
Lösungsraum eines LGS, 20
Löwig, Satz von, 11
Lagrange, Satz von L., 232
Laplace'sche Entwicklung, 51
Laplace'scher Wkt.-Raum, 187
Laplace-Experiment, 186, 187
Legendre-Polynome, 39
LGS, 19, 20, 47, 57, 58, 61
  homogenes LGS, 19

Lösbarkeitskriterium, 20
Lösungsraum, 20
spezielle Lösung, 20
Struktur des Lösungsraumes, 20
Limes, 134, 135
lim als lineare Abbildung, 14
Limes superior, 121
linear abhängig, 6
linear unabhängig, 6, 8, 48, 52
lineare Abbildung, 14, 128
Matrixdarstellung, 15
volles Urbild, 17
lineare Gruppe, 53
lineare Mannigfaltigkeit, 55
lineares Gleichungssystem, s. LGS
Linearform, 14, 43
n-fache Linearform, 48
Linearkombination, 7, 8
Lipschitz-stetig, 135
lokale Extrema mit Nebenbedingung, 53
Lot, 111
Lotto, 187

Mächtigkeit eines Vektorraums, 12
Matrix, 18
ähnliche M., 16, 27
äquivalente M., 16
orthogonale M., 18
unitäre M., 18
Matrixdarstellung einer linearen Abbildung, 15
Matrizen bei Basiswechsel, 16
Maximum, absolutes M., 138
Maximum und Minimum, Satz vom absoluten M.u.M., 139
Metrik, 56, 126
der glm. Approximation / Konvergenz, 127
euklidische M., 127
metrische Geometrie, 88
metrischer Raum, 126
der linearen Abbildungen, 128
der beschränkten Funktionen, 127
der stetigen reellen Funktionen, 128
meßbare Abbildung, 203
meßbarer Raum, 201, 203
Minimalpolynom, 26, 29, 32, 220, 230
Minimum, absolutes M., 138
Mittellotensatz, 101
Mittelpunkt, 111
Mittelpunktswinkel, 107
Mittelsenkrechte, 92, 101
Mittelwertsatz, 138, 139, 152
Moivre-Laplace, Satz von M. L., 205
Momente, 199
monotone Funktion, 158
Monotoniekriterium, 120, 122, 158
Multilinearform, alternierende, 48
MWS, s. Mittelwertsatz

$\mathbb{N}$, 2, 213
$\mathbb{N}^*$, 2
n-Eck, 67, 224
natürliche Zahl, 213
Nebenklasse, 212
Nebenwinkel, 83, 84
Neunerprobe, 227
nichteuklidische Ebene, 88
Niveau-Linie, 163
Norm, 35, 126, 127, 142
Normalenvektor, 57
Normalteiler, 213
Normalverteilung, 202, 205
normierter Raum, 142
Nullfolge, 127
Nullstellensatz, 141

offene Überdeckung, 137
Orientierungen, 85
orthogonal s. Orthogonalität, 35
orthogonale Gruppe, 41
orthogonale Transformation, 28, 41
orthogonaler Automorphismus, 42
orthogonales Komplement eines UR's, 37
Orthogonalität, 36, 72
Orthogonalprojektion, 16, 39
Orthogonalraum, 36, 46
Orthonormalbasis, 37
Orthonormalisierungsverfahren, 37

Ortsvektor, 79

Pappos, Satz von Pappos, 81
Parallelenaxiom, 74
Parallelität, 55, 74
Parallelogrammfläche, 97
Parallelprojektion, 16, 75
Partialsumme, 144
partielle Ableitung, 161
Partition, 170
Pasch, Axiom von P., 82
Peanoaxiome, 213
periodischer Dezimalbruch, 182
Pfadregel, 190
Pfeil, 3, 80
Pivotelement, 21
platonische Körper, 67
Poisson-Verteilung, 206
Polarkoordinaten, 183
Polynom, 2
  ungeraden Grades, 138, 140
Polynomabbildung, 3, 134
Polynomalgebra, 2
Polynomfunktion, 3, 133, 134
positive Definitheit, 34
Positivität, strenge, 126, 142
Potenzreihe, 147, 149
Potenzsatz, 107
Prähilbertraum, 34, 40, 126
  der stetigen Funktionen, 35, 39
Primelement, 232
Produktmaß, 194, 204
Produktraum, 192, 194, 204
Projektion
  k-te Pr., 14
  stereographische Pr., 60
projektive Erweiterung, 75
  projektive Geometrie, 45, 60
Punkt, 56, 59, 72
Punktspiegelung, 28, 30, 42, 67, 97
Pythagoras, Satz des Pythagoras, 36

Quadrat, 116
quadratische Ergänzung, 71
quadratische Form, 69
Quadrik, 68
Quotientengruppe, 218
Quotientenkörper, 218
Quotientenkriterium, 146
Quotientenraum, 22

R-integrierbar, 170
Rajchman, Satz von R., 208
Randverteilung, 194
Rang, 17, 23
  einer linearen Abbildung, 18
  einer Matrix, 18
  Rangbestimmung, 52
rationale Zahl, 218
rechter Winkel, 91
reelle Zahl, 218
reeller euklidischer Raum, 89
Regularität
  einer komplexen Funktion, 167
  einer quadratischen Matrix , 48
Reihe, 119, 144
  geometrische R., 145
  harmonische R., 145
Rekursionssatz, 214
relative Häufigkeit, 208
Restklasse, 212
Richtungsableitung, 161
Riemann-Integral, 169, 170
Ring, 210
  der ganzen Gaußschen Zahlen, 228
Ringadjunktion, 219
Rolle, Satz von R., 138, 139

Sarrus, Regel von Sarrus, 51
Scheitelwinkel, 83, 84
Scherung, 65
Schiefkörper, 211
Schrägspiegelung, 16, 30
Sehnensatz, 107
Sehnentangentenwinkel, 107
Sehnenviereck, Satz vom S., 107
Sekantensatz, 107
selbstadjungiert, 70
Semibilinearform, 33
  nicht-ausgeartete S., 34

senkrecht, 91
sgn, s. Signum
Sigma-Additivität, 188
Sigma-Algebra, 201
Signum, 50, 213
sin-Funktion, 149
Skalarprodukt, 33, 126
  kanonisches S., 33
S_n, 50, 210, 213
Spatprodukt, 52
Spiegelung, 16, 27, 30, 43, 67, 111
Stützabstand, 57
Stammfunktion, 173
Standardabweichung, 198
Steigungen orthogonaler Geraden, 36
stetig differenzierbar, 156, 167
stetige Abbildung, 137
stetiges W.-Maß, 202
Stetigkeit, 133, 137
Strecke, 83
Substitution, 52, 175
Summe von Unterräumen, 5
  direkte Summe von UR, 10
sup-Norm, 127, 144
Supremumsnorm, 127, 144
Sylowgruppe, 233
Sylowsätze, 233
Symmetrieachse, 115
Symmetriegruppe, 67, 115
symmetrische Differenz, 4, 14
symmetrische Gruppe, 50, 210, 213
synthetische Geometrie, 72

Tangentensatz, 107
tangential, 161
Tangentialebene, 163
Tangentialhyperebene, 164
Tangentialvektor, 159
Taylorpolynom, 151
Taylorreihe, 151
Teilbarkeit, 226
Teilsumme, 144
Thalessatz, 104
totale Wahrscheinlichkeit, 189
Translation, 67, 79, 113
transzendent, 220
Tschebyscheff-Ungleichung, 206

Überabzählbarkeit von $\mathbb{R}$, 183
Umfangswinkel, 107
Umformungen, elementare, 51
Umkreis, 101
unabhängig,
  linear u., 6, 8, 48, 52
  stochastisch u., 192
unbedingt konvergierende Reihe, 145
uneigentliche Bewegung, 67
uneigentlicher Punkt, 75
Ungleichung v. Bernoulli, 123
Ungleichung von Cauchy-B.-Schwarz, 127
unitär
  unitäre Gruppe, 41
  unitäre Transformation, 41
  unitärer Vektorraum, 34, 40
Unterraum, 5, 47
  Unterraum, affiner, 55
  Unterraum-Verband, 36, 45
  Unterraumkriterium, 5
unzerlegbar, 232
UR, s. Unterraum
Urbild, volles Urbild unter einer linearen Abbildung, 17
Urnenexperimente, 187

Vandermonde-Determinante, 52
Varianz, 198, 204
  Varianz von $\frac{1}{n}\sum_{i=1}^{n} X_i$, 207
Vektor, elementargeometrisch, 3
Vektorraum, 1
  aller Abbildungen von I in K, 1
  aller Familien über K, 1
  aller reellen Folgen, 2
  der n-Tupel über K, 1
  der $m \times n$-Matrizen, 4, 15
  der beschränkten Funktionen, 4
  der Familien mit endlichem Träger, 2
  der linearen Abbildungen von V in W 4, 15

der Polynomabbildungen, 3
der stetigen Funktionen, 4, 35, 39
endlich dimensionaler V., 11
endlich erzeugbarer V., 7, 10
Verband, 227
Verdichtungspunkt, 121
Vergleichskriterium, 121
Verkettung linearer Abbildungen, 18
Verschwindungsgerade, 76
Verteilung, 196
Verteilungsfunktion, 197, 202
vollständige Induktion, 214
vollständiger Raum, 128
Volumen, 48, 49
Volumen, normiertes V., 50
Volumenbestimmung, 48, 52
VR, s. Vektorraum

Würfelverdopplung, 224
Wachstum, maximales, 163
Wahrscheinlichkeit, 186, 208
bedingte W., 188
Formel von der totalen W., 189
Wahrscheinlichkeitsbaum, 190
Wahrscheinlichkeitsmaß, 186, 188
stetiges W., 202
Wahrscheinlichkeitsraum, 186, 188, 201
diskreter W., 186, 188
endlicher W., 186
Laplace'scher W., 187
Wedderburn, Satz von W., 226
Weg, 159
Weierstraß
Satz von Bolzano u. W., 126
Approximationssatz v. W., 133
Winkel, 83, 84
im Dreieck, 98
im Kreis, 107
im Parallelogramm, 97
Winkeldreiteilung, 224
Winkelfeld, 83
Winkelmaß, 35
winkeltreu, 67
Wohlordnungssatz, 9
Wohlordung, 214
Wurzelkriterium, 146

Zahlbereichserweiterung, 217
Zahlengerade, 127
erweiterte Z., 128
Zeichenebene, Modell, 56, 59
Zentraler Grenzwertsatz, 205
Zentralprojektion, 75
zentrische Streckung, 16, 27, 80
Zentriwinkel, 107
Zerfällungskörper, 221
Zerlegung, 170
zerlegungsgleich, 96
Zornsches Lemma, 9
ZPE-Ring, 230
Zufallsgröße, 44, 197, 203
Zufallsvariable, 44, 196, 203
zusammenhängend, 138
Zusammenhangstreue, 138, 140
Zwischenrelation, 82
Zwischenwertsatz, 138, 140–142
ZWS, s. Zwischenwertsatz
zyklische Gruppe, 233

Codierungstheorie

Eine Einführung

von Ralph H. Schulz

1991. VIII, 227 Seiten. Kartoniert.
ISBN 3-528-06419-6

Diese Einführung in die Codierungstheorie ist aus Vorlesungen für Mathematik- und Informatik-Studenten entstanden. Angesprochen werden Themen aus den Gebieten: Quellencodierung, Prüfzeichenverfahren, fehlerkorrigierende Codes und Kryptosysteme. Begriffe, Methoden und Sätze sind bis ins Detail ausführlich dargestellt und durch viele einfache Beispiele erläutert.

Verlag Vieweg · Postfach 58 29 · 65048 Wiesbaden